자기주도학습 체크리스트

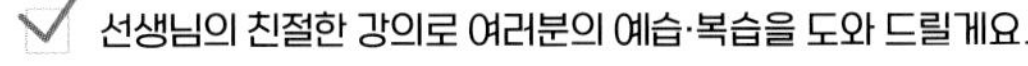

- ✓ 선생님의 친절한 강의로 여러분의 예습·복습을 도와 드릴게요.
- ✓ 공부를 마친 후에 확인란에 체크하면서 스스로를 칭찬해 주세요.
- ✓ 강의를 듣는 데에는 30분이면 충분합니다.

날짜	강의명	확인
	강	
	강	
	강	
	강	
	강	
	강	
	강	
	강	
	깅	
	강	
	강	
	강	
	강	
	강	
	강	
	강	
	강	
	강	
	강	
	강	
	강	
	강	
	강	
	강	
	강	

날짜	강의명	확인
	강	
	강	
	강	
	강	
	강	
	강	
	강	
	강	
	강	
	강	
	강	
	강	
	강	
	강	
	강	
	강	
	강	
	강	
	강	
	강	
	강	
	강	
	강	
	강	
	강	

자기주도학습 체크리스트로 공부의 기쁨이 차곡차곡 쌓일 것입니다.

EBS

인터넷·모바일·TV
무료 강의 제공

초 | 등 | 부 | 터 EBS

만점왕

수학 4-1

BOOK 1
개념책

BOOK 1

개념책

BOOK 1 개념책으로
교과서에 담긴 **학습 개념**을
꼼꼼하게 공부하세요!

풀이책은 EBS 초등사이트(primary.ebs.co.kr)에서 내려받으실 수 있습니다.

교재 내용 문의 교재 내용 문의는 EBS 초등사이트 (primary.ebs.co.kr)의 교재 Q&A 서비스를 활용하시기 바랍니다.

교재 정오표 공지 발행 이후 발견된 정오 사항을 EBS 초등사이트 정오표 코너에서 알려 드립니다. 교재 검색 ▶ 교재 선택 ▶ 정오표

교재 정정 신청 공지된 정오 내용 외에 발견된 정오 사항이 있다면 EBS 초등사이트를 통해 알려 주세요. 교재 검색 ▶ 교재 선택 ▶ 교재 Q&A

수학 4-1

이 책의 **구성과 특징**

BOOK 1 개념책

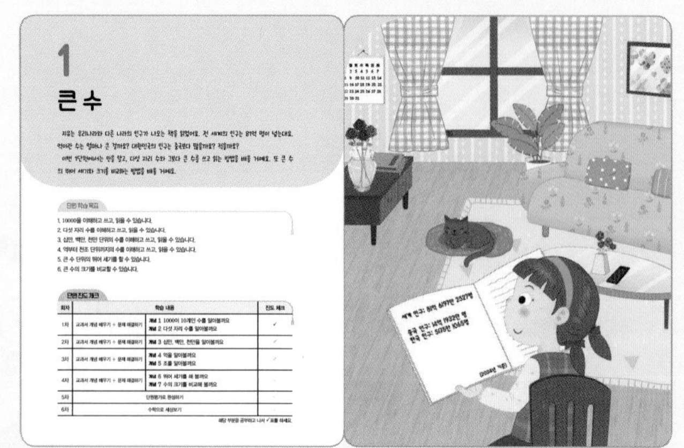

단원 도입

단원을 시작할 때마다 도입 그림을 눈으로 확인하며 안내 글을 읽으면, 공부할 내용에 대해 흥미를 갖게 됩니다.

교과서 개념 배우기

본격적인 학습에 돌입하는 단계입니다. 자세한 개념 설명과 그림으로 제시한 예시를 통해 핵심 개념을 분명하게 파악할 수 있습니다.

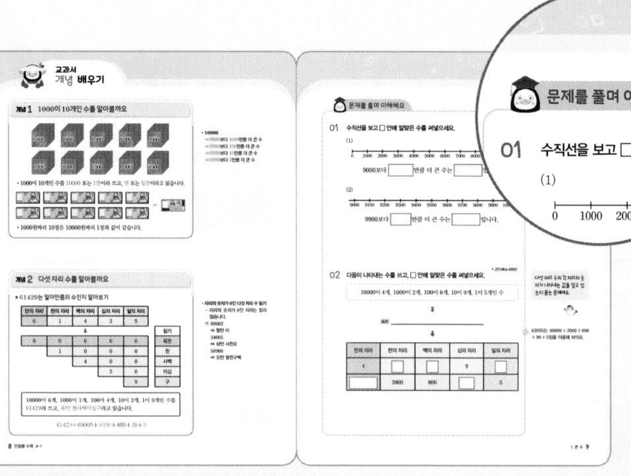

문제를 풀며 이해해요

핵심 개념을 심층적으로 학습하는 단계입니다. 개념 문제와 그에 대한 출제 의도, 보조 설명을 통해 개념을 보다 깊이 이해할 수 있습니다.

교과서 문제 해결하기

교과서 핵심 집중 탐구로 공부한 내용을 문제를 통해 하나하나 꼼꼼하게 살펴보며 교과서에 담긴 내용을 빈틈없이 학습할 수 있습니다.

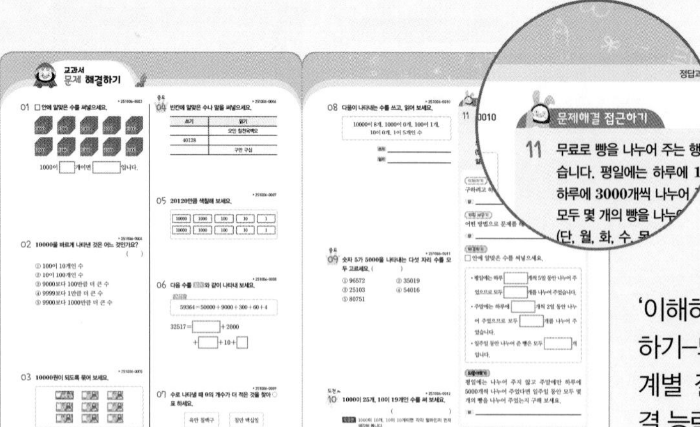

문제해결 접근하기

'이해하기–계획 세우기–해결하기–되돌아보기' 4단계의 단계별 질문에 답하며 문제 해결 능력을 기를 수 있습니다.

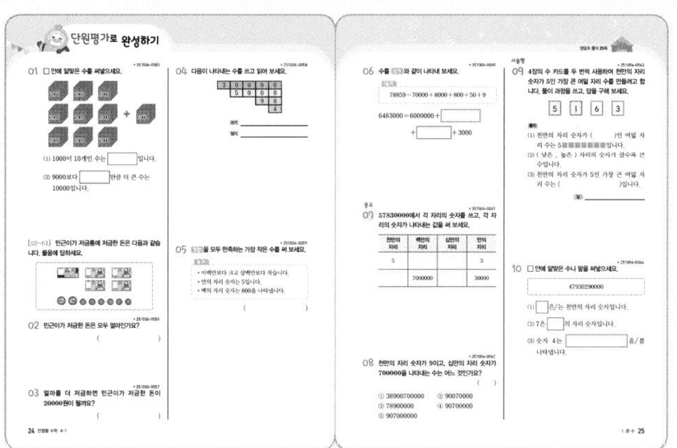

단원평가로 완성하기

평가를 통해 단원 학습을 마무리하고, 자신이 보완해야 할 점을 파악할 수 있습니다.

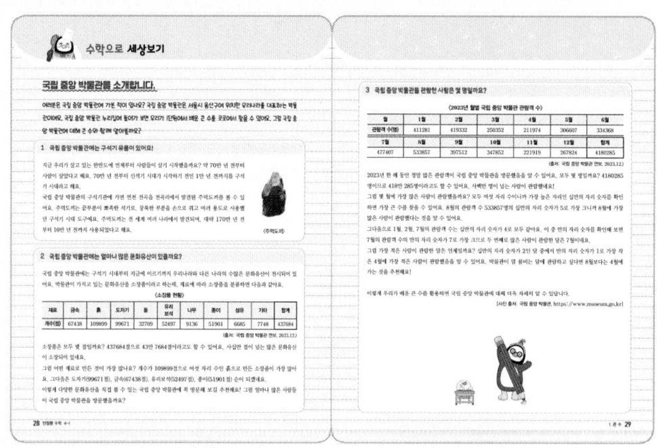

수학으로 세상보기

실생활 속 수학 이야기와 활동을 통해 단원에서 학습한 개념을 다양한 상황에 적용하고 수학에 대한 흥미를 키울 수 있습니다.

BOOK 2 실전책

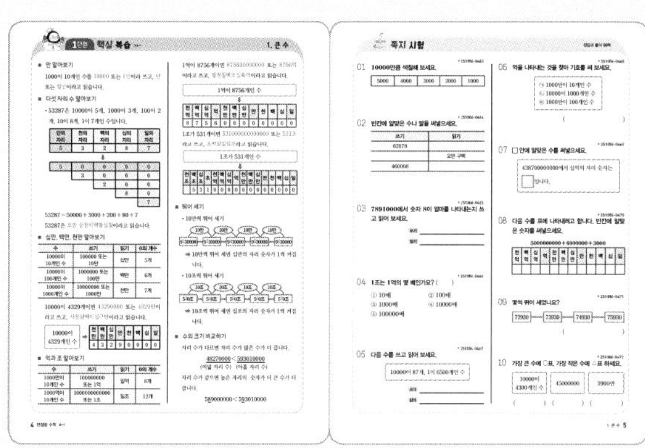

핵심 복습+쪽지 시험

핵심 정리를 통해 학습한 내용을 복습하고, 간단한 쪽지 시험을 통해 자신의 학습 상태를 확인할 수 있습니다.

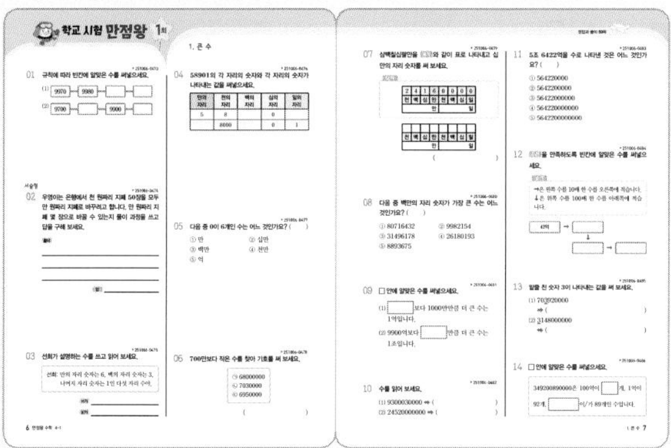

학교 시험 만점왕

앞서 학습한 내용을 바탕으로 보다 다양한 문제를 경험하며 단원별 평가를 대비할 수 있습니다.

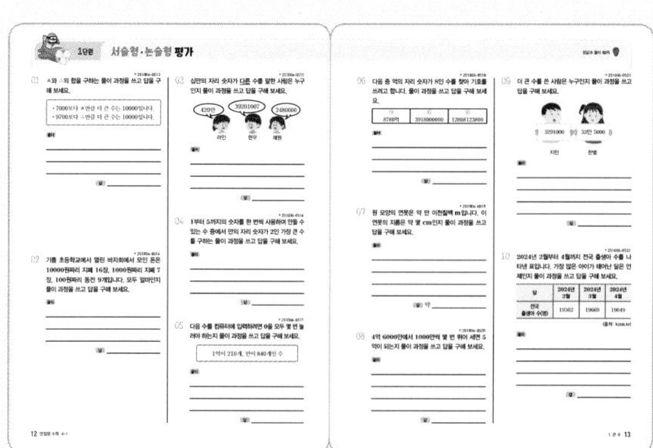

서술형·논술형 평가

단원의 주요 개념과 관련된 서술형 문항을 심층적으로 학습하는 단계로, 강화될 서술형 평가에 대비할 수 있습니다.

자기주도 활용 방법

BOOK 1 개념책

평상 시 진도 공부는

교재(북1 개념책)로 공부하기

만점왕 북1 개념책으로 진도에 따라 공부해 보세요.
개념책에는 학습 개념이 자세히 설명되어 있어요.
따라서 학교 진도에 맞춰 만점왕을 풀어 보면
혼자서도 쉽게 공부할 수 있습니다.

TV(인터넷) 강의로 공부하기

개념책으로 혼자 공부했는데, 잘 모르는 부분이 있나요?
더 알고 싶은 부분도 있다고요?
만점왕 강의가 있으니 걱정 마세요.
만점왕 강의는 TV를 통해 방송됩니다.
방송 강의를 보지 못했거나 다시 듣고 싶은 부분이 있다면
인터넷(EBS 초등사이트)을 이용하면 됩니다.

이 부분은 잘 모르겠으니 인터넷으로 다시 봐야겠어.

만점왕 방송 시간: EBS홈페이지 편성표 참조
EBS 초등사이트: primary.ebs.co.kr

시험 대비 공부는 북2 실전책으로! (북2 2쪽 자기주도 활용 방법을 읽어 보세요.)

이 책의 차례

인공지능 DANCHOQ 푸리봇 문|제|검|색

EBS 초등사이트와 **EBS 초등 APP** 하단의 **AI 학습도우미 푸리봇**을 통해 문항코드를 검색하면 푸리봇이 해당 문제의 해설 강의를 찾아 줍니다.

1

큰 수

지유는 우리나라와 다른 나라의 인구가 나오는 책을 읽었어요. 전 세계의 인구는 81억 명이 넘는대요. 억이란 수는 얼마나 큰 걸까요? 대한민국의 인구는 중국보다 많을까요? 적을까요?

이번 1단원에서는 만을 알고, 다섯 자리 수와 그보다 큰 수를 쓰고 읽는 방법을 배울 거예요. 또 큰 수의 뛰어 세기와 크기를 비교하는 방법을 배울 거예요.

단원 학습 목표

1. 10000을 이해하고 쓰고, 읽을 수 있습니다.
2. 다섯 자리 수를 이해하고 쓰고, 읽을 수 있습니다.
3. 십만, 백만, 천만 단위의 수를 이해하고 쓰고, 읽을 수 있습니다.
4. 억부터 천조 단위까지의 수를 이해하고 쓰고, 읽을 수 있습니다.
5. 큰 수 단위의 뛰어 세기를 할 수 있습니다.
6. 큰 수의 크기를 비교할 수 있습니다.

단원 진도 체크

회차	학습 내용		진도 체크
1차	교과서 개념 배우기 + 문제 해결하기	**개념 1** 1000이 10개인 수를 알아볼까요 **개념 2** 다섯 자리 수를 알아볼까요	✓
2차	교과서 개념 배우기 + 문제 해결하기	**개념 3** 십만, 백만, 천만을 알아볼까요	✓
3차	교과서 개념 배우기 + 문제 해결하기	**개념 4** 억을 알아볼까요 **개념 5** 조를 알아볼까요	✓
4차	교과서 개념 배우기 + 문제 해결하기	**개념 6** 뛰어 세기를 해 볼까요 **개념 7** 수의 크기를 비교해 볼까요	✓
5차	단원평가로 완성하기		✓
6차	수학으로 세상보기		✓

해당 부분을 공부하고 나서 ✓표를 하세요.

월 화 수 목 금 토
2 3 4 5 6 7
9 10 11 12 13 14
16 17 18 19 20 21
23 24 25 26 27 28
30 31
세계 인구: 81억 6197만 2527명
중국 인구: 14억 1932만 명
한국 인구: 5175만 1065명
(2024년 기준)

개념 1 1000이 10개인 수를 알아볼까요

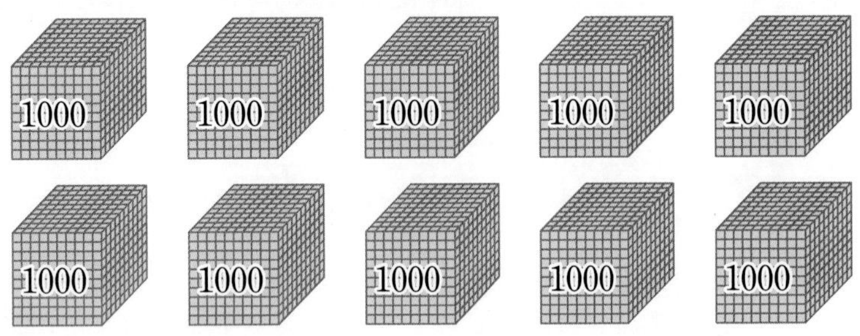

• 1000이 10개인 수를 10000 또는 1만이라 쓰고, 만 또는 일만이라고 읽습니다.

• 1000원짜리 10장은 10000원짜리 1장과 값이 같습니다.

• **10000**
=9000보다 1000만큼 더 큰 수
=9900보다 100만큼 더 큰 수
=9990보다 10만큼 더 큰 수
=9999보다 1만큼 더 큰 수

개념 2 다섯 자리 수를 알아볼까요

■ **61429는 얼마만큼의 수인지 알아보기**

만의 자리	천의 자리	백의 자리	십의 자리	일의 자리
6	1	4	2	9

⬇

					읽기
6	0	0	0	0	육만
	1	0	0	0	천
		4	0	0	사백
			2	0	이십
				9	구

10000이 6개, 1000이 1개, 100이 4개, 10이 2개, 1이 9개인 수를 61429라 쓰고, 육만 천사백이십구라고 읽습니다.

61429=60000+1000+400+20+9

• **자리의 숫자가 0인 다섯 자리 수 읽기**
– 자리의 숫자가 0인 자리는 읽지 않습니다.
예 80002
➡ 팔만 이
34005
➡ 삼만 사천오
58900
➡ 오만 팔천구백

정답과 풀이 21쪽

문제를 풀며 이해해요

01 수직선을 보고 □ 안에 알맞은 수를 써넣으세요. ▸ 251006-0001

(1)

0 1000 2000 3000 4000 5000 6000 7000 8000 9000 10000

9000보다 □만큼 더 큰 수는 □입니다.

(2)

9000 9100 9200 9300 9400 9500 9600 9700 9800 9900 10000

9900보다 □만큼 더 큰 수는 □입니다.

10000에 대해 바르게 이해하고 있는지 묻는 문제예요.

수직선의 눈금 한 칸의 크기를 이용하여 10000의 크기를 알아보아요.

02 다음이 나타내는 수를 쓰고, □ 안에 알맞은 수를 써넣으세요. ▸ 251006-0002

10000이 4개, 1000이 2개, 100이 8개, 10이 9개, 1이 5개인 수

⬇

쓰기 ______________________

⬇

만의 자리	천의 자리	백의 자리	십의 자리	일의 자리
4	□	□	9	□
□	2000	800	□	5

다섯 자리 수의 각 자리의 숫자가 나타내는 값을 알고 있는지 묻는 문제예요.

42895는 40000+2000+800+90+5임을 이용해 보아요.

▸ 251006-0003

01 □ 안에 알맞은 수를 써넣으세요.

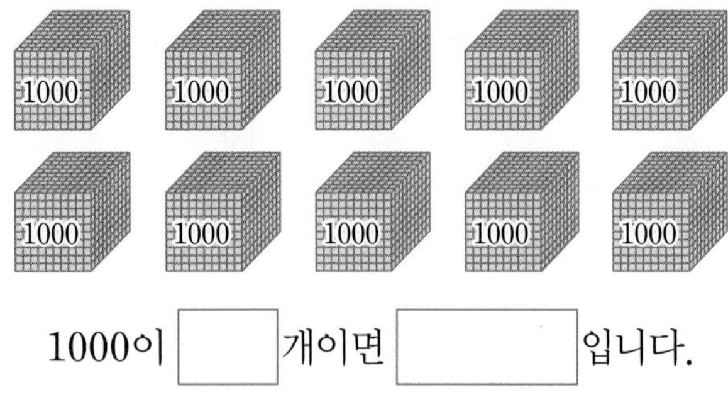

1000이 □ 개이면 □ 입니다.

▸ 251006-0004

02 10000을 바르게 나타낸 것은 어느 것인가요?

( )

① 100이 10개인 수
② 10이 100개인 수
③ 9000보다 100만큼 더 큰 수
④ 9999보다 1만큼 더 큰 수
⑤ 9900보다 1000만큼 더 큰 수

▸ 251006-0005

03 10000원이 되도록 묶어 보세요.

중요

▸ 251006-0006

04 빈칸에 알맞은 수나 말을 써넣으세요.

쓰기	읽기
	오만 칠천육백오
40128	
	구만 구십

▸ 251006-0007

05 20120만큼 색칠해 보세요.

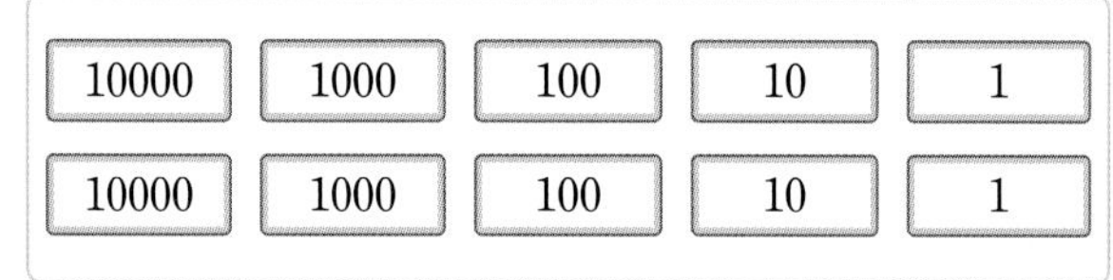

▸ 251006-0008

06 다음 수를 보기 와 같이 나타내 보세요.

보기

$59364=50000+9000+300+60+4$

$32517=\square+2000+\square+10+\square$

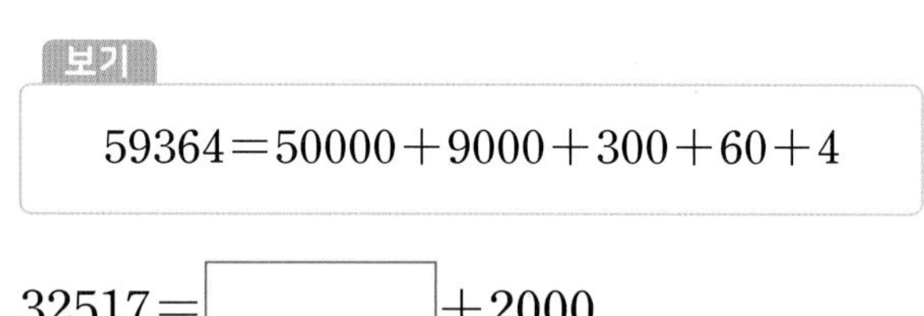

▸ 251006-0009

07 수로 나타낼 때 0의 개수가 더 적은 것을 찾아 ○표 하세요.

육만 칠백구 / 칠만 백십일

▸251006-0010

08 **다음이 나타내는 수를 쓰고, 읽어 보세요.**

10000이 8개, 1000이 0개, 100이 1개,
10이 0개, 1이 5개인 수

쓰기 ______________

읽기 ______________

중요

▸251006-0011

09 **숫자 5가 5000을 나타내는 다섯 자리 수를 모두 고르세요.** (   )

① 96572 ② 35019

③ 25103 ④ 54016

⑤ 80751

도전

▸251006-0012

10 **1000이 25개, 10이 19개인 수를 써 보세요.**

(   )

도움말 1000이 10개, 10이 10개이면 각각 얼마인지 먼저 생각해 봅니다.

문제해결 접근하기

▸251006-0013

11 **무료로 빵을 나누어 주는 행사를 일주일 동안 했습니다. 평일에는 하루에 1000개씩, 주말에는 하루에 3000개씩 나누어 주었다면 일주일 동안 모두 몇 개의 빵을 나누어 주었는지 구해 보세요. (단, 월, 화, 수, 목, 금요일은 평일이고, 토, 일요일은 주말입니다.)**

이해하기

구하려고 하는 것은 무엇인가요?

답 ______________

계획 세우기

어떤 방법으로 문제를 해결하면 좋을까요?

답 ______________

해결하기

□ 안에 알맞은 수를 써넣으세요.

- 평일에는 하루 □개씩 5일 동안 나누어 주었으므로 모두 □개를 나누어 주었습니다.
- 주말에는 하루에 □개씩 2일 동안 나누어 주었으므로 모두 □개를 나누어 주었습니다.
- 일주일 동안 나누어 준 빵은 모두 □개입니다.

되돌아보기

평일에는 나누어 주지 않고 주말에만 하루에 5000개씩 나누어 주었다면 일주일 동안 모두 몇 개의 빵을 나누어 주었는지 구해 보세요.

답 ______________

개념 3 십만, 백만, 천만을 알아볼까요

■ 십만, 백만, 천만

- 10000이 10개인 수 쓰기 100000 또는 10만 읽기 십만
- 10000이 100개인 수 쓰기 1000000 또는 100만 읽기 백만
- 10000이 1000개인 수 쓰기 10000000 또는 1000만 읽기 천만

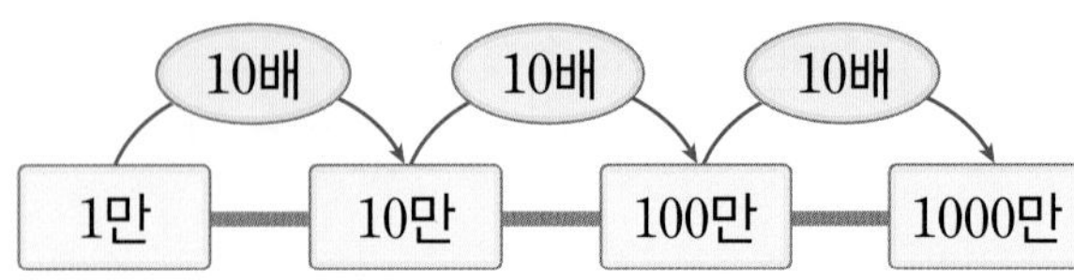

■ 4258만은 얼마만큼의 수인지 알아보기

- 4258만은 1000만이 4개, 100만이 2개, 10만이 5개, 1만이 8개인 수입니다.

4	2	5	8	0	0	0	0
천	백	십	일	천	백	십	일
			만				일

⬇

4	0	0	0	0	0	0	0

2	0	0	0	0	0	0

5	0	0	0	0	0

8	0	0	0	0

- 숫자 4는 천만의 자리 숫자이고, 40000000을 나타냅니다.
- 숫자 2는 백만의 자리 숫자이고, 2000000을 나타냅니다.
- 숫자 5는 십만의 자리 숫자이고, 500000을 나타냅니다.
- 숫자 8은 만의 자리 숫자이고, 80000을 나타냅니다.

- 42580000＝40000000＋2000000＋500000＋80000

참고 52040000에서 십만의 자리 숫자는 0이므로 읽지 않습니다.

52040000 ➡ 오천이백사만

- 0의 개수

십만(100000) ➡ 5개

백만(1000000) ➡ 6개

천만(10000000) ➡ 7개

- 큰 수의 띄어 쓰기

7009만 ∨ 4800

➡ 칠천구만 ∨ 사천팔백

- 큰 수의 띄어 읽기

일의 자리에서부터 네 자리씩 끊어 읽습니다.

3 0 0 2 | 7 1 0 0
만 | 일

⬇

삼천이만 칠천백

문제를 풀며 이해해요

▸ 251006-0014

01 수를 쓰고 읽어 보세요.

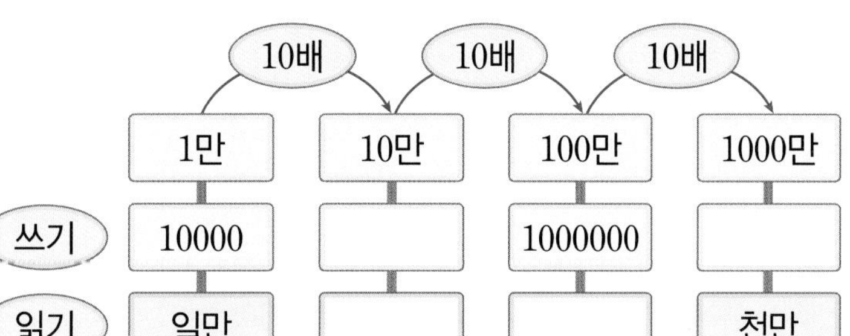

	1만	10만	100만	1000만
쓰기	10000		1000000	
읽기	일만			천만

십만, 백만, 천만을 이해하고 있는지 묻는 문제예요.

수를 10배 하면 0의 개수가 몇 개씩 늘어나는지 생각해 보아요.

▸ 251006-0015

02 □ 안에 알맞은 수를 써넣으세요.

3492만

⬇

천만의 자리	백만의 자리	십만의 자리	만의 자리
1000만이 3	100만이 □	10만이 □	만이 2
30000000	4000000	□	20000

3492만＝30000000＋□＋□＋20000

천만 단위까지 수의 각 자리의 숫자와 자릿값을 알고 있는지 묻는 문제예요.

3492만은 34920000이에요.

▸ 251006-0016

03 물음에 답하세요.

(1) 5390만을 표로 나타내려고 합니다. 빈칸에 알맞은 숫자를 써넣으세요.

천만	백만	십만	만	천	백	십	일

(2) 5390만에서 숫자 3이 나타내는 수를 쓰고 읽어 보세요.

쓰기 ______________

읽기 ______________

만이 5390개인 수를 쓰는 방법을 알아보아요.

▸251006-0017

01 다음이 나타내는 수를 써 보세요.

만이 20개인 수

(   )

▸251006-0018

02 수를 잘못 읽은 것은 어느 것인가요? (   )

① 43180000 → 사천삼백십팔만
② 1635000 → 백육십삼만 오천
③ 823070 → 팔백이십만 삼천칠십
④ 2110300 → 이백십일만 삼백
⑤ 15889000 → 천오백팔십팔만 구천

중요

▸251006-0019

03 다음이 나타내는 수를 쓰고 읽어 보세요.

800000+20000+50+1

쓰기 ____________________

읽기 ____________________

▸251006-0020

04 십만의 자리 숫자가 7인 수를 모두 찾아 기호를 써 보세요.

㉠ 77만	㉡ 37970000
㉢ 39700000	㉣ 만이 718개인 수

(   )

▸251006-0021

05 같은 수를 찾아 선으로 이어 보세요.

1000이 25개인 수 •		• 25000
10만이 2개, 1000이 5개인 수 •		• 250000
10000이 25개인 수 •		• 205000

▸251006-0022

06 백만의 자리 숫자가 6인 수를 찾아 ○표 하세요.

56344000	1869000	63744000

중요

▸251006-0023

07 □ 안에 알맞은 수나 말을 써넣으세요.

(1) 2170000에서 숫자 1은 □의 자리 숫자이고 □을/를 나타냅니다.

(2) 83914000에서 숫자 3은 □의 자리 숫자이고 □을/를 나타냅니다.

▸251006-0024

08 **범서와 은우가 말한 수를 합하면 얼마인지 써 보세요.**

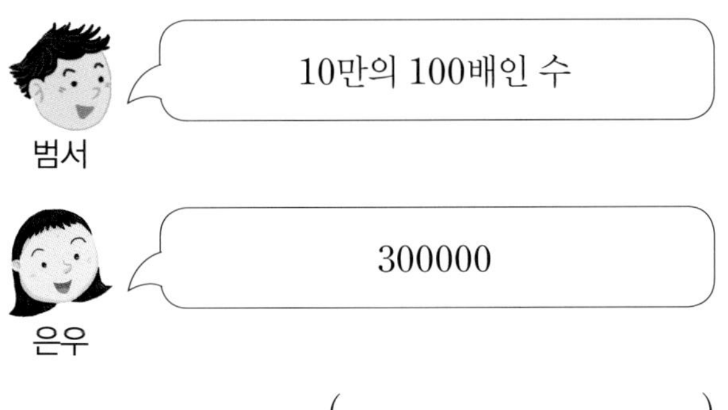

( )

▸251006-0025

09 **어떤 자동차의 가격은 3500만 원입니다. 만 원짜리 지폐로 몇 장인지 구해 보세요.**

( )

도전

▸251006-0026

10 **㉠이 나타내는 값은 ㉡이 나타내는 값의 몇 배인지 구해 보세요.**

85325001
㉠ ㉡

( )

도움말 ㉠과 ㉡이 어느 자리 숫자인지 먼저 알아봅니다.

문제해결 접근하기

▸251006-0027

11 **어떤 수에 100배를 하고, 다시 10배를 했더니 만이 820개인 수가 되었습니다. 어떤 수를 구해 보세요.**

어떤 수	(100배) →		(10배) →	만이 820개인 수

이해하기

구하려고 하는 것은 무엇인가요?

답 ____________________

계획 세우기

어떤 방법으로 문제를 해결하면 좋을까요?

답 ____________________

해결하기

☐ 안에 알맞은 수를 써넣으세요.

만이 820개인 수는 ☐만입니다. 10배를 하기 전의 수는 ☐만입니다. 따라서 100배를 하기 전의 수인 어떤 수는 ☐입니다.

되돌아보기

답이 맞는지 확인해 보세요.

답 ____________________

개념 4 억을 알아볼까요

■ 억

• 1000만이 10개인 수를 100000000 또는 1억이라 쓰고 억 또는 일억이라고 읽습니다.

■ 십억, 백억, 천억

• 1억이 10개인 수 쓰기 1000000000 또는 10억 읽기 십억
• 1억이 100개인 수 쓰기 10000000000 또는 100억 읽기 백억
• 1억이 1000개인 수 쓰기 100000000000 또는 1000억 읽기 천억

■ 5329억은 얼마만큼의 수인지 알아보기

• 5329억은 1000억이 5개, 100억이 3개, 10억이 2개, 1억이 9개인 수입니다.

5	3	2	9	0	0	0	0	0	0	0	0
천	백	십	일	천	백	십	일	천	백	십	일
			억				만				일

• 0의 개수
억(100000000)
➡ 8개
십억(1000000000)
➡ 9개
백억(10000000000)
➡ 10개
천억(100000000000)
➡ 11개

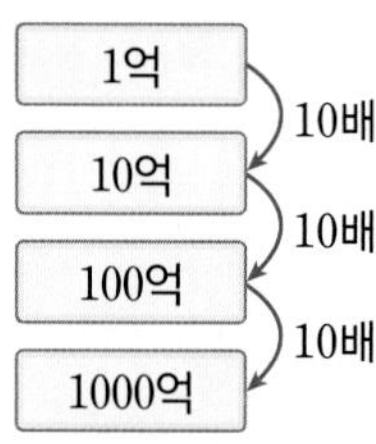

개념 5 조를 알아볼까요

■ 조

• 1000억이 10개인 수를 1000000000000 또는 1조라 쓰고, 조 또는 일조라고 읽습니다.

■ 십조, 백조, 천조

• 1조가 10개인 수 쓰기 10000000000000 또는 10조 읽기 십조
• 1조가 100개인 수 쓰기 100000000000000 또는 100조 읽기 백조
• 1조가 1000개인 수 쓰기 1000000000000000 또는 1000조 읽기 천조

■ 4561조는 얼마만큼의 수인지 알아보기

• 4561조는 1000조가 4개, 100조가 5개, 10조가 6개, 1조가 1개인 수입니다.

4	5	6	1	0	0	0	0	0	0	0	0	0	0	0	0
천	백	십	일	천	백	십	일	천	백	십	일	천	백	십	일
			조				억				만				일

• 0의 개수
조(1000000000000)
➡ 12개
십조(10000000000000)
➡ 13개
백조(100000000000000)
➡ 14개
천조(1000000000000000)
➡ 15개

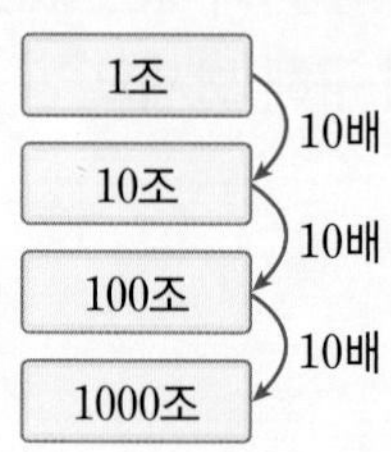

문제를 풀며 이해해요

▸ 251006-0028

01 빈칸에 알맞은 수를 써넣으세요.

1000이 10개인 수	1000만이 10개인 수	1000억이 10개인 수
⬇	⬇	⬇
1만		

1억과 1조를 이해하고 있는지 묻는 문제예요.

▸ 251006-0029

02 물음에 답하세요.

(1) 9813억을 표로 나타내려고 합니다. 빈칸에 알맞은 숫자를 써넣으세요.

천억	백억	십억	억	천만	백만	십만	만	천	백	십	일

(2) 9813억에서 숫자 1이 나타내는 수를 써 보세요.

(　　　　　　　　)

(3) 4381조 2250억을 표로 나타내려고 합니다. 빈칸에 알맞은 숫자를 써넣으세요.

천조	백조	십조	조	천억	백억	십억	억	천만	백만	십만	만	천	백	십	일

(4) 4381조 2250억에서 숫자 3이 나타내는 수를 써 보세요.

(　　　　　　　　)

천조 자리까지의 수의 자릿값을 이해하고 있는지 묻는 문제예요.

표의 한 칸에 숫자를 한 개씩 넣어 보아요.

1조를 수로 쓰면 0이 몇 개인지 표를 보고 생각해 보아요.

▸251006-0030

01 □ 안에 공통으로 들어갈 수를 써 보세요.

- 9000만보다 1000만만큼 더 큰 수는 □입니다.
- 9990만보다 10만만큼 더 큰 수는 □입니다.

(　　　　　　　　)

▸251006-0031

02 □ 안에 알맞은 숫자를 써넣고, 표에 나타낸 수를 읽어 보세요.

7	0	0	0	0	0	0	0	0	0	0	0
	5	0	0	0	0	0	0	0	0	0	0
		6	0	0	0	0	0	0	0	0	0
			2	0	0	0	0	0	0	0	0

⬇

□	□	□	□	0	0	0	0	0	0	0	0
천	백	십	일	천	백	십	일	천	백	십	일
			억				만				일

읽기 ____________________

중요

▸251006-0032

03 보기 와 같이 수를 나타내 보세요.

보기

548301200 ➡ 5억 4830만 1200

(1) 3120589000 ➡ ____________________

(2) 80110420700 ➡ ____________________

▸251006-0033

04 3209000000을 바르게 읽은 사람을 찾아 이름을 써 보세요.

종현: 삼십이억 구백만

효주: 삼억이천 구십만

(　　　　　　　　)

중요

▸251006-0034

05 □ 안에 알맞은 수를 써넣으세요.

49301500003281에서 조의 자리 숫자는 □이고, □을/를 나타냅니다.

▸251006-0035

06 구천삼십조를 찾아 기호를 써 보세요.

㉠ 90300000000000
㉡ 9030000000000000
㉢ 903000000000

(　　　　　　　　)

▸251006-0036

07 밑줄 친 숫자가 나타내는 값을 찾아 선으로 이어 보세요.

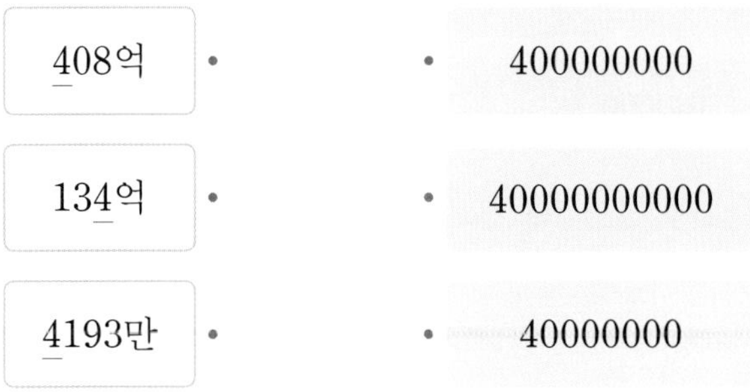

▸251006-0037

08 숫자 2가 나타내는 값이 가장 작은 수는 어느 것인가요? (　　　)

① 3284억　　② 421억
③ 8492조　　④ 324조
⑤ 2493억

▸251006-0038

09 ㉠과 ㉡의 합을 구해 보세요.

㉠ 억이 800개인 수　　㉡ 억이 300개인 수

(　　　　　　　　)

도전

▸251006-0039

10 ㉠에 알맞은 수를 구해 보세요.

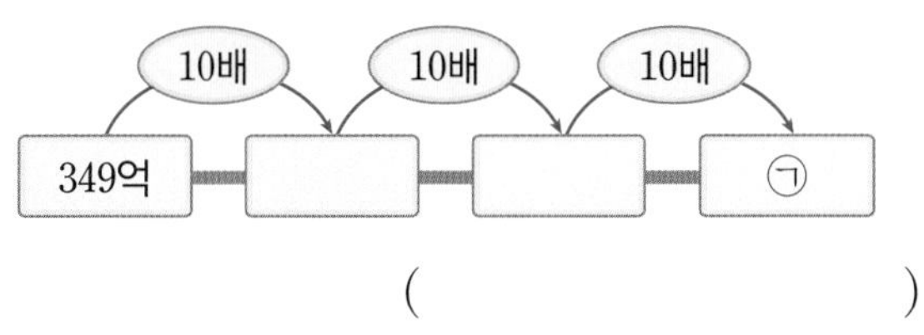

(　　　　　　　　)

도움말 100억을 10배 하면 1000억이고, 1000억을 10배 하면 1조입니다.

문제해결 접근하기

▸251006-0040

11 2억 7800만을 다음과 같은 그림으로 나타냈습니다.

●●△△△△△△△■■■■■■■■

같은 방법으로 나타낸 다음 그림을 보고 어떤 수를 나타낸 것인지 구해 보세요.

●●●△△△△△△△
△△△△△△△■■

이해하기

구하려고 하는 것은 무엇인가요?

답 ______________________

계획 세우기

어떤 방법으로 문제를 해결하면 좋을까요?

답 ______________________

해결하기

□ 안에 알맞은 수 또는 말을 써넣으세요.

● 1개는 1억, △ 1개는 천만, ■ 1개는 □을/를 나타냅니다. ●은 3개이므로 □억, △은 14개이므로 □억 4000만, ■은 □개이므로 □만을 나타냅니다. 따라서 그림이 나타내는 수는 □억 □만입니다.

되돌아보기

△ 10개를 ● 1개로 바꾸어 주어진 수를 그림으로 다시 나타내 보세요.

답 ______________________

개념 6 뛰어 세기를 해 볼까요

■ **10000씩 뛰어 세기**

➡ 10000씩 뛰어 세면 만의 자리 숫자가 1씩 커집니다.

■ **100억씩 뛰어 세기**

➡ 100억씩 뛰어 세면 백억의 자리 숫자가 1씩 커집니다.

• **거꾸로 뛰어 세기**
거꾸로 뛰어 세면 일정한 규칙으로 수가 작아집니다.
89조−86조−83조−80조
➡ 3조씩 거꾸로 뛰어 세었습니다.
129억−127억−125억−123억
➡ 2억씩 거꾸로 뛰어 세었습니다.

개념 7 수의 크기를 비교해 볼까요

■ **자리 수가 다른 두 수 비교하기**

		천만	백만	십만	만	천	백	십	일
370만	➡		3	7	0	0	0	0	0
2901만	➡	2	9	0	1	0	0	0	0

• 자리 수가 다르면 자리 수가 많은 수가 더 큽니다.

• 370만은 일곱 자리 수이고, 2901만은 여덟 자리 수이므로 370만보다 2901만이 더 큽니다.

$3700000 < 29010000$

■ **자리 수가 같은 두 수 비교하기**

		십억	억	천만	백만	십만	만	천	백	십	일
45억	➡	4	5	0	0	0	0	0	0	0	0
43억	➡	4	3	0	0	0	0	0	0	0	0

$4500000000 > 4300000000$

• 자리 수가 같으면 높은 자리의 숫자가 더 큰 수가 더 큽니다.

• **수직선으로 크기 비교**
수직선에서는 오른쪽에 있는 수가 왼쪽에 있는 수보다 더 큽니다.

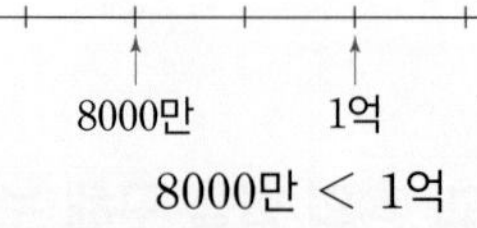

8000만 < 1억

• 45억과 43억은 자리 수는 같지만 억의 자리 숫자가 45억이 더 크므로 45억은 43억보다 더 큽니다.

문제를 풀며 이해해요

▸251006-0041

01 10억씩 뛰어 세어 보세요.

(1) 3905억 ─ [ ] ─ 3925억 ─ 3935억 ─ [ ]

(2) [ ] ─ 24500290000 ─ 25500290000 ─ [ ]

큰 수의 뛰어 세기를 할 수 있는지 묻는 문제예요.

어느 자리의 숫자가 어떻게 변하고 있는지 살펴 보아요.

▸251006-0042

02 몇씩 뛰어 센 것인지 □ 안에 알맞은 수를 써넣으세요.

(1) 1430억 ─ 1530억 ─ 1630억 ─ 1730억 ─ 1830억

➡ [ ]씩 뛰어 세었습니다.

(2) 572조 ─ 562조 ─ 552조 ─ 542조 ─ 532조

➡ [ ]씩 거꾸로 뛰어 세었습니다.

▸251006-0043

03 두 수의 크기를 비교하여 ○ 안에 >, =, <를 알맞게 써넣으세요.

(1) 82910 ○ 91005

(2) 538억 ○ 3201억

(3) 4935조 10억 ○ 4920조 12억

큰 수의 크기를 비교할 수 있는지 묻는 문제예요.

두 수의 자리 수가 같은지 다른지 먼저 비교해 보아요.

교과서 문제 해결하기

▸ 251006-0044

01 10조씩 뛰어 세어 보세요.

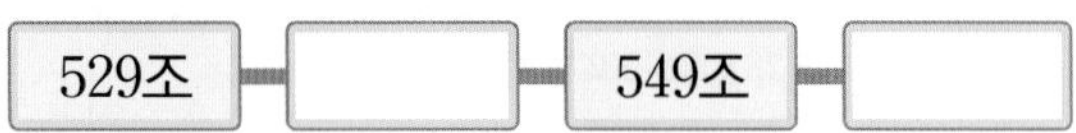

중요 ▸ 251006-0045

02 규칙을 찾아 뛰어 세어 보세요.

▸ 251006-0046

03 뛰어 세기를 하고 있습니다. 빈 곳에 알맞은 수를 써넣으세요.

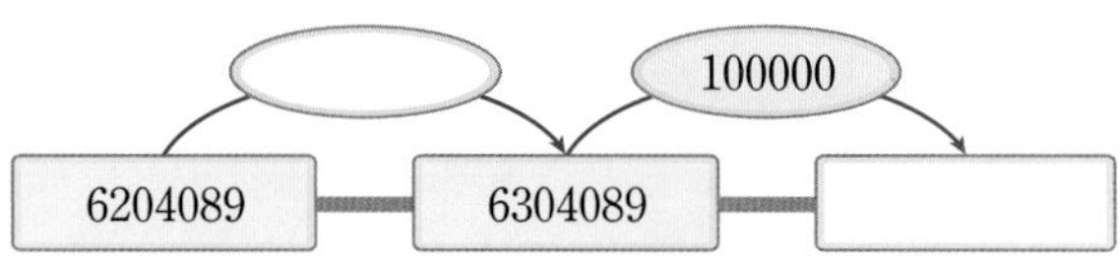

▸ 251006-0047

04 바르게 말한 사람을 찾아 이름을 써 보세요.

진주: 32조 450억에서 1조씩 3번 뛰어 세면 35조 450억이야.
수호: 32조 450억에서 32조 750억이 되려면 100억씩 4번 뛰어 세면 돼.

( )

▸ 251006-0048

05 87990에서 10000씩 4번 거꾸로 뛰어 센 수는 어느 것일까요? ( )

① 87590　② 97990
③ 83990　④ 47990
⑤ 43990

▸ 251006-0049

06 다음 수에서 100억씩 5번 뛰어 센 수는 얼마인지 구해 보세요.

34조 230억

( )

중요 ▸ 251006-0050

07 두 수의 크기를 비교하여 ○ 안에 $>$, $=$, $<$를 알맞게 써넣으세요.

(1) 89110000 ○ 9020000

(2) 5340000 ○ 5490000

▸251006-0051

08 더 큰 수를 찾아 기호를 써 보세요.

㉠ 100억이 34개, 만이 3855개인 수
㉡ 352890000000

(   )

▸251006-0052

09 가장 작은 수를 말한 사람을 찾아 이름을 써 보세요.

(   )

도전

▸251006-0053

10 ㉠은 ㉡보다 큽니다. 0부터 9까지의 수 중 □ 안에 알맞은 수는 모두 몇 개일까요?

㉠ 58740077430000
㉡ 587□4989600000

(   )

도움말 ㉠과 ㉡의 자리 수를 먼저 비교해 봅니다.

문제해결 접근하기

▸251006-0054

11 어느 도시의 올해 초등학생 수는 45만 명입니다. 매년 1000명씩 초등학생 수가 줄어든다면 10년 뒤 이 도시의 초등학생 수는 몇 명인지 구해 보세요.

이해하기

구하려고 하는 것은 무엇인가요?

답 ______________________

계획 세우기

어떤 방법으로 문제를 해결하면 좋을까요?

답 ______________________

해결하기

□ 안에 알맞은 수를 써넣으세요.

1000씩 거꾸로 10번 뛰어 세면 □ 이/가 작아집니다. 따라서 10년 뒤 이 도시의 초등학생 수는 45만 명보다 □ 명 적은 □ 만 명입니다.

되돌아보기

어느 도시의 올해 초등학생 수는 36만 명입니다. 매년 2000명씩 초등학생 수가 줄어든다면 10년 뒤 이 도시의 초등학생 수는 몇 명인지 구해 보세요.

답 ______________________

단원평가로 완성하기

▸ 251006-0055

01 □ 안에 알맞은 수를 써넣으세요.

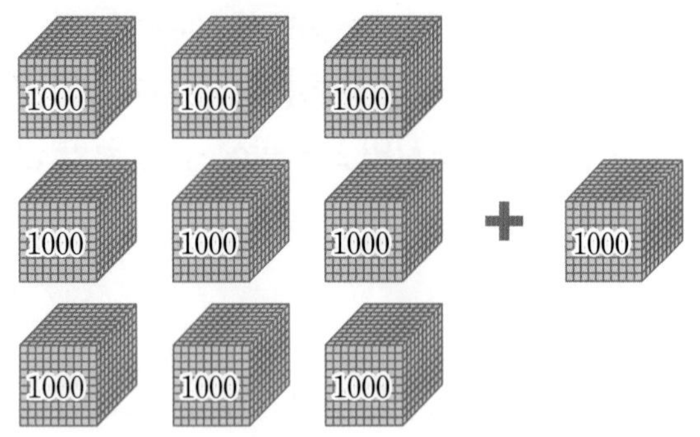

(1) 1000이 10개인 수는 □ 입니다.

(2) 9000보다 □ 만큼 더 큰 수는 10000입니다.

[02~03] 민근이가 저금통에 저금한 돈은 다음과 같습니다. 물음에 답하세요.

▸ 251006-0056

02 민근이가 저금한 돈은 모두 얼마인가요?

( )

▸ 251006-0057

03 얼마를 더 저금하면 민근이가 저금한 돈이 **20000**원이 될까요?

( )

▸ 251006-0058

04 다음이 나타내는 수를 쓰고 읽어 보세요.

3	0	0	0	0
	5	0	0	0
			9	0
				4

쓰기 ____________

읽기 ____________

▸ 251006-0059

05 조건 을 모두 만족하는 가장 작은 수를 써 보세요.

보기

- 이백만보다 크고 삼백만보다 작습니다.
- 만의 자리 숫자는 5입니다.
- 백의 자리 숫자는 800을 나타냅니다.

( )

▸ 251006-0060

06 수를 보기 와 같이 나타내 보세요.

보기

78859=70000+8000+800+50+9

6483000=6000000+□

+□+3000

중요

▸ 251006-0061

07 **57830000에서 각 자리의 숫자를 쓰고, 각 자리의 숫자가 나타내는 값을 써 보세요.**

천만의 자리	백만의 자리	십만의 자리	만의 자리
5			3
	7000000		30000

▸ 251006-0062

08 **천만의 자리 숫자가 9이고, 십만의 자리 숫자가 700000을 나타내는 수는 어느 것인가요?**

( )

① 38900700000 ② 90070000
③ 78900000 ④ 90700000
⑤ 907000000

서술형

▸ 251006-0063

09 **4장의 수 카드를 두 번씩 사용하여 천만의 자리 숫자가 5인 가장 큰 여덟 자리 수를 만들려고 합니다. 풀이 과정을 쓰고, 답을 구해 보세요.**

5 1 6 3

풀이

(1) 천만의 자리 숫자가 ( )인 여덟 자리 수는 5■■■■■■■입니다.

(2) (낮은 , 높은) 자리의 숫자가 클수록 큰 수입니다.

(3) 천만의 자리 숫자가 5인 가장 큰 여덟 자리 수는 ( )입니다.

답 ________________

▸ 251006-0064

10 **□ 안에 알맞은 수나 말을 써넣으세요.**

47930290000

(1) □은/는 천만의 자리 숫자입니다.

(2) 7은 □의 자리 숫자입니다.

(3) 숫자 4는 □을/를 나타냅니다.

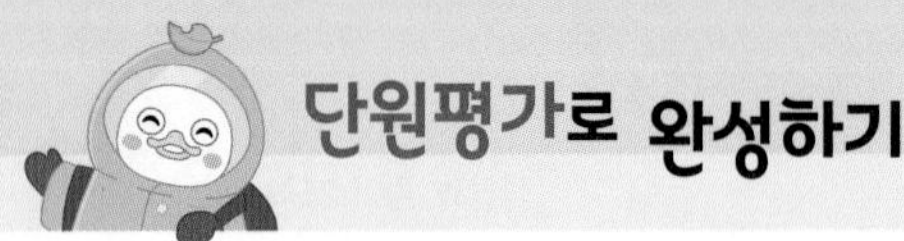

중요

11 1억이 아닌 것을 찾아 기호를 써 보세요. ▸251006-0065

㉠ 1000만이 10개인 수
㉡ 9000만보다 1000만만큼 더 큰 수
㉢ 9990만에 10만을 더한 수
㉣ 1000만의 100배인 수

(   )

12 48012000000을 표로 나타내려고 합니다. 빈칸에 알맞은 수를 써넣고 수를 읽어 보세요. ▸251006-0066

천	백	십	일	천	백	십	일	천	백	십	일
			억				만				일

읽기 ________________

13 빈칸에 알맞은 수를 써넣으세요. ▸251006-0067

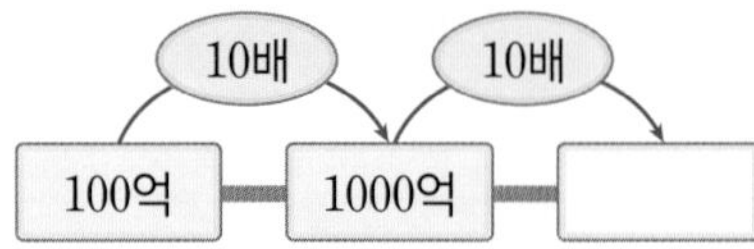

14 숫자 4가 40조를 나타내는 수를 모두 찾아 ○표 하세요. ▸251006-0068

748조 39억	24931200000000
140억 2360만	842359000000000

15 빈칸에 알맞은 수를 써넣으세요. ▸251006-0069

(1)

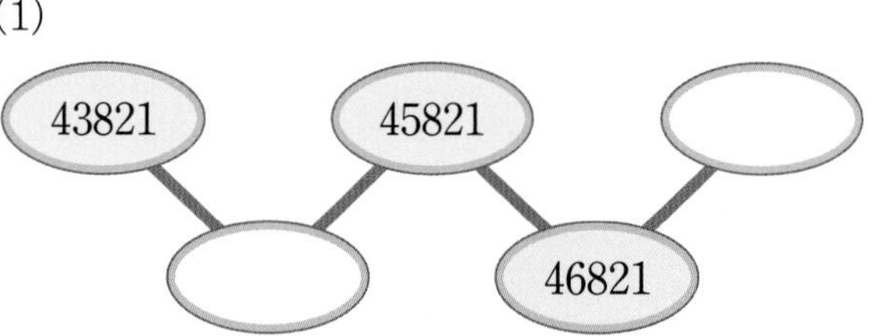

(2)

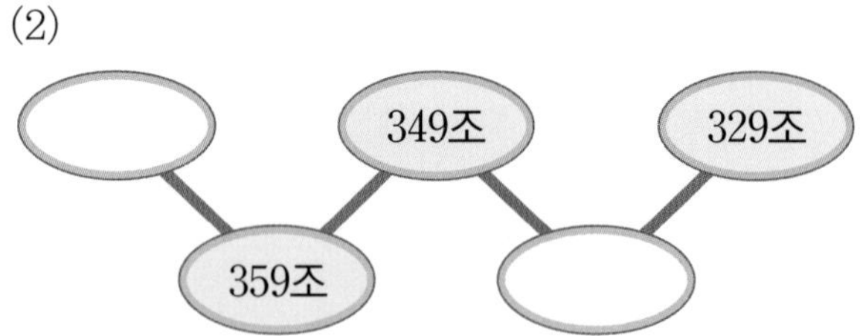

[16~17] 수직선을 보고 물음에 답하세요.

9980억 ㉠ 1조 1조 10억 ㉡ 1조 30억

▸ 251006-0070

16 눈금 한 칸의 크기는 얼마인가요? ( )

① 1억 ② 10억
③ 100억 ④ 1000억
⑤ 1조

도전

▸ 251006-0071

17 ㉠과 ㉡을 수로 나타냈을 때 ㉡의 0의 개수는 ㉠의 0의 개수보다 몇 개 더 많을까요?

( )

▸ 251006-0072

18 가격이 낮은 음식부터 순서대로 기호를 써 보세요.

㉠ 김치찌개 1인분 14000원
㉡ 초밥 1세트 20000원
㉢ 햄버거 1개 8500원

( )

▸ 251006-0073

19 인구 수가 더 많은 나라는 누구의 나라일까요?

에이든: 우리나라의 인구는 4890만 5500명 이야.
루시: 우리나라의 인구는 34925000명이야.

( )

▸ 251006-0074

20 0부터 9까지의 수 중 □ 안에 들어갈 수 있는 수를 모두 구해 보세요.

49731049 < 49□12300

( )

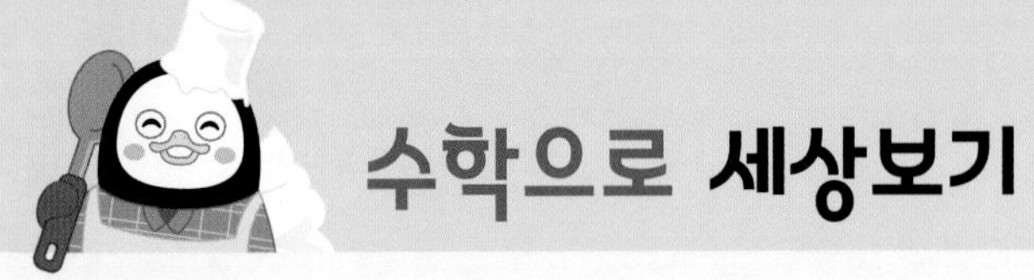

수학으로 세상보기

국립 중앙 박물관을 소개합니다.

여러분은 국립 중앙 박물관에 가본 적이 있나요? 국립 중앙 박물관은 서울시 용산구에 위치한 우리나라를 대표하는 박물관이에요. 국립 중앙 박물관 누리집에 들어가 보면 우리가 1단원에서 배운 큰 수를 곳곳에서 찾을 수 있어요. 그럼 국립 중앙 박물관에 대해 큰 수와 함께 알아볼까요?

1 국립 중앙 박물관에는 구석기 유물이 있어요!

지금 우리가 살고 있는 한반도에 언제부터 사람들이 살기 시작했을까요? 약 70만 년 전부터 사람이 살았다고 해요. 70만 년 전부터 신석기 시대가 시작하기 전인 1만 년 전까지를 구석기 시대라고 해요.

국립 중앙 박물관의 구석기관에 가면 연천 전곡읍 전곡리에서 발견된 주먹도끼를 볼 수 있어요. 주먹도끼는 끝부분이 뾰족한 석기로, 뭉툭한 부분을 손으로 쥐고 여러 용도로 사용했던 구석기 시대 도구예요. 주먹도끼는 전 세계 여러 나라에서 발견되며, 대략 170만 년 전부터 10만 년 전까지 사용되었다고 해요.

〈주먹도끼〉

2 국립 중앙 박물관에는 얼마나 많은 문화유산이 있을까요?

국립 중앙 박물관에는 구석기 시대부터 지금에 이르기까지 우리나라와 다른 나라의 수많은 문화유산이 전시되어 있어요. 박물관이 가지고 있는 문화유산을 소장품이라고 하는데, 재료에 따라 소장품을 분류하면 다음과 같아요.

〈소장품 현황〉

재료	금속	흙	도자기	돌	유리 보석	나무	종이	섬유	기타	합계
개수(점)	67438	109899	99671	32709	52497	9136	51901	6685	7748	437684

(출처: 국립 중앙 박물관 연보, 2023.12.)

소장품은 모두 몇 점일까요? 437684점으로 43만 7684점이라고도 할 수 있어요. 사십만 점이 넘는 많은 문화유산이 소장되어 있네요.

그럼 어떤 재료로 만든 것이 가장 많나요? 개수가 109899점으로 여섯 자리 수인 흙으로 만든 소장품이 가장 많아요. 그다음은 도자기(99671점), 금속(67438점), 유리보석(52497점), 종이(51901점) 순이 되겠네요.

이렇게 다양한 문화유산을 직접 볼 수 있는 국립 중앙 박물관에 꼭 방문해 보길 추천해요! 그럼 얼마나 많은 사람들이 국립 중앙 박물관을 방문했을까요?

3 국립 중앙 박물관을 관람한 사람은 몇 명일까요?

〈2023년 월별 국립 중앙 박물관 관람객 수〉

월	1월	2월	3월	4월	5월	6월
관람객 수(명)	411281	419332	250352	211974	306607	334368

7월	8월	9월	10월	11월	12월	합계
477407	533857	397512	347852	221919	267824	4180285

(출처: 국립 중앙 박물관 연보, 2023.12.)

2023년 한 해 동안 정말 많은 관람객이 국립 중앙 박물관을 방문했음을 알 수 있어요. 모두 몇 명일까요? 4180285명이므로 418만 285명이라고도 할 수 있어요. 사백만 명이 넘는 사람이 관람했네요!
그럼 몇 월에 가장 많은 사람이 관람했을까요? 모두 여섯 자리 수이니까 가장 높은 자리인 십만의 자리 숫자를 확인하면 가장 큰 수를 찾을 수 있어요. 8월의 관람객 수 533857명의 십만의 자리 숫자가 5로 가장 크니까 8월에 가장 많은 사람이 관람했다는 것을 알 수 있어요.
그다음으로 1월, 2월, 7월의 관람객 수는 십만의 자리 숫자가 4로 모두 같아요. 이 중 만의 자리 숫자를 확인해 보면 7월의 관람객 수의 만의 자리 숫자가 7로 가장 크므로 두 번째로 많은 사람이 관람한 달은 7월이네요.
그럼 가장 적은 사람이 관람한 달은 언제일까요? 십만의 자리 숫자가 2인 달 중에서 만의 자리 숫자가 1로 가장 작은 4월에 가장 적은 사람이 관람했음을 알 수 있어요. 박물관이 덜 붐비는 달에 관람하고 싶다면 8월보다는 4월에 가는 것을 추천해요!

이렇게 우리가 배운 큰 수를 활용하면 국립 중앙 박물관에 대해 더욱 자세히 알 수 있답니다.

[사진 출처: 국립 중앙 박물관, https://www.museum.go.kr]

2

각도

재현이네 가족이 운동을 하고 있습니다. 모두 다리를 위로 올리고 다리 운동을 하고 있네요. 그런데 다리와 바닥 사이의 벌어진 정도가 모두 달라요. 다리와 바닥 사이의 각의 크기가 가장 큰 사람과 가장 작은 사람은 누구일까요? 다리와 바닥 사이의 각도는 각각 몇 도일까요?

이번 2단원에서는 각의 크기를 비교해 보고 재어 볼 거예요. 또 예각과 둔각을 알아보고 각도를 어림해 보기도 하며 각도의 합과 차를 구해 볼 거예요. 삼각형의 세 각의 크기의 합과 사각형의 네 각의 크기의 합도 알아볼 거예요.

단원 학습 목표

1. 각의 크기를 비교할 수 있습니다.
2. 각도를 이해하고 각의 크기를 잴 수 있습니다.
3. 예각과 둔각을 알고 각도를 어림할 수 있습니다.
4. 각도의 합과 차를 구할 수 있습니다.
5. 삼각형의 세 각의 크기의 합과 사각형의 네 각의 크기의 합을 알 수 있습니다.

단원 진도 체크

회차	학습 내용		진도 체크
1차	교과서 개념 배우기 + 문제 해결하기	**개념 1** 각의 크기를 비교해 볼까요 **개념 2** 각의 크기를 재어 볼까요(1)	✓
2차	교과서 개념 배우기 + 문제 해결하기	**개념 3** 각의 크기를 재어 볼까요(2) **개념 4** 예각과 둔각을 알아볼까요	✓
3차	교과서 개념 배우기 + 문제 해결하기	**개념 5** 각도를 어림해 볼까요 **개념 6** 각도의 합과 차를 구해 볼까요	✓
4차	교과서 개념 배우기 + 문제 해결하기	**개념 7** 삼각형의 세 각의 크기의 합을 알아볼까요 **개념 8** 사각형의 네 각의 크기의 합을 알아볼까요	✓
5차	단원평가로 완성하기		✓
6차	수학으로 세상보기		✓

해당 부분을 공부하고 나서 ✓표를 하세요.

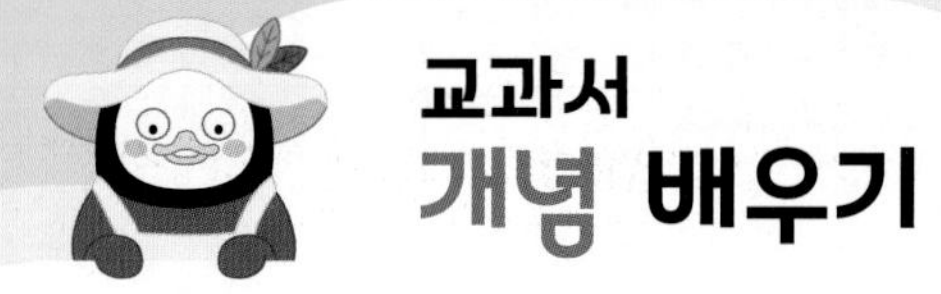

교과서 개념 배우기

개념 1 각의 크기를 비교해 볼까요

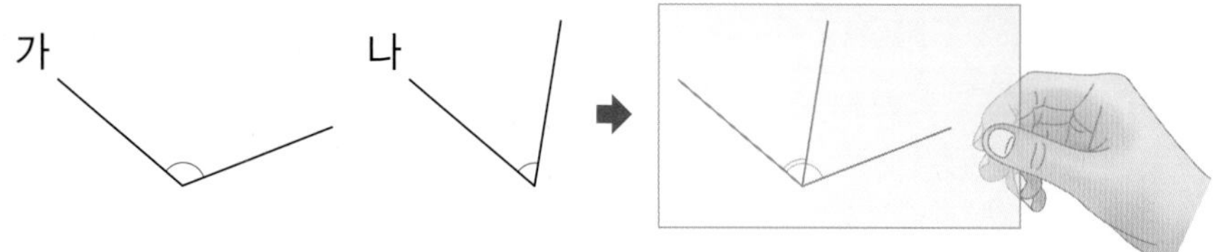

두 각을 겹쳐서 각의 크기를 비교해 보면 더 큰 각은 가입니다.

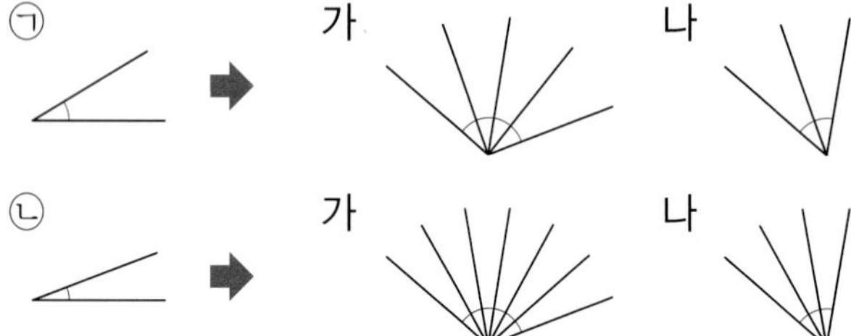

- ㉠과 같은 각이 가에는 4번, 나에는 2번 들어가므로 더 큰 각은 가입니다.
- ㉡과 같은 각이 가에는 6번, 나에는 3번 들어가므로 더 작은 각은 나입니다.

- **각의 크기 비교**
  각의 크기를 비교할 때는 각의 두 변이 벌어진 정도를 비교합니다.
  가 나
  각의 크기가 더 큰 각은 나입니다.

개념 2 각의 크기를 재어 볼까요(1)

■ **각의 크기 알아보기**

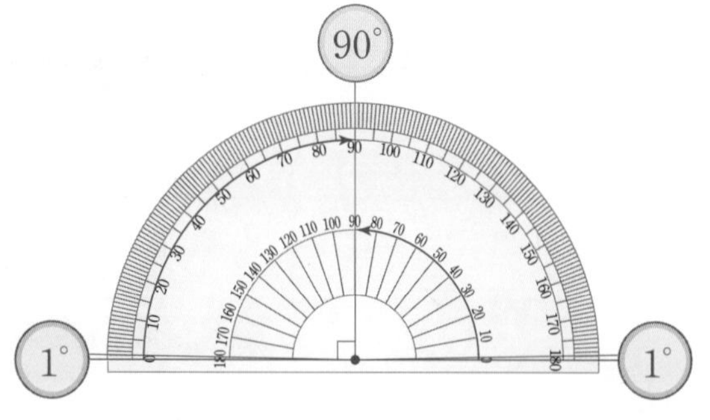

➡ 각의 크기를 각도라고 합니다.
➡ 직각의 크기를 똑같이 90으로 나눈 것 중의 하나를 1도라 하고, 1°라고 씁니다.
➡ 직각의 크기는 90°입니다.

- 각도기에는 0부터 180까지의 숫자가 있습니다.
- 숫자 눈금은 안쪽과 바깥쪽에 두 개가 있고 눈금의 방향이 다릅니다.

문제를 풀며 이해해요

▸ 251006-0075

01 더 큰 각에 ○표 하세요.

각의 크기를 비교할 수 있는지 묻는 문제예요.

(1)

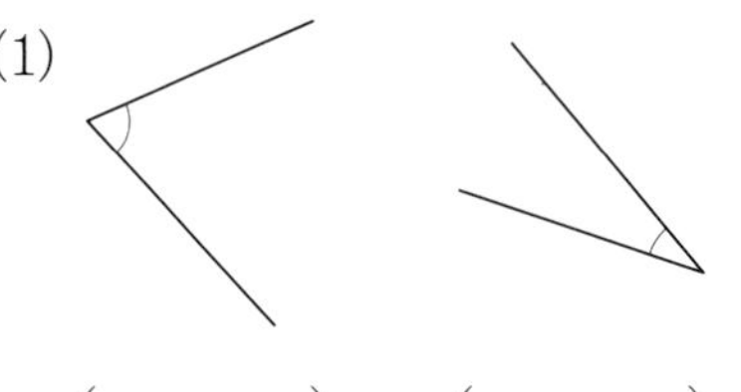

( ) ( )

(2)

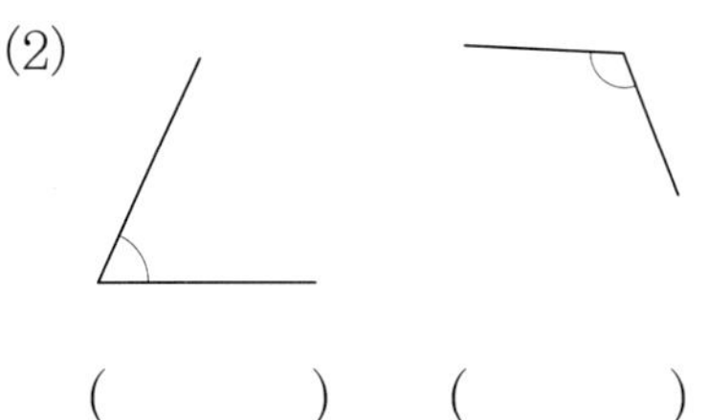

( ) ( )

각의 크기를 비교할 때는 두 변이 벌어진 정도를 살펴보아요.

▸ 251006-0076

02 □ 안에 알맞은 수나 기호를 써넣으세요.

더 큰 각에는 단위 각이 더 많이 들어가요.

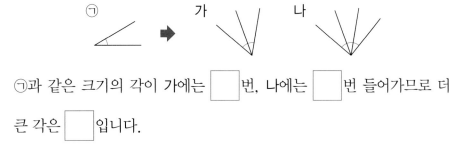

㉠과 같은 크기의 각이 가에는 □번, 나에는 □번 들어가므로 더 큰 각은 □입니다.

▸ 251006-0077

03 □ 안에 알맞은 말이나 수를 써넣으세요.

각도를 이해하고 있는지 묻는 문제예요.

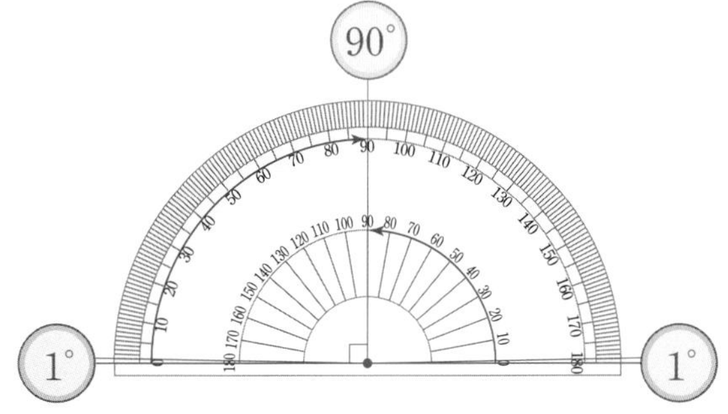

직각의 크기를 똑같이 90으로 나눈 것 중의 하나를 1도라 하고, 1°라고 써요.

➡ 각의 크기를 □라고 합니다.

➡ 직각의 크기를 똑같이 90으로 나눈 것 중의 하나가 1°이므로 직각의 크기는 □°입니다.

교과서 문제 해결하기

▸251006-0078
01 더 큰 각을 찾아 기호를 써 보세요.

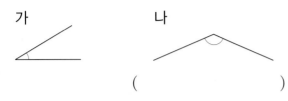

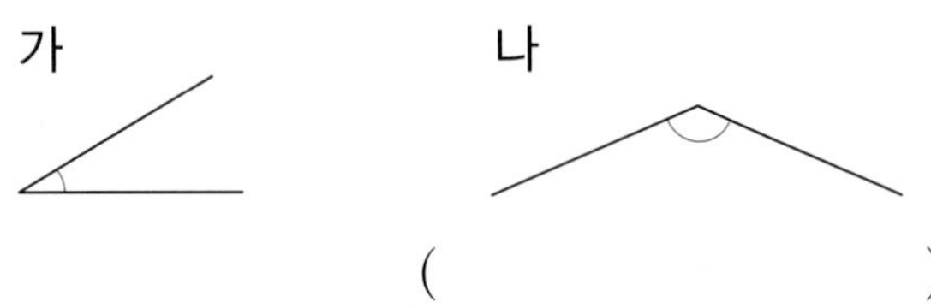

( )

▸251006-0079
02 □ 안에 알맞은 기호를 써넣으세요.

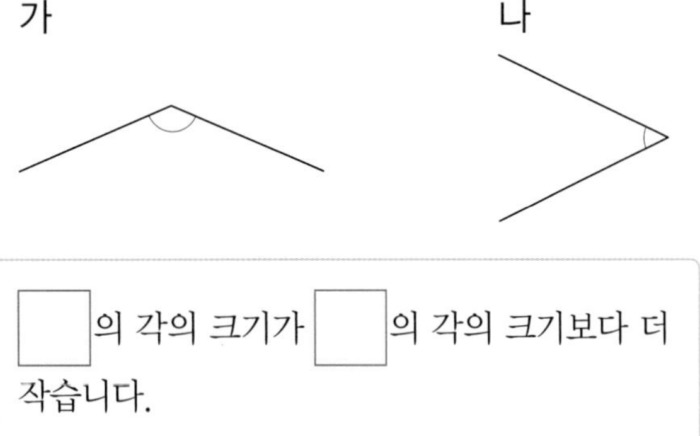

□의 각의 크기가 □의 각의 크기보다 더 작습니다.

▸251006-0080
03 □ 안에 알맞은 말을 써넣으세요.

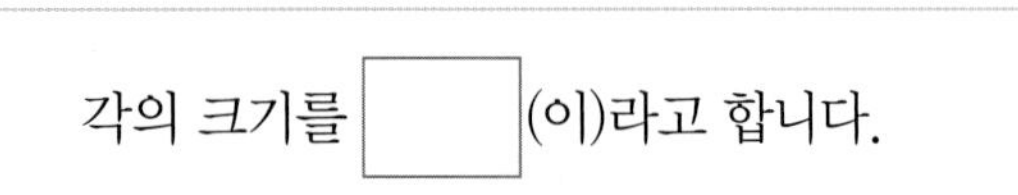

각의 크기를 □(이)라고 합니다.

중요
▸251006-0081
04 큰 각부터 순서대로 기호를 써 보세요.

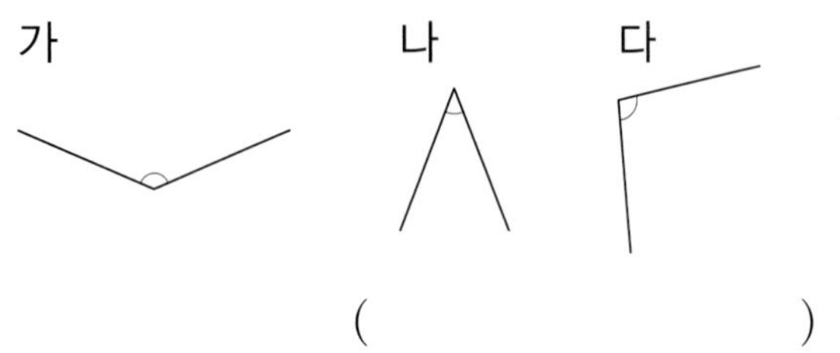

( )

▸251006-0082
05 □ 안에 알맞은 수를 써넣으세요.

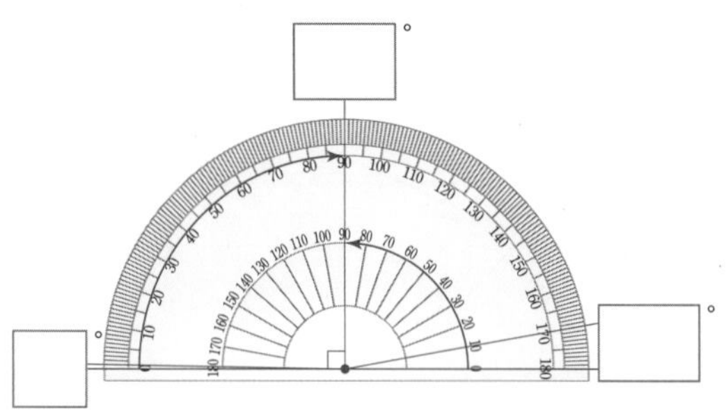

중요
▸251006-0083
06 대화를 보고 옳게 말한 친구의 이름을 써 보세요.

민수: 직각의 크기는 100°야.
영호: 직각은 60°보다 큰 각이야.
철준: 직각의 크기를 똑같이 100으로 나눈 것 중의 하나가 1°야.

( )

▸251006-0084
07 각을 보고 잘못 말한 친구의 이름을 써 보세요.

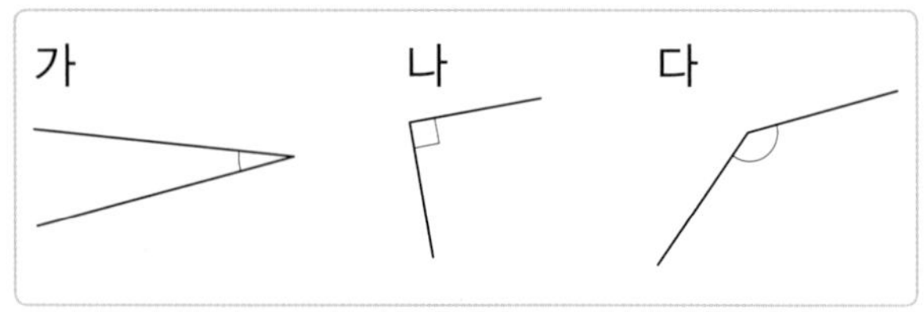

호준: 크기가 가장 작은 각은 가야.
경수: 가장 많이 벌어진 각은 다이니까 크기가 가장 큰 각은 다야.
가은: 나보다 크기가 더 큰 각은 가야.

( )

▸251006-0085

08 □ 안에 공통으로 들어갈 수를 써 보세요.

직각의 크기를 똑같이 □(으)로 나눈 것 중의 하나를 1도라 하고, 1°라고 씁니다.
직각의 크기는 □°입니다.

( )

▸251006-0086

09 각 가, 각 나, 각 다에 오른쪽 단위 각이 몇 개 들어가는지를 조사하여 표로 나타내었습니다. 각의 크기가 큰 것부터 순서대로 기호를 써 보세요.

각	가	나	다
단위 각의 개수	2개	4개	3개

( )

도전

▸251006-0087

10 시계의 긴바늘과 짧은바늘이 이루는 작은 쪽의 각도가 가장 큰 시각은 몇 시인지 구해 보세요.

( )

도움말 시계의 긴바늘과 짧은바늘이 가장 많이 벌어진 시각을 찾아봅니다.

문제해결 접근하기

▸251006-0088

11 대화를 읽고 은호의 부채를 찾아 기호를 써 보세요.

가 나 다 라

주영: 내 부채는 은호의 부채보다 각의 크기가 더 커.
선호: 내 부채의 각의 크기는 주영이의 부채의 각의 크기보다 더 커.
민지: 내 부채의 각의 크기가 가장 작아.

이해하기

구하려고 하는 것은 무엇인가요?

답

계획 세우기

어떤 방법으로 문제를 해결하면 좋을까요?

답

해결하기

□ 안에 알맞은 말이나 기호를 써넣으세요.

• 부채의 각의 크기가 큰 것부터 순서대로 기호를 쓰면 □, □, □, □입니다.
• 각의 크기가 큰 부채를 가지고 있는 친구부터 순서대로 이름을 쓰면 □, □, □, □이므로 은호의 부채는 □입니다.

되돌아보기

문제를 해결한 방법을 설명해 보세요.

답

교과서 개념 배우기

개념 3 각의 크기를 재어 볼까요(2)

■ 각도기를 이용하여 각의 크기 재기

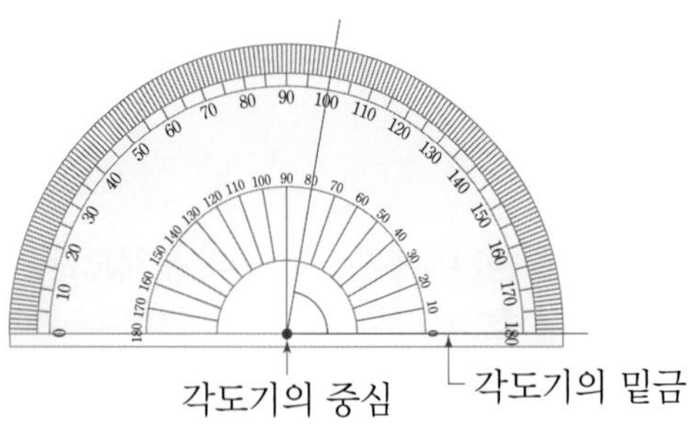

① 각도기의 중심을 각의 꼭짓점에 맞춥니다.
② 각도기의 밑금을 각의 한 변에 맞춥니다.
③ 각의 다른 한 변이 만난 각도기의 눈금을 살펴봅니다.
④ 각의 한 변과 각도기의 밑금이 만난 부분에서 0을 찾고 0부터 시작하여 각의 다른 한 변이 만난 부분에 있는 각도를 찾아 읽습니다.

➡ 각의 한 변이 있는 곳에서 시작하여 각의 다른 변이 있는 곳의 눈금을 찾아 읽어 보면 각의 크기는 80°입니다.

• 각도기에서 각도 읽는 방법

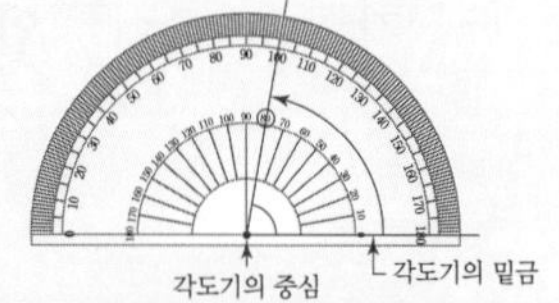

➡ 각도기에서 각도를 읽을 때는 각도기의 밑금과 각의 한 변이 맞닿아 있는 곳부터 시작하여 각도를 구해야 합니다. 위의 각의 크기를 100°라고 읽지 않도록 주의합니다.

개념 4 예각과 둔각을 알아볼까요

■ 예각 알아보기

각도가 0°보다 크고 직각보다 작은 각을 예각이라고 합니다.

■ 둔각 알아보기

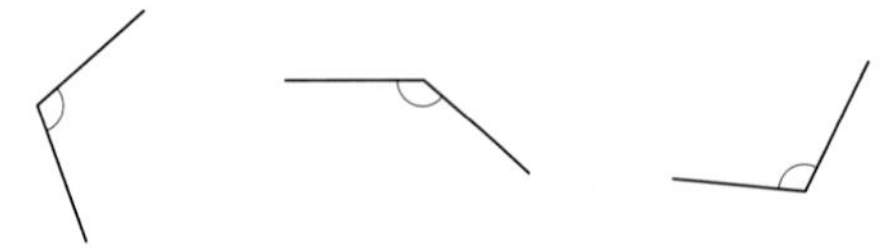

각도가 직각보다 크고 180°보다 작은 각을 둔각이라고 합니다.

• 예각과 둔각

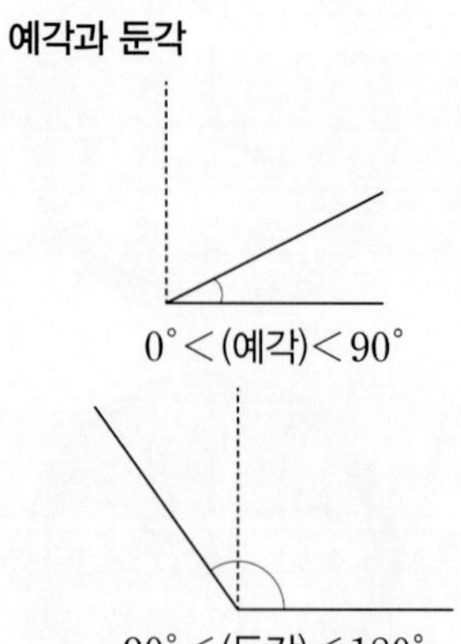

문제를 풀며 이해해요

▸ 251006-0089

01 각도를 바르게 잰 것에 ○표 하세요.

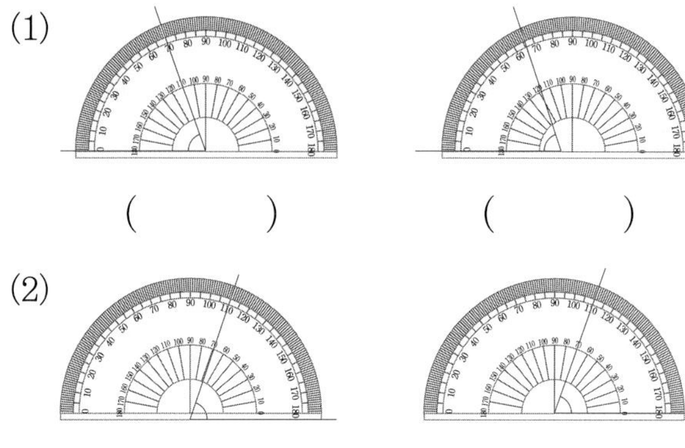

(1) ( ) ( )

(2) ( ) ( )

각도기로 각도를 재는 방법을 알고 각도를 읽을 수 있는지 묻는 문제예요.

각도기로 각도를 잴 때는 각도기의 중심을 각의 꼭짓점에 맞추고 각도기의 밑금을 각의 한 변에 맞추어야 해요.

▸ 251006-0090

02 각도를 구해 보세요.

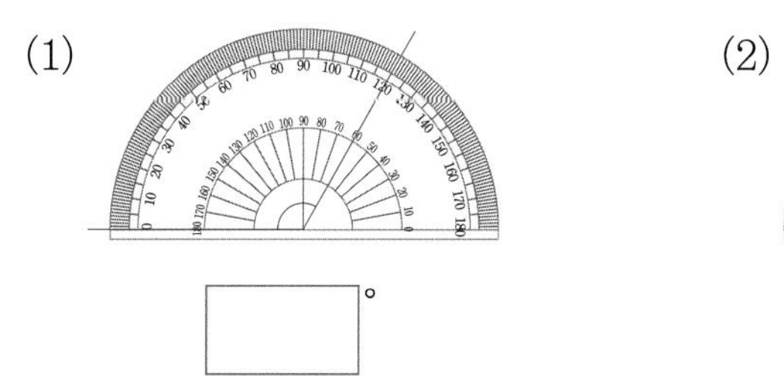

(1) □°

(2) □°

각도기의 밑금이 어느 쪽에 있는지 살펴보아요.

▸ 251006-0091

03 예각에는 ○표, 둔각에는 △표 하세요.

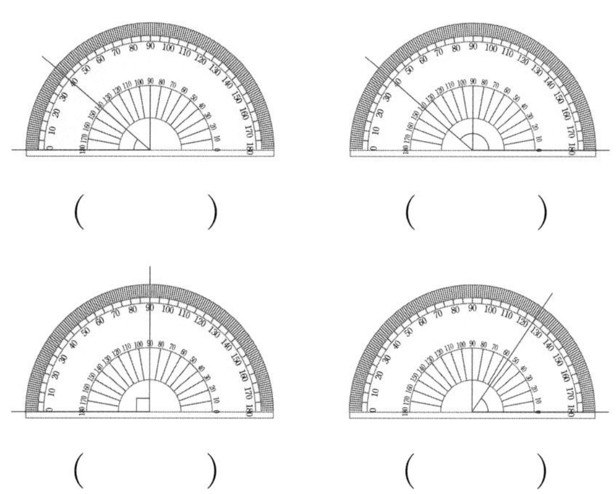

( ) ( )

( ) ( )

예각과 둔각을 알고 있는지 묻는 문제예요.

각도가 0°보다 크고 직각보다 작은 각은 예각, 직각보다 크고 180°보다 작은 각은 둔각이라고 해요.

교과서 문제 해결하기

▸ 251006-0092

01 각도를 구해 보세요.

(1) □°

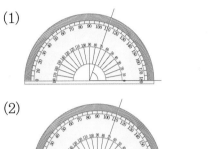

(2) □°

▸ 251006-0093

02 각도기를 이용하여 각도를 바르게 잰 것에 ○표 하고, 각도를 써 보세요.

(　　) (　　)

□°

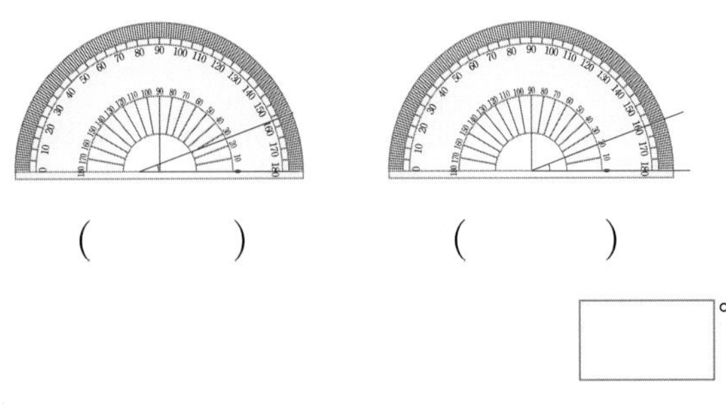

중요 ▸ 251006-0094

03 각도기를 이용하여 각도를 재어 보세요.

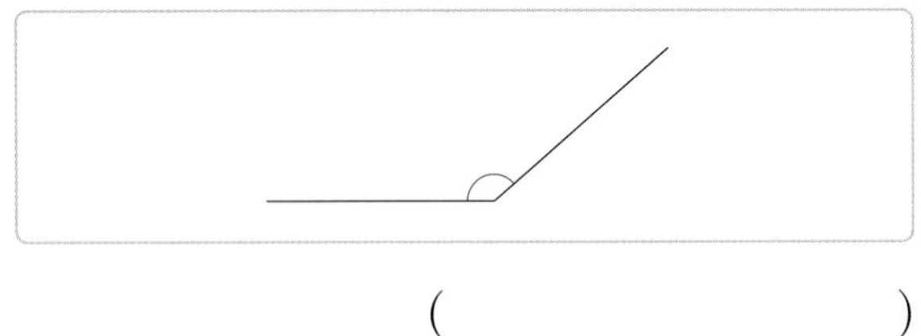

(　　　　　)

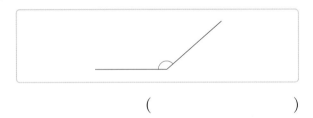

▸ 251006-0095

04 각도를 재어 □ 안에 알맞은 수를 써넣으세요.

□° □°

▸ 251006-0096

05 그림을 보고 바르게 말한 친구의 이름을 써 보세요.

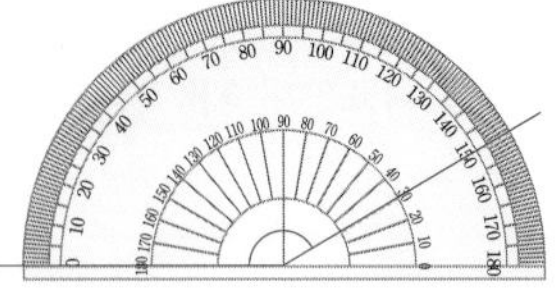

영수: 각도는 30°야.
지연: 각도기의 밑금을 각의 한 변에 맞추지 않아서 각도를 잘못 재었어.
하진: 각도는 150°야.

(　　　　　)

중요 ▸ 251006-0097

06 보기 에서 예각과 둔각을 모두 찾아 기호를 써 보세요.

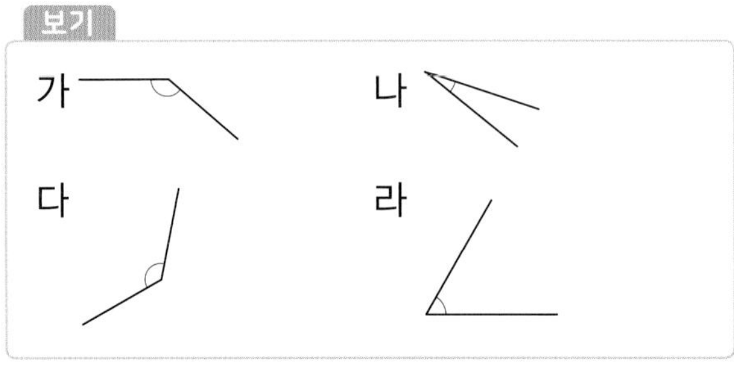

예각 (　　　　　)
둔각 (　　　　　)

▸ 251006-0098

07 부채의 펼쳐진 부분이 둔각인 부채는 모두 몇 개인지 구해 보세요.

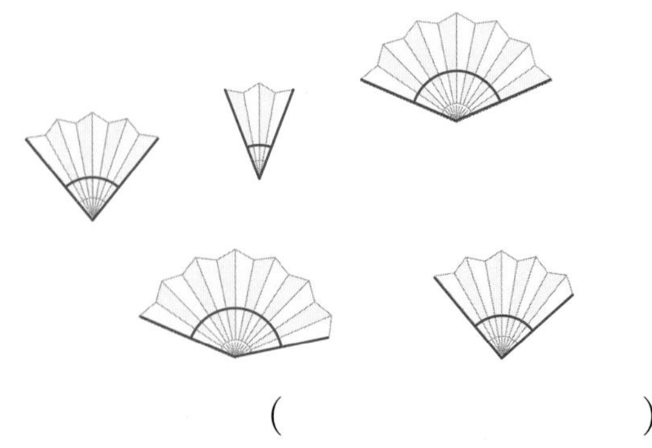

(　　　　　)

▸251006-0099

08 주어진 선분을 이용하여 둔각을 그려 보세요.

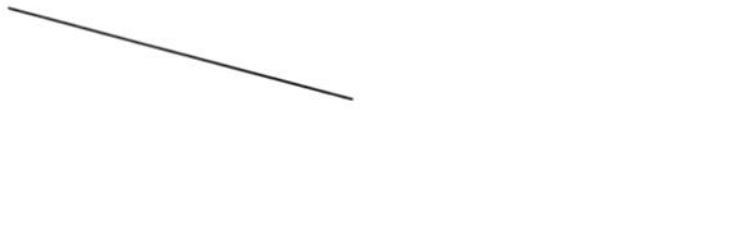

▸251006-0100

09 각을 보고 잘못 말한 친구의 이름을 써 보세요.

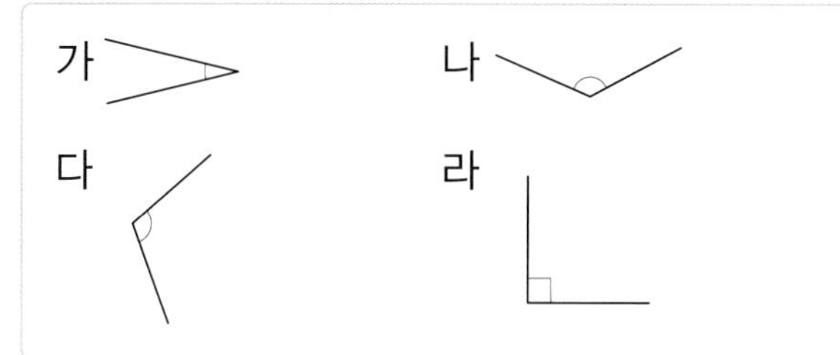

가연: 가와 라는 예각이야.
희수: 다는 라보다 각의 크기가 더 커.
미진: 둔각은 모두 2개야.
혜성: 다는 둔각이야.

(　　　　　　　　)

도전

▸251006-0101

10 그림에서 찾을 수 있는 크고 작은 예각은 모두 몇 개일까요?

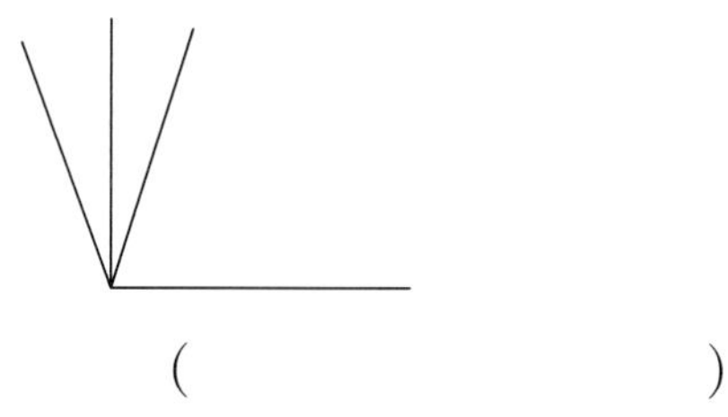

(　　　　　　　　)

도움말 각도가 $0°$보다 크고 직각보다 작은 각을 모두 찾아봅니다.

▸251006-0102

11 보기 의 각 중에서 예각은 둔각보다 몇 개 더 많은지 구해 보세요.

보기

가　나　다
라　마　바

이해하기

구하려고 하는 것은 무엇인가요?

답 ____________________

계획 세우기

어떤 방법으로 문제를 해결하면 좋을까요?

답 ____________________

해결하기

□ 안에 알맞은 기호나 수를 써넣으세요.

- 예각은 □, □, □로 □개입니다.
- 둔각은 □로 □개입니다.
- □－□＝□이므로 예각은 둔각보다 □개 더 많습니다.

되돌아보기

둔각은 예각보다 몇 개 더 많은지 구해 보세요.

90°	135°	170°	95°	75°

답 ____________________

교과서 개념 배우기

개념 5 각도를 어림해 볼까요

■ 삼각자의 각도와 비교하여 각도 어림하기

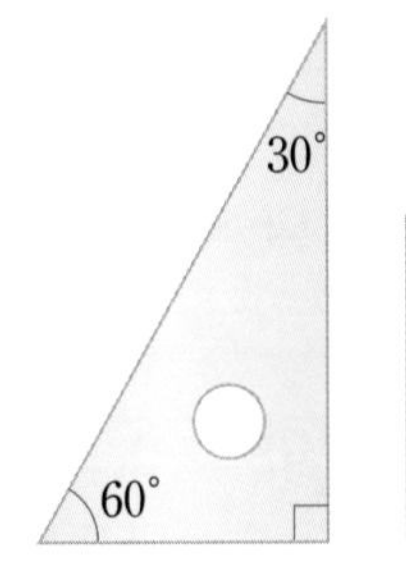

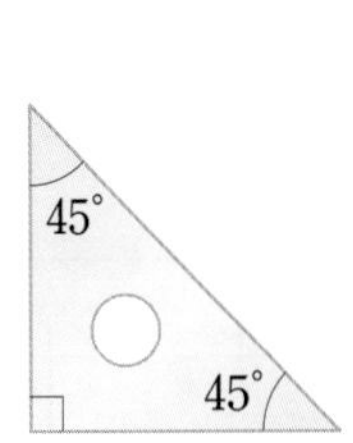

➡ 삼각자의 30°보다 작은 각이므로 각도를 어림하면 약 20°입니다.

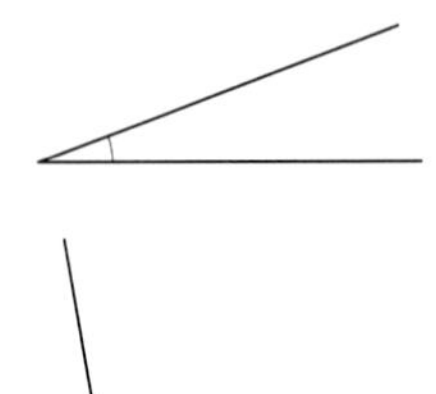

➡ 삼각자의 90°보다 조금 큰 각이므로 각도를 어림하면 약 100°입니다.

• 각도 어림하기

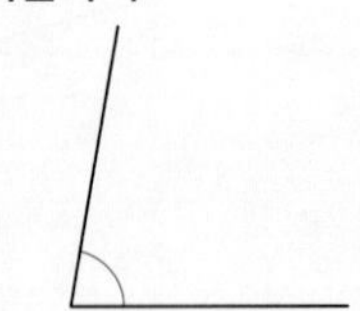

삼각자의 각도와 비교해 보면 60°보다 크고 90°보다 약간 작으므로 약 80°로 어림할 수 있습니다.

➡ 삼각자의 각과 비교하면 주어진 각을 실제 값과 가깝게 어림할 수 있습니다.

➡ 각도를 어림할 때는 약 □°라고 말합니다.

개념 6 각도의 합과 차를 구해 볼까요

■ 각도의 합 구하기

두 각도의 합은 두 각을 겹치지 않게 이어 붙여서 만든 각의 크기와 같습니다.

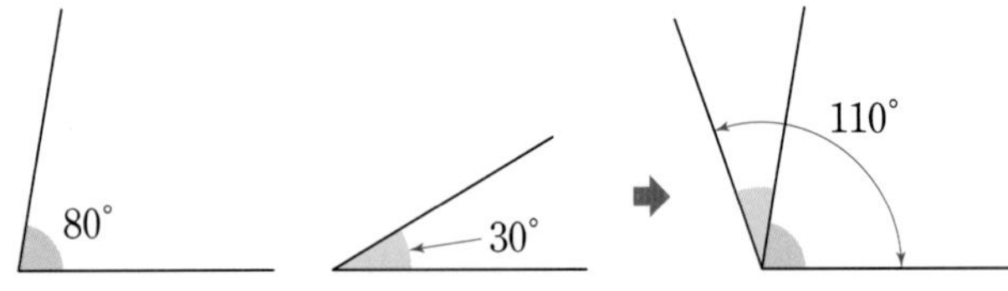

➡ $80^\circ+30^\circ=110^\circ$

■ 각도의 차 구하기

두 각도의 차는 두 각을 겹쳤을 때 겹치지 않은 부분의 각의 크기와 같습니다.

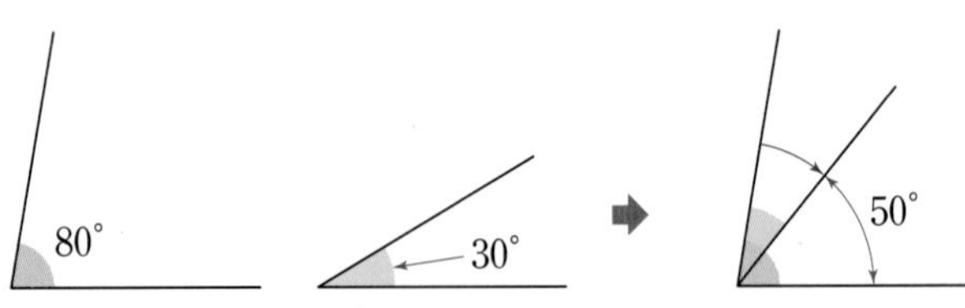

➡ $80^\circ-30^\circ=50^\circ$

• 각도의 합과 차

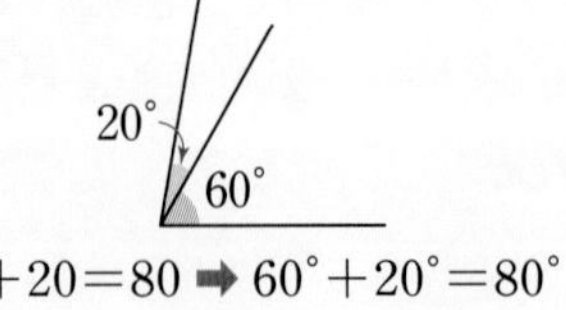

$60+20=80$ ➡ $60^\circ+20^\circ=80^\circ$

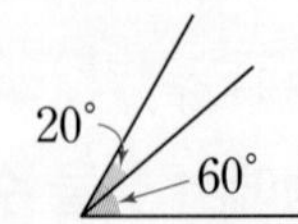

$60-20=40$ ➡ $60^\circ-20^\circ=40^\circ$

➡ 각도의 합과 차의 계산은 자연수의 합과 차의 계산과 같은 방법으로 합니다.

문제를 풀며 이해해요

01 삼각자를 보고 각도를 어림하고 각도기로 재어 보세요. ▸ 251006-0103

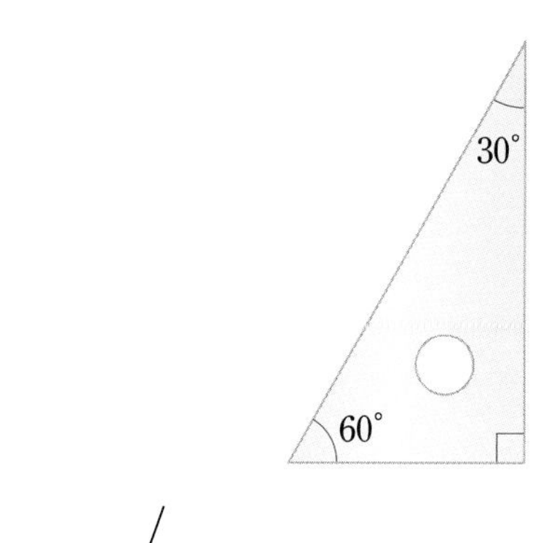

(1)

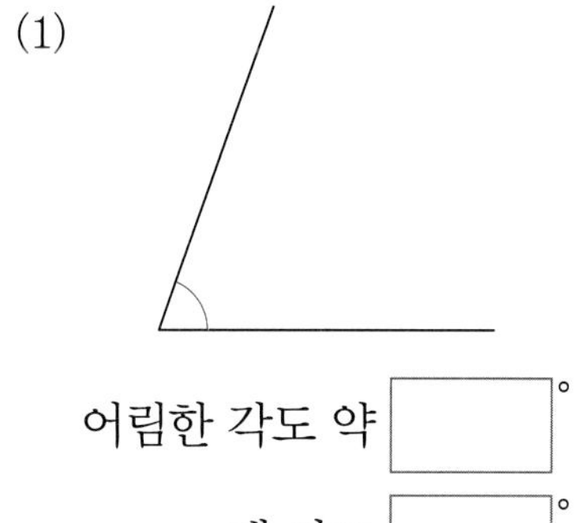

어림한 각도 약 □°

잰 각도 □°

(2)

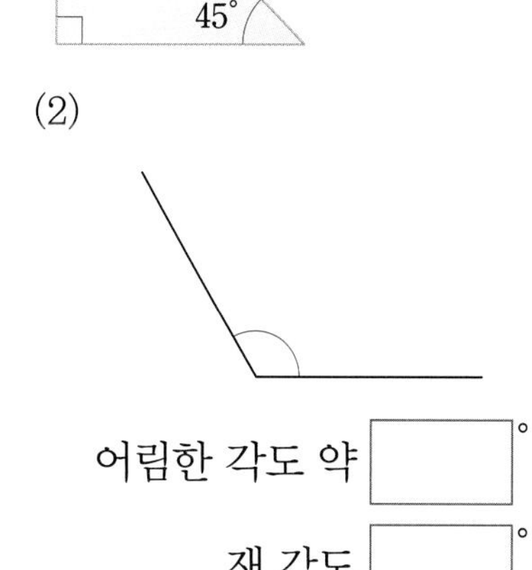

어림한 각도 약 □°

잰 각도 □°

각도를 어림하고 잴 수 있는지 묻는 문제예요.

각도를 어림할 때 삼각자의 각도와 비교하여 어림하면 실제 값에 가깝게 어림할 수 있어요.

02 두 각도의 합과 차를 구해 보세요. ▸ 251006-0104

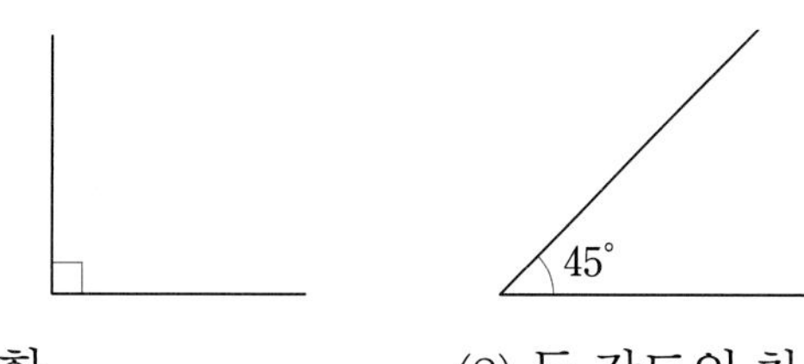

(1) 두 각도의 합

(　　　　　　　　)

(2) 두 각도의 차

(　　　　　　　　)

각도의 합과 차를 구할 수 있는지 묻는 문제예요.

각도의 합과 차를 구할 때는 자연수의 합과 차와 같은 방법으로 계산해요.

03 각도의 합과 차를 구해 보세요. ▸ 251006-0105

(1) $35° + 80°$

(2) $150° - 60°$

교과서 문제 해결하기

▸ 251006-0106

01 직각을 이용하여 각도를 어림하고, 각도기로 재어 보세요.

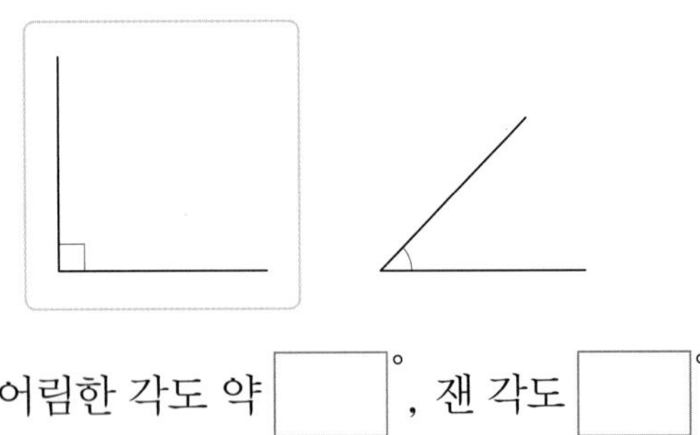

어림한 각도 약 ☐°, 잰 각도 ☐°

▸ 251006-0107

02 각도를 어림하고, 각도기로 재어 보세요.

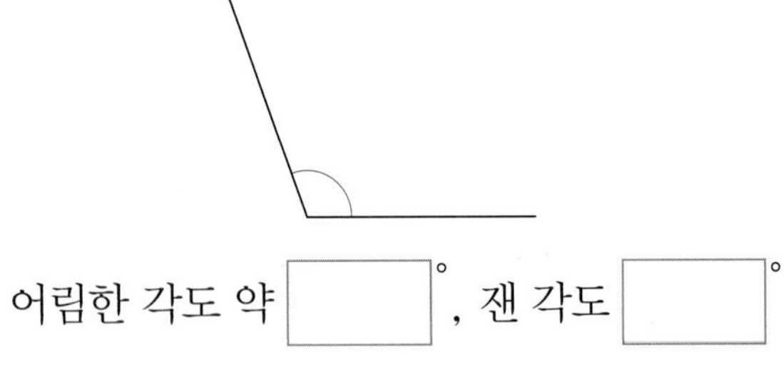

어림한 각도 약 ☐°, 잰 각도 ☐°

▸ 251006-0108

03 가장 정확하게 어림한 각도에 ○표 하세요.

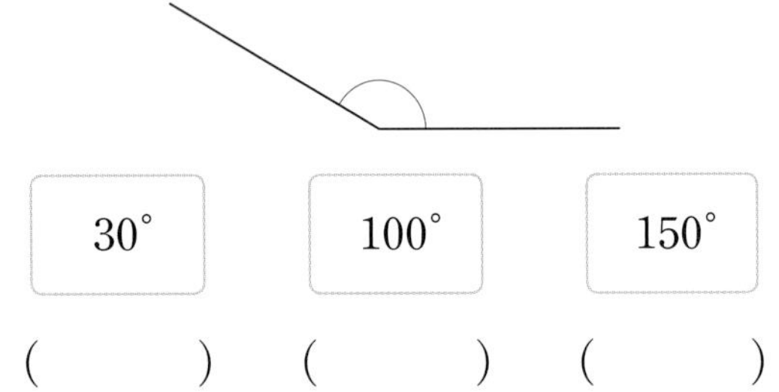

30°	100°	150°
(　　)	(　　)	(　　)

중요

▸ 251006-0109

04 시계의 긴바늘과 짧은바늘이 이루는 작은 쪽의 각도를 어림하고, 각도기로 재어 보세요.

어림한 각도 약 ☐°, 잰 각도 ☐°

▸ 251006-0110

05 다음 그림과 같이 색종이 한 장과 반으로 자른 색종이를 겹치지 않게 이어 붙였습니다. 표시된 부분의 각도를 어림해 보세요.

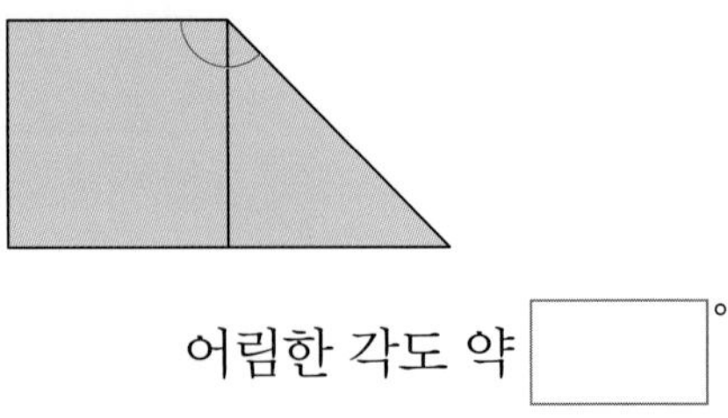

어림한 각도 약 ☐°

중요

▸ 251006-0111

06 두 각도의 합과 차를 구해 보세요.

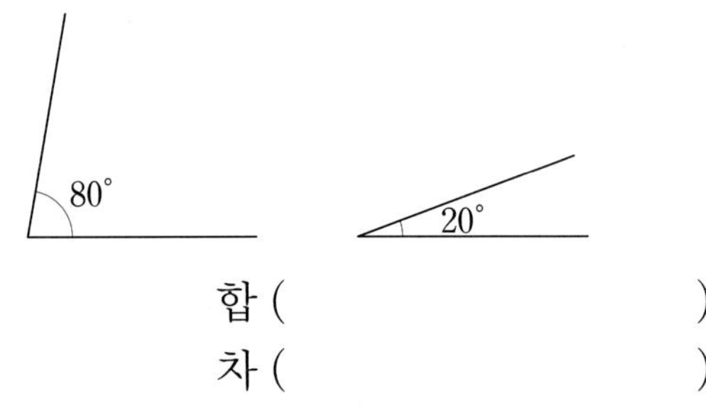

합 (　　　　　　　　)

차 (　　　　　　　　)

▸ 251006-0112

07 ☐ 안에 알맞은 수를 써넣으세요.

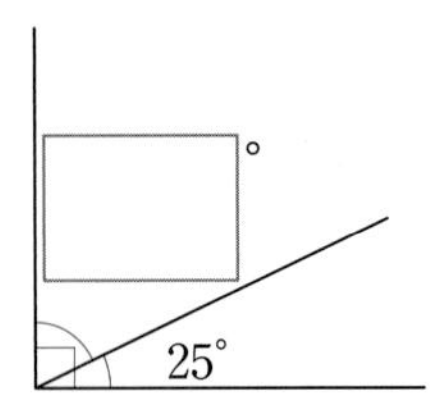

▸ 251006-0113

08 각도가 가장 큰 각과 가장 작은 각을 찾아 두 각도의 차를 구해 보세요.

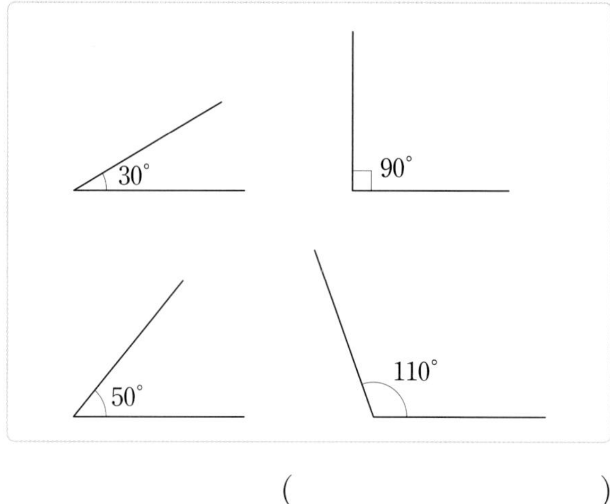

( )

▸ 251006-0114

09 각도의 계산 결과가 큰 것부터 순서대로 기호를 써 보세요.

㉠ 170°−50°
㉡ 20°+90°
㉢ 130°−40°

( )

도전

▸ 251006-0115

10 각도의 계산 결과가 둔각인 각은 모두 몇 개일까요?

㉠ 90°+10°	㉡ 100°−20°
㉢ 170°−70°	㉣ 80°+50°
㉤ 40°+50°	㉥ 130°−10°

( )

도움말 각도의 합 또는 차를 구한 다음 결과가 직각보다 크고 180°보다 작은 각을 찾아봅니다.

문제해결 접근하기

▸ 251006-0116

11 각도의 합과 차를 이용하여 ㉠+㉡+㉢의 값을 구해 보세요.

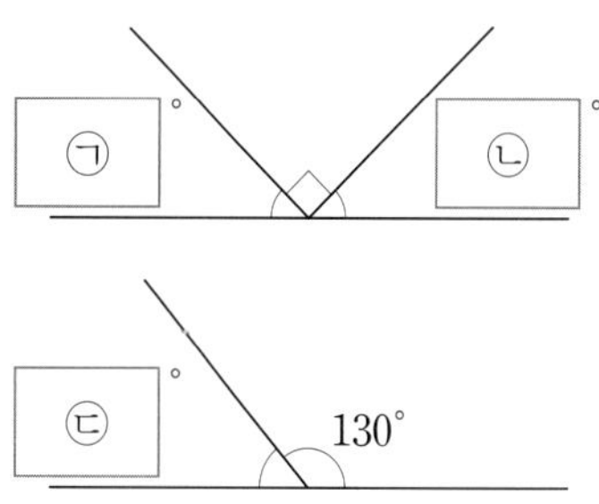

이해하기

구하려고 하는 것은 무엇인가요?

답 ______

계획 세우기

어떤 방법으로 문제를 해결하면 좋을까요?

답 ______

해결하기

□ 안에 알맞은 수를 써넣으세요.

- 180°−□°=□°이므로 ㉠+㉡의 값은 □입니다.
- 180°−□°=□°이므로 ㉢의 값은 □입니다.
- 따라서 ㉠+㉡+㉢의 값은 □입니다.

되돌아보기

문제를 해결한 방법을 설명해 보세요.

답 ______

개념 7 삼각형의 세 각의 크기의 합을 알아볼까요

■ 삼각형의 세 각의 크기의 합 알아보기

삼각형을 잘라서 세 각이 한 점에 모이도록 이어 붙여 보면 180°입니다.

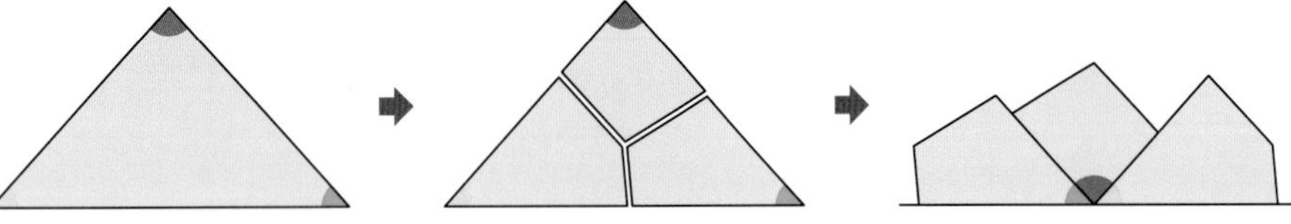

➡ 삼각형의 세 각의 크기의 합은 180°입니다.

• 삼각형에서 한 각의 크기를 구하는 방법

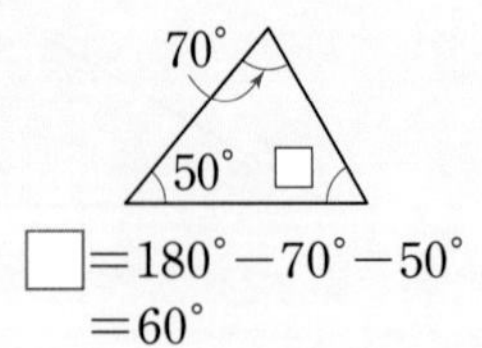

□$=180°-70°-50°$
$=60°$

개념 8 사각형의 네 각의 크기의 합을 알아볼까요

■ 사각형의 네 각의 크기의 합 알아보기

사각형을 잘라서 네 각이 한 점에 모이도록 이어 붙여 보면 360°입니다.

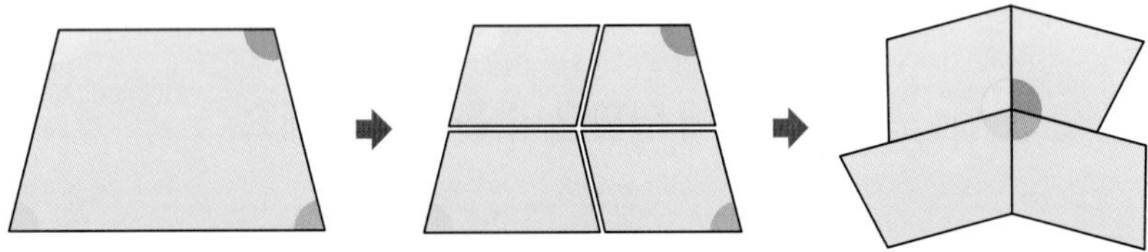

➡ 사각형의 네 각의 크기의 합은 360°입니다.

참고 사각형은 삼각형 2개로 나눌 수 있습니다. 삼각형의 세 각의 크기의 합이 180°이므로 사각형의 네 각의 크기의 합은 $180°+180°=360°$입니다.

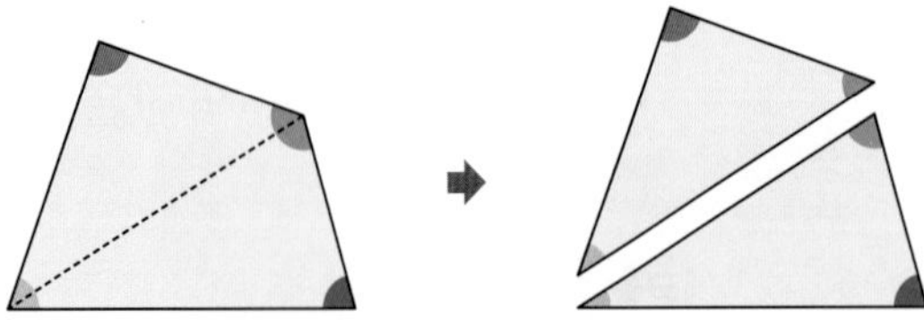

• 사각형에서 한 각의 크기를 구하는 방법

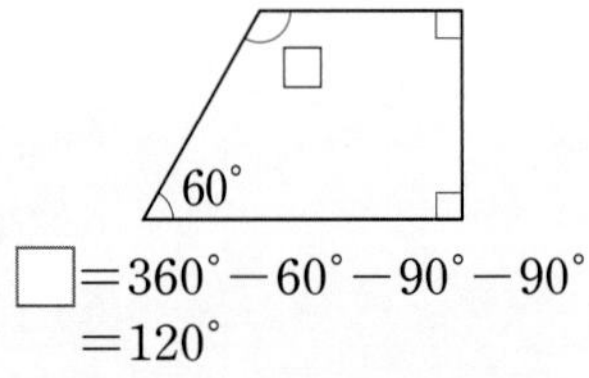

□$=360°-60°-90°-90°$
$=120°$

문제를 풀며 이해해요

▸ 251006-0117

01 삼각형의 세 각의 크기의 합을 구해 보세요.

(1)

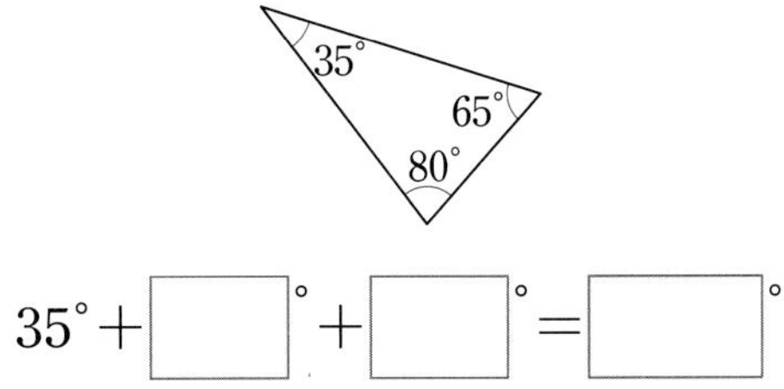

$35^\circ+\square^\circ+\square^\circ=\square^\circ$

(2)

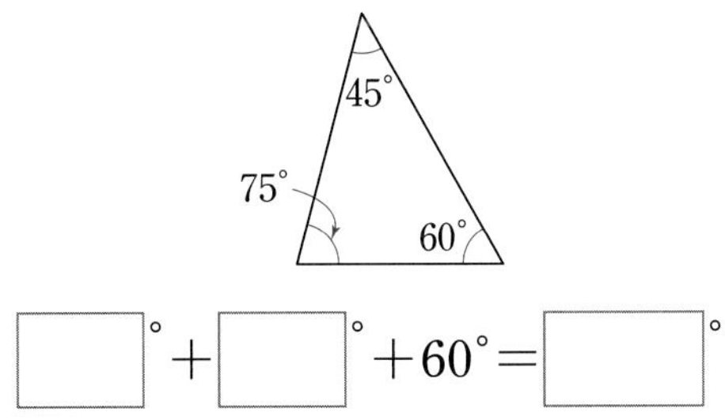

$\square^\circ+\square^\circ+60^\circ=\square^\circ$

삼각형의 세 각의 크기의 합을 알고 있는지 묻는 문제예요.

삼각형의 세 각의 크기의 합은 항상 180°로 같아요.

▸ 251006-0118

02 사각형의 네 각의 크기의 합을 구해 보세요.

(1)

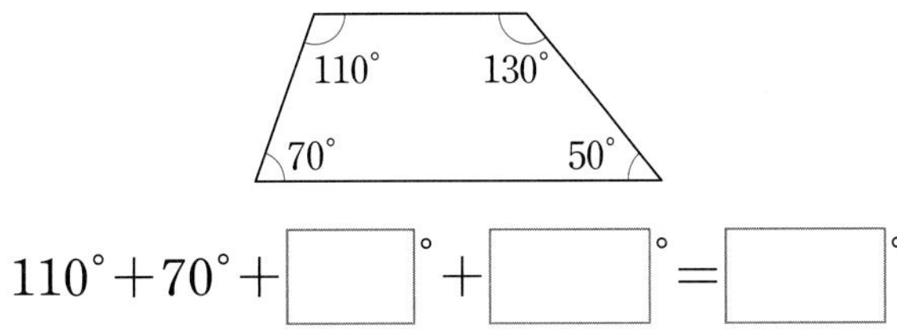

$110^\circ+70^\circ+\square^\circ+\square^\circ=\square^\circ$

(2)

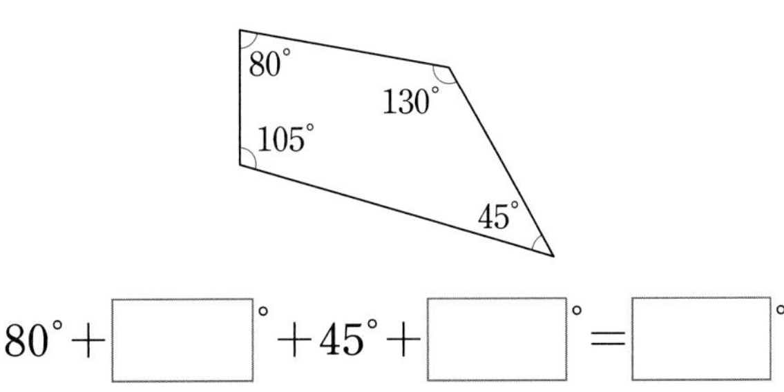

$80^\circ+\square^\circ+45^\circ+\square^\circ=\square^\circ$

사각형의 네 각의 크기의 합을 알고 있는지 묻는 문제예요.

사각형의 네 각의 크기의 합은 항상 360°로 같아요.

▸251006-0119

01 삼각형의 세 각의 크기의 합을 구해 보세요.

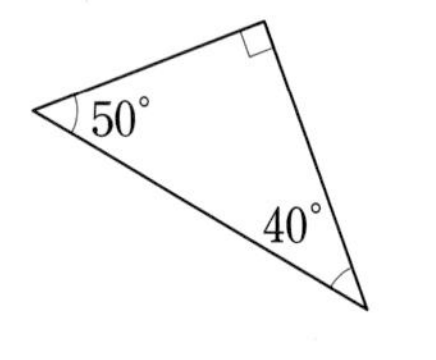

$50^\circ+40^\circ+90^\circ=$ □°

▸251006-0120

02 ㉠+㉡+㉢의 값을 구해 보세요.

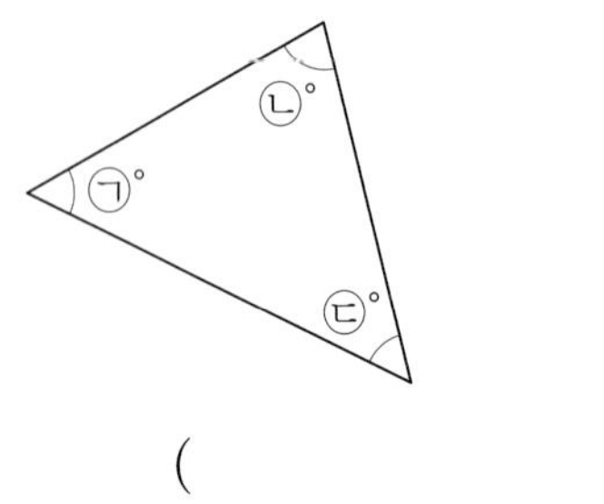

(　　　　　　　　)

중요

▸251006-0121

03 □ 안에 알맞은 수를 써넣으세요.

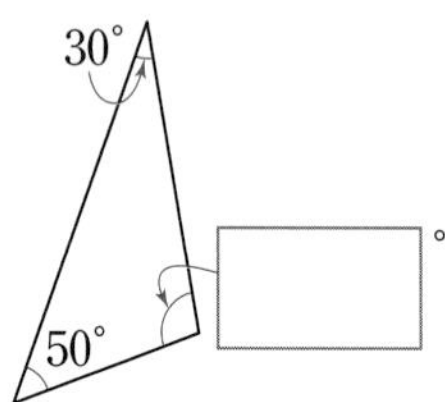

▸251006-0122

04 왼쪽 삼각형 2개를 이어 붙여서 오른쪽 삼각형을 만들었습니다. ㉠의 각도를 구해 보세요.

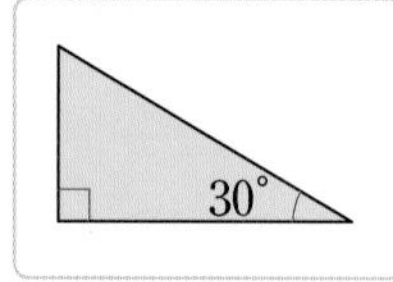

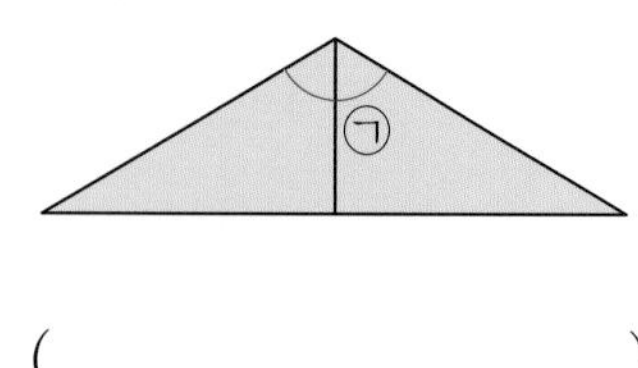

(　　　　　　　　)

▸251006-0123

05 한 각의 크기가 65°인 삼각형의 나머지 두 각의 크기의 합을 구해 보세요.

(　　　　　　　　)

▸251006-0124

06 사각형의 네 각의 크기의 합을 구해 보세요.

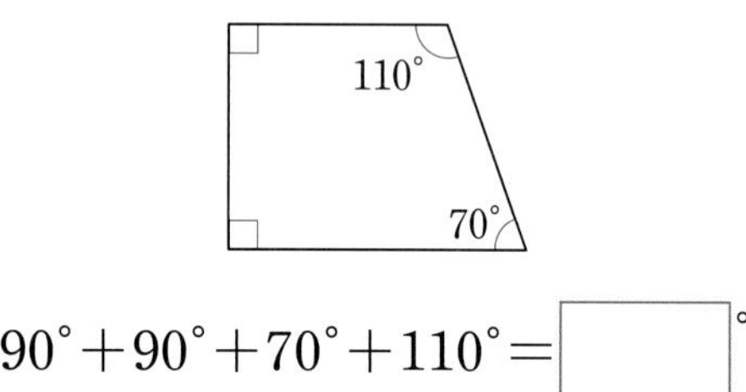

$90^\circ+90^\circ+70^\circ+110^\circ=$ □°

▸251006-0125

07 사각형을 삼각형 2개로 나누어 사각형의 네 각의 크기의 합을 구하려고 합니다. 삼각형의 세 각의 크기의 합을 이용하여 □ 안에 알맞은 수를 써넣으세요.

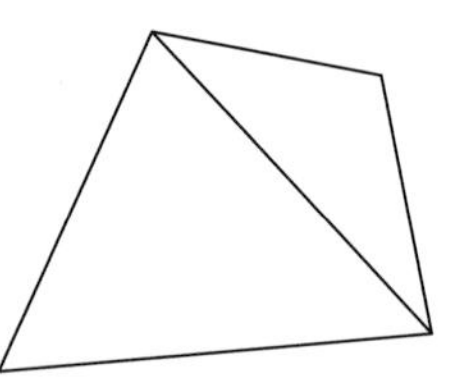

(사각형의 네 각의 크기의 합)

= □° + □° = □°

중요

▸251006-0126

08 □ 안에 알맞은 수를 써넣으세요.

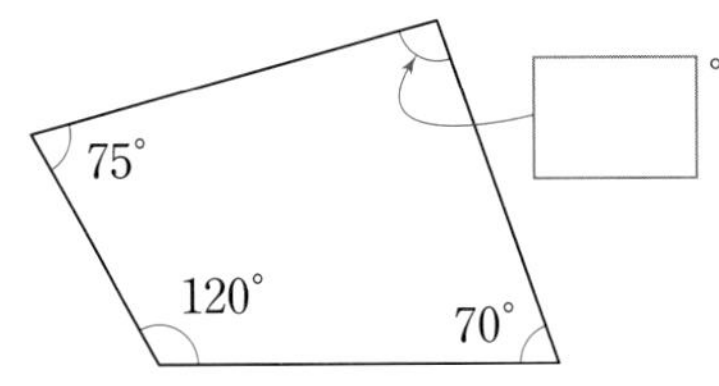

▸251006-0127

09 삼각형 2개를 이어 붙여서 사각형을 만들었습니다. ㉠의 각도를 구해 보세요.

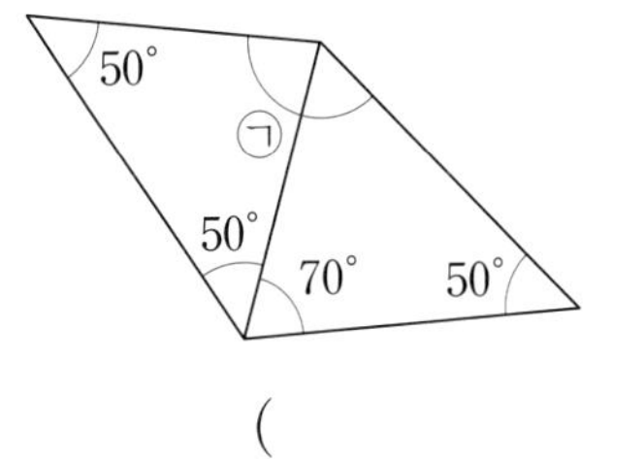

(　　　　　　　　　　)

도전

▸251006-0128

10 ㉢의 각도를 구해 보세요.

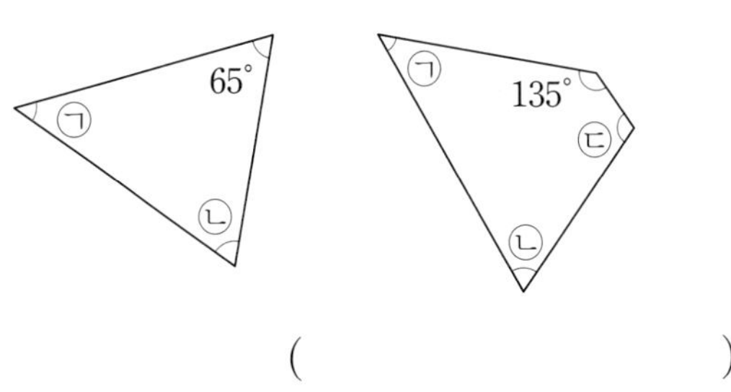

(　　　　　　　　　　)

도움말 삼각형의 세 각의 크기의 합을 이용하여 ㉠+㉡의 각도를 먼저 구합니다.

▸251006-0129

11 사각형에서 두 각의 크기가 50°, 110°일 때 나머지 두 각이 될 수 없는 것의 기호를 써 보세요.

㉠ 110°, 90°	㉡ 60°, 135°
㉢ 80°, 120°	㉣ 125°, 75°

이해하기

구하려고 하는 것은 무엇인가요?

답 ______________________

계획 세우기

어떤 방법으로 문제를 해결하면 좋을까요?

답 ______________________

____

해결하기

□ 안에 알맞은 수나 기호를 써넣으세요.

- $50^\circ+110^\circ=$ □$^\circ$입니다.
- 사각형의 네 각의 크기의 합은 □$^\circ$이므로 사각형의 나머지 두 각의 크기의 합은 □$^\circ-$□$^\circ=$□$^\circ$입니다.
- $110^\circ+90^\circ=$□$^\circ$, $60^\circ+135^\circ=$□$^\circ$, $80^\circ+120^\circ=$□$^\circ$, $125^\circ+75^\circ=$□$^\circ$
  따라서 사각형의 나머지 두 각이 될 수 없는 것은 □입니다.

되돌아보기

사각형의 한 각의 크기가 110°일 때 나머지 세 각의 크기의 합을 구해 보세요.

답 ______________________

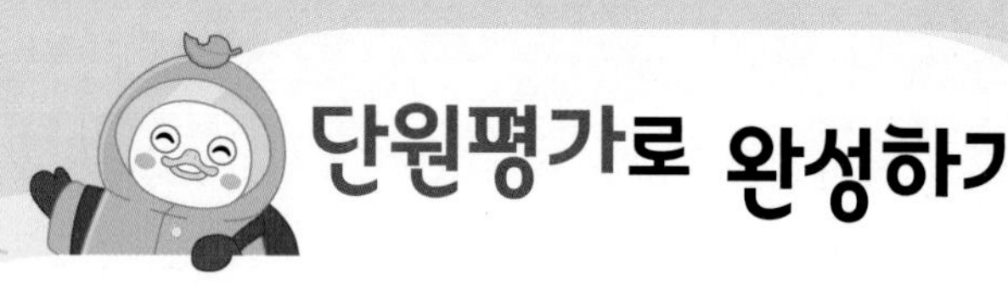

▶ 251006-0130

01 더 큰 각을 찾아 기호를 써 보세요.

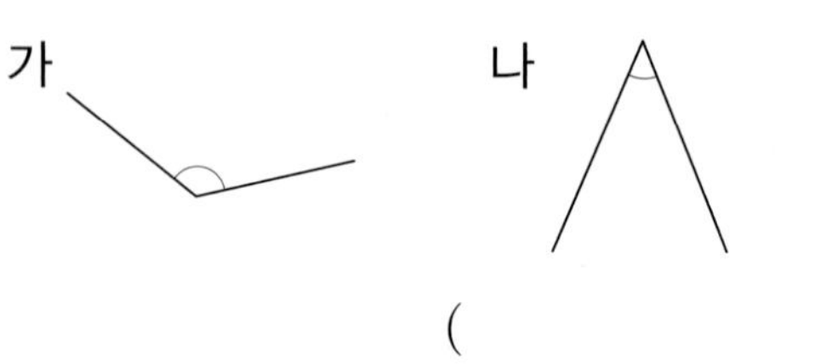

(　　　　　　　　)

▶ 251006-0131

02 가장 작은 각을 찾아 ○표 하세요.

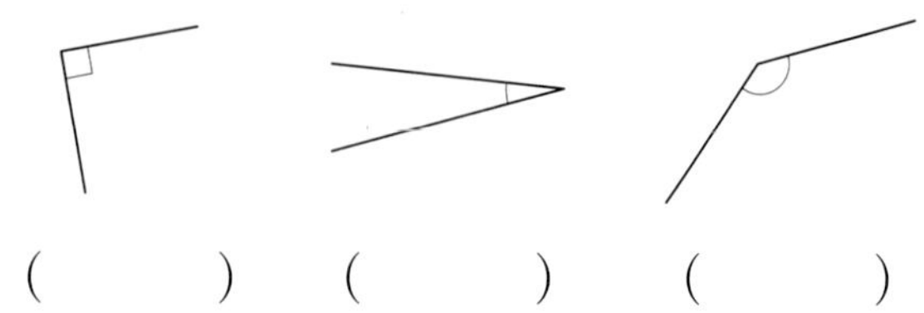

(　　　) (　　　) (　　　)

▶ 251006-0132

03 □ 안에 알맞은 수를 써넣으세요.

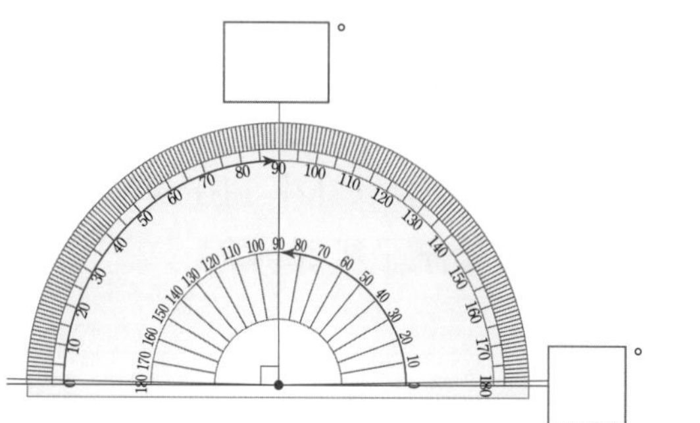

▶ 251006-0133

04 □ 안에 알맞은 수를 써넣으세요.

직각의 크기를 똑같이 □(으)로 나눈 것 중의 하나가 1°입니다.

중요

▶ 251006-0134

05 알맞은 것끼리 선으로 이어 보세요.

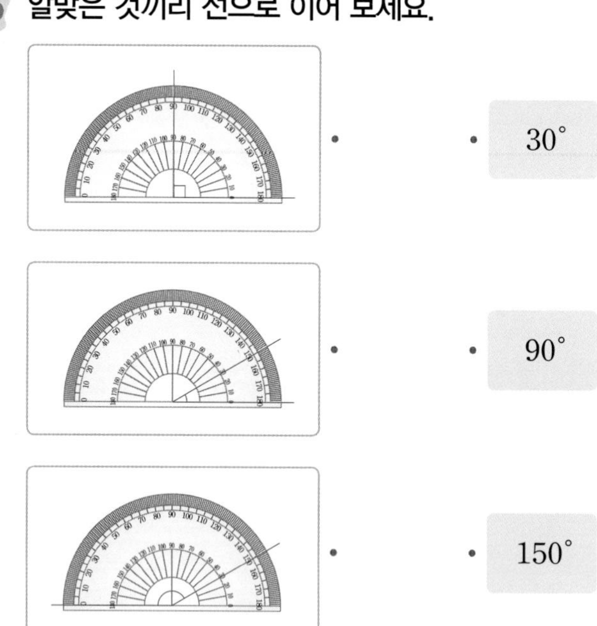

정답과 풀이 31쪽

▸ 251006-0135

06 □ 안에 알맞은 말을 써넣으세요.

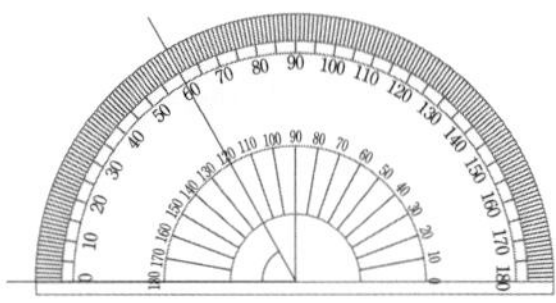

각도기를 이용하여 각도를 잴 때는 각도기의 ☐을/를 각의 꼭짓점에 맞추고, 각도기의 ☐을/를 각의 한 변에 맞추어 각의 다른 한 변이 만난 각도기의 눈금을 살펴봅니다.

▸ 251006-0136

07 각도기를 이용하여 각도를 재어 보세요.

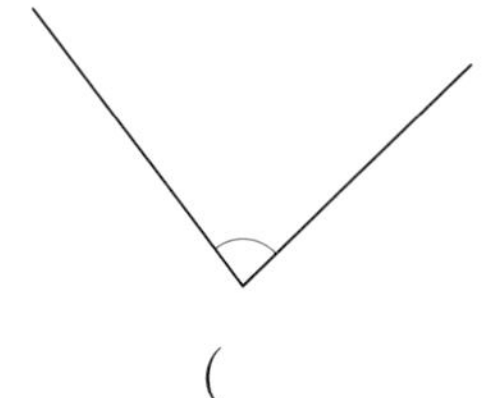

(　　　　　　　　)

▸ 251006-0137

08 점 3개를 연결하여 예각을 만들어 보세요.

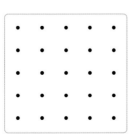

▸ 251006-0138

09 둔각을 모두 찾아 기호를 써 보세요.

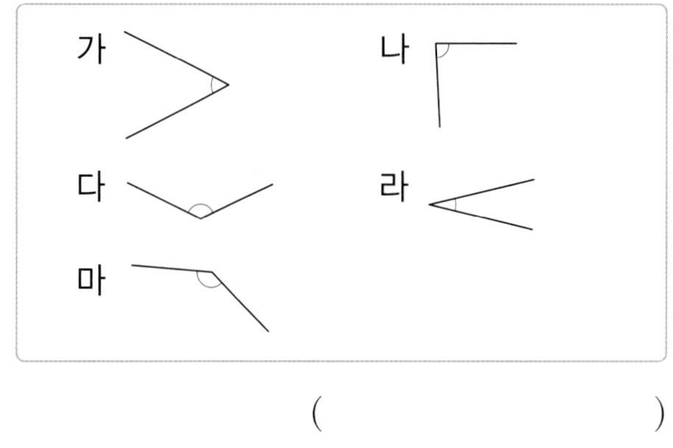

(　　　　　　　　)

▸ 251006-0139

10 각도기를 이용하여 각도를 재어 보고, 잘못 말한 친구의 이름을 써 보세요.

지수: 가는 직각이야.
효연: 가와 나의 각도의 합은 120°야.
민호: 다와 나의 각도의 차는 100°야.
정수: 다의 크기는 120°야.

(　　　　　　　　)

▸251006-0140

11 각도를 어림하고, 각도기로 재어 보세요.

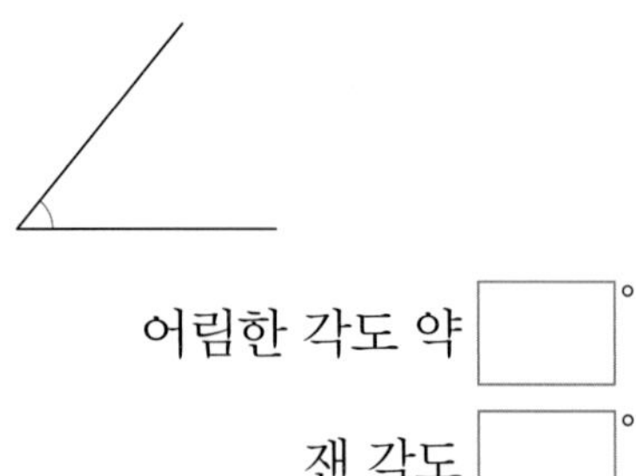

어림한 각도 약 □°

잰 각도 □°

▸251006-0141

12 ㉠의 각도를 구해 보세요.

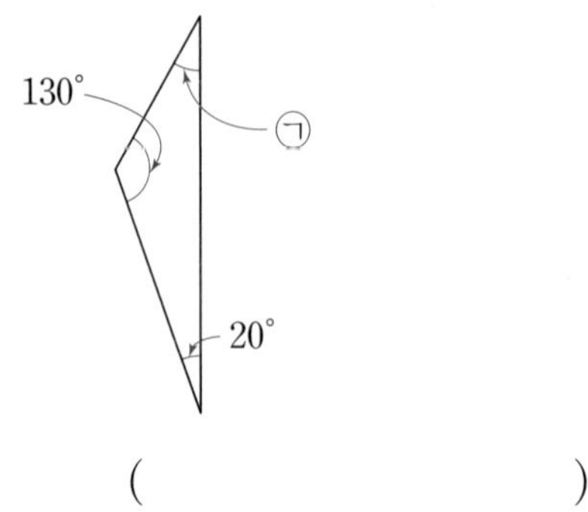

(   )

▸251006-0142

13 어림한 각도가 약 80°가 되는 각을 찾아 기호를 써 보세요.

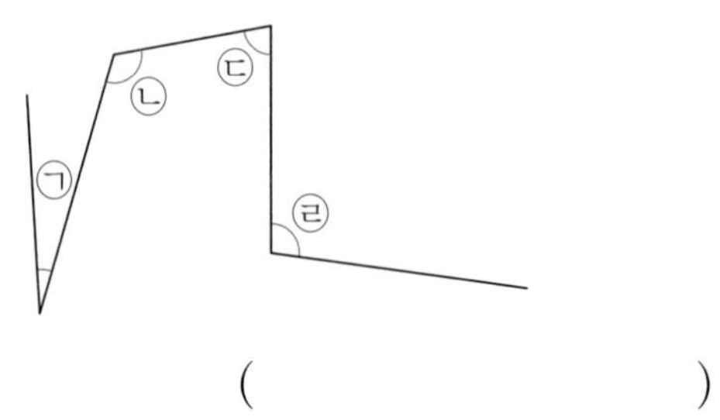

(   )

▸251006-0143

14 □ 안에 알맞은 수를 써넣으세요.

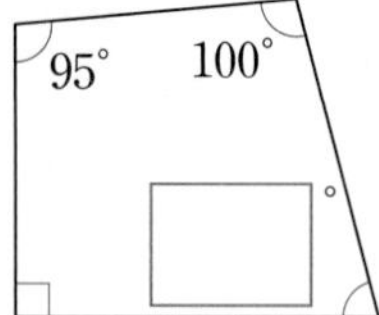

중요

▸251006-0144

15 한 각의 크기가 45°인 삼각형의 두 각의 크기가 될 수 <u>없는</u> 것에 △표 하세요.

45° 90°	( )
85° 55°	( )
35° 100°	( )

▸ 251006-0145

16 점 ㄱ과 다른 점을 이어서 주어진 선분을 한 변으로 하는 각을 그렸을 때 둔각이 되는 점은 모두 몇 개인지 구해 보세요.

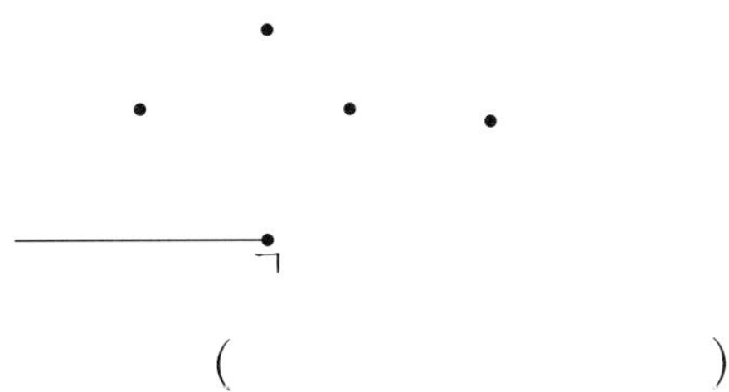

(　　　　　　　　)

▸ 251006-0146

17 두 각도의 합이 가장 큰 각과 가장 작은 각이 되도록 □ 안에 알맞은 수를 써넣으세요.

20°	110°	65°	45°

(1) 각도의 합이 가장 클 때

➡ □° + □° = □°

(2) 각도의 합이 가장 작을 때

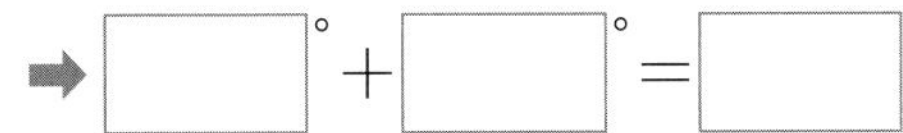

➡ □° + □° = □°

▸ 251006-0147

18 한 각의 크기가 $100°$이고 나머지 두 각의 크기가 같은 삼각형이 있습니다. ㉠의 각도를 구해 보세요.

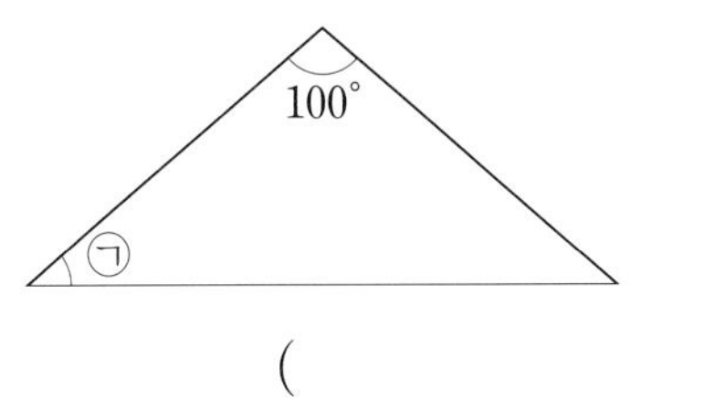

(　　　　　　　　)

도전

▸ 251006-0148

19 세 각의 크기가 모두 같은 삼각형 3개를 이어 붙여서 다음과 같은 모양을 만들었습니다. ㉠의 각도를 구해 보세요.

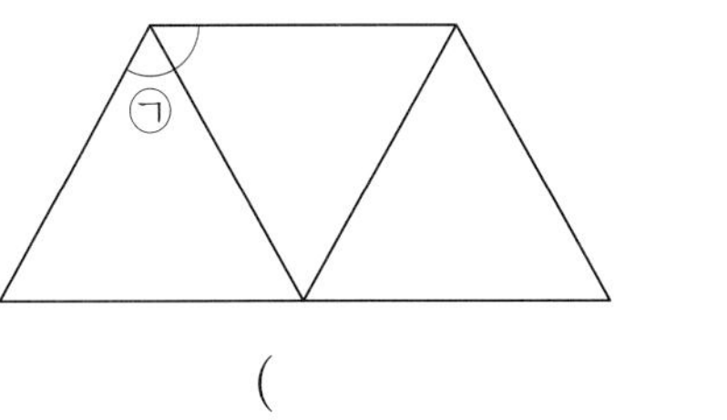

(　　　　　　　　)

서술형

▸ 251006-0149

20 ㉥－㉢의 값을 구하는 풀이 과정을 쓰고 답을 구해 보세요.

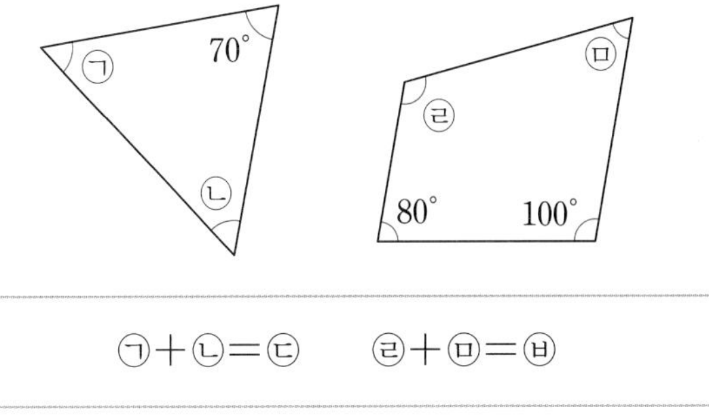

㉠＋㉡＝㉢　　㉣＋㉤＝㉥

풀이

(1) ㉠＋㉡＋70°＝(　　　　)이므로 ㉠＋㉡＝(　　　　)입니다.

(2) ㉣＋㉤＋80°＋100°＝(　　　　)이므로 ㉣＋㉤＝(　　　　)입니다.

(3) ㉢＝(　　　　), ㉥＝(　　　　)이므로 ㉥－㉢＝(　　　　)입니다.

답 ______________

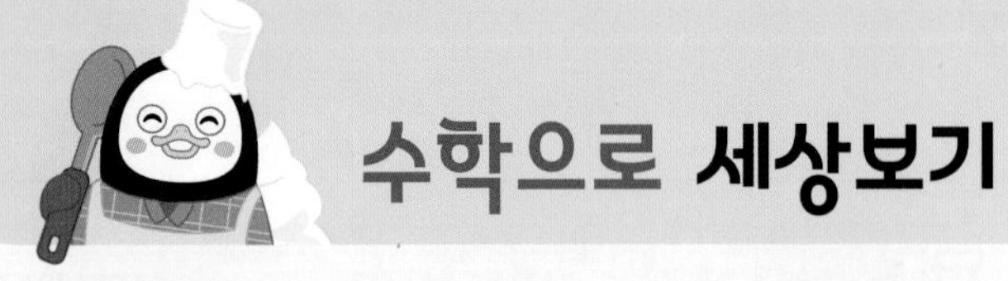

수학으로 세상보기

생활 속에서 각도를 찾아볼까요?

생활 속에서 각도를 찾아본 경험이 있나요?

우리 생활 속에는 각도를 재어 볼 수 있는 여러 가지 물건들이 있습니다. 그리고 각도를 잘 맞추어야 하는 경우도 있습니다. 그럼 생활 속에서 각도를 찾아볼까요?

1 시계에서 짧은바늘과 긴바늘이 이루는 작은 쪽의 각도를 알아볼까요?

3시에 시계의 짧은바늘과 긴바늘이 이루는 작은 쪽의 각도는 90°입니다. 6시에는 시계의 짧은바늘과 긴바늘이 이루는 각도가 180°입니다. 3시 30분에는 시계의 짧은바늘과 긴바늘이 이루는 작은 쪽의 각도가 몇 도일까요? 6시 30분에는 시계의 짧은바늘과 긴바늘이 이루는 작은 쪽의 각도가 몇 도일까요? 또 3시 10분에는 시계의 짧은바늘과 긴바늘이 이루는 작은 쪽의 각도가 몇 도일까요?

시계의 짧은바늘과 긴바늘이 돌아가는 규칙을 살펴보면 긴바늘이 360°만큼 돌 때 짧은바늘은 30°만큼 돕니다. 긴바늘이 180°만큼 돌 때 짧은바늘은 15°만큼 돌고, 긴바늘이 120°만큼 돌 때 짧은바늘은 10°만큼 돌고, 긴바늘이 60°만큼 돌 때 짧은바늘은 5°만큼 돕니다. 이러한 규칙을 알면 시계의 짧은바늘과 긴바늘이 이루는 작은 쪽의 각도를 구할 수 있겠지요? 매일 쉬지 않고 돌아가는 시계에서 여러 가지 각도를 찾아보세요.

2 평면을 꽉 채울 수 있는 각도를 알아볼까요?

목욕탕의 타일이나 보도블록을 살펴본 적이 있나요? 여러 가지 모양들이 있겠지만 그 중에는 똑같은 모양을 반복적으로 사용하여 바닥이나 벽면을 꽉 채운 경우가 있습니다. 몇 가지 경우를 살펴볼까요?

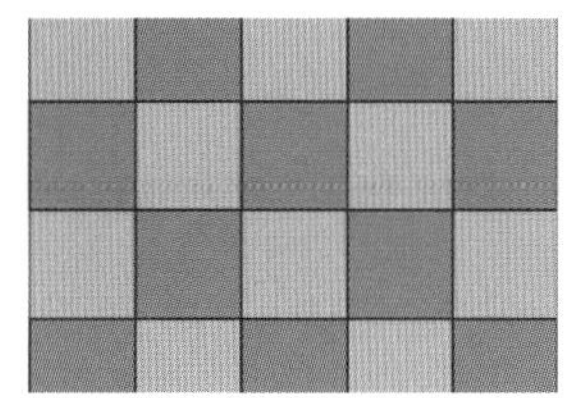
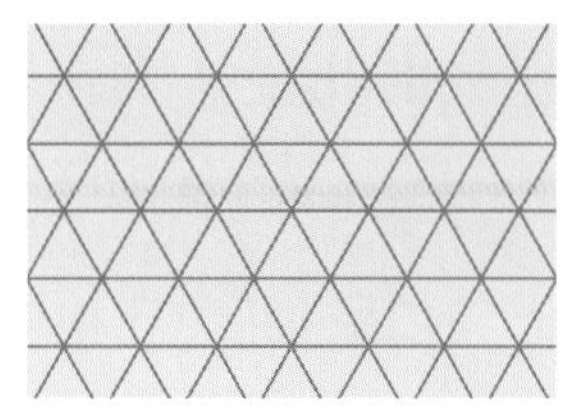
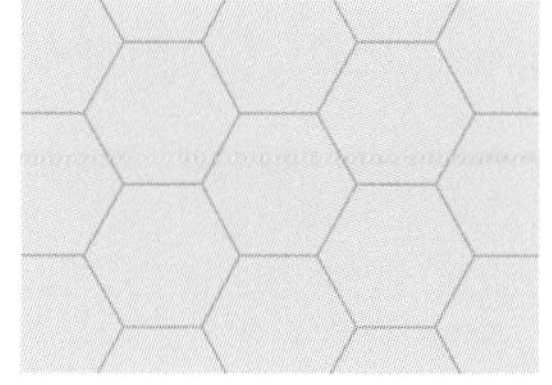

똑같은 모양을 겹치지 않게 이어 붙였을 때 각이 모이는 부분의 각도가 360°가 되어야 빈틈없이 공간을 채울 수 있어요.

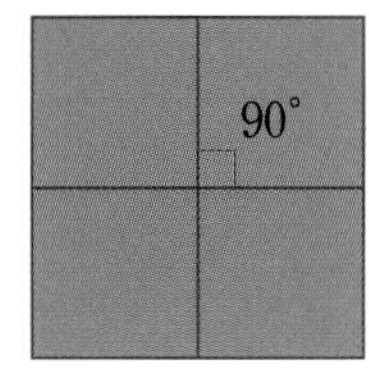

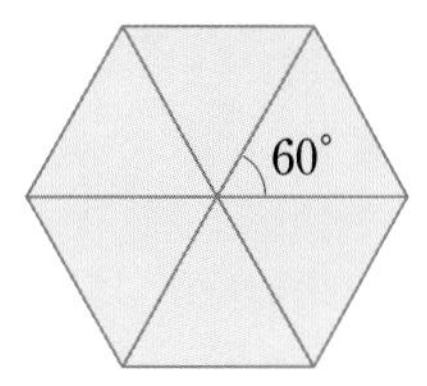

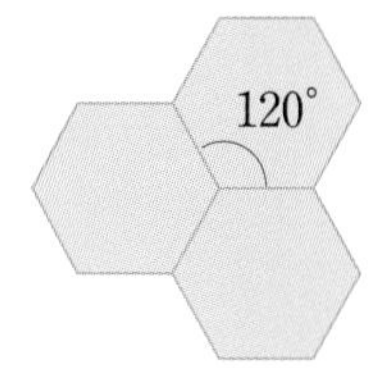

생활 속에서 공간을 빈틈없이 꽉 채운 도형을 발견한다면 각이 모이는 부분의 각도가 360°가 맞는지 확인해 보는 것도 재미있겠죠?

3 운동을 할 때 각도를 활용할 수 있어요.

우리는 운동을 할 때 "다리와 몸이 90°가 되도록 하세요.", "누워서 다리를 45°만큼 들어 올리세요.", "양쪽 다리를 45° 정도 벌리세요." 등 정확한 자세를 설명하기 위하여 각도를 활용하는 경우를 많이 접할 수 있습니다. 정확한 자세는 운동의 효과를 높일 수 있고 더 건강한 몸을 유지할 수 있도록 도움을 줍니다. 우리가 각도를 잘 알고 있다면 운동을 할 때에 많은 도움을 받을 수 있어요. 어떤 동작을 다른 사람에게 설명해야 하는 경우에도 각도를 활용한다면 더 정확하게 설명할 수 있겠죠? 물론 운동은 자신의 몸 상태에 맞게 조절하는 것이 더 중요하다는 것을 잊지 마세요.

3

곱셈과 나눗셈

연수는 문구점에 갔어요. 친구들에게 선물을 하기 위해 한 개에 250원인 지우개와 한 자루에 380원인 연필을 각각 23개씩 샀어요. 그리고 친구 23명에게 나누어 주려고 그림 카드도 115장 샀어요. 연수가 산 지우개와 연필은 각각 얼마일까요? 연수는 친구들에게 그림 카드를 몇 장씩 나누어 줄 수 있을까요?

이번 3단원에서는 (세 자리 수) × (몇십몇), (두 자리 수) ÷ (몇십몇), (세 자리 수) ÷ (몇십몇)을 계산하는 방법을 알고 계산해 볼 거예요. 또한 어림셈이 필요한 실생활 상황의 곱셈과 나눗셈 문제를 어림셈으로 해결해 볼 거예요.

단원 학습 목표

1. (세 자리 수) × (몇십몇)의 계산 원리를 이해하고 계산할 수 있습니다.
2. (두 자리 수) ÷ (몇십몇)의 계산 원리를 이해하고 계산할 수 있습니다.
3. 몫이 한 자리 수인 (세 자리 수) ÷ (몇십몇)의 계산 원리를 이해하고 계산할 수 있습니다.
4. 몫이 두 자리 수인 (세 자리 수) ÷ (몇십몇)의 계산 원리를 이해하고 계산할 수 있습니다.
5. 어림셈이 필요한 실생활 상황의 문제를 어림셈을 활용하여 해결할 수 있습니다.

단원 진도 체크

회차	학습 내용		진도 체크
1차	교과서 개념 배우기 + 문제 해결하기	**개념 1** 세 자리 수에 몇십을 곱해 볼까요 **개념 2** 세 자리 수에 몇십몇을 곱해 볼까요	✓
2차	교과서 개념 배우기 + 문제 해결하기	**개념 3** 몇십으로 나누어 볼까요 **개념 4** 몇십몇으로 나누어 볼까요(1)	✓
3차	교과서 개념 배우기 + 문제 해결하기	**개념 5** 몇십몇으로 나누어 볼까요(2)	✓
4차	교과서 개념 배우기 + 문제 해결하기	**개념 6** 몇십몇으로 나누어 볼까요(3)	✓
5차	교과서 개념 배우기 + 문제 해결하기	**개념 7** 어림셈을 활용해 볼까요	✓
6차	단원평가로 완성하기		✓
7차	수학으로 세상보기		✓

해당 부분을 공부하고 나서 ✓표를 하세요.

MY CAR
딱붙는 풀
딱붙는 풀
1개 250원
1자루 380원
새로나 문구점
12
영어 그림카드
모자
물고기

개념 1 세 자리 수에 몇십을 곱해 볼까요

■ **400×20 계산하기**

$400\times2=800$
$400\times20=8000$ (10배)

$$\begin{array}{r} 4\;0\;0 \\ \times\quad\;\;2 \\ \hline 8\;0\;0 \end{array} \Rightarrow \begin{array}{r} 4\;0\;0 \\ \times\;\;2\;0 \\ \hline 8\;0\;0\;0 \end{array}$$

10배

➡ 400×20의 값은 400×2의 값의 10배입니다.

■ **124×30 계산하기**

$124\times3=372$
$124\times30=3720$ (10배)

$$\begin{array}{r} 1\;2\;4 \\ \times\quad\;\;3 \\ \hline 3\;7\;2 \end{array} \Rightarrow \begin{array}{r} 1\;2\;4 \\ \times\;\;3\;0 \\ \hline 3\;7\;2\;0 \end{array}$$

10배

➡ 124×30의 값은 124×3의 값의 10배입니다.

• (몇백)×(몇십)

300×40

$300\times4=1200$
$300\times40=12000$

➡ (몇백)×(몇)의 값에 0을 붙입니다.

• (세 자리 수)×(몇십)

253×30

$253\times3=759$
$253\times30=7590$

➡ (세 자리 수)×(몇)의 값에 0을 붙입니다.

개념 2 세 자리 수에 몇십몇을 곱해 볼까요

■ **124×32 계산하기**

$124\times30=3720$
$124\times2=248$

➡ $124\times32=3720+248=3968$

$$\begin{array}{r} 1\;2\;4 \\ \times\quad3\;2 \\ \hline 2\;4\;8 \end{array} \Rightarrow \begin{array}{r} 1\;2\;4 \\ \times\quad3\;2 \\ \hline 2\;4\;8 \\ 3\;7\;2\;0 \end{array} \Rightarrow \begin{array}{r} 1\;2\;4 \\ \times\quad3\;2 \\ \hline 2\;4\;8 \\ 3\;7\;2\;0 \\ \hline 3\;9\;6\;8 \end{array}$$

← 124×2
← 124×30

➡ 124×32를 계산할 때는 124×2의 값과 124×30의 값을 각각 구해서 더해 줍니다.

• (세 자리 수)×(몇십몇)

253×35

$253\times5=1265$
$253\times30=7590$
⬇
$1265+7590=8855$

➡ (세 자리 수)×(몇)과 (세 자리 수)×(몇십)의 값을 구하여 더해 줍니다.

문제를 풀며 이해해요

▸ 251006-0150

01 □ 안에 알맞은 수를 써넣으세요.

(1) $600 \times 4 = 2400$

$600 \times 40 = \square$ $\square$배

(2) $135 \times 7 = 945$

$135 \times 70 = \square$ $\square$배

세 자리 수에 몇십을 곱할 수 있는지 묻는 문제예요.

(세 자리 수)×(몇십)을 계산할 때는 (세 자리 수)×(몇)의 값에 0을 붙여요.

▸ 251006-0151

02 345×13의 값을 구하려고 합니다. □ 안에 알맞은 수를 써넣으세요.

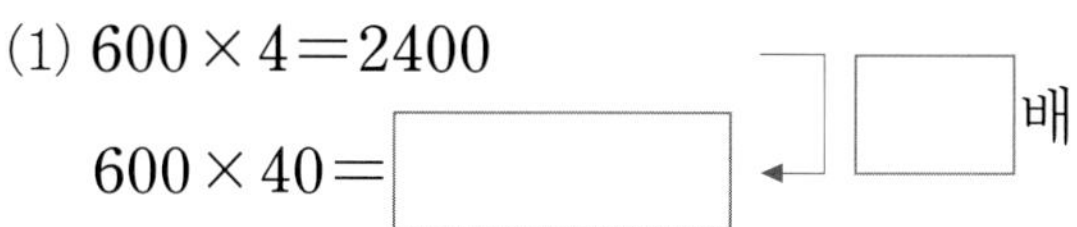

$345 \times 10 = 3450$
$345 \times 3 = 1035$

$345 \times 13 = \square + \square = \square$

세 자리 수에 몇십몇을 곱할 수 있는지 묻는 문제예요.

곱하는 수 13을 10과 3으로 나누어 각각 곱한 후 그 결과를 더해요.

▸ 251006-0152

03 계산해 보세요.

(1) $\begin{array}{r} 800 \\ \times \quad 30 \\ \hline \end{array}$ (2) $\begin{array}{r} 312 \\ \times \quad 40 \\ \hline \end{array}$ (3) $\begin{array}{r} 147 \\ \times \quad 12 \\ \hline \end{array}$

(세 자리 수)×(몇십)을 계산할 때는 (세 자리 수)×(몇)의 값에 0을 붙이고, (세 자리 수)×(몇십몇)을 계산할 때는 (세 자리 수)×(몇)과 (세 자리 수)×(몇십)의 값을 구해서 더해요.

▸251006-0153

01 □ 안에 알맞은 수를 써넣으세요.

$800\times6=4800$ ➡ $800\times60=$ □

▸251006-0154

02 328×2의 값을 이용하여 328×20을 계산해 보세요.

$$\begin{array}{r} 328 \\ \times\quad 2 \\ \hline 656 \end{array} \Rightarrow \begin{array}{r} 328 \\ \times\quad 20 \\ \hline \end{array}$$

▸251006-0155

03 계산해 보세요.

(1) 900×30

(2) $\begin{array}{r} 387 \\ \times\quad 50 \\ \hline \end{array}$

중요

▸251006-0156

04 □ 안에 알맞은 수를 써넣으세요.

$$\begin{array}{r} 521 \\ \times\quad 42 \\ \hline \square \\ \square \\ \hline \square \end{array}$$

← 521×2

← 521×40

▸251006-0157

05 계산해 보세요.

(1) $\begin{array}{r} 279 \\ \times\quad 13 \\ \hline \end{array}$

(2) $\begin{array}{r} 624 \\ \times\quad 16 \\ \hline \end{array}$

중요

▸251006-0158

06 사탕이 125개씩 들어 있는 상자가 12개 있습니다. 상자에 들어 있는 사탕은 모두 몇 개일까요?

(　　　　　　)

▸251006-0159

07 계산 결과가 가장 큰 것에 ○표 하세요.

500×30	(　　)
284×40	(　　)
246×26	(　　)

08 □ 안에 알맞은 수를 써넣으세요. ▸251006-0160

		8	2	7
×			5	0
4	□	3	5	0

09 가장 큰 수와 가장 작은 수의 곱을 구해 보세요. ▸251006-0161

327 48 561 37

( )

도전

10 □ 안에 알맞은 수를 써넣으세요. ▸251006-0162

		4	□	9
	×		1	□
	□	6	□	4
	4	3	9	
	7	□	□	4

도움말 9×□를 계산한 값의 일의 자리 숫자가 4가 되는 경우를 생각해 봅니다.

문제해결 접근하기 ▸251006-0163

11 민주는 줄넘기를 하루에 200번씩 20일 동안 했고, 현서는 줄넘기를 하루에 350번씩 16일 동안 했습니다. 줄넘기를 더 많이 한 친구와 그 친구가 줄넘기를 한 횟수를 구해 보세요.

이해하기

구하려고 하는 것은 무엇인가요?

답

계획 세우기

어떤 방법으로 문제를 해결하면 좋을까요?

답

해결하기

□ 안에 알맞은 수나 말을 써넣으세요.

• 200×□=□이므로 민주는 줄넘기를 □번 했습니다.

• 350×□=□이므로 현서는 줄넘기를 □번 했습니다.

• □>□이므로 줄넘기를 더 많이 한 친구는 □이고, □번 했습니다.

되돌아보기

소희는 줄넘기를 하루에 218번씩 25일 동안 했다면 현서와 소희 중 누가 줄넘기를 더 많이 했는지 구해 보세요.

답

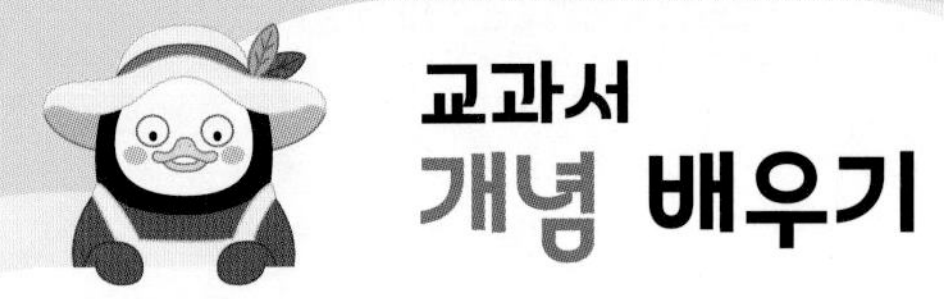

교과서 개념 배우기

개념 3 몇십으로 나누어 볼까요

■ 120÷30 계산하기

```
       4
30)1 2 0
   1 2 0  ← 30×4
       0
```

$120 \div 30 = 4$

몫 4 나머지 0

계산 결과가 맞는지 확인하기

➡ $30 \times 4 = 120$

■ 125÷30 계산하기

```
       4
30)1 2 5
   1 2 0  ← 30×4
       5
```

$125 \div 30 = 4 \cdots 5$

몫 4 나머지 5

계산 결과가 맞는지 확인하기

➡ $30 \times 4 = 120$, $120 + 5 = 125$

• **120÷30의 몫을 찾는 방법**

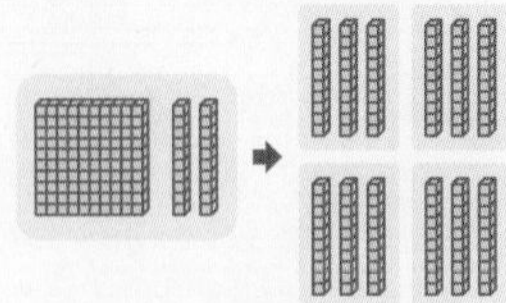

$12 \div 3 = 4$ ➡ $120 \div 30 = 4$

120÷30의 몫은 12÷3의 몫과 같습니다.

• **125÷30의 몫을 찾는 방법**

30에 어떤 수를 곱했을 때 계산 결과가 125를 넘지 않으면서 125에 가장 가까운 수가 되는 어떤 수를 찾습니다.

$30 \times 3 = 90$

$30 \times 4 = 120$

$30 \times 5 = 150$

개념 4 몇십몇으로 나누어 볼까요(1)

■ 84÷21 계산하기

```
      4
21)8 4
   8 4  ← 21×4
     0
```

$84 \div 21 = 4$

몫 4 나머지 0

계산 결과가 맞는지 확인하기

➡ $21 \times 4 = 84$

■ 251÷62 계산하기

```
       4
62)2 5 1
   2 4 8  ← 62×4
       3
```

$251 \div 62 = 4 \cdots 3$

몫 4 나머지 3

계산 결과가 맞는지 확인하기

➡ $62 \times 4 = 248$, $248 + 3 = 251$

• **84÷21의 몫을 찾는 방법**

- 몫을 3으로 어림하면 나머지가 21이 됩니다. 나머지는 나누는 수보다 작아야 하므로 몫을 1만큼 더 큰 수로 생각해 봅니다.
- 몫을 5로 어림하면 $21 \times 5 = 105$이므로 84보다 더 큰 수가 되어 뺄 수 없으므로 몫을 1만큼 더 작은 수로 생각해 봅니다.

• **251÷62의 몫을 찾는 방법**

62에 어떤 수를 곱했을 때 계산 결과가 251을 넘지 않으면서 251에 가장 가까운 수가 되는 어떤 수를 찾습니다.

$62 \times 3 = 186$

$62 \times 4 = 248$

$62 \times 5 = 310$

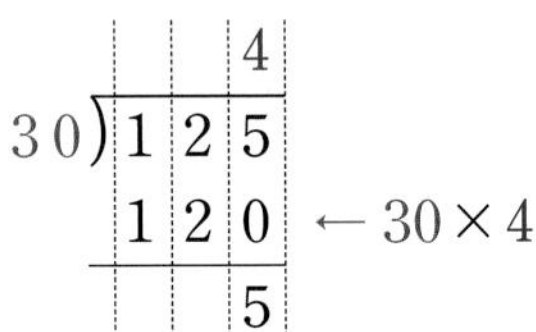

문제를 풀며 이해해요

▸251006-0164

01 나눗셈식을 보고 □ 안에 알맞은 수를 써넣으세요.

(1)

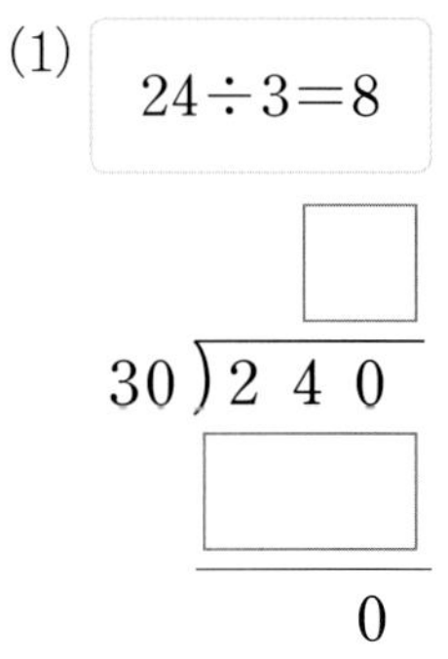

(2)

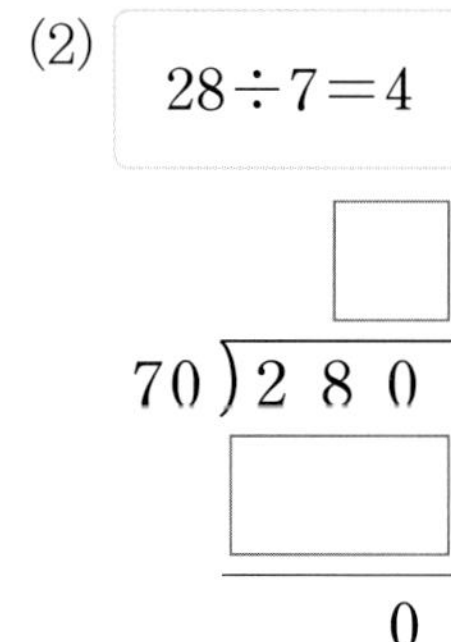

몫이 한 자리 수인 (세 자리 수)÷(몇십), (두 자리 수)÷(몇십몇), (세 자리 수)÷(몇십몇)을 계산할 수 있는지 묻는 문제예요.

240÷30의 몫은 24÷3의 몫과 같고, 280÷70의 몫은 28÷7의 몫과 같아요.

▸251006-0165

02 곱셈식을 보고 □ 안에 알맞은 수를 써넣으세요.

(1)

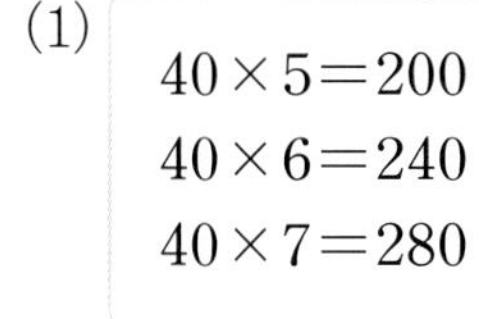

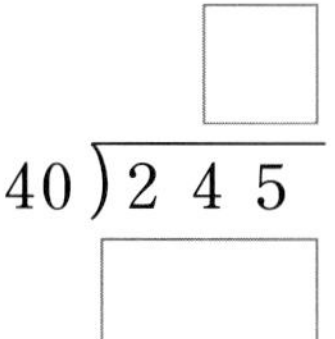

(2)

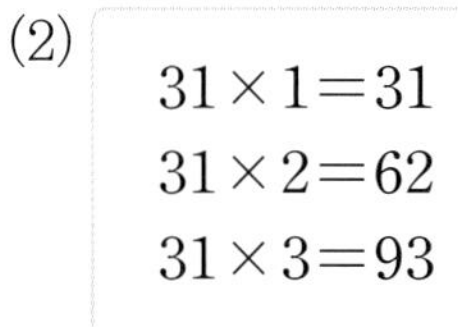

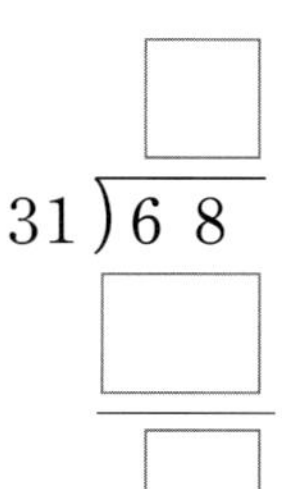

(3)

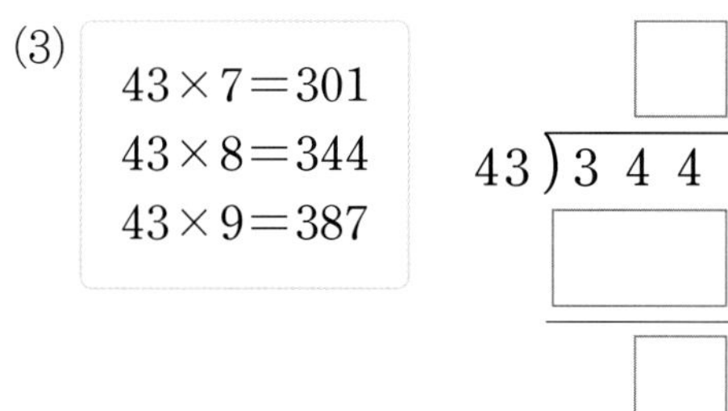

곱셈의 값이 나누어지는 수와 같은 곱셈식을 찾아보아요. 이런 곱셈식이 없을 경우에는 곱셈의 값이 나누어지는 수와 가장 가까우면서 나누어지는 수보다 작은 곱셈식을 찾아보아요.

교과서 문제 해결하기

▸251006-0166

01 $54 \div 6$의 몫을 이용하여 $540 \div 60$의 몫을 구해 보세요.

$54 \div 6 = 9$

$540 \div 60 = \square$

▸251006-0167

02 □ 안에 알맞은 수를 써넣으세요.

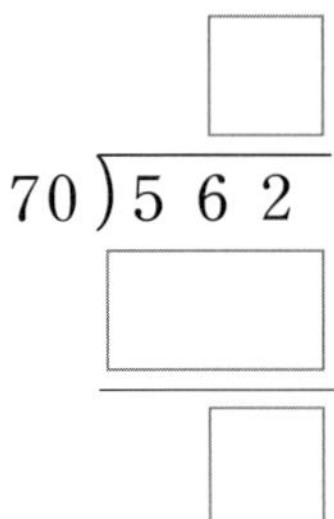

중요

▸251006-0168

03 □ 안에 알맞은 수를 써넣고 나눗셈의 몫과 나머지를 구해 보세요.

$40 \times 2 = \square$

$40 \times 3 = \square$

$40 \times 4 = \square$

$40 \overline{)124}$

몫: □, 나머지: □

▸251006-0169

04 나눗셈의 몫과 나머지를 구해 보세요.

(1) $69 \div 23$

몫: □

(2) $16 \overline{)72}$

몫: □

나머지: □

▸251006-0170

05 곱셈식을 보고 나눗셈식에 대해 잘못 말한 친구의 이름을 써 보세요.

$19 \times 6 = 114$

$19 \times 7 = 133$

$19 \times 8 = 152$

$19 \overline{)138}$

미연: 133이 138보다 작으면서 138에 가장 가까운 수이니까 몫은 7이야.

현주: 152가 138보다 크니까 몫은 8이야.

지민: 138에서 133을 빼면 5가 되니까 나머지는 5야.

(　　　　　　　　)

중요

▸251006-0171

06 나눗셈의 몫과 나머지를 구하고 계산 결과가 맞는지 확인해 보세요.

$230 \div 38$

몫 ____________

나머지 ____________

계산 결과 확인 $38 \times \square = \square$,

$\square + \square = \square$

▸251006-0172

07 나머지가 같은 나눗셈을 찾아 기호를 써 보세요.

㉠ $404 \div 50$　　㉡ $147 \div 16$

㉢ $227 \div 75$　　㉣ $58 \div 18$

(　　　　　　　　)

▸251006-0173

08 몫이 4보다 큰 나눗셈은 모두 몇 개인지 구해 보세요.

㉠ $480 \div 80$	㉡ $315 \div 45$
㉢ $74 \div 37$	㉣ $216 \div 72$

(　　　　　　　)

▸251006-0174

09 색종이가 125장 있습니다. 이 색종이를 15명이 똑같이 나누어 가질 때 남는 색종이는 몇 장일까요?

(　　　　　　　)

도전

▸251006-0175

10 도토리 455개를 한 바구니에 50개씩 나누어 담으려고 합니다. 도토리를 남기지 않고 모두 담을 때 필요한 바구니는 적어도 몇 개일까요?

(　　　　　　　)

도움말 바구니의 개수를 구할 때 남는 도토리를 담을 바구니의 개수도 더해 줍니다.

문제해결 접근하기

▸251006-0176

11 다음 나눗셈의 몫이 7일 때 0부터 9까지의 수 중 □ 안에 들어갈 수 있는 수를 모두 구해 보세요.

$41 \overline{)\,2\;8\;\square}$

이해하기

구하려고 하는 것은 무엇인가요?

답 ______________________

계획 세우기

어떤 방법으로 문제를 해결하면 좋을까요?

답 ______________________

____

해결하기

□ 안에 알맞은 수를 써넣으세요.

- $41 \times 7 = \square$ 입니다.
- $28\square \div 41 = 7$

  $28\square \div 41 = 7 \cdots 1$

  $28\square \div 41 = 7 \cdots 2$
- 따라서 □ 안에 들어갈 수 있는 수는 □, □, □ 입니다.

되돌아보기

문제를 해결한 방법을 설명해 보세요.

답 ______________________

____

____

개념 5 몇십몇으로 나누어 볼까요(2)

■ 480÷15의 몫 알아보기

15×20=300 ➡ 480에서 300을 빼면 180이 남아요.
15×30=450 ➡ 480에서 450을 빼면 30이 남아요.
15×40=600 ➡ 480에서 600을 뺄 수 없어요.

나누는 수와 몫의 곱이 480을 넘지 않으면서 480에 가장 가까운 수가 되어야 합니다. 480은 15×30=450과 15×40=600 사이에 있으므로 몫은 30과 40 사이입니다.

480에서 450을 빼면 30이 남고 15×2=30이므로 몫은 32가 되고 나머지는 0입니다.

■ 480÷15 계산하기

$$\begin{array}{r} 3 \\ 15\overline{)480} \\ 450 \\ \hline 30 \end{array} \leftarrow 15\times30$$

➡

$$\begin{array}{r} 32 \\ 15\overline{)480} \\ 450 \\ \hline 30 \\ 30 \\ \hline 0 \end{array} \begin{array}{l} \\ \\ \leftarrow 15\times30 \\ \\ \leftarrow 15\times2 \\ \\ \end{array}$$

$$\begin{array}{r} 32 \\ 15\overline{)480} \\ 45 \\ \hline 30 \\ 30 \\ \hline 0 \end{array}$$

← 15×30=450이지만 0은 쓰지 않아도 돼요. 0을 쓰지 않더라도 자리는 꼭 비워 놓아요.

480÷15=32

몫 32
나머지 0

■ 480÷15의 계산 결과가 맞는지 확인하기

나누는 수에 몫을 곱하면 나누어지는 수가 되는지 확인합니다.

(나누는 수)×(몫)=(나누어지는 수) ➡ 15×32=480

• 391÷17의 몫을 찾는 방법

17×10=170
17×20=340
17×30=510

➡ 나누는 수에 몇십을 곱했을 때 나누어지는 수를 넘지 않으면서 나누어지는 수에 가장 가까우면 곱한 몇십의 몇이 몫의 십의 자리 숫자가 됩니다.

➡ 170, 340, 510 중에서 391을 넘지 않으면서 391에 가장 가까운 수는 340입니다. 따라서 몫의 십의 자리 숫자는 2가 됩니다.

$$\begin{array}{r} 23 \\ 17\overline{)391} \\ 34 \\ \hline 51 \\ 51 \\ \hline 0 \end{array}$$

정답과 풀이 34쪽

문제를 풀며 이해해요

▸251006-0177

01 **곱셈식을 보고 □ 안에 알맞은 수를 써넣으세요.**

(1)

$13 \times 40 = 520$
$13 \times 50 = 650$
$13 \times 60 = 780$

663÷13의 몫은 □보다 크고 □보다 작습니다. 따라서 663÷13의 몫의 십의 자리 숫자는 □입니다.

(2)

$27 \times 10 = 270$
$27 \times 20 = 540$
$27 \times 30 = 810$

594÷27의 몫은 □보다 크고 □보다 작습니다. 따라서 594÷27의 몫의 십의 자리 숫자는 □입니다.

몫이 두 자리 수이고 나누어떨어지는 (세 자리 수)÷(몇십몇)을 계산할 수 있는지 묻는 문제예요.

곱셈의 결과가 나누어지는 수보다 크지 않으면서 나누어지는 수에 가장 가까운 수가 되는 곱셈식을 찾아보아요.

▸251006-0178

02 **□ 안에 알맞은 수를 써넣으세요.**

(1)

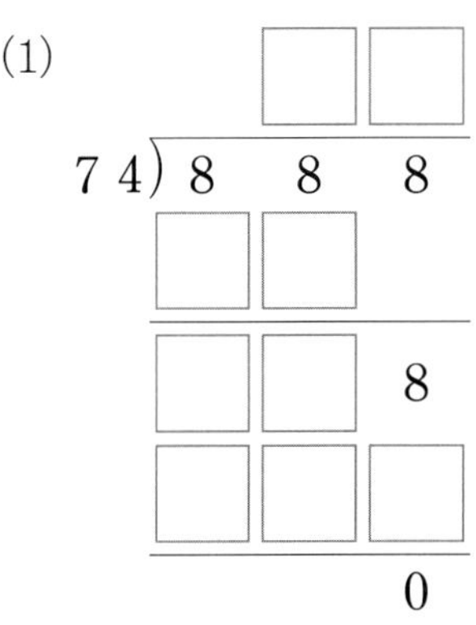

$$\begin{array}{r} \square\square \\ 74\overline{)\,888} \\ \square\square \\ \hline \square\square 8 \\ \square\square\square \\ \hline 0 \end{array}$$

(2)

$$\begin{array}{r} \square\square \\ 16\overline{)\,864} \\ \square\square \\ \hline \square 4 \\ \square\square \\ \hline 0 \end{array}$$

몫의 십의 자리 숫자를 먼저 구해요.

▸ 251006-0179

01 곱셈식을 보고 □ 안에 알맞은 수를 써넣으세요.

$26 \times 10 = 260$
$26 \times 20 = 520$
$26 \times 30 = 780$

728÷26의 몫의 십의 자리 숫자는 □입니다.

▸ 251006-0180

02 □ 안에 알맞은 수를 써넣으세요.

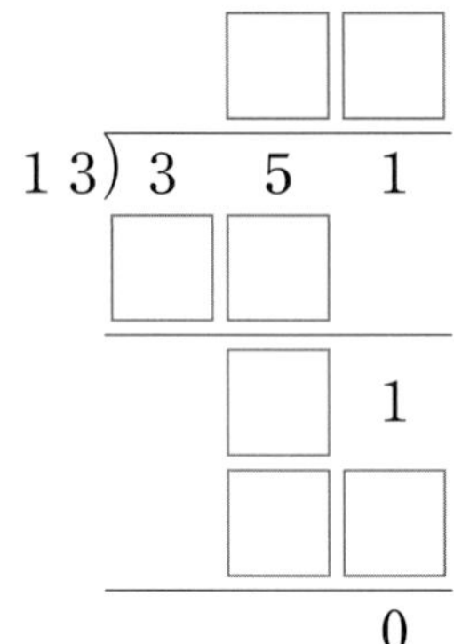

중요

▸ 251006-0181

03 왼쪽 나눗셈에서 잘못 계산된 부분을 찾아 바르게 계산해 보세요.

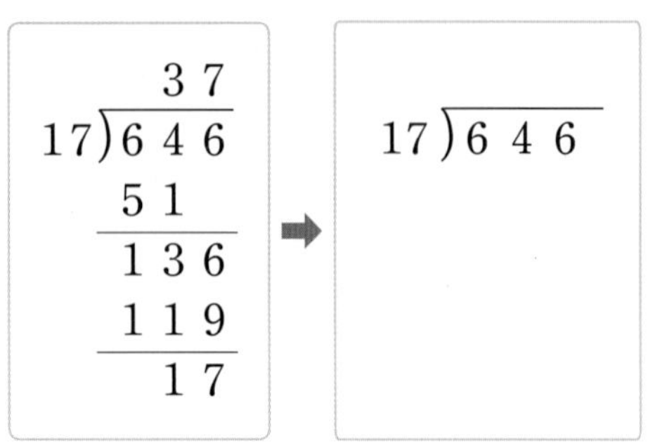

▸ 251006-0182

04 □ 안에 알맞은 식을 써넣으세요.

```
       1 2
  73)8 7 6
     7 3 0  ← [      ]
     1 4 6
     1 4 6  ← [      ]
         0
```

중요

▸ 251006-0183

05 몫을 구해 보세요.

$798 \div 19$

(　　　　　　　　)

▸ 251006-0184

06 몫이 다른 나눗셈을 찾아 기호를 써 보세요.

㉠ $420 \div 35$　　㉡ $576 \div 48$　　㉢ $936 \div 72$

(　　　　　　　　)

▸ 251006-0185

07 나눗셈을 보고 바르게 말한 친구의 이름을 써 보세요.

㉠ $612 \div 51$　　㉡ $364 \div 28$
㉢ $405 \div 45$　　㉣ $630 \div 63$

혜수: 612÷51은 나머지가 5보다 큰 수야.
민정: 364÷28은 몫이 한 자리 수야.
연서: 몫이 두 자리 수인 나눗셈은 모두 3개야.

(　　　　　　　　)

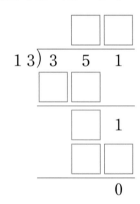

▸251006-0186

08 몫이 큰 것부터 순서대로 기호를 써 보세요.

㉠ $832 \div 16$
㉡ $750 \div 15$
㉢ $918 \div 18$

(　　　　　　　　　　)

▸251006-0187

09 학생 418명이 한 버스에 38명씩 똑같이 나누어 타려고 합니다. 필요한 버스는 모두 몇 대일까요?

(　　　　　　　　　　)

도전

▸251006-0188

10 나눗셈이 나누어떨어질 때 ㉠에 알맞은 수를 구해 보세요.

16) 3 8 ㉠

(　　　　　　　　　　)

도움말 몫의 십의 자리 숫자를 먼저 구한 다음 나누어떨어지는 나눗셈이 되도록 식을 완성해 봅니다.

문제해결 접근하기

▸251006-0189

11 사과 375개와 감 425개가 있습니다. 상자 25개에 민영이는 사과를 똑같이 나누어 담았고, 효성이는 감을 똑같이 나누어 담았습니다. 한 상자에 담은 사과와 감은 모두 몇 개인지 구해 보세요.

이해하기

구하려고 하는 것은 무엇인가요?

답 ______________________

계획 세우기

어떤 방법으로 문제를 해결하면 좋을까요?

답 ______________________

____

____

해결하기

□ 안에 알맞은 수를 써넣으세요.

• $375 \div 25 =$ □이므로 한 상자에 담은 사과는 □개입니다.

• $425 \div$ □ $=$ □이므로 한 상자에 담은 감은 □개입니다.

• 따라서 한 상자에 담은 사과와 감은 모두 □개입니다.

되돌아보기

문제를 해결한 방법을 설명해 보세요.

답 ______________________

____

____

교과서 개념 배우기

개념 6 몇십몇으로 나누어 볼까요(3)

■ 617÷18의 몫과 나머지 알아보기

18×20=360 ➡ 617에서 360을 빼면 257이 남아요.
18×30=540 ➡ 617에서 540을 빼면 77이 남아요.
18×40=720 ➡ 617에서 720을 뺄 수 없어요.

나누는 수와 몫의 곱이 617을 넘지 않으면서 617에 가장 가까운 수가 되어야 합니다. 617은 18×30=540과 18×40=720 사이에 있으므로 몫은 30과 40 사이입니다.
617에서 540을 빼면 77이 남고 18×3=54, 18×4=72, 18×5=90이므로 몫의 일의 자리 숫자는 4입니다.
따라서 몫은 34, 나머지는 77−72=5입니다.

■ 617÷18 계산하기

$$\begin{array}{r} 3 \\ 18\overline{)617} \\ 540 \\ \hline 77 \end{array} \leftarrow 18\times30 \quad ➡ \quad \begin{array}{r} 34 \\ 18\overline{)617} \\ 540 \\ \hline 77 \\ 72 \\ \hline 5 \end{array} \begin{array}{l} \\ \\ \leftarrow 18\times30 \\ \\ \leftarrow 18\times4 \\ \\ \end{array}$$

$$\begin{array}{r} 34 \\ 18\overline{)617} \\ 54 \\ \hline 77 \\ 72 \\ \hline 5 \end{array}$$

← 18×30=540이지만 0은 쓰지 않아도 돼요. 0을 쓰지 않더라도 자리는 꼭 비워 놓아요.

617÷18=34 ··· 5
몫 34
나머지 5

■ 617÷18의 계산 결과가 맞는지 확인하기

나누는 수에 몫을 곱하고 그 수에 나머지를 더하면 나누어지는 수가 되는지 확인합니다.

➡ 18×34=612, 612+5=617

• 428÷15 계산하기

$$\begin{array}{r} 27 \\ 15\overline{)428} \\ 30 \\ \hline 128 \\ 105 \\ \hline 23 \end{array}$$

(×)

➡ 23은 15보다 크므로 몫이 더 커져야 합니다.

$$\begin{array}{r} 28 \\ 15\overline{)428} \\ 30 \\ \hline 128 \\ 120 \\ \hline 8 \end{array}$$

(○)

➡ 나머지는 나누는 수보다 작습니다.

428÷15=28 ··· 8
몫 28
나머지 8

문제를 풀며 이해해요

▸251006-0190

01 □ 안에 알맞은 수나 식을 써넣으세요.

(1)

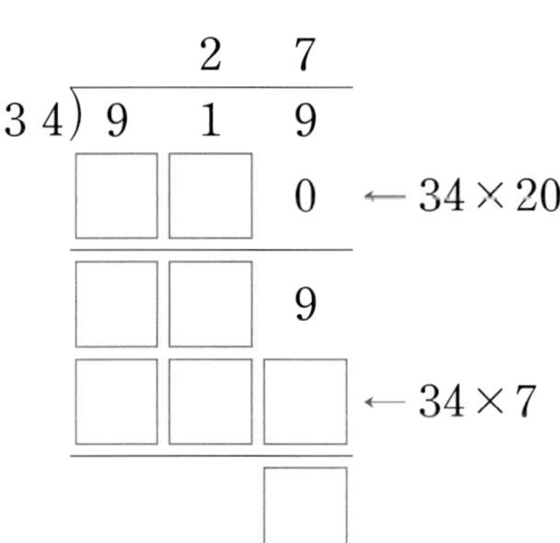

(2)

46) 7 8 5 의 몫 □□

□□0 ← □

□□5

□□□ ← □

□

몫이 두 자리 수이고 나머지가 있는 (세 자리 수)÷(몇십몇)을 계산할 수 있는지 묻는 문제예요.

나누는 수에 (몇십)을 곱하면 나누어지는 수를 넘지 않으면서 나누어지는 수에 가장 가까운 수가 되는지를 찾아서 몫의 십의 자리 숫자를 구해요.

▸251006-0191

02 나눗셈의 몫과 나머지를 구하고 계산 결과가 맞는지 확인해 보세요.

(1)

$648 \div 43$

몫 ______

나머지 ______

계산 결과 확인

$43 \times$ □ $=$ □, □ $+$ □ $= 648$

(2)

$907 \div 11$

몫 ______

나머지 ______

계산 결과 확인

$11 \times$ □ $=$ □, □ $+$ □ $=$ □

나누는 수에 몫을 곱하고 그 수에 나머지를 더했을 때 나누어지는 수가 되면 몫과 나머지를 바르게 구한 것이에요.

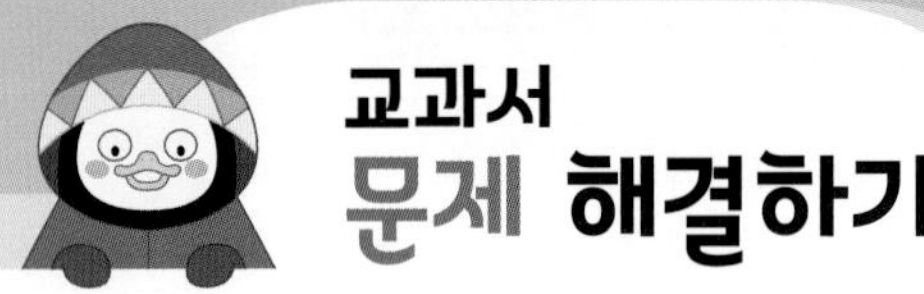

▸ 251006-0192

01 곱셈식을 보고 □ 안에 알맞은 수를 써넣으세요.

$23 \times 10 = 230$
$23 \times 20 = 460$
$23 \times 30 = 690$

586÷23의 몫은 □보다 크고 □보다 작습니다. 따라서 586÷23의 몫의 십의 자리 숫자는 □입니다.

▸ 251006-0193

02 □ 안에 알맞은 수를 써넣으세요.

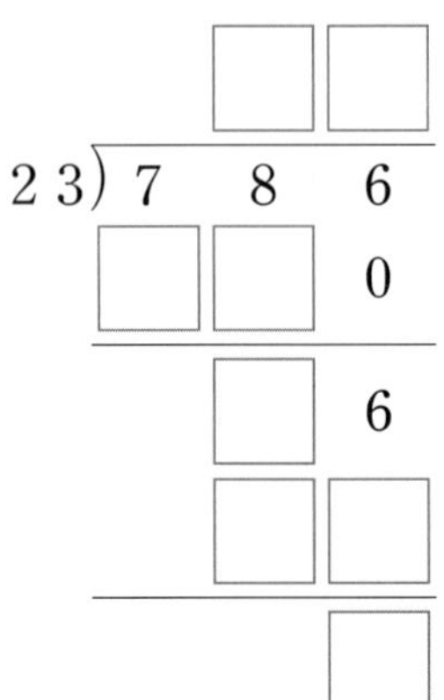

중요

▸ 251006-0194

03 나눗셈의 몫과 나머지를 구해 보세요.

24)6 3 0

몫 ____________

나머지 ____________

▸ 251006-0195

04 나눗셈식을 보고 잘못 말한 친구의 이름을 써 보세요.

```
      2 4
29)7 1 1
   5 8 0  ← ㉠
   1 3 1  ← ㉡
   1 1 6  ← ㉢
     1 5  ← ㉣
```

정민: ㉠은 29×20의 값이야.
혜수: ㉡은 $711 - 580$의 값이야.
아진: ㉢은 29×24의 값이야.
주연: ㉣은 $131 - 116$의 값이고 나머지라고 해.

(　　　　　　　　)

중요

▸ 251006-0196

05 계산을 하고 계산 결과를 확인하려고 합니다. □ 안에 알맞은 수를 써넣으세요.

836÷18

계산 결과 확인

18×□=□,
□+□=□

▸ 251006-0197

06 나머지가 가장 큰 나눗셈을 찾아 기호를 써 보세요.

㉠ 945÷85　㉡ 940÷72　㉢ 981÷54

(　　　　　　　　)

▸ 251006-0198

07 어떤 수를 19로 나누면 몫은 15이고 나머지는 12입니다. 어떤 수를 구해 보세요.

(　　　　　　　　)

▶251006-0199

08 930을 어떤 수로 나누었을 때 나머지는 5가 됩니다. 어떤 수가 될 수 있는 수를 보기 에서 모두 찾아 써 보세요.

보기

37 25 34 61

( )

▶251006-0200

09 연필 494자루를 친구들에게 12자루씩 나누어 주려고 합니다. 연필을 나누어 줄 수 있는 친구의 수와 남는 연필의 수를 구해 보세요.

친구의 수 ( )

남는 연필의 수 ( )

도전

▶251006-0201

10 주어진 숫자를 한 번씩 사용하여 몫이 가장 큰 (세 자리 수)÷(두 자리 수)를 만들었습니다. 이 나눗셈의 몫과 나머지를 구해 보세요.

1 5 6 7 8

몫 ______

나머지 ______

도움말 몫이 가장 큰 (세 자리 수)÷(두 자리 수)가 되려면 가장 큰 수를 가장 작은 수로 나누면 됩니다.

문제해결 접근하기

▶251006-0202

11 어떤 수를 21로 나누면 몫은 45이고 나머지는 7입니다. 어떤 수를 32로 나누었을 때의 몫과 나머지를 구해 보세요.

이해하기

구하려고 하는 것은 무엇인가요?

답 ______

계획 세우기

어떤 방법으로 문제를 해결하면 좋을까요?

답 ______

해결하기

□ 안에 알맞은 수를 써넣으세요.

- 21×□=□, □+□=□이므로 어떤 수는 □입니다.
- □÷32=□ ⋯ □이므로 어떤 수를 32로 나누었을 때의 몫은 □이고, 나머지는 □입니다.

되돌아보기

계산 결과가 맞는지 확인해 보세요.

답 ______

개념 7 어림셈을 활용해 볼까요

■ 곱셈에서 어림셈 활용하기

480원짜리 아이스크림을 9개 사려고 합니다. 아이스크림의 값은 약 얼마인지 어림해 보세요.

• 아이스크림의 가격을 어림하여 계산하기

➡ 480원을 500원으로 생각하여 계산하면 $500 \times 9 = 4500$이므로 아이스크림의 값은 약 4500원입니다.

• 아이스크림의 개수를 어림하여 계산하기

➡ 9개를 10개로 생각하여 계산하면 $480 \times 10 = 4800$이므로 아이스크림의 값은 약 4800원입니다.

• 아이스크림의 가격과 개수를 모두 어림하여 계산하기

➡ 480원을 500원으로, 9개를 10개로 생각하여 계산하면 $500 \times 10 = 5000$이므로 아이스크림의 값은 약 5000원입니다.

■ 나눗셈에서 어림셈 활용하기

사과 398개를 한 상자에 21개씩 담으려고 합니다. 필요한 상자는 약 몇 개인지 어림해 보세요.

• 전체 사과의 개수를 어림하여 계산하기

➡ 398개를 400개로 생각하여 계산하면 $400 \div 21 = 19 \cdots 1$이므로 필요한 상자는 약 19개입니다.

• 한 상자에 담을 사과의 개수를 어림하여 계산하기

➡ 21개를 20개로 생각하여 계산하면 $398 \div 20 = 19 \cdots 18$이므로 필요한 상자는 약 19개입니다.

• 전체 사과의 개수와 한 상자에 담을 사과의 개수를 모두 어림하여 계산하기

➡ 398개를 400개로, 21개를 20개로 생각하여 계산하면 $400 \div 20 = 20$이므로 필요한 상자는 약 20개입니다.

• 어림셈 활용하기
- 실생활에서 정확한 계산을 하기 어려운 경우, 정확한 계산을 할 필요가 없는 경우에 어림셈을 활용하면 편리합니다.
- 물건이나 음식의 값을 계산하는 경우, 물건이나 음식을 나누어 담을 때 필요한 도구의 개수를 구하는 경우 등에 어림셈을 활용할 수 있습니다.
- 복잡한 수를 간단한 수로 바꾸어 어림하여 계산하면 실생활에서 쉽고 빠르게 필요한 정보를 얻을 수 있습니다.

정답과 풀이 36쪽

문제를 풀며 이해해요

[01~02] 어림셈을 활용하여 아이스크림의 값을 구하려고 합니다. □ 안에 알맞은 수를 써넣으세요.

실생활 문제를 어림셈을 활용하여 해결할 수 있는지 묻는 문제예요.

▸ 251006-0203

01 490원짜리 아이스크림 10개의 가격은 약 얼마인지 어림하여 구해 보세요.

□×10=□이므로 약 □원입니다.

490원과 19개를 간단한 수로 바꾸어 어림하여 계산해 보아요.

▸ 251006-0204

02 400원짜리 아이스크림 19개의 가격은 약 얼마인지 어림하여 구해 보세요.

400×□=□이므로 약 □원입니다.

[03~04] 어림셈을 활용하여 한 명에게 나누어 줄 수 있는 색종이의 수를 구하려고 합니다. □ 안에 알맞은 수를 써넣으세요.

78명과 151장을 간단한 수로 바꾸어 어림하여 계산해 보아요.

▸ 251006-0205

03 색종이 240장을 78명에게 똑같이 나누어 주려고 할 때 한 명에게 줄 수 있는 색종이의 수를 어림하여 구해 보세요.

240÷□=□

따라서 한 명에게 줄 수 있는 색종이는 약 □장입니다.

▸ 251006-0206

04 색종이 151장을 25명에게 똑같이 나누어 주려고 할 때 한 명에게 줄 수 있는 색종이의 수를 어림하여 구해 보세요.

□÷25=□

따라서 한 명에게 줄 수 있는 색종이는 약 □장입니다.

교과서 문제 해결하기

▸ 251006-0207

01 실을 125 cm씩 잘라서 학생 27명에게 한 개씩 주려고 합니다. 27명을 30명으로 생각할 때 필요한 실은 약 몇 cm일까요?

약 (   )

▸ 251006-0208

02 젤리 380 g을 22 g씩 나누어 봉지에 담으려고 합니다. 22 g을 20 g으로 생각할 때 필요한 봉지는 약 몇 개일까요?

약 (   )

중요

▸ 251006-0209

03 한 번에 32명씩 체험을 할 수 있는 활동이 있습니다. 연주네 학교 학생 600명이 이 체험을 하려고 할 때 활동을 몇 번 정도 해야 학생들이 모두 체험을 할 수 있는지 어림셈을 활용하여 구하려고 합니다. □ 안에 알맞은 수를 써넣으세요.

> 한 번에 체험할 수 있는 사람 수를 □명으로 바꾸어 계산하면 활동을 □번 정도 해야 합니다.

▸ 251006-0210

04 운동장에 399명의 학생이 20명씩 줄을 서면 약 몇 줄이 되는지 어림셈을 활용하여 구하려고 합니다. □ 안에 알맞은 수를 써넣으세요.

> 학생 수를 □명으로 바꾸어 계산하면 약 □줄이 됩니다.

▸ 251006-0211

05 자두를 한 상자에 112개씩 담아서 팔았더니 일주일 동안 상자 69개가 팔렸습니다. 일주일 동안 팔린 자두는 약 몇 개인지 어림셈을 활용하여 구하려고 할 때 □ 안에 알맞은 수를 써넣으세요.

> 한 상자에 담긴 자두를 110개로 생각하여 계산하면 팔린 자두는 약 □개가 되고, 팔린 상자의 수를 70개로 생각하여 계산하면 팔린 자두는 약 □개가 됩니다. 따라서 일주일 동안 팔린 자두의 개수는 □개에서 □개 정도가 됩니다.

중요

▸ 251006-0212

06 현주는 580원짜리 연필 14자루를 사기 위해 문구점에 갔습니다. 현주가 얼마를 냈을 때 연필 14자루를 사고 거스름돈을 가장 적게 받는지 알맞은 금액에 ○표 하세요.

7500원	8500원	9500원
( )	( )	( )

▸ 251006-0213

07 한 통에 117장씩 들어 있는 색종이가 21통 있습니다. 색종이는 약 몇 장인지 어림셈을 활용하여 구하려고 할 때 알맞은 것끼리 이어 보세요.

색종이 117장을 120장으로 바꾸어 구하기 •	• 약 2340장
색종이 21통을 20통으로 바꾸어 구하기 •	• 약 2520장
색종이 117장을 120장으로, 21통을 20통으로 바꾸어 구하기 •	• 약 2400장

정답과 풀이 36쪽

▸ 251006-0214

08 280원짜리 사탕 18개를 사기 위해 얼마를 가져가면 좋을지 어림셈을 활용하여 구하려고 합니다. 조건 에 맞는 어림셈을 활용하여 구해 보세요.

조건

사탕의 가격과 개수를 모두 바꾸어 계산합니다.

약 (　　　　　　　)

▸ 251006-0215

09 밤 490개를 한 봉지에 19개씩 담아서 팔려고 할 때 약 몇 봉지 정도 팔 수 있는지 어림셈을 활용하여 구하려고 합니다. 조건 에 맞는 어림셈을 활용하여 구해 보세요.

조건

밤 490개와 19개를 모두 바꾸어 계산합니다.

약 (　　　　　　　)

도전

▸ 251006-0216

10 준모는 문구점에서 한 자루에 390원인 연필 20자루를 샀고, 영주는 한 개에 250원인 지우개 19개를 샀습니다. 보기 와 같이 수를 바꾸어 준모와 영주가 내야 할 금액은 각각 약 얼마인지 어림해 보세요.

보기

390원 ➡ 400원
19개 ➡ 20개

준모: 약 (　　　　　　　)
영주: 약 (　　　　　　　)

도움말 390원을 400원으로 바꾸어 연필의 값을 계산하고, 19개를 20개로 바꾸어 지우개의 값을 계산해 봅니다.

문제해결 접근하기

▸ 251006-0217

11 만점 초등학교 4학년 학생들은 현장 체험 학습을 가려고 합니다. 4학년 학생 수는 다음 표와 같고 버스 한 대에 학생들을 30명씩 태우려고 할 때 필요한 버스는 몇 대인지 어림셈을 활용하여 구해 보세요.

4학년 학생 수

반	1반	2반	3반	4반	5반
학생 수 (명)	23	24	24	25	22

이해하기

구하려고 하는 것은 무엇인가요?

답 ______________________

계획 세우기

어떤 방법으로 문제를 해결하면 좋을까요?

답 ______________________

____

해결하기

□ 안에 알맞은 수를 써넣으세요.

- 만점 초등학교 4학년 학생 수: □명
- 4학년 학생 수를 □명으로 바꾸어 □÷30을 계산하면 필요한 버스는 약 □대입니다.

되돌아보기

문제를 잘 해결했는지 확인하는 방법을 설명해 보세요.

답 ______________________

____

단원평가로 완성하기

▸251006-0218

01 □ 안에 알맞은 수를 써넣으세요.

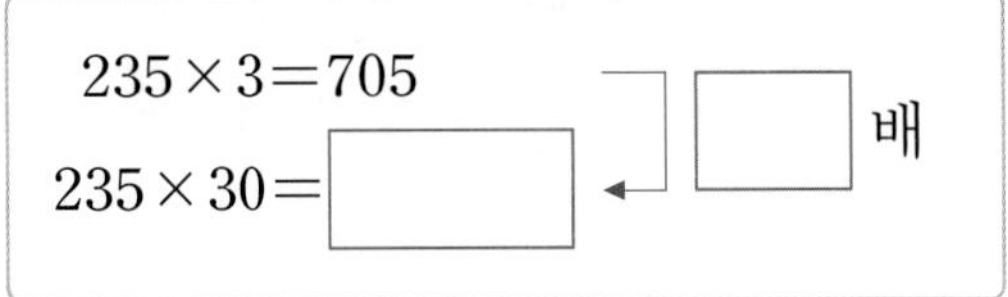

▸251006-0219

02 211×3의 값을 이용하여 211×30을 계산해 보세요.

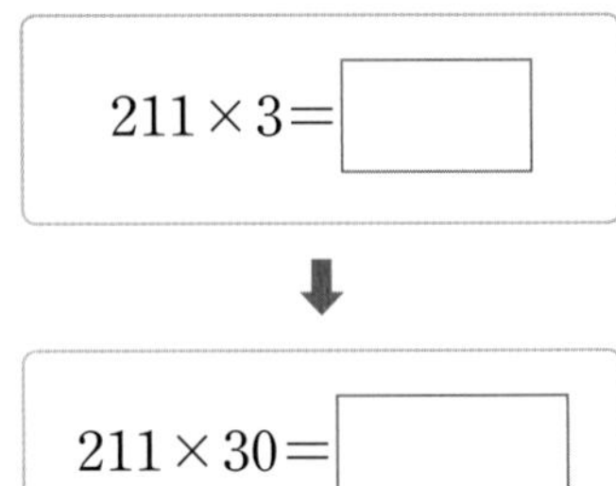

▸251006-0220

03 □ 안에 알맞은 식을 써넣으세요.

$$\begin{array}{r} 1\,4\,9 \\ \times\quad 2\,8 \\ \hline 1\,1\,9\,2 \\ 2\,9\,8\,0 \\ \hline 4\,1\,7\,2 \end{array}$$

1192 ← □
2980 ← □

▸251006-0221

04 계산해 보세요.

(1) $\begin{array}{r} 1\,3\,7 \\ \times\quad 5\,0 \\ \hline \end{array}$

(2) $\begin{array}{r} 3\,6\,2 \\ \times\quad 1\,8 \\ \hline \end{array}$

중요

▸251006-0222

05 잘못된 부분을 고쳐 바르게 계산해 보세요.

$$\begin{array}{r} 2\,9\,4 \\ \times\quad 2\,7 \\ \hline 2\,0\,5\,8 \\ 5\,8\,8 \\ \hline 2\,6\,4\,6 \end{array} \Rightarrow \begin{array}{r} 2\,9\,4 \\ \times\quad 2\,7 \\ \hline \end{array}$$

▸ 251006-0223

06 현지는 5월 한 달 31일 동안 줄넘기를 하루에 125번씩 매일 했습니다. 현지가 5월에 한 줄넘기의 횟수는 모두 몇 번일까요?

(　　　　　　　　　　)

▸ 251006-0224

07 350원짜리 과자 18개의 값을 어림셈을 활용하여 구하려고 합니다. □ 안에 알맞은 수를 써넣으세요.

> 과자의 개수를 □개로 바꾸어 계산하면 약 □원이 됩니다.

▸ 251006-0225

08 알맞은 것끼리 이어 보세요.

$140 \div 70$ •	• 9
$180 \div 20$ •	• 2
$150 \div 50$ •	• 3

▸ 251006-0226

09 □ 안에 알맞은 수를 써넣고 나눗셈의 몫과 나머지를 구해 보세요.

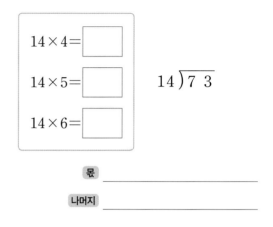

$14 \times 4 = \square$

$14 \times 5 = \square$

$14 \times 6 = \square$

$14\overline{)73}$

몫 __________

나머지 __________

▸ 251006-0227

10 나눗셈의 몫과 나머지를 구하고 계산 결과가 맞는지 확인해 보세요.

$655 \div 81$

몫 __________

나머지 __________

계산 결과 확인 $81 \times \square = \square$,

$\square + \square = \square$

▸ 251006-0228

11 □ 안에 알맞은 수를 써넣고 몫과 나머지를 구해 보세요.

$$\begin{array}{r} \square\ \square \\ 14 \overline{)\ 6\ \ 8\ \ 1} \\ \square\ \square\ \ 0 \\ \hline \square\ \square\ \ 1 \\ \square\ \square\ \square \\ \hline \square \end{array}$$

몫 ________________

나머지 ________________

중요

▸ 251006-0229

12 계산을 하고 몫과 나머지를 구해 보세요.

$$13 \overline{)8\ 1\ 5}$$

몫 ________________

나머지 ________________

▸ 251006-0230

13 공책 497권을 21개 반에 똑같이 나누어 주려고 합니다. 나누어 주고 남는 공책은 최소 몇 권일까요?

( )

▸ 251006-0231

14 가래떡을 한 상자에 16개씩 포장하였더니 34상자가 되고 가래떡 13개가 남았습니다. 처음에 있던 가래떡은 몇 개일까요?

( )

▸ 251006-0232

15 몫이 가장 큰 나눗셈을 찾아 기호를 써 보세요.

㉠ $775 \div 25$	㉡ $234 \div 26$
㉢ $65 \div 13$	㉣ $672 \div 56$

( )

▸ 251006-0233

16 색종이 122장을 학생들에게 15장씩 나누어 주려고 할 때 약 몇 명에게 나누어 줄 수 있는지 어림셈을 활용하여 구하려고 합니다. □ 안에 알맞은 수를 써넣으세요.

> 전체 색종이의 수를 □장으로 바꾸어 계산하면 색종이를 약 □명에게 나누어 줄 수 있습니다.

▸ 251006-0234

17 나머지가 가장 작은 나눗셈을 찾아 기호를 써 보세요.

㉠ $169 \div 20$	㉡ $142 \div 45$
㉢ $882 \div 93$	㉣ $81 \div 12$

( )

▸ 251006-0235

18 다음 나눗셈이 나누어떨어진다고 할 때 ㉠, ㉡, ㉢에 알맞은 숫자를 각각 구해 보세요.

$$\begin{array}{r} ㉠\ 6 \\ 29\overline{)\,7\ ㉡\ ㉢} \end{array}$$

㉠ ( )
㉡ ( )
㉢ ( )

도전

▸ 251006-0236

19 다음 나눗셈식의 나머지가 10보다 큰 수일 때 ㉠에 알맞은 수를 모두 구해 보세요.

㉠$\div 14 = 36 \cdots \square$

( )

서술형

▸ 251006-0237

20 ㉠$\div 31 = 21$이라고 할 때 ㉠$\div 28$의 몫과 나머지를 구하려고 합니다. 풀이 과정을 쓰고 답을 구해 보세요.

풀이

(1) $31 \times 21 = \square$이므로 ㉠의 값은
( )입니다.

(2) $\square \div 28 = \square \cdots \square$

(3) ㉠$\div 28$의 몫은 ( ),
나머지는 ( )입니다.

몫 ________

나머지 ________

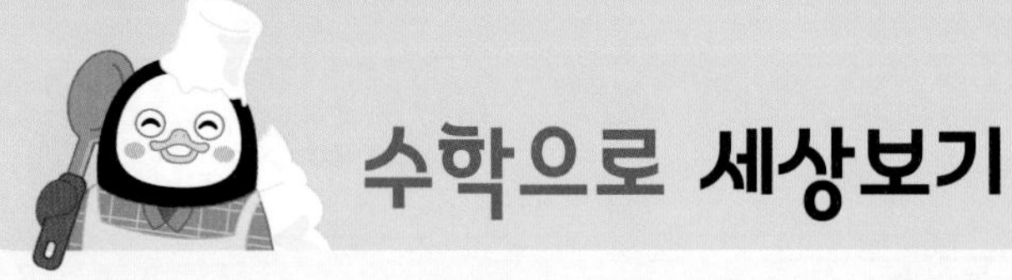

수학으로 세상보기

생활 속에서 곱셈과 나눗셈을 활용해 볼까요?

우리는 생활 속에서 곱셈과 나눗셈을 활용하는 경우가 참 많아요. 그래서 곱셈과 나눗셈을 잘 활용하면 일상 생활에서 만나는 문제들을 쉽고 빠르게 해결할 수 있어요. 그럼, 곱셈과 나눗셈을 활용하여 일상 생활의 문제들을 해결해 볼까요?

1 묶어서 파는 상품을 사면 더 싸게 살 수 있을까요?

마트에 가면 과자나 라면 등 다양한 상품들을 4개씩, 5개씩 묶어서 파는 경우를 볼 수가 있어요. 이렇게 묶어서 파는 상품들을 사면 왠지 더 싸게 사는 것 같은 생각이 들어 묶음 상품을 사게 되는 경우가 많아요. 그런데 묶음 상품 속 낱개 상품의 가격을 확인해 본 적이 있나요? 어떤 제품은 여러 개씩 묶어서 파는 상품이 낱개 상품을 사는 것보다 더 비싼 경우가 있다고 해요. 자, 다음 중 어떤 과자를 사면 더 싸게 살 수 있을까요?

〈과자 묶음의 가격 10280원〉

〈과자 한 개당 가격 850원〉

과자 12개를 낱개로 샀을 경우 과자의 값은 얼마일까요? $850 \times 12 = 10200$이므로 850원짜리 과자 12개를 사면 과자의 값은 10200원이 돼요. 그런데 과자 묶음의 가격이 더 비싸네요.

이런 경우도 살펴볼까요?

〈과자 묶음의 가격 250원〉

〈과자 묶음의 가격 800원〉

〈과자 묶음의 가격 990원〉

어떤 과자를 사고 싶나요? $250 \div 3 = 83 \cdots 1$이므로 3개를 묶어서 파는 과자의 한 개당 가격은 약 83원 정도, $800 \div 10 = 80$이므로 10개를 묶어서 파는 과자의 한 개당 가격은 80원, $990 \div 12 = 82 \cdots 6$이므로 12개를 묶어서 파는 과자의 한 개당 가격은 약 82원 정도가 돼요. 곱셈과 나눗셈을 배운 우리는 더 현명한 소비를 할 수 있겠죠?

2 계획을 세워 실천해 볼까요?

새해가 되면 많은 사람들이 1년 동안의 목표를 세우고 그것을 실천하기 위해 노력을 해요. 운동, 공부, 독서 등 우리가 살아가는데 중요하다고 생각하는 많은 일들에 대한 계획을 세우고 조금씩 성장하기 위해 노력하지요. 몇 가지 계획표를 살펴볼까요?

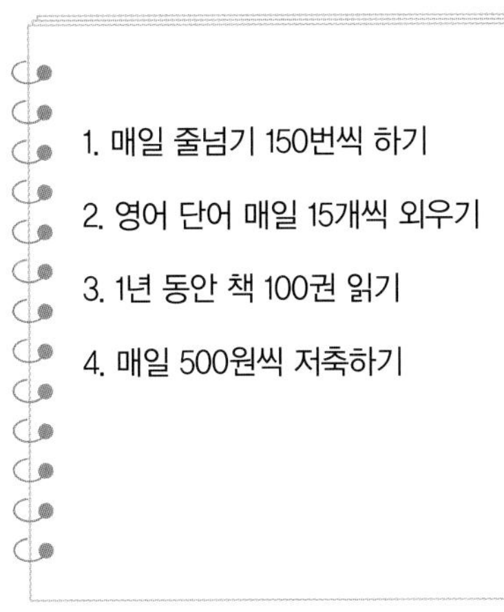

1. 매일 줄넘기 250번씩 하기
2. 피아노 매일 20분씩 연습하기
3. 1년 동안 책 150권 읽기
4. 매일 수학 문제 20개씩 풀기
5. 매일 700원씩 저축하기

매일 줄넘기를 150번씩 하면 30일 동안 줄넘기를 몇 번 하게 될까요? $150 \times 30 = 4500$이니까 줄넘기를 4500번 하게 되네요. 매일 500원씩 저축을 하면 30일 동안 얼마를 저축하게 될까요? $500 \times 30 = 15000$이므로 15000원을 저축하게 돼요. 매일 줄넘기를 250번씩 하면 30일 동안 줄넘기를 몇 번 하게 될까요? 매일 700원씩 저축을 하면 30일 동안 얼마를 저축하게 될까요?

1년 동안 책을 100권 읽으려면 한 달 동안 약 몇 권의 책을 읽어야 할까요? $100 \div 12 = 8 \cdots 4$이므로 한 달에 8권이나 9권을 읽어야 1년 동안 책을 100권 정도 읽을 수 있어요. 1년 동안 책을 150권 읽으려면 한 달 동안 약 몇 권의 책을 읽어야 할까요? $150 \div 12 = 12 \cdots 6$이므로 한 달에 12권이나 13권을 읽어야 1년 동안 책을 150권 정도 읽을 수 있어요.

이렇게 계획을 세우고 지키려고 노력하다 보면 우리는 조금씩 성장하게 되고 자신의 삶에 대한 성취감이나 뿌듯함을 느끼게 된답니다. 혹시라도 계획을 지키지 못하면 어떻게 하냐고요? 걱정하지 마세요. 계획을 지키지 못했을 때에는 왜 계획을 지키지 못했는지, 어느 부분의 계획을 보완해야 하는지 등을 살펴보며 나에게 맞는 계획으로 수정해 나가면 돼요. 실현 가능한 계획으로 만들어 가는 과정도 나 자신을 되돌아보고 성장해 나갈 수 있는 좋은 기회가 돼요.

평면도형의 이동

민혁이는 친구들과 테트리스를 하는 것을 좋아합니다. 테트리스는 정사각형을 이어 붙여 만든 '테트로미노' 라는 블록들을 사용하는 게임입니다. 위에서 떨어지는 테트로미노 블록들을 밀거나 돌려서 한 줄이 빈틈없이 채워지면 그 줄에 있는 블록들이 사라지면서 점수를 얻을 수 있습니다.

이번 4단원에서는 평면도형을 밀고, 뒤집고, 돌려 보며 모양의 위치와 방향이 어떻게 바뀌는지 살펴보고 이를 이용하여 규칙적인 무늬를 꾸미는 방법에 대해 배울 거예요.

단원 학습 목표

1. 점의 위치와 방향이 변하도록 미는 활동을 통해 그 변화를 이해하고 위치와 방향이 어떻게 변하는지 설명할 수 있다.
2. 구체물이나 평면도형을 여러 방향으로 밀기, 뒤집기, 돌리기 활동을 통해 그 변화를 이해하고 돌리는 활동의 결과를 추론할 수 있다.
3. 구체물이나 평면도형을 여러 방향으로 밀기, 뒤집기, 돌리기 한 도형을 그릴 수 있다.
4. 여러 방향으로 밀기, 뒤집기, 돌리기 한 도형을 보고 움직인 방법을 설명할 수 있다.
5. 평면도형을 이용하여 규칙적인 무늬를 꾸밀 수 있다.

단원 진도 체크

회차	학습 내용		진도 체크
1차	교과서 개념 배우기 + 문제 해결하기	**개념 1** 점을 이동해 볼까요 **개념 2** 평면도형을 밀어 볼까요	✓
2차	교과서 개념 배우기 + 문제 해결하기	**개념 3** 평면도형을 뒤집어 볼까요	✓
3차	교과서 개념 배우기 + 문제 해결하기	**개념 4** 평면도형을 돌려 볼까요	✓
4차	교과서 개념 배우기 + 문제 해결하기	**개념 5** 평면도형을 이용하여 규칙적인 무늬를 꾸며 볼까요	✓
5차	단원평가로 완성하기		✓
6차	수학으로 세상보기		✓

해당 부분을 공부하고 나서 ✓표를 하세요.

개념 1 점을 이동해 볼까요

■ 점을 이동했을 때 변화를 알아볼까요

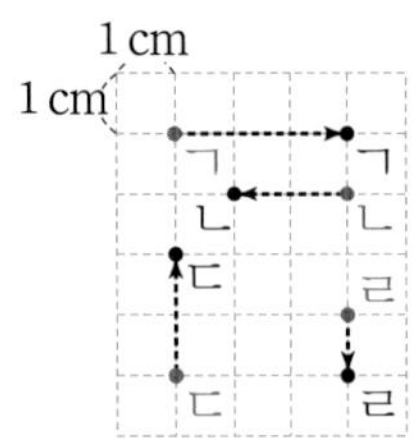

• 점 ㄱ은 오른쪽으로 3 cm 이동했습니다.

• 점 ㄴ은 왼쪽으로 2 cm 이동했습니다.

• 점 ㄷ은 위쪽으로 2 cm 이동했습니다.

• 점 ㄹ은 아래쪽으로 1 cm 이동했습니다.

• 점 ㄱ에서 점 ㄴ으로 이동

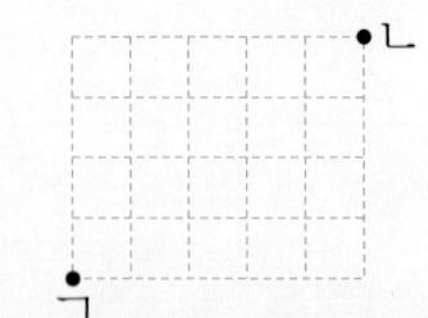

– 점 ㄱ을 오른쪽으로 5칸 이동하고, 위쪽으로 4칸 이동하면 점 ㄴ까지 이동합니다.

– 점 ㄱ을 위쪽으로 4칸 이동하고, 오른쪽으로 5칸 이동하면 점 ㄴ까지 이동합니다.

개념 2 평면도형을 밀어 볼까요

■ 도형을 밀었을 때 변화를 알아볼까요

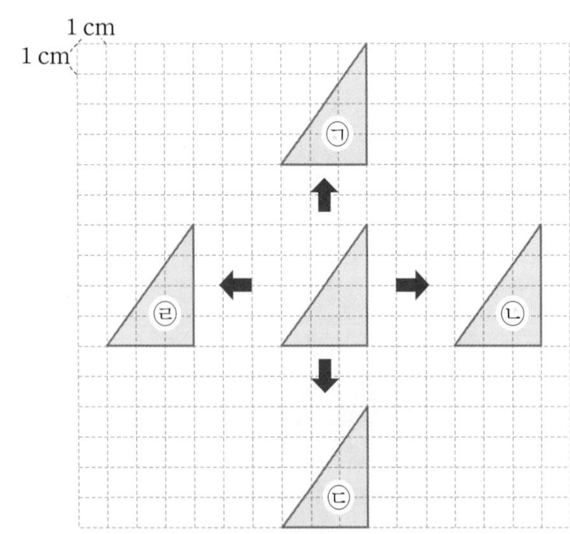

• 도형을 밀면 도형의 모양과 크기는 변하지 않습니다.

• 도형을 밀면 민 방향과 거리만큼 도형의 위치가 바뀝니다.

• 도형을 주어진 거리만큼 밀려면 도형의 한 변이나 꼭짓점을 기준으로 밀면 됩니다.

• ㉠ 도형과 ㉢ 도형은 가운데 도형을 위쪽과 아래쪽으로 각각 6 cm만큼 밀었습니다.

• ㉡ 도형과 ㉣ 도형은 가운데 도형을 오른쪽과 왼쪽으로 각각 6 cm만큼 밀었습니다.

• 정해진 방향과 거리만큼 밀기

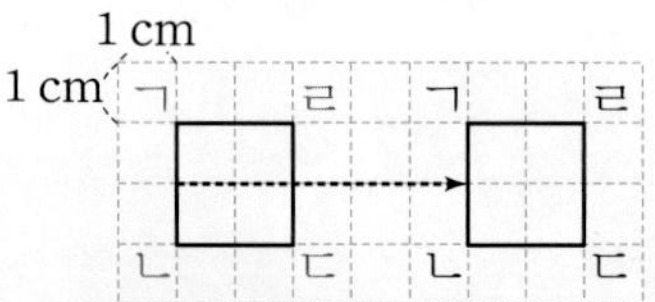

– 오른쪽으로 5 cm 밀어도 모양은 변하지 않습니다.

• 주어진 도형을 ↖ 방향으로 밀기

① 주어진 도형을 ↑ 방향으로 밀고 난 후 ← 방향으로 밉니다.

② 주어진 도형을 ← 방향으로 밀고 난 후 ↑ 방향으로 밉니다.

문제를 풀며 이해해요

▸ 251006-0238

01 점이 어떻게 이동했는지 설명해보세요.

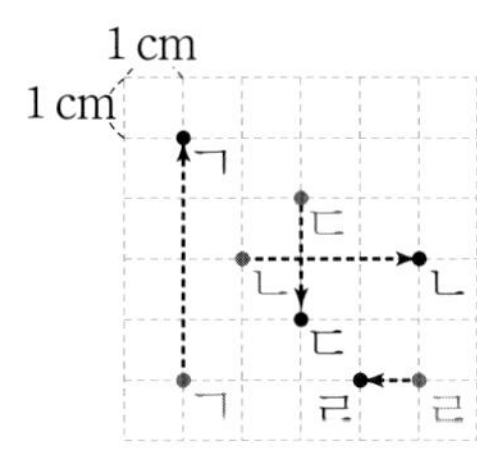

(1) 점 ㄱ은 ☐ 쪽으로 ☐ cm 이동했습니다.

(2) 점 ㄴ은 ☐ 쪽으로 ☐ cm 이동했습니다.

(3) 점 ㄷ은 ☐ 쪽으로 ☐ cm 이동했습니다.

(4) 점 ㄹ은 ☐ 쪽으로 ☐ cm 이동했습니다.

점을 주어진 방향과 거리만큼 이동했을 때 위치의 변화를 알 수 있는지 묻는 문제예요.

점이 이동한 방향과 거리를 알아보아요.

▸ 251006-0239

02 도형을 오른쪽으로 6 cm 밀었을 때의 도형을 그려 보세요.

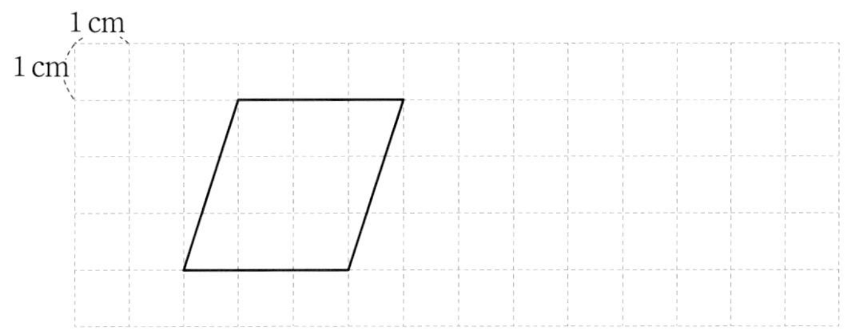

도형을 주어진 방향과 거리만큼 밀었을 때 위치의 변화를 알 수 있는지 묻는 문제예요.

도형의 한 변이나 꼭짓점을 기준으로 주어진 방향과 거리만큼 밀어보아요.

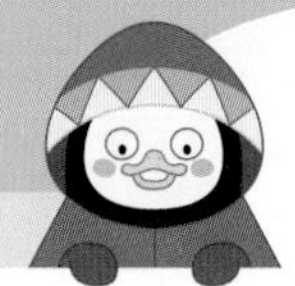

교과서 문제 해결하기

▸251006-0240

01 점 ㄱ을 오른쪽으로 3 cm 이동했을 때의 점을 그려 보세요.

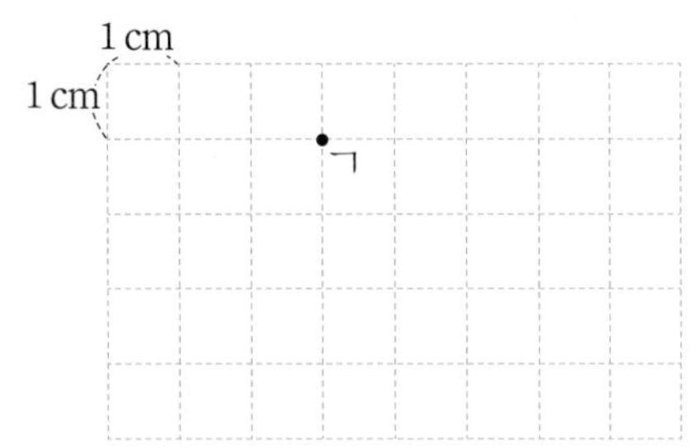

▸251006-0241

02 점이 어떻게 이동했는지 □ 안에 알맞은 말이나 수를 써넣으세요.

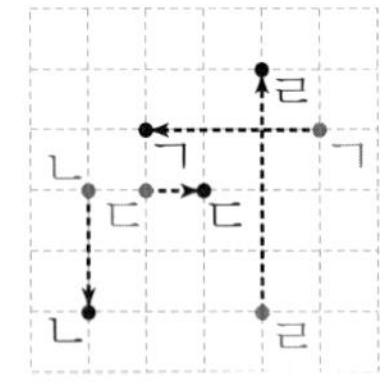

(1) 점 ㄱ은 □쪽으로 □칸 이동했습니다.

(2) 점 ㄴ은 □쪽으로 □칸 이동했습니다.

(3) 점 ㄷ은 □쪽으로 □칸 이동했습니다.

(4) 점 ㄹ은 □쪽으로 □칸 이동했습니다.

▸251006-0242

03 점 ㄱ을 어떻게 이동하면 점 ㄴ의 위치로 옮길 수 있는지 □ 안에 알맞은 말이나 수를 써넣으세요.

점 ㄱ을 □쪽으로 □칸, □쪽으로 □칸 이동합니다.

중요

▸251006-0243

04 점 ㄱ이 어떻게 이동했는지 □ 안에 알맞은 수나 말을 써넣으세요.

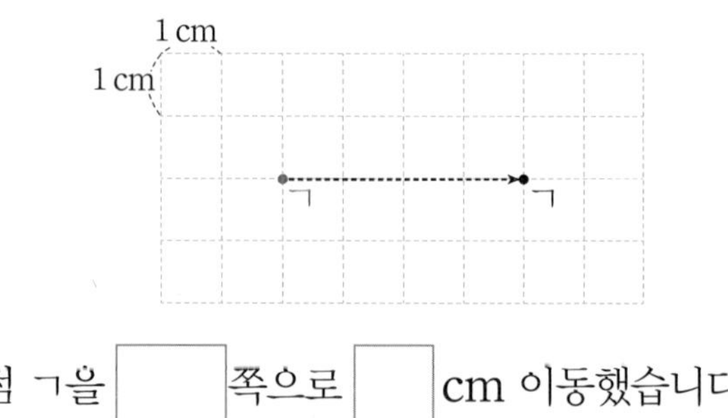

점 ㄱ을 □쪽으로 □cm 이동했습니다.

▸251006-0244

05 보기 의 도형을 오른쪽으로 밀었을 때의 도형을 찾아 ○표 하세요.

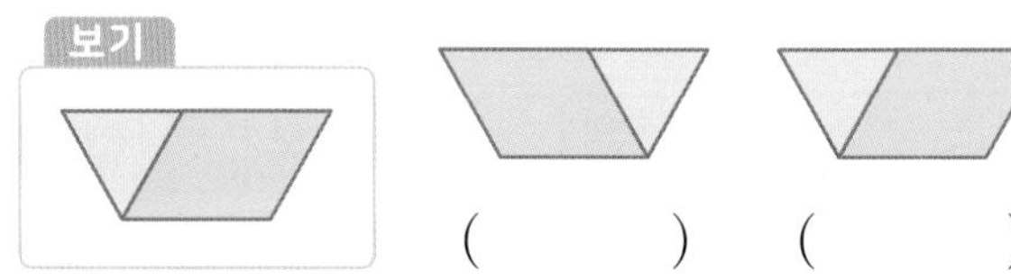

(　　　) (　　　)

▸251006-0245

06 도형의 이동 방법을 설명한 것입니다. □ 안에 알맞은 수나 말을 써넣으세요.

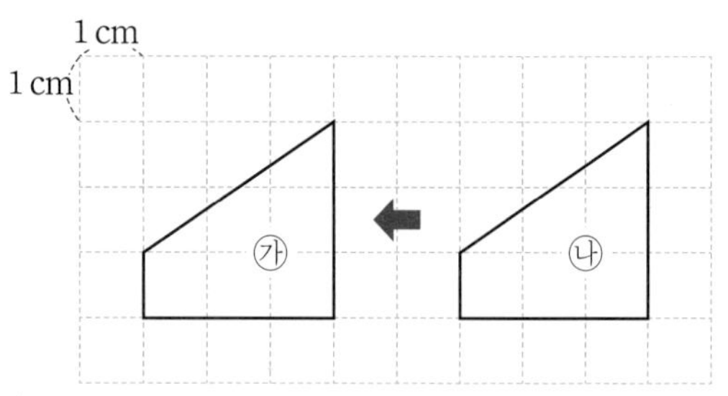

㉮ 도형은 ㉯ 도형을 □쪽으로 □cm 밀어서 이동한 도형입니다.

▸251006-0246

07 도형을 오른쪽으로 8 cm 밀었을 때의 도형을 그려 보세요.

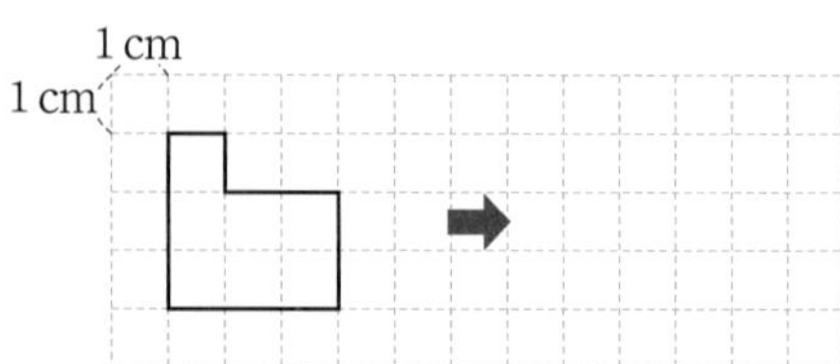

▸251006-0247

08 오른쪽 도형을 왼쪽으로 밀었을 때의 설명으로 잘못된 것을 찾아 기호를 써 보세요.

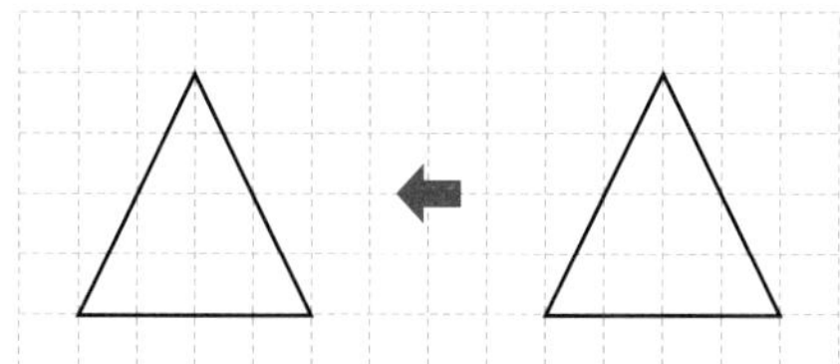

㉠ 미는 방향에 따라 위치가 바뀝니다.
㉡ 어느 방향으로 밀어도 모양은 변하지 않습니다.
㉢ 미는 방향에 따라 모양은 변하고 위치는 바뀌지 않습니다.

( )

중요 ▸251006-0248

09 주어진 도형을 오른쪽으로 8칸 밀었을 때의 도형을 그려 보세요.

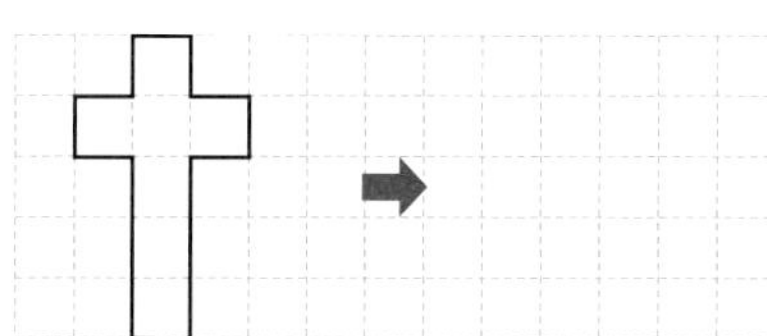

도전 ▸251006-0249

10 다음은 가로 한 줄이 모두 채워지면 그 줄이 사라지는 게임입니다. 조각 가를 어느 방향으로 몇 칸 밀면 가로 4줄이 사라지게 할 수 있을지 써 보세요.

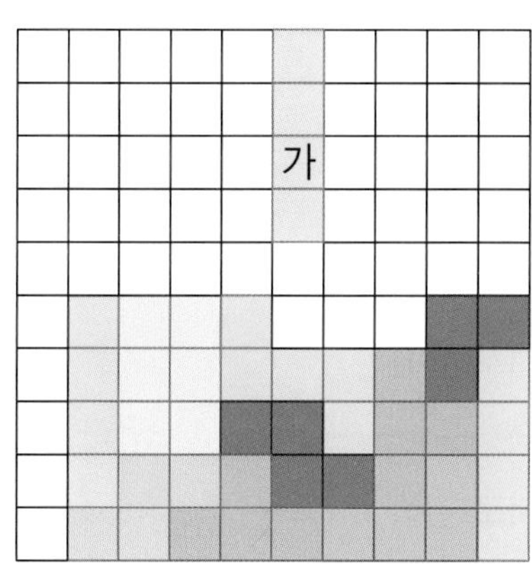

조각 가를 [ ]쪽으로 [ ]칸 밀고, [ ]쪽으로 [ ]칸 밉니다.

도움말 조각을 밀어도 모양이 바뀌지 않습니다.

문제해결 접근하기

▸251006-0250

11 도형을 위쪽으로 1 cm 밀고 왼쪽으로 7 cm 밀었을 때의 도형을 그려 보세요.

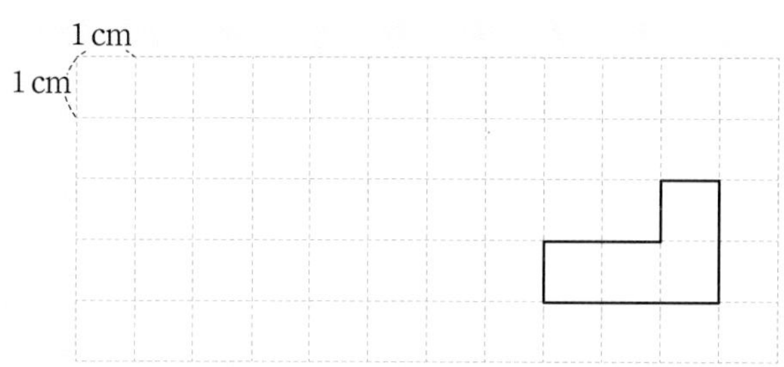

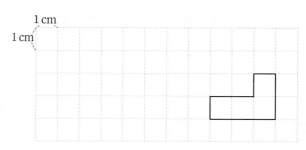

이해하기

구하려고 하는 것은 무엇인가요?

답 ______

계획 세우기

어떤 방법으로 문제를 해결하면 좋을까요?

답 ______

해결하기

생각한 방법으로 문제를 해결해 보세요.

되돌아보기

도형을 오른쪽으로 5 cm 밀고 아래쪽으로 3 cm 밀었을 때의 도형을 그려 보세요.

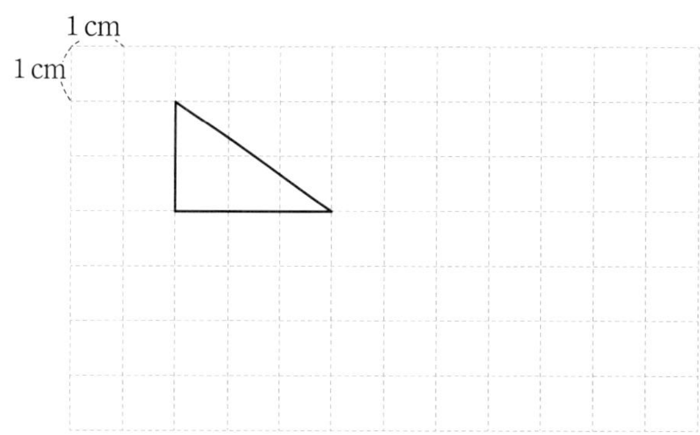

교과서 개념 배우기

개념 3 평면도형을 뒤집어 볼까요

■ 도형을 뒤집었을 때 변화를 알아볼까요

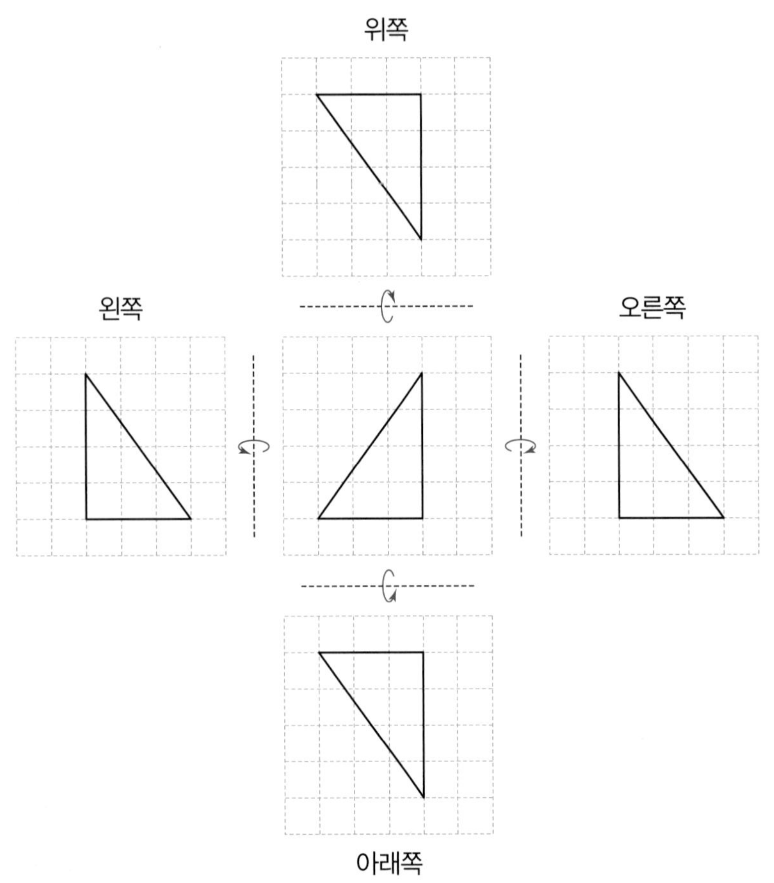

• 도형을 뒤집으면 모양과 크기는 변하지 않지만 도형의 방향은 뒤집는 방향에 따라 반대가 됩니다.

• 도형을 왼쪽 또는 오른쪽으로 뒤집으면 도형의 오른쪽과 왼쪽이 서로 바뀝니다.

• 도형을 위쪽 또는 아래쪽으로 뒤집으면 도형의 위쪽과 아래쪽이 서로 바뀝니다.

• 도형을 왼쪽으로 뒤집었을 때와 오른쪽으로 뒤집었을 때의 모양은 서로 같습니다.

• 도형을 위쪽으로 뒤집었을 때와 아래쪽으로 뒤집었을 때의 모양은 서로 같습니다.

• 뒤집기 전, 후의 모양

– 왼쪽(오른쪽)으로 뒤집기

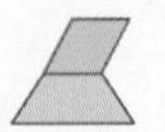 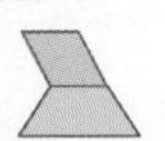

〈뒤집기 전〉 〈뒤집기 후〉

➡ [오른쪽 → 왼쪽, 왼쪽 → 오른쪽]으로 바뀝니다.

– 위쪽(아래쪽)으로 뒤집기

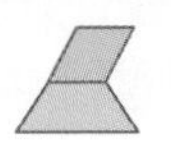 

〈뒤집기 전〉 〈뒤집기 후〉

➡ [위쪽 → 아래쪽, 아래쪽 → 위쪽]으로 바뀝니다.

• 같은 방향으로 뒤집기

– 주어진 도형을 같은 방향으로 짝수 번 뒤집으면 처음 모양과 같아집니다.

문제를 풀며 이해해요

▸ 251006-0251

01 조각을 뒤집었을 때의 모양을 보고 보기 에서 알맞은 말을 골라 □ 안에 써넣으세요.

보기

모양 방향 크기

조각을 뒤집으면 □ 와/과 □ 은/는 변하지 않고 □ 은/는 바뀝니다.

▸ 251006-0252

02 도형을 주어진 방향으로 뒤집었을 때의 도형을 각각 그려 보세요.

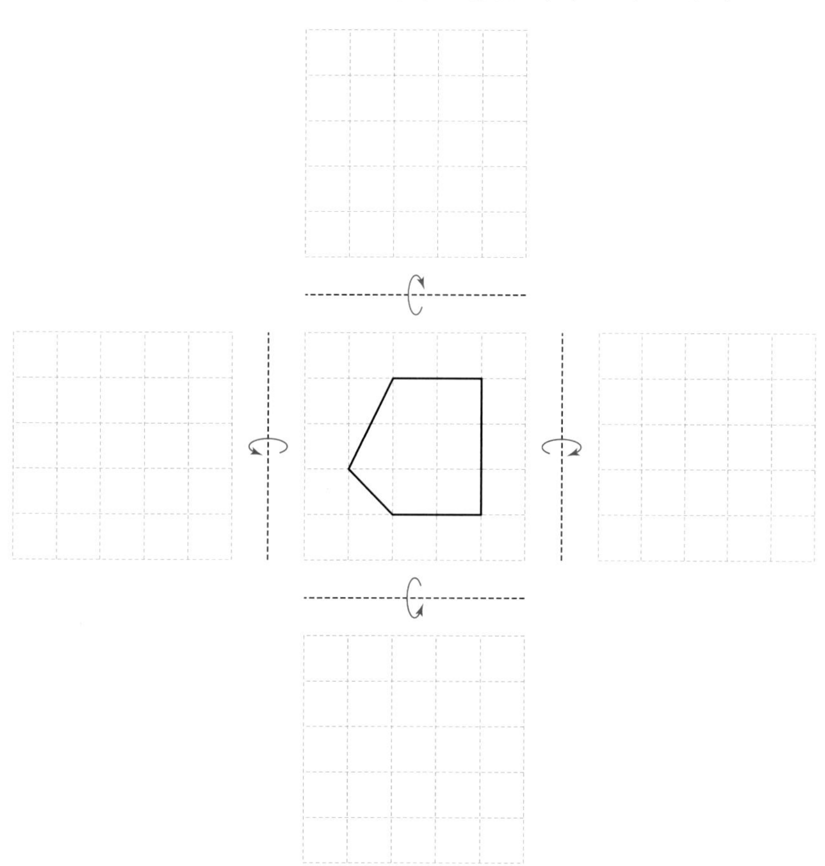

도형을 주어진 방향으로 뒤집었을 때 도형의 변화를 알 수 있는지 묻는 문제예요.

조각을 뒤집은 모양을 보면서 무엇이 바뀌었는지 생각해 보아요.

도형을 위쪽이나 아래쪽으로 뒤집으면 도형의 위쪽과 아래쪽이 서로 바뀌고, 왼쪽이나 오른쪽으로 뒤집으면 도형의 왼쪽과 오른쪽이 서로 바뀌어요.

교과서 문제 해결하기

▸ 251006-0253

01 모양 조각을 왼쪽으로 뒤집었습니다. 알맞은 것을 찾아 ○표 하세요.

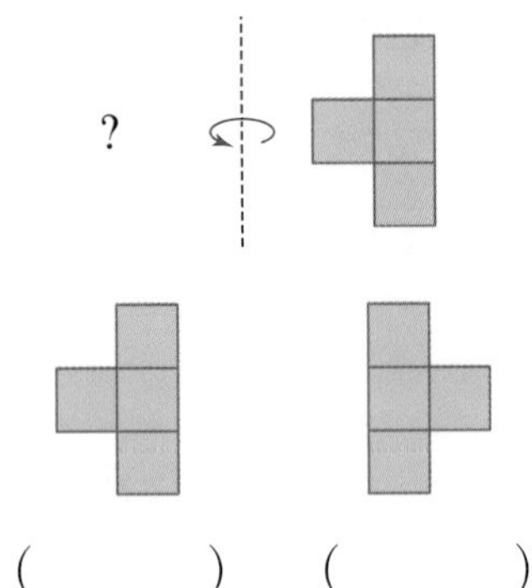

( ) ( )

▸ 251006-0254

02 오른쪽 도형을 아래쪽으로 뒤집었을 때의 도형을 찾아 기호를 써 보세요.

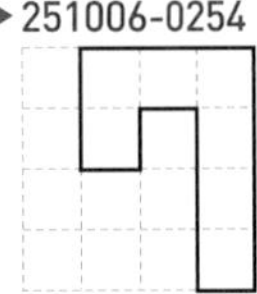

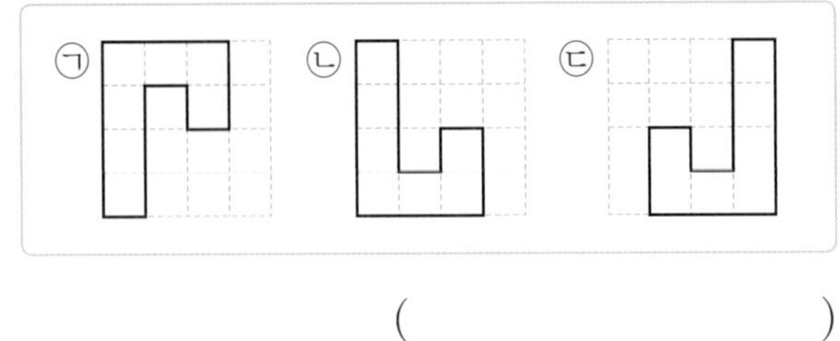

( )

▸ 251006-0255

03 도형을 위쪽으로 뒤집었을 때의 도형을 그려 보세요.

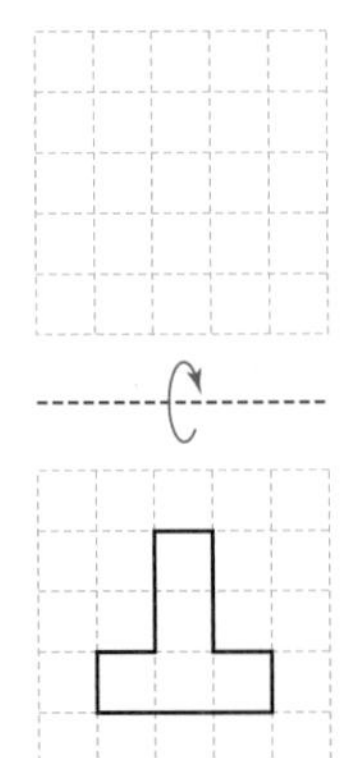

▸ 251006-0256

04 아래쪽으로 뒤집었을 때의 모양이 처음과 같은 숫자를 모두 찾아 ○표 하세요.

0 1 2 3 4 5 6 7 8 9

▸ 251006-0257

05 도장을 찍었을 때 오른쪽과 같은 글씨가 나오려면 도장에 어떤 모양을 새겨야 할까요? ( )

구

①  ②  ③ 

④ 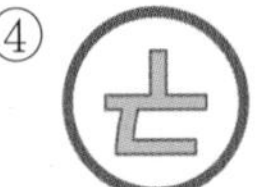 ⑤ 

중요

▸ 251006-0258

06 도형을 오른쪽으로 뒤집고 위쪽으로 뒤집었습니다. 뒤집었을 때의 도형을 각각 그려 보세요.

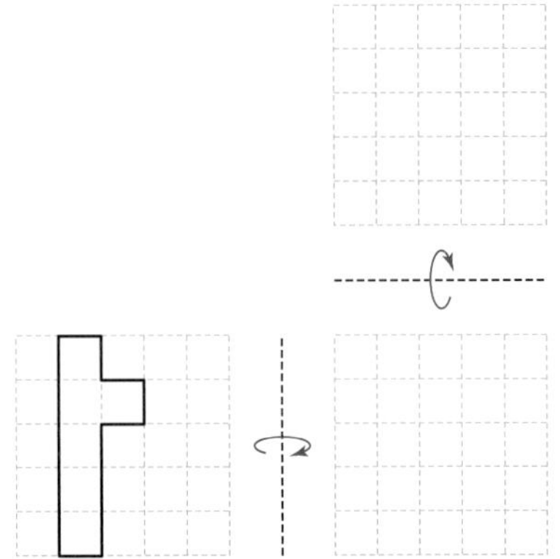

▸ 251006-0259

07 다음 중 위쪽으로 뒤집었을 때 '몽'이 되는 글자를 찾아 기호를 써 보세요.

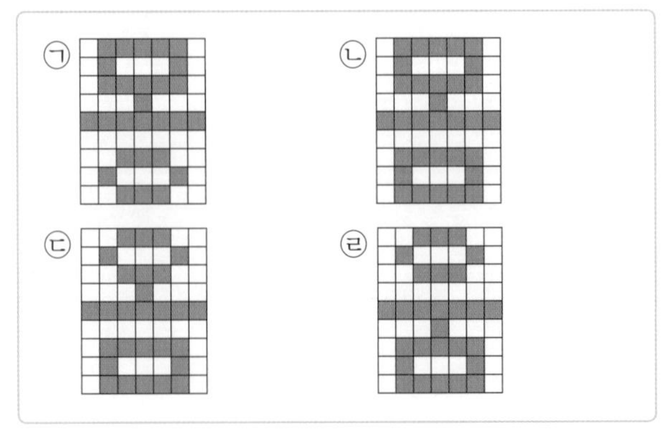

( )

중요

▸ 251006-0260

08 도형을 어느 방향으로 뒤집어도 처음 도형과 같은 것을 찾아 ○표 하세요.

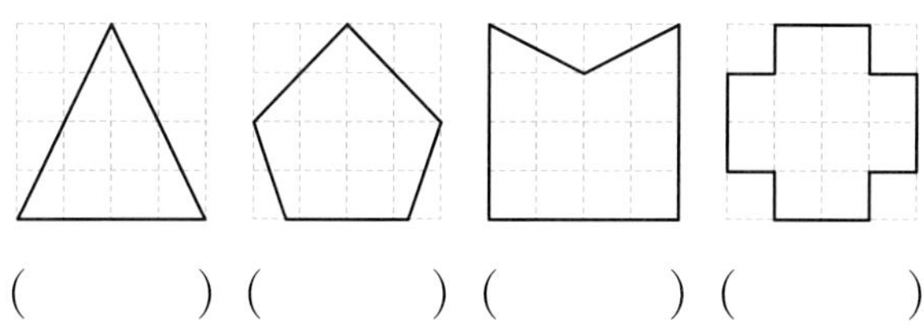

( ) ( ) ( ) ( )

▸ 251006-0261

09 도형을 오른쪽으로 5번 뒤집었을 때의 도형을 그려 보세요.

도전

▸ 251006-0262

10 조각을 뒤집어서 정사각형을 완성하려고 합니다. □ 안에 알맞은 조각의 기호와 움직인 방향을 써넣으세요.

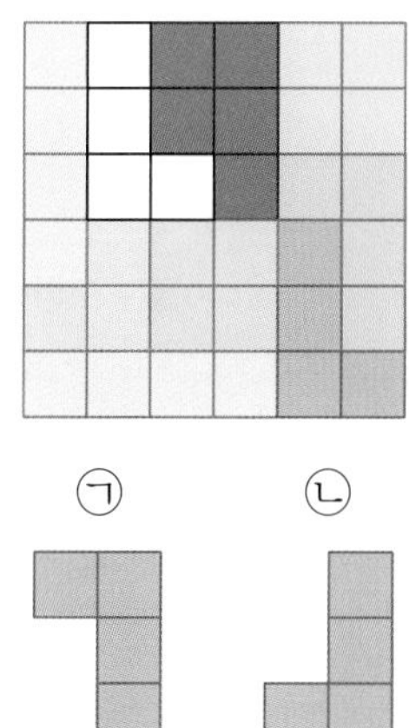

㉠ ㉡

□ 모양을 □쪽으로 뒤집습니다.

도움말 위쪽이나 아래쪽으로 뒤집으면 위쪽과 아래쪽이 바뀌고, 왼쪽이나 오른쪽으로 뒤집으면 왼쪽과 오른쪽이 바뀝니다.

문제해결 접근하기

▸ 251006-0263

11 다음 계산식을 왼쪽으로 뒤집었을 때의 식의 계산 결과와 처음 식의 계산 결과의 차를 구해 보세요.

82+528

이해하기

구하려고 하는 것은 무엇인가요?

답 ______

계획 세우기

어떤 방법으로 문제를 해결하면 좋을까요?

답 ______

______

해결하기

□ 안에 알맞은 수를 써넣으세요.

- $82+528=$ □ 입니다.
- 왼쪽으로 뒤집으면
  □ + □ = □ 입니다.
- 두 수의 차는 □ − □
  = □ 입니다.

되돌아보기

주어진 계산식을 위쪽으로 뒤집었을 때의 식의 계산 결과와 처음 식의 계산 결과의 차를 구해 보세요.

답 ______

______

개념 4 평면도형을 돌려 볼까요

■ 도형을 돌렸을 때 변화를 알아볼까요

시계 방향으로 돌리기

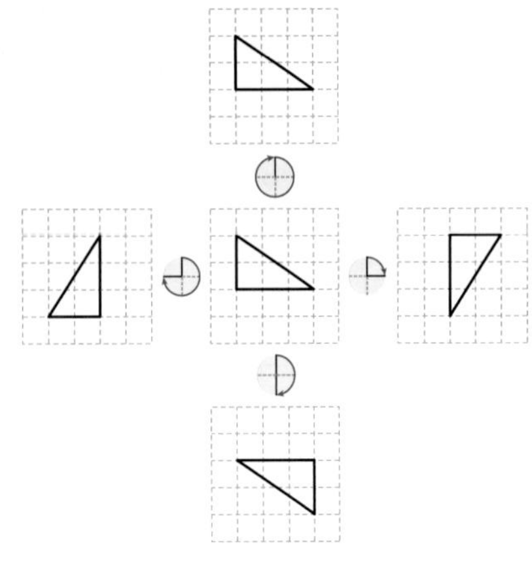

시계 반대 방향으로 돌리기

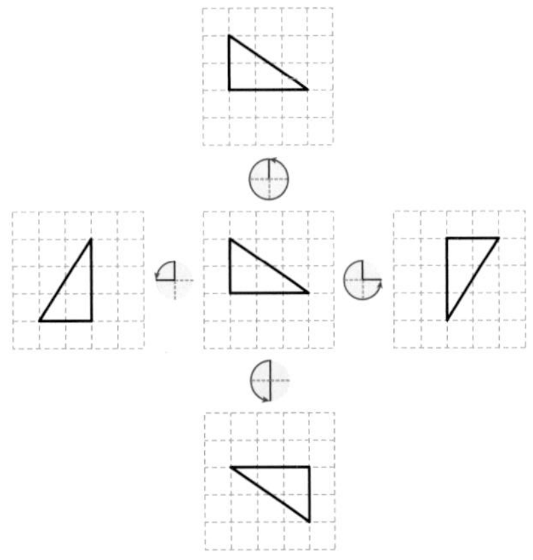

- 도형을 돌리면 모양과 크기는 변하지 않고 방향만 바뀝니다.
- 도형을 시계 방향으로 90°만큼 돌리면 위쪽 부분이 오른쪽으로 이동하고 270°만큼 돌리면 위쪽 부분이 왼쪽으로 이동합니다.
- 도형을 시계 방향으로 180°만큼 돌리면 위쪽 부분이 아래쪽으로 이동합니다.
- 도형을 360°만큼 돌리면 처음 도형과 같아집니다.
- 시계 방향으로 180°만큼 돌린 도형과 시계 반대 방향으로 180°만큼 돌린 도형은 서로 같습니다.
- 시계 방향으로 90°만큼 돌린 도형과 시계 반대 방향으로 270°만큼 돌린 도형은 서로 같습니다.

• 돌리는 방향 말하기
- 돌리기에서 방향을 나타낼 때는 시계 방향 또는 시계 반대 방향이라는 말을 사용합니다.
- 처음 도형을 180°만큼 돌린 도형은 90°만큼 돌린 도형을 다시 90°만큼 돌린 도형과 같습니다.

• 돌린 모양이 같은 경우
- (90°만큼 돌리기) = (270°만큼 돌리기)
- (180°만큼 돌리기) = (180°만큼 돌리기)
- (270°만큼 돌리기) = (90°만큼 돌리기)
- (360°만큼 돌리기) = (360°만큼 돌리기)

문제를 풀며 이해해요

▸ 251006-0264

01 왼쪽 도형을 주어진 방향으로 돌렸을 때의 도형을 오른쪽에서 찾아 선으로 이어 보세요.

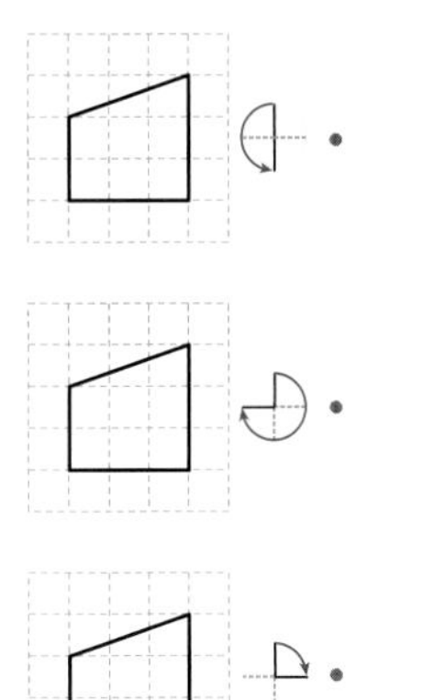

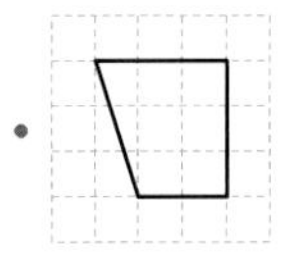

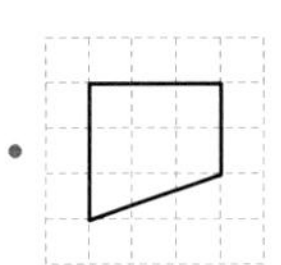

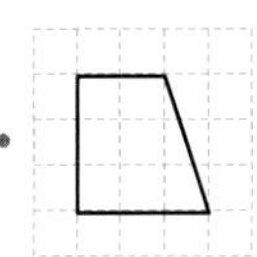

도형을 시계 방향과 시계 반대 방향으로 주어진 각도만큼 돌렸을 때의 도형의 변화를 알 수 있는지 묻는 문제예요.

시계 방향으로 90°만큼 돌리면 위쪽 부분이 오른쪽으로 이동하고, 시계 반대 방향으로 90°만큼 돌리면 위쪽 부분이 왼쪽으로 이동해요.

[02~03] 도형을 주어진 방향으로 돌렸을 때의 도형을 각각 그려 보세요.

▸ 251006-0265

02

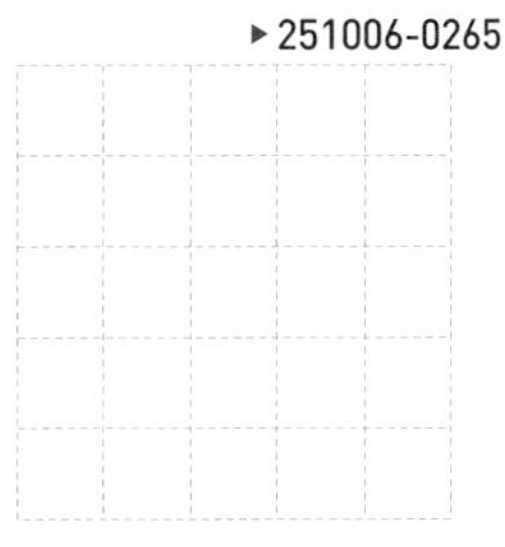

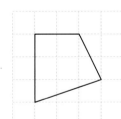

(90°만큼 돌리기)
=(270°만큼 돌리기)

▸ 251006-0266

03

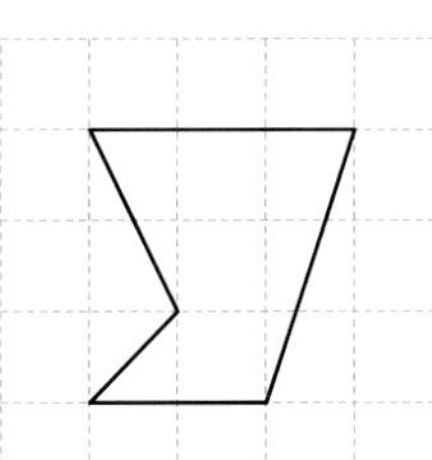

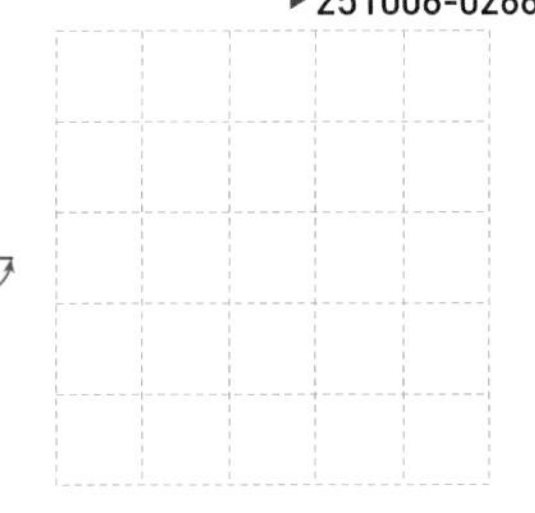

교과서 문제 해결하기

▶251006-0267

01 보기 의 도형을 시계 방향으로 90°만큼 돌렸습니다. 알맞은 것을 찾아 ○표 하세요.

보기

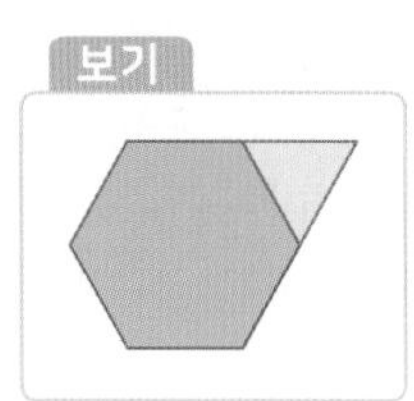

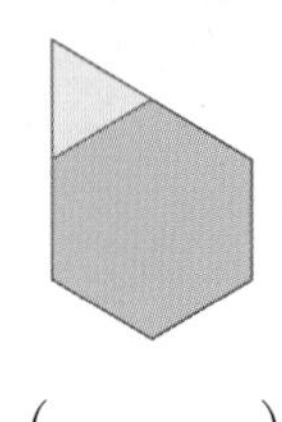

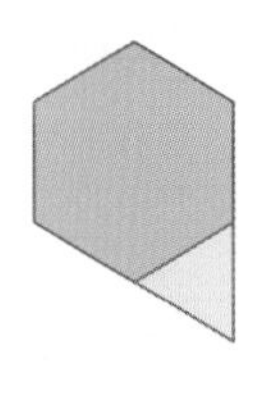

(　　　) (　　　)

▶251006-0268

02 왼쪽 도형을 시계 방향으로 주어진 각도만큼 돌렸을 때의 도형을 각각 그려 보세요.

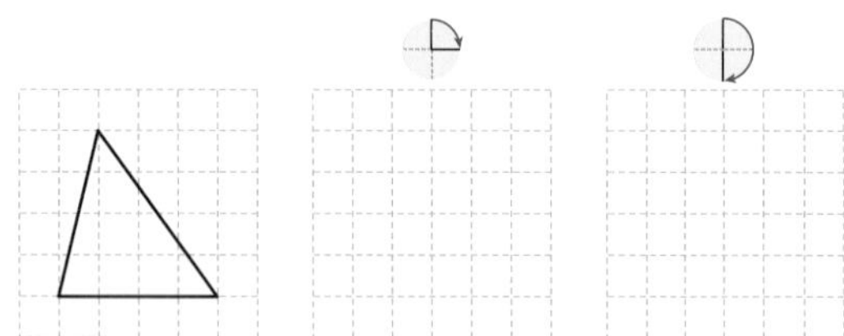

▶251006-0269

03 돌리기를 했을 때 같은 모양이 될 수 있는 것끼리 선으로 이어 보세요.

▶251006-0270

04 어떤 도형을 시계 방향으로 180°만큼 돌렸을 때의 도형입니다. 돌리기 전의 도형을 그려 보세요.

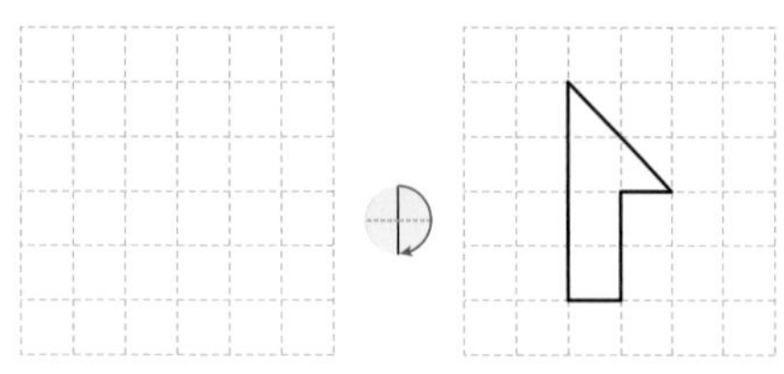

▶251006-0271

05 주어진 도형을 ◔만큼 최소 몇 번 돌리면 처음 도형과 같아질까요?

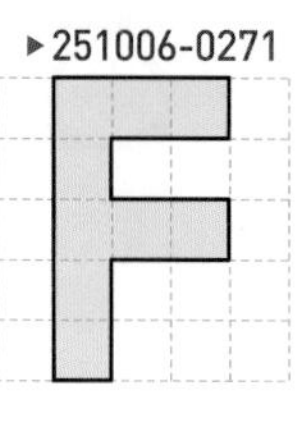

(　　　　　　　　)

중요

▶251006-0272

06 가 도형을 돌렸더니 나 도형이 되었습니다. 어떻게 돌렸는지 □ 안에 알맞은 수를 써넣으세요.

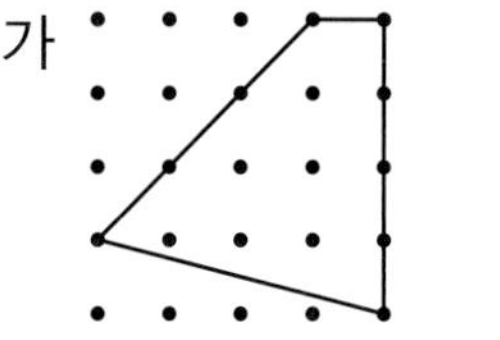

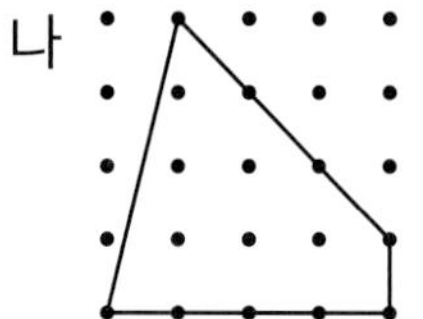

- 나 도형은 가 도형을 시계 방향으로 □°만큼 돌린 것입니다.
- 나 도형은 가 도형을 시계 반대 방향으로 □°만큼 돌린 것입니다.

▶251006-0273

07 조각을 돌려서 사각형을 완성하려고 합니다. ㉠에 들어갈 수 있는 조각은 어느 것인지 기호를 써 보세요.

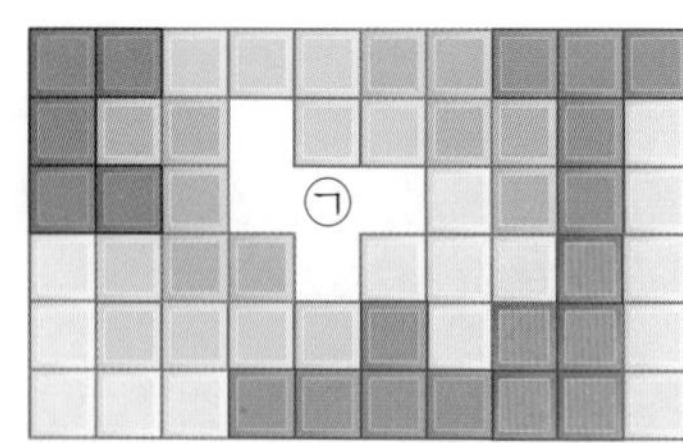

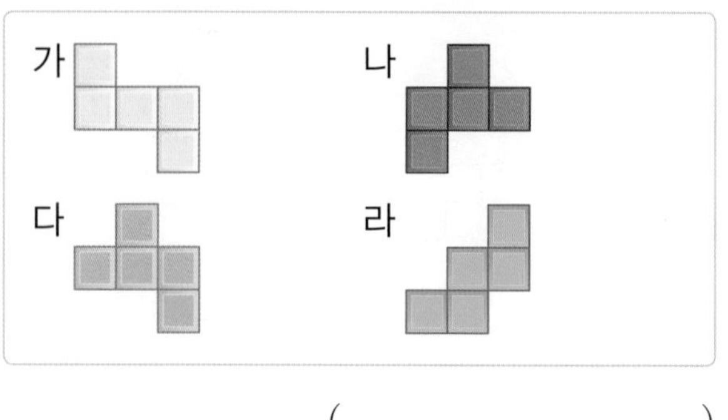

(　　　　　　　　)

▸251006-0274

08 도형을 시계 방향으로 180°만큼 돌려도 처음 도형과 같은 것을 찾아 기호를 써 보세요.

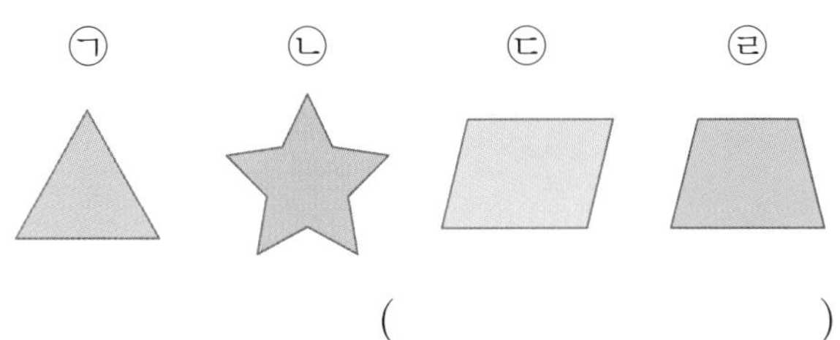

(　　　　　　　　　　)

중요

▸251006-0275

09 시계가 나타내는 시각을 시계 반대 방향으로 180°만큼 돌렸을 때 만들어지는 시각은 몇 시 몇 분인지 구해 보세요.

02:50

(　　　　　　　　　　)

도전

▸251006-0276

10 어떤 도형을 시계 방향으로 90°만큼 돌려야 할 것을 잘못하여 시계 반대 방향으로 90°만큼 돌렸더니 다음과 같은 도형이 되었습니다. 바르게 움직였을 때의 도형을 그려 보세요.

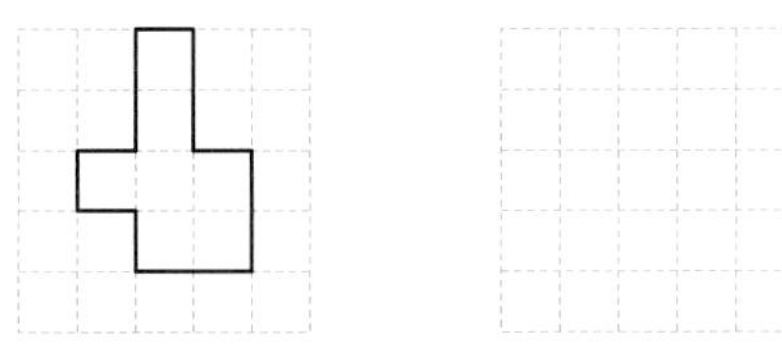

잘못 움직인 도형　　바르게 움직인 도형

도움말 시계 반대 방향으로 90°만큼 잘못 돌린 도형은 다시 시계 방향으로 90°만큼 돌리면 처음 도형이 됩니다.

문제해결 접근하기

▸251006-0277

11 주어진 수 카드로 가장 큰 세 자리 수를 만들었습니다. 만든 세 자리 수를 시계 반대 방향으로 180°만큼 돌렸을 때 만들어지는 수와 처음 수의 차는 얼마인지 구해 보세요.

이해하기

구하려고 하는 것은 무엇인가요?

답 ______________________

계획 세우기

어떤 방법으로 문제를 해결하면 좋을까요?

답 ______________________

해결하기

□ 안에 알맞은 수를 써넣으세요.

- 만들 수 있는 가장 큰 세 자리 수는 □입니다.
- 이 수를 시계 반대 방향으로 180°만큼 돌렸을 때 만들어지는 수는 □입니다.
- 두 수의 차는 □－□＝□입니다.

되돌아보기

주어진 수 카드로 가장 작은 세 자리 수를 만들었습니다. 만든 세 자리 수를 시계 방향으로 180°만큼 돌렸을 때 만들어지는 수와 처음 수의 차는 얼마인지 구해 보세요.

답 ______________________

개념 5 평면도형을 이용하여 규칙적인 무늬를 꾸며 볼까요

■ **도형을 밀기, 뒤집기, 돌리기를 이용하여 규칙적인 무늬를 꾸며 봅시다.**

• 주어진 도형을 밀기, 뒤집기, 돌리기의 방법을 이용하여 규칙적인 무늬를 만들 수 있습니다.

• 모양을 오른쪽으로 뒤집는 것을 반복해서 모양을 만들고,

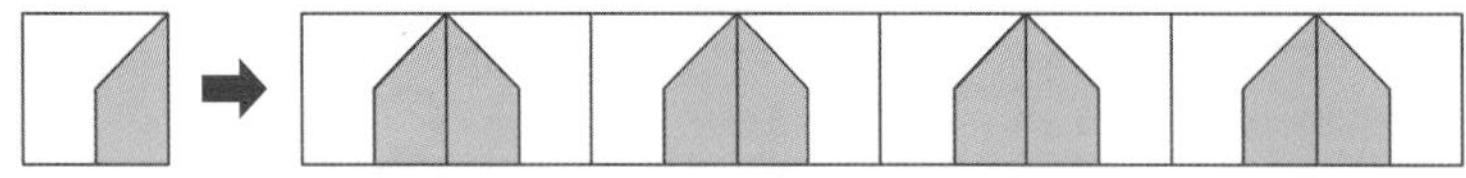

그 모양을 아래쪽으로 뒤집어서 무늬를 꾸몄습니다.

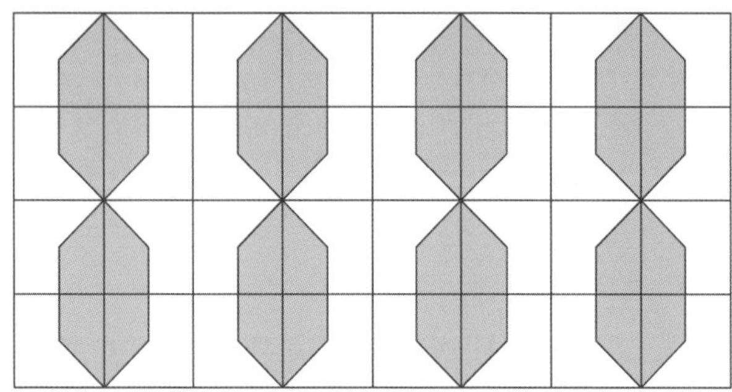

• 자신이 무늬를 만든 방법을 말이나 글로 설명해 보도록 합니다.

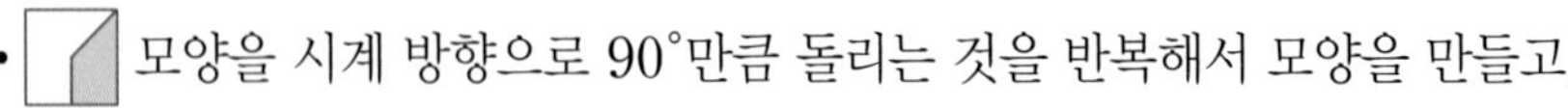

• 모양을 시계 방향으로 90°만큼 돌리는 것을 반복해서 모양을 만들고,

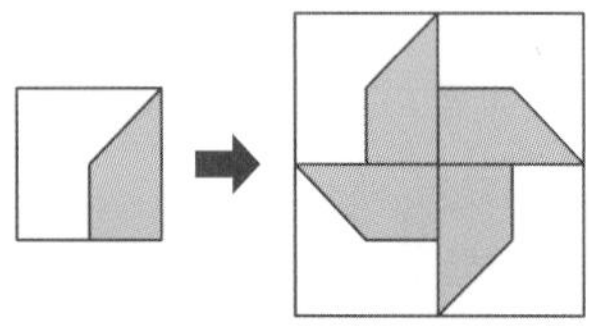

그 모양을 오른쪽과 아래쪽으로 밀어서 무늬를 꾸몄습니다.

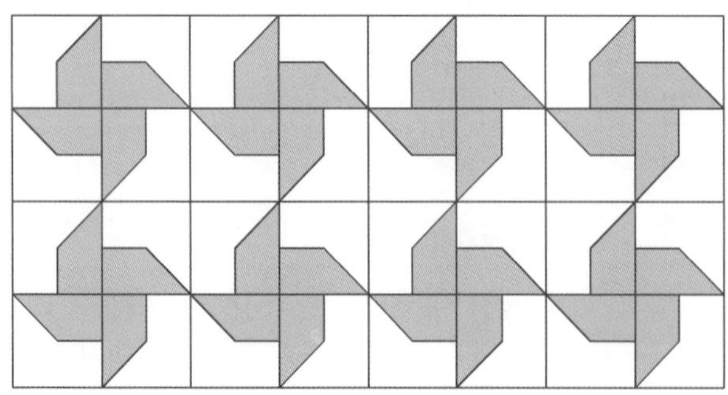

문제를 풀며 이해해요

▸251006-0278

01 모양으로 밀기를 이용해 규칙적인 무늬를 꾸며 보세요.

주어진 도형을 밀기, 뒤집기의 방법을 이용하여 규칙적인 무늬를 꾸밀 수 있는지 묻는 문제예요.

▸251006-0279

02 모양으로 뒤집기를 이용해 규칙적인 무늬를 꾸며 보세요.

같은 모양이라도 만드는 방법에 따라 다양한 무늬를 꾸밀 수 있어요.

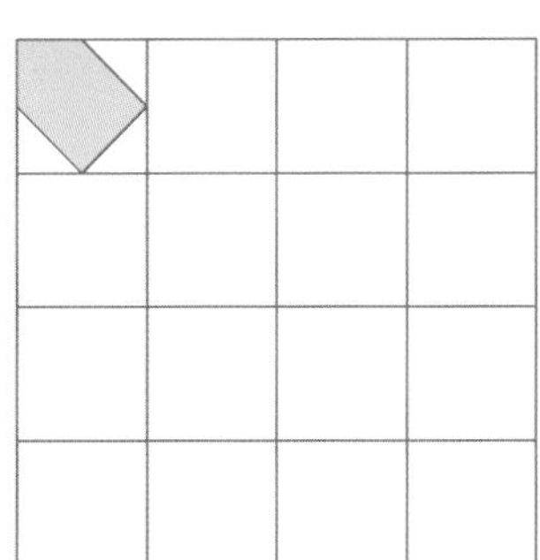

교과서 문제 해결하기

▸251006-0280

01 ◁ 모양으로 밀기를 이용하여 꾸민 무늬를 찾아 기호를 써 보세요.

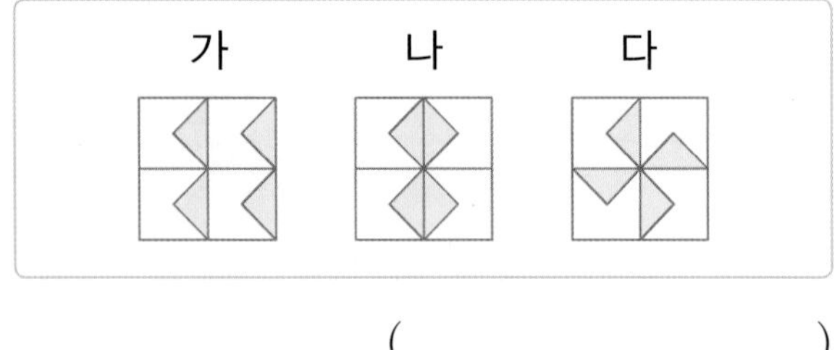

(　　　　　　　　)

▸251006-0281

02 뒤집기를 이용하여 만든 무늬에 ○표 하세요.

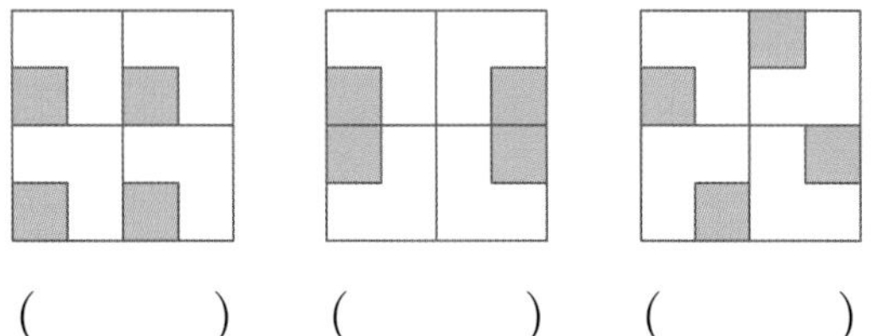

(　　) (　　) (　　)

▸251006-0282

03 모양으로 돌리기를 이용하여 무늬를 꾸민 것을 찾아 기호를 써 보세요.

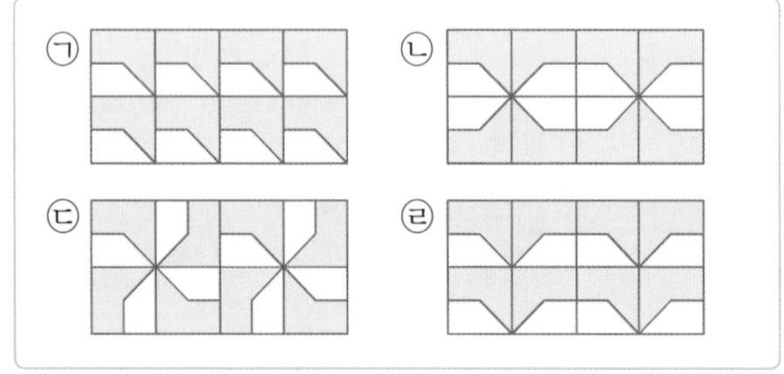

(　　　　　　　　)

중요

▸251006-0283

04 오른쪽 모양으로 돌리기만을 이용하여 무늬를 꾸밀 때 나올 수 없는 모양을 찾아 기호를 써 보세요.

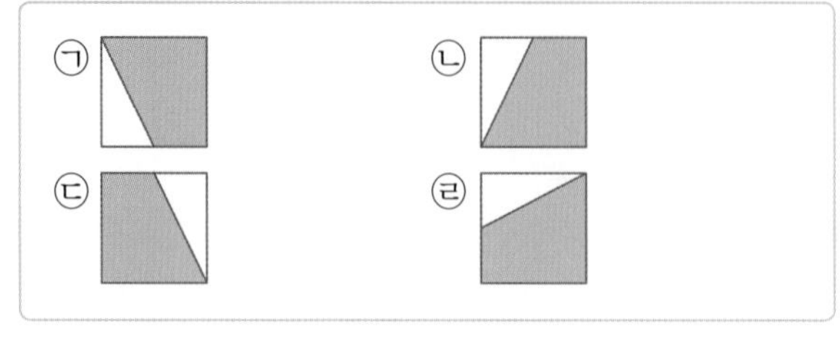

(　　　　　　　　)

▸251006-0284

05 다음은 일정한 규칙에 따라 꾸민 무늬입니다. 빈칸을 채워 무늬를 완성해 보세요.

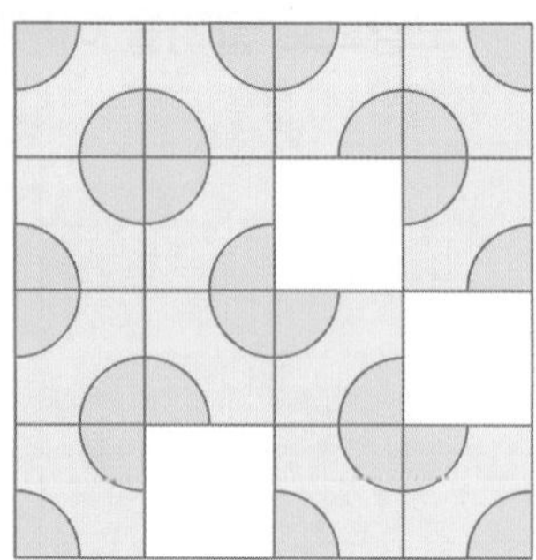

▸251006-0285

06 모양으로 돌리기를 이용하여 규칙적인 무늬를 완성해 보세요.

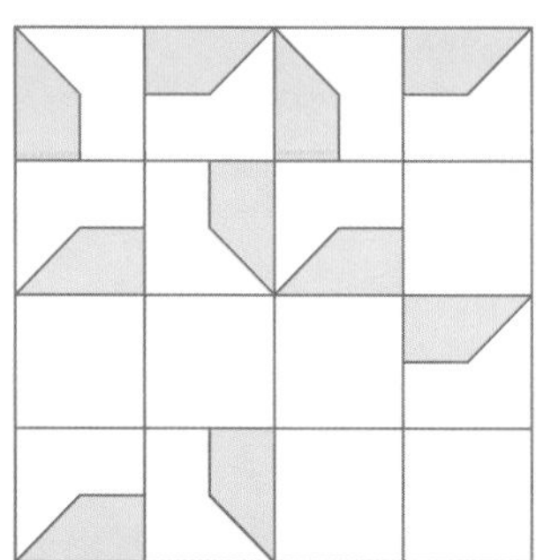

▸251006-0286

07 무늬를 꾸민 규칙으로 알맞은 것에 ○표 하세요.

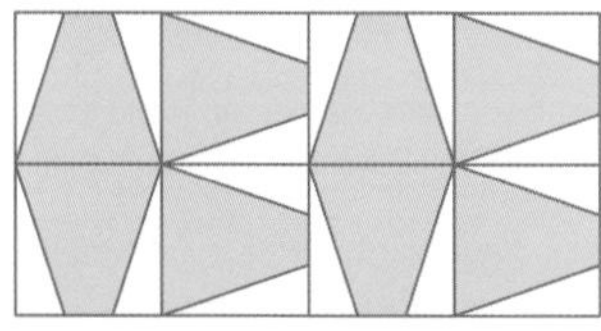

모양을 (시계 방향 , 시계 반대 방향)으로 (90°, 180°)만큼 돌려 모양을 만들고, 이 모양을 아래쪽으로 (뒤집고 , 돌리고) 오른쪽으로 밀어서 무늬를 꾸몄습니다.

▸251006-0287

08 오른쪽 모양을 사용하여 아래와 같은 무늬를 만들었습니다. 밀기, 뒤집기, 돌리기 중에서 어떤 방법을 이용하였는지 써 보세요.

(　　　　　　　　　　　)

중요

▸251006-0288

09 모양으로 밀기, 뒤집기, 돌리기를 이용하여 규칙적인 무늬를 꾸며 보세요.

도전

▸251006-0289

10 규칙에 따라 무늬를 만들어 보세요.

모양을 오른쪽으로 뒤집는 것을 반복해서 모양을 만들고, 그 모양을 아래쪽으로 밀기를 반복하여 무늬를 꾸몄습니다.

도움말 주어진 모양을 오른쪽으로 뒤집는 것을 반복하면 어떤 모양이 만들어지는 생각해 봅니다.

문제해결 접근하기

▸251006-0290

11 규칙에 따라 무늬를 꾸몄습니다. 빈칸을 채워 무늬를 완성하고, 무늬를 꾸민 규칙을 설명해 보세요.

이해하기

구하려고 하는 것은 무엇인가요?

답 ______________________

계획 세우기

어떤 방법으로 문제를 해결하면 좋을까요?

답 ______________________

해결하기

생각한 방법으로 문제를 해결하고, 규칙을 설명해 보세요.

규칙 ______________________

되돌아보기

문제를 해결한 방법을 설명해 보세요.

답 ______________________

단원평가로 완성하기

▸251006-0291

01 점 ㄱ이 아래쪽으로 2 cm 이동했을 때의 점을 그려 보세요.

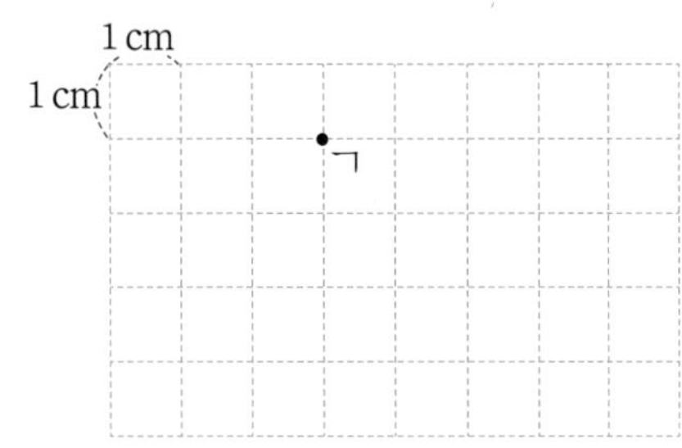

▸251006-0292

02 점이 어떻게 이동했는지 설명해 보세요.

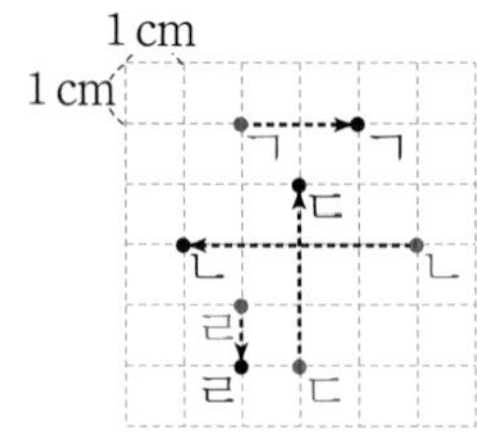

(1) 점 ㄱ은 ☐쪽으로 ☐cm 이동했습니다.

(2) 점 ㄴ은 ☐쪽으로 ☐cm 이동했습니다.

(3) 점 ㄷ은 ☐쪽으로 ☐cm 이동했습니다.

(4) 점 ㄹ은 ☐쪽으로 ☐cm 이동했습니다.

▸251006-0293

03 모양 조각을 위쪽으로 밀었을 때의 모양을 찾아 ○표 하세요.

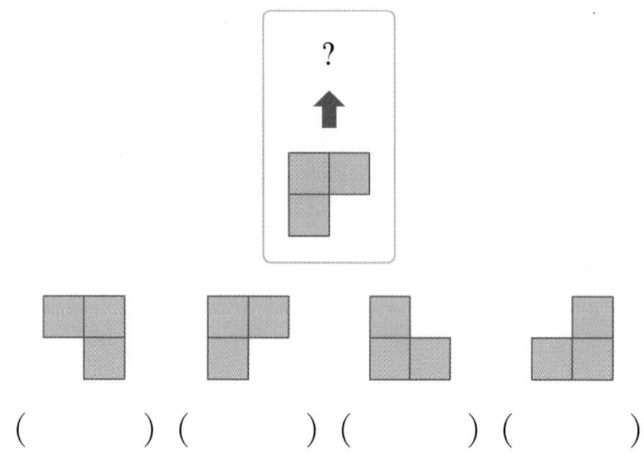

(　　) (　　) (　　) (　　)

▸251006-0294

04 도형을 왼쪽으로 7 cm 밀고, 위쪽으로 3 cm 밀었을 때 도형을 그려 보세요.

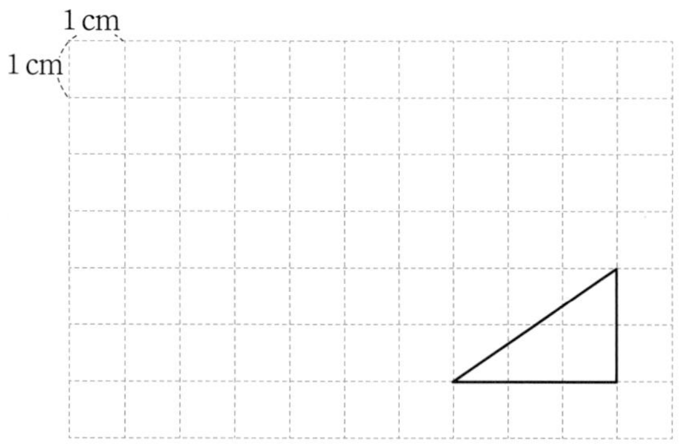

▸251006-0295

05 도형을 오른쪽으로 10 cm 밀었더니 다음과 같았습니다. 밀기 전의 도형을 그려 보세요.

중요

▸ 251006-0296

06 빨간색 선으로 표시한 부분의 직사각형 모양을 완성하기 위해 조각 가와 나를 어떻게 밀어야 하는지 □ 안에 알맞은 말이나 수를 써넣으세요.

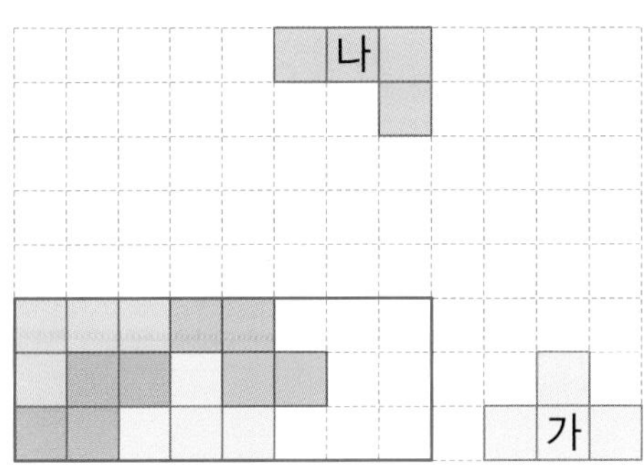

조각 가를 □쪽으로 □칸 밀고, 조각 나를 □쪽으로 □칸 밉니다.

▸ 251006-0297

07 도형을 주어진 방향으로 뒤집었을 때의 도형을 그려 보세요.

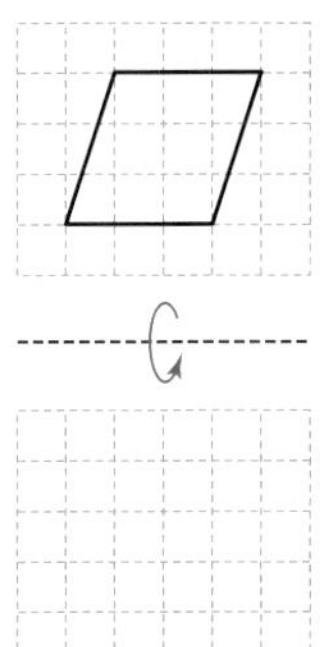

▸ 251006-0298

08 다음 중 아래쪽으로 뒤집어도 모양이 변하지 않는 도형은 어느 것인가요? (　　)

① 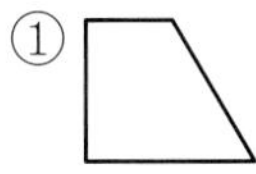 ②  ③ 

④  ⑤ 

▸ 251006-0299

09 도형을 아래쪽으로 뒤집고 왼쪽으로 뒤집었을 때의 도형을 각각 그려 보세요.

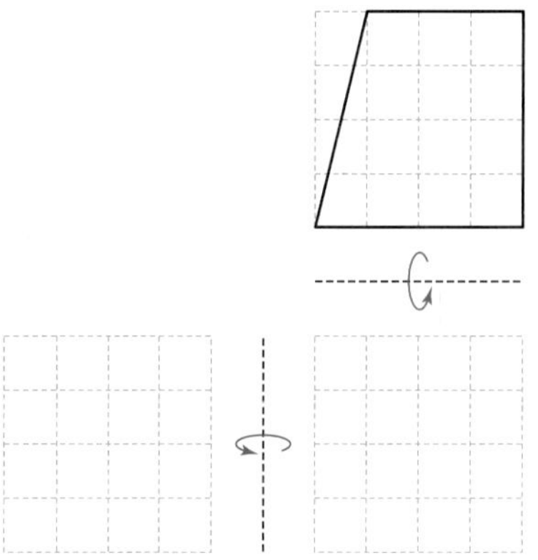

▸ 251006-0300

10 왼쪽 도형은 어떤 도형을 왼쪽으로 뒤집었을 때의 도형입니다. 뒤집기 전의 도형을 그려 보세요.

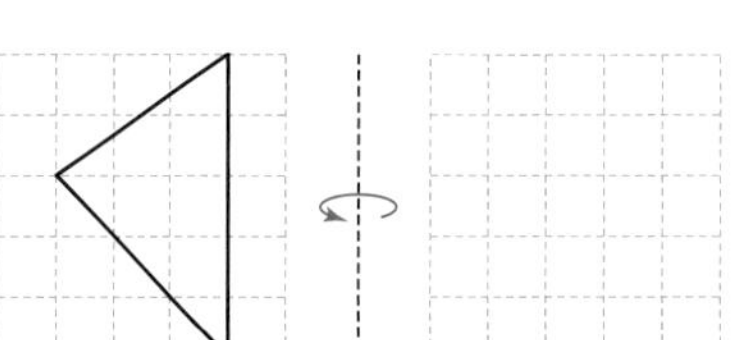

▸ 251006-0301

11 도형을 주어진 방향으로 돌렸을 때의 도형을 각각 그려 보세요.

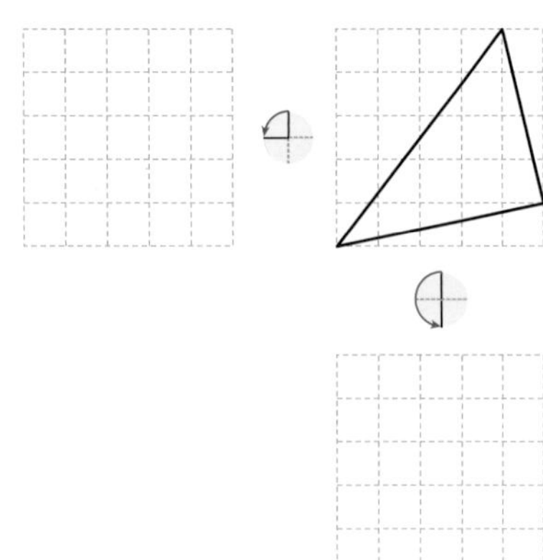

서술형

▸ 251006-0302

12 수 카드를 시계 방향으로 $180°$만큼 돌렸을 때 만들어지는 수와 처음 수의 차는 얼마인지 풀이 과정을 쓰고 답을 구해 보세요.

풀이

(1) 625를 시계 방향으로 $180°$만큼 돌려서 만들어지는 수는 (   )입니다.

(2) 두 수의 차는 (   )−(   )= (   )입니다.

답 ____________________

▸ 251006-0303

13 오른쪽 도형을 시계 방향으로 $90°$만큼 돌렸을 때 생기는 모양은 어느 것일까요? (   )

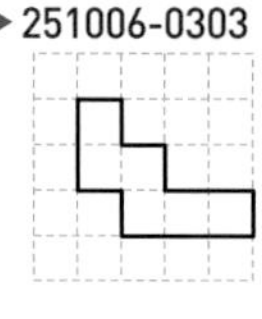

① 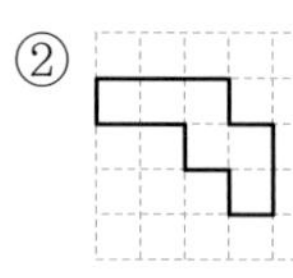 ② 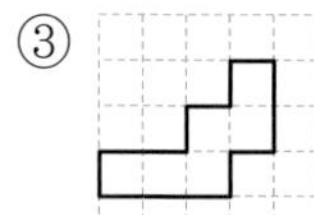 ③

④ 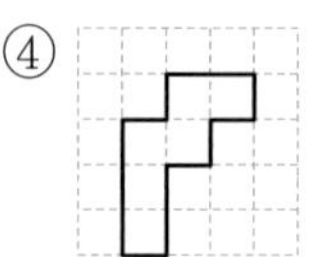 ⑤ 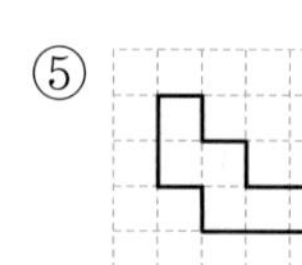

▸ 251006-0304

14 왼쪽 그림을 돌렸더니 오른쪽과 같이 되었습니다. 어떻게 돌린 것인지 알맞은 것에 ○표 하세요.

처음 그림

움직인 그림

▸ 251006-0305

15 보기 는 어떤 도형을 돌린 후의 모양입니다. 돌리기 전의 도형이 될 수 있는 것을 모두 찾아 ○표 하세요.

보기

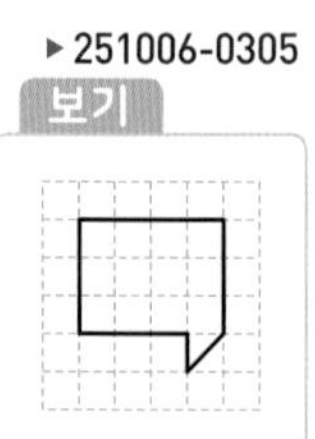

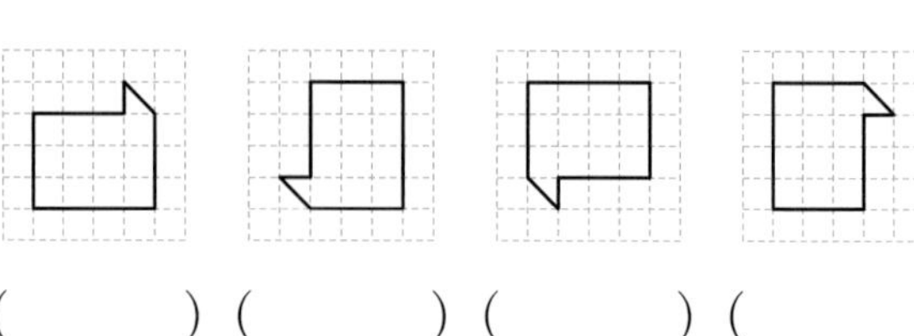

(   ) (   ) (   ) (   )

도전

▸ 251006-0306

16 물이 흐르도록 관을 연결하려고 합니다. 노란색 관을 돌렸더니 물이 흘렀습니다. 돌린 방법을 두 가지로 나타낸 것에서 □ 안에 알맞은 수를 써넣으세요.

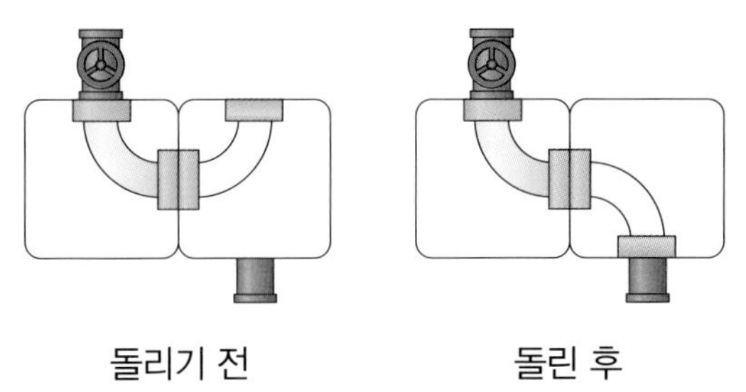

돌리기 전 　　　　　 돌린 후

[방법 1] 시계 방향으로 □° 만큼 돌립니다.

[방법 2] 시계 반대 방향으로 □° 만큼 돌립니다.

▸ 251006-0307

17 다음 무늬는 어떤 모양을 밀어 가며 이어 붙인 것인지 기호를 써 보세요.

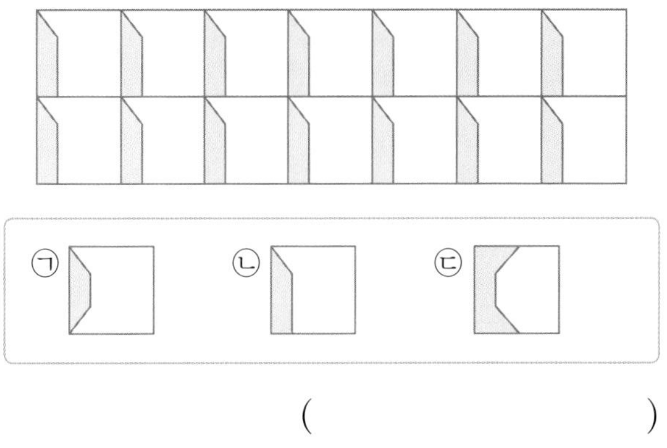

(　　　　　　)

▸ 251006-0308

18 □ 모양으로 꾸민 무늬입니다. 밀기, 뒤집기, 돌리기 중 어떤 방법을 이용하였는지 써 보세요.

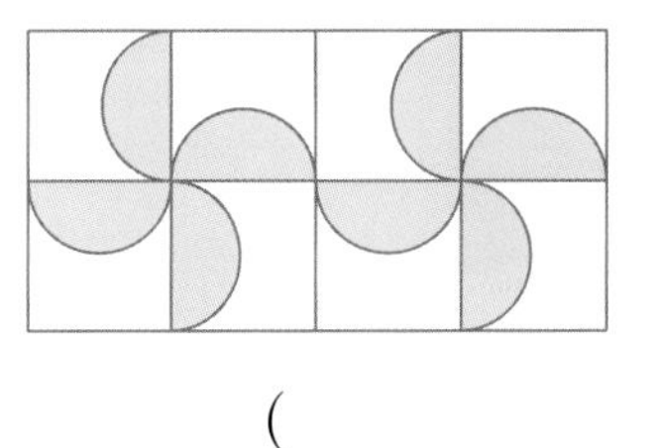

(　　　　　　)

▸ 251006-0309

19 다음 중 뒤집기를 이용하여 꾸밀 수 없는 무늬는 어느 것인지 기호를 써 보세요.

ㄱ ㄴ ㄷ ㄹ

(　　　　　　)

중요

▸ 251006-0310

20 □ 모양으로 뒤집기와 밀기를 이용하여 규칙적인 무늬를 꾸며 보세요.

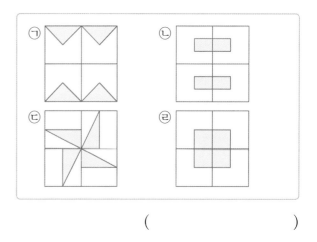

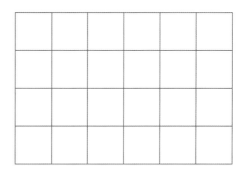

수학으로 세상보기

무늬 속에서 수학을 찾아볼까요

1 테셀레이션에 대해서 들어보셨나요?

테셀레이션은 같은 모양을 서로 겹치지 않게 이어 붙여서 주어진 면을 덮는 것을 말합니다. 라틴어로 tessella는 작은 정사각형을 뜻하는데 테셀레이션의 기본 형태는 정사각형을 이어 붙인 것이기 때문입니다. 또한 테셀레이션은 우리말로 '쪽매 맞춤'이라고 하는데, 욕실의 타일, 전통 조각보, 퀼트 등 생활 주변에서 쉽게 찾아볼 수 있습니다.

〈우리나라 전통 조각보〉

〈경복궁 벽돌〉

〈퀼트〉

〈욕실의 타일〉

스페인의 알함브라 궁전은 1238년부터 만들어진 유서 깊은 건물로 겉모습과 다르게 내부는 화려한 무늬로 장식되어 있으며 특히 여러 가지 모양이 규칙적으로 배열된 벽과 천장이 있습니다.

테셀레이션 중 가장 간단한 경우는 정다각형을 이용하는 것입니다. 정삼각형, 정사각형처럼 모든 변의 길이가 같고 모든 각의 크기가 같은 다각형을 정다각형이라고 하는데 수많은 정다각형 중에서 빈틈없이 이어 붙여 테셀레이션을 만들 수 있는 다각형은 정삼각형, 정사각형, 정육각형 뿐입니다. 정오각형으로 테셀레이션을 만들지 못하는 이유는 무엇일까요? 그건 바로 테셀레이션이 되기 위해서는 한 꼭짓점에 모이는 도형들의 각의 크기의 합이 360°가 되어야 하기 때문입니다.

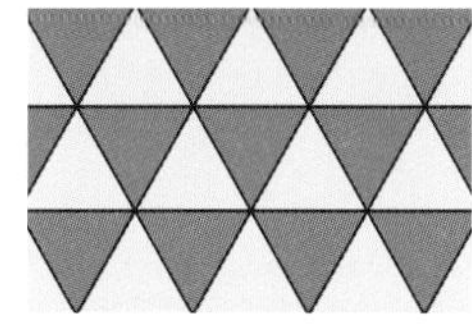

정삼각형의 한 각의 크기는 60°이므로 한 꼭짓점에 6개가 모여 360°가 되도록 하여 테셀레이션을 만들 수 있습니다.

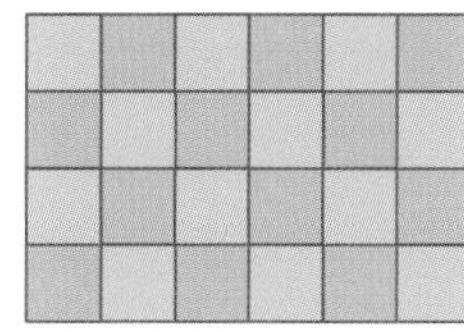

정사각형의 한 각의 크기는 90°이므로 한 꼭짓점에 4개가 모여 360°가 되도록 하여 테셀레이션을 만들 수 있습니다.

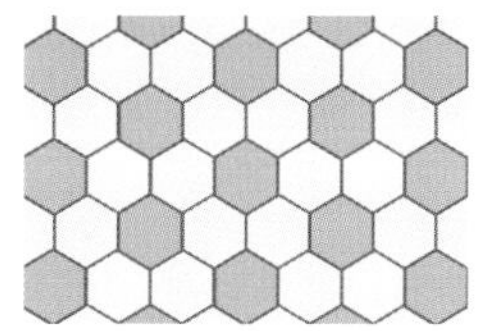

정육각형의 한 각의 크기는 120°이므로 한 꼭짓점에 3개가 모여 360°가 되도록 하여 테셀레이션을 만들 수 있습니다.

정오각형의 한 각의 크기는 108°이므로 한 꼭짓점에 2개 또는 3개가 모여도 360°를 만들 수 없으므로 정오각형만으로는 테셀레이션을 만들 수 없습니다.

우리가 이번 단원에서 배운 평면도형의 밀기, 뒤집기, 돌리기 활동을 통해 다양한 무늬를 만들 수 있습니다. 여러분도 주변에서 다양한 테셀레이션을 찾아보세요.

[사진 출처: 국립 민속 박물관, https://www.nfm.go.kr]

5

막대그래프

효빈이네 학교에서는 '잔반 없는 날'을 위해 학생들이 원하는 급식 메뉴를 정하려고 합니다. 학생들이 원하는 메뉴를 어떻게 정리할 수 있을까요?

이번 5단원에서는 막대그래프에 대해 알아보고, 막대그래프를 그리는 방법과 막대그래프를 통해 알 수 있는 내용, 막대그래프를 활용하는 방법에 대해서 공부할 거예요.

단원 학습 목표

1. 막대그래프의 가로와 세로, 눈금 한 칸의 크기 등 구성 요소를 이해할 수 있다.
2. 막대그래프를 보고 여러 가지 통계적 사실을 알 수 있다.
3. 막대그래프로 나타내는 방법을 알 수 있다.
4. 실생활에서 자료를 조사하여 막대그래프로 나타내는 방법을 설명할 수 있다.
5. 실생활 자료를 수집하여 나타낸 막대그래프를 보고 내용을 이해하고 해석할 수 있다.
6. 막대그래프에 관한 문제해결 방법을 알고 문제를 해결할 수 있다.

단원 진도 체크

회차	학습 내용		진도 체크
1차	교과서 개념 배우기 + 문제 해결하기	**개념 1** 막대그래프를 알아볼까요 **개념 2** 막대그래프에서 무엇을 알 수 있을까요	✓
2차	교과서 개념 배우기 + 문제 해결하기	**개념 3** 막대그래프로 나타내 볼까요 **개념 4** 자료를 조사하여 막대그래프로 나타내 볼까요	✓
3차	교과서 개념 배우기 + 문제 해결하기	**개념 5** 막대그래프를 활용해 볼까요	✓
4차	단원평가로 완성하기		✓
5차	수학으로 세상보기		✓

해당 부분을 공부하고 나서 ✓표를 하세요.

주메뉴
스파게티
자장밥
김밥
불고기
치킨
햄버거
후식
학생수
150
100
50
0
메뉴
아이스크림
회오리 감자
요구르트
마카롱
수박
7

개념 1 막대그래프를 알아볼까요

좋아하는 음식별 학생 수

음식	불고기	떡볶이	피자	자장면	합계
학생 수 (명)	9	7	14	5	35

좋아하는 음식별 학생 수

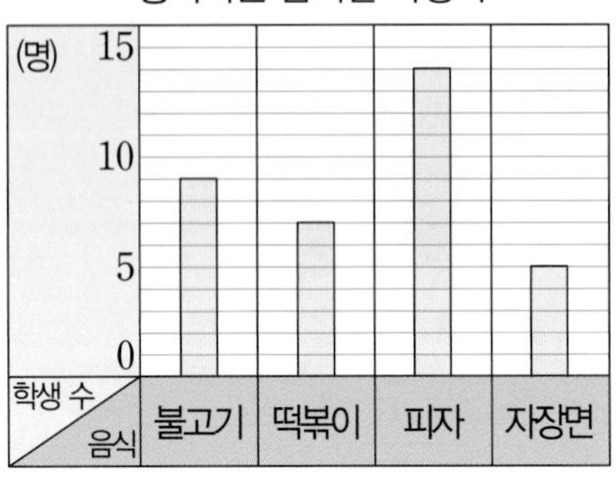

막대를 세로로 나타낸 경우

좋아하는 음식별 학생 수

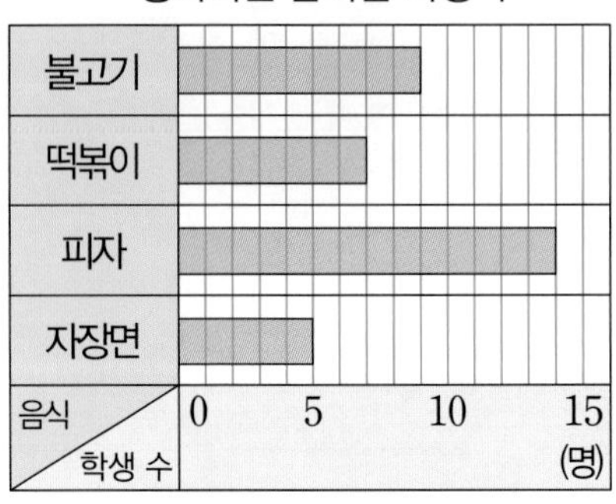

막대를 가로로 나타낸 경우

① 막대를 세로로 나타낸 경우 ➡ 그래프의 가로: 음식, 세로: 학생 수

② 막대를 가로로 나타낸 경우 ➡ 그래프의 가로: 학생 수, 세로: 음식

③ 눈금 5칸이 5명을 나타내므로 눈금 한 칸은 1명을 나타냅니다.

④ 막대의 길이는 좋아하는 음식별 학생 수를 나타냅니다.

> 조사한 자료의 수량을 막대 모양으로 나타낸 그래프를 막대그래프라고 합니다.

• **표와 막대그래프 비교**
 – 표: 전체 학생 수를 알아보기에 편리함
 – 막대그래프: 음식별로 학생 수의 많고 적음을 한눈에 알아보기 쉬움

• **막대그래프의 가로와 세로**
 – 막대를 나타내는 방향에 따라 가로와 세로에 나타내는 것이 다릅니다.

개념 2 막대그래프에서 무엇을 알 수 있을까요

■ **좋아하는 운동을 조사하여 나타낸 막대그래프를 보고 내용을 알아봅시다.**

좋아하는 운동별 학생 수

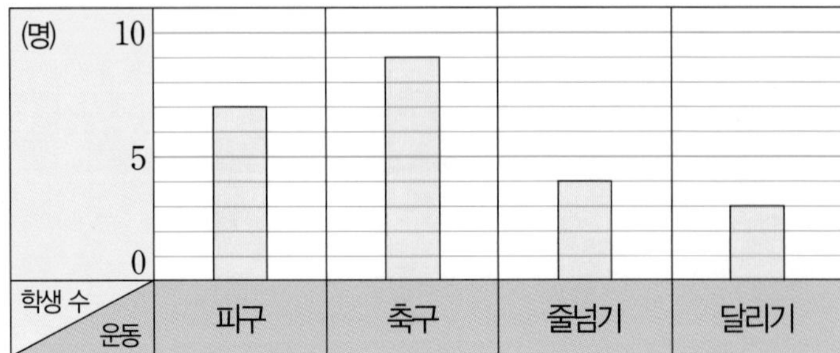

• 가장 많은 학생이 좋아하는 운동은 축구입니다.

• 가장 적은 학생이 좋아하는 운동은 달리기입니다.

• **막대그래프의 내용 알기**
 – 막대그래프에서 막대의 길이가 길수록 나타내는 수가 많습니다.
 – 막대그래프를 통해 조사한 내용의 많고 적음을 쉽게 비교할 수 있습니다.

• **왼쪽 막대그래프를 통해 알 수 있는 내용**
 – 세로 눈금 한 칸은 1명을 나타냅니다.
 – 축구를 좋아하는 학생 수는 달리기를 좋아하는 학생 수의 3배입니다.

문제를 풀며 이해해요

▸251006-0311

01 태민이네 반 학생들이 좋아하는 과일을 조사하여 나타낸 표와 그래프입니다. 물음에 답하세요.

표와 막대그래프를 보고 내용을 알 수 있는지 묻는 문제예요.

좋아하는 과일별 학생 수

과일	사과	배	감	포도	귤	합계
학생 수(명)	11	4	5	2	3	25

좋아하는 과일별 학생 수

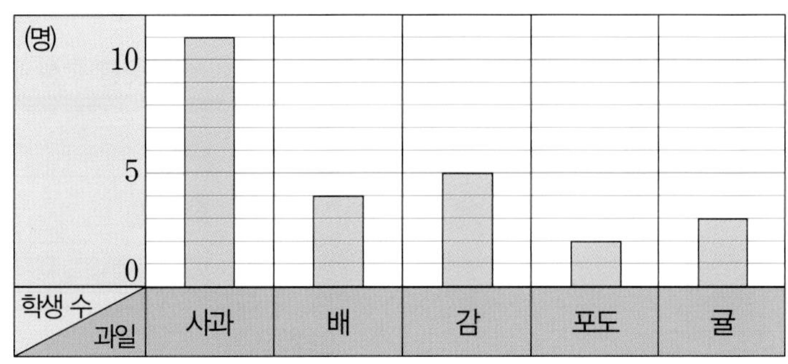

(1) 조사한 자료의 수량을 막대 모양으로 나타낸 그래프를 무엇이라고 하나요?

( )

(2) 가로와 세로는 각각 무엇을 나타내나요?

가로 ( )

세로 ( )

(3) 세로 눈금 한 칸은 학생 몇 명을 나타내나요?

( )

눈금 5칸이 5명을 나타내는 것을 보고 눈금 1칸은 몇 명을 나타내는지 생각해 보아요.

(4) 가장 많은 학생들이 좋아하는 과일은 무엇인가요?

( )

막대그래프에서 막대의 길이가 가장 긴 것을 찾아요.

(5) 표와 막대그래프 중 학생들이 가장 좋아하는 과일을 한눈에 알아보기에 편리한 것은 무엇인가요?

( )

(6) 표와 막대그래프 중 좋아하는 과일을 조사한 전체 학생 수를 알아보기에 편리한 것은 무엇인가요?

( )

교과서 문제 해결하기

[01~05] 재호네 반 학생들의 취미를 조사하여 나타낸 표와 막대그래프입니다. 물음에 답하세요.

취미별 학생 수

취미	노래	게임	운동	독서	합계
학생 수 (명)	4	6	5	8	23

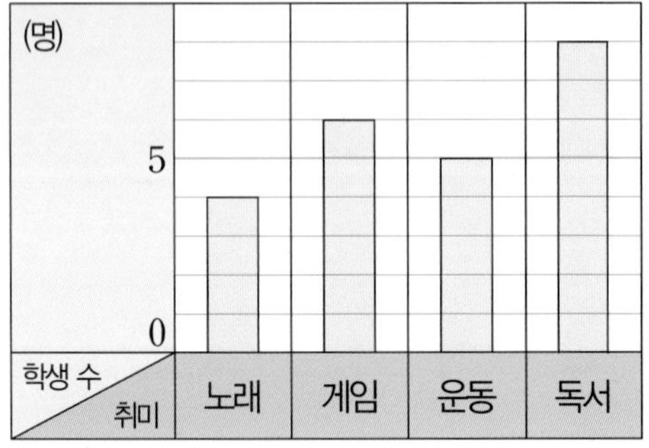

▸251006-0312

01 막대그래프에서 가로와 세로는 각각 무엇을 나타내나요?

가로 (   )

세로 (   )

▸251006-0313

02 위 막대그래프에 알맞은 제목을 써 보세요.

▸251006-0314

03 막대의 길이는 무엇을 나타내나요?

(   )

▸251006-0315

04 세로 눈금 한 칸은 몇 명을 나타내나요?

(   )

중요

▸251006-0316

05 학생 수가 가장 많은 취미를 한눈에 알아보기에는 표와 막대그래프 중 어느 것이 더 나을까요?

(   )

[06~08] 하린이네 반 학생들이 좋아하는 꽃을 조사하여 나타낸 막대그래프입니다. 물음에 답하세요.

좋아하는 꽃별 학생 수

장미
벚꽃
튤립
해바라기
무궁화
꽃 / 학생 수
0 5 10 (명)

▸251006-0317

06 가장 많은 학생들이 좋아하는 꽃은 무엇인가요?

(   )

▸251006-0318

07 좋아하는 학생 수가 같은 꽃은 무엇과 무엇인가요?

(   ), (   )

중요

▸251006-0319

08 조사한 학생은 모두 몇 명일까요?

(   )

[09~10] 설아네 학교 4학년 학생 중 안경을 쓴 학생 수를 여학생과 남학생으로 나누어 조사하여 나타낸 막대그래프입니다. 물음에 답하세요.

안경을 쓴 여학생 수

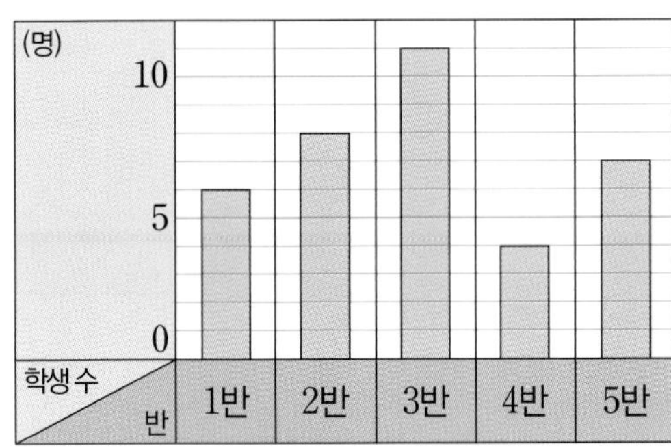

안경을 쓴 남학생 수

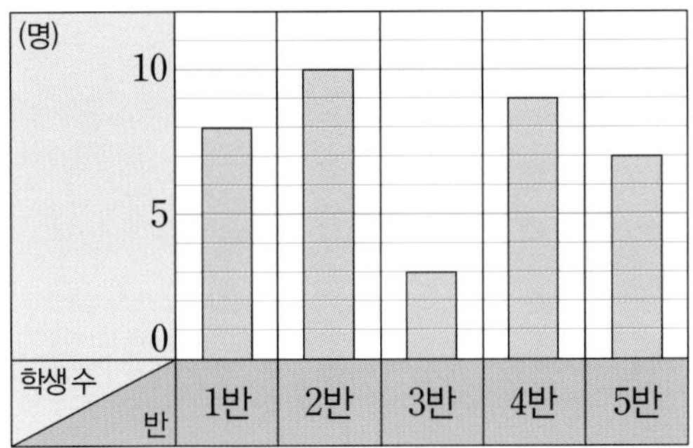

▸ 251006-0320

09 안경을 쓴 여학생 수와 남학생 수가 같은 반은 몇 반인가요?

( )

도전

▸ 251006-0321

10 안경을 쓴 학생이 가장 많은 반은 몇 반일까요?

( )

도움말 각 반의 안경을 쓴 여학생 수와 남학생 수를 더해 각 반의 안경을 쓴 학생 수를 구합니다.

문제해결 접근하기

▸ 251006-0322

11 우빈이네 농장에서 기르고 있는 동물의 수를 조사하여 나타낸 막대그래프입니다. 우빈이네 농장에서 기르고 있는 동물이 모두 29마리일 때 기르고 있는 염소는 몇 마리인지 구해 보세요.

기르고 있는 동물의 수

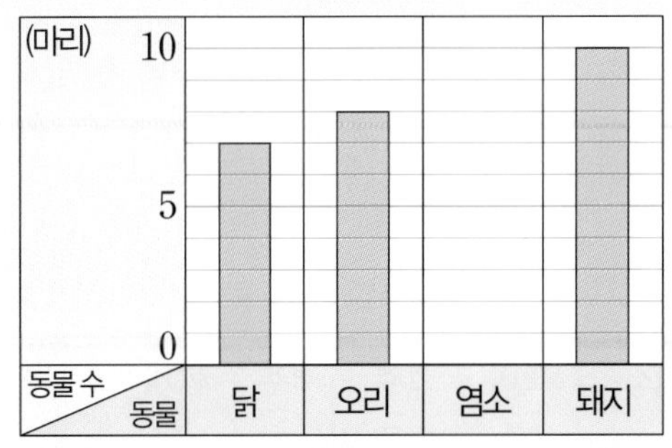

이해하기

구하려고 하는 것은 무엇인가요?

답 ______

계획 세우기

어떤 방법으로 문제를 해결하면 좋을까요?

답 ______

해결하기

□ 안에 알맞은 수를 써넣으세요.

닭은 □마리, 오리는 □마리, 돼지는 □마리이므로 염소는 29－□－□－□＝□(마리)입니다.

되돌아보기

기르고 있는 동물 중 가장 많은 동물과 가장 적은 동물의 차를 구해 보세요.

답 ______

교과서
개념 배우기

개념 3 막대그래프로 나타내 볼까요

■ 막대그래프로 나타내는 방법

- 조사한 내용을 표로 정리합니다.
- 가로와 세로에 무엇을 나타낼 것인지 정합니다.
- 눈금 한 칸의 크기를 정합니다.
- 조사한 수량 중 가장 큰 수를 나타낼 수 있도록 눈금의 수를 정합니다.
- 조사한 수에 맞도록 막대를 그립니다.
- 막대그래프에 알맞은 제목을 붙입니다. (제목은 처음에 쓸 수도 있습니다.)

기르고 싶은 채소별 학생 수

채소	오이	고추	배추	합계
학생 수 (명)	8	10	4	22

기르고 싶은 채소별 학생 수

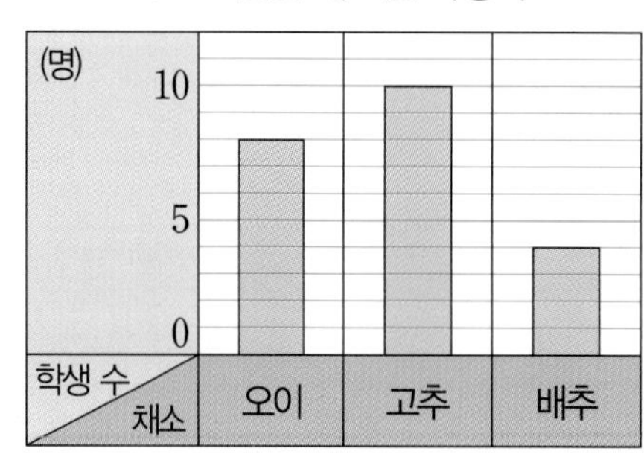

- **눈금 한 칸의 크기를 다르게 표현하기**

기르고 싶은 채소별 학생 수

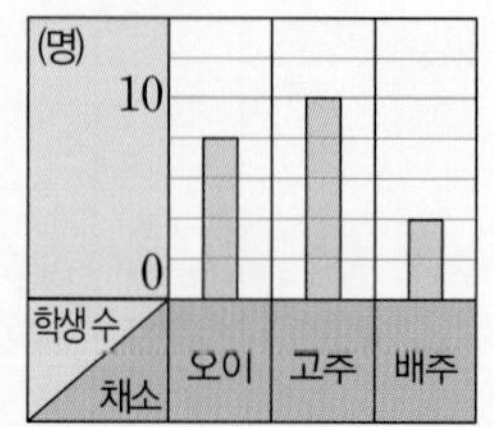

– 위 그래프는 세로 눈금 한 칸이 2명을 나타내고, 왼쪽 그래프는 세로 눈금 한 칸이 1명을 나타냅니다.

개념 4 자료를 조사하여 막대그래프로 나타내 볼까요

■ 자료를 조사하여 막대그래프로 나타내기

① 자료 조사하기: 조사할 내용, 방법 등을 정해 자료를 조사합니다.

② 조사한 자료를 표로 나타내기

③ 표를 보고 막대그래프로 나타내기

취미별 학생 수

취미	독서	운동	요리	합계
학생 수 (명)	5	9	4	18

취미별 학생 수

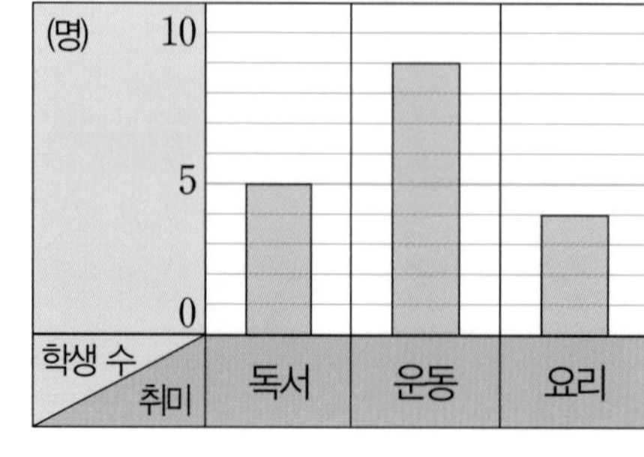

- 자료를 조사한 후에는 조사한 자료를 수집하여 분류합니다.
- 조사한 결과를 표와 그래프로 나타내면 보는 사람이 쉽게 알 수 있습니다.

- **막대그래프를 가로로 나타내는 방법**

가로에 학생 수를, 세로에 취미를 나타냅니다.

취미별 학생 수

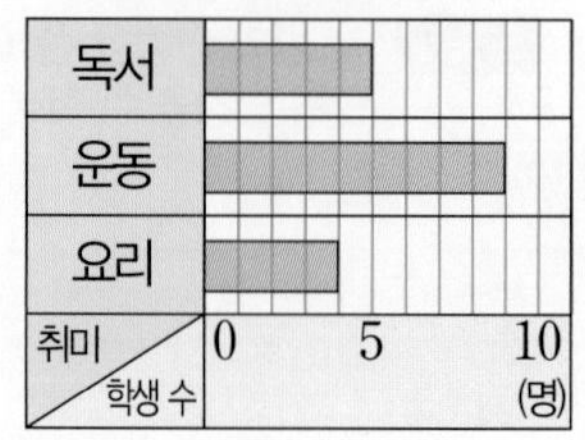

문제를 풀며 이해해요

[01~02] 세연이네 반 학생들의 혈액형별 학생 수를 조사하여 나타낸 표를 보고 막대그래프로 나타내려고 합니다. 물음에 답하세요.

표를 보고 막대그래프로 나타낼 수 있는지 묻는 문제예요.

혈액형별 학생 수

혈액형	A형	B형	O형	AB형	합계
학생 수(명)	8	6	6	4	

▸ 251006-0323

01 □ 안에 알맞은 것을 써넣으세요.

(1) 세연이네 반 학생은 모두 □ 명입니다.

(2) 가로에 혈액형을 나타낸다면 세로에는 □ 을/를 나타내야합니다.

학생 수의 합계는 각 항목의 학생 수를 더해서 구해요.

(3) 세로 눈금 한 칸이 2명을 나타낸다면 B형은 □ 칸으로 나타내야 합니다.

세로 눈금 한 칸이 2명을 나타낼 때 6명은 몇 칸으로 나타낼 수 있을지 생각해 보아요.

(4) 가장 많은 학생들의 혈액형은 □ 형입니다.

▸ 251006-0324

02 표를 보고 막대그래프로 나타내 보세요.

세로 눈금 한 칸의 크기가 얼마인지 생각해 보아요.

(명)				
10				
0				
학생 수 / 혈액형	A형			

교과서 문제 해결하기

[01~03] 도현이네 반 학생들이 방과 후에 배우고 있는 악기를 조사하여 나타낸 표입니다. 물음에 답하세요.

배우고 있는 악기별 학생 수

악기	피아노	바이올린	플루트	오카리나	리코더	합계
학생 수 (명)	12	6	2	3	5	28

▸251006-0325

01 막대그래프의 가로에 악기를 나타낸다면 세로에는 무엇을 나타내야 하나요?

(　　　　　　　　　　)

▸251006-0326

02 표를 보고 막대그래프로 나타내 보세요.

(명)					
10					
5					
0					
학생 수					

중요

▸251006-0327

03 학생 수가 가장 많은 악기부터 위에서 순서대로 나타나도록 막대가 가로인 막대그래프로 나타내 보세요.

학생 수	0　　5　　10　(명)

[04~06] 윤재네 반 학생들이 좋아하는 올림픽 경기 종목을 조사한 것입니다. 물음에 답하세요.

학생들이 좋아하는 올림픽 경기 종목

윤재	현진	윤성	태영	아주	윤호	혜리
태권도	체조	축구	수영	육상	축구	수영
현수	이서	세은	우진	수진	선민	시은
육상	태권도	수영	축구	체조	수영	수영

▸251006-0328

04 조사한 결과를 표로 나타내 보세요.

좋아하는 경기 종목별 학생 수

경기 종목	태권도	체조	축구	육상	수영	합계
학생 수 (명)						

▸251006-0329

05 표를 보고 막대그래프로 나타내 보세요.

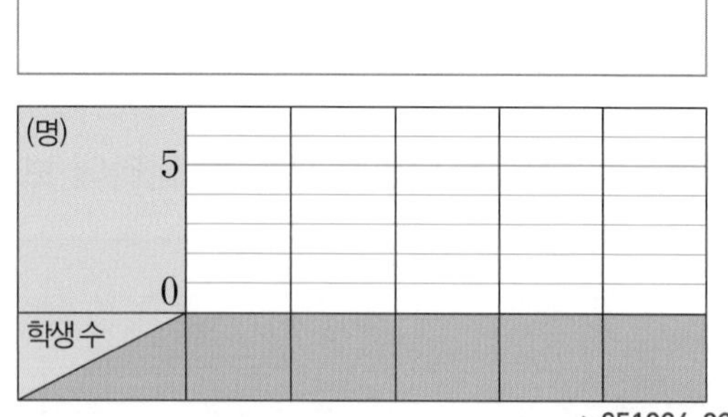

중요

▸251006-0330

06 완성한 막대그래프를 보고 바르게 말한 친구의 이름을 써 보세요.

가장 많은 학생들이 좋아하는 경기 종목은 축구야.
민서
태권도, 체조, 육상을 좋아하는 학생 수는 같아.
시윤

(　　　　　　　　　　)

[07~10] 아린이네 반 학생들이 좋아하는 과목을 조사하여 나타낸 막대그래프입니다. 수학을 좋아하는 학생 수는 영어를 좋아하는 학생 수의 2배일 때 물음에 답하세요.

좋아하는 과목별 학생 수

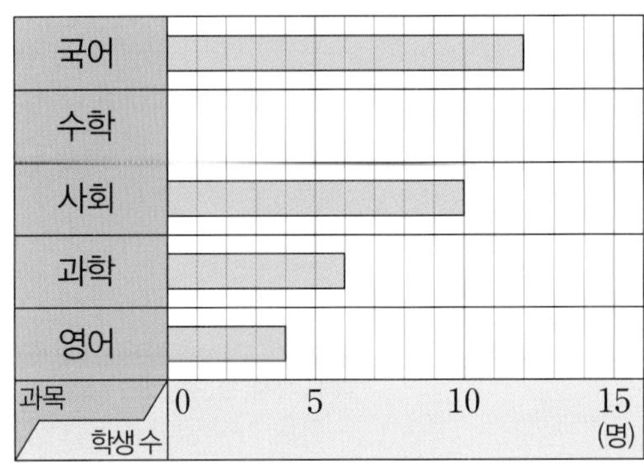

도전

▸251006-0331

07 막대그래프를 완성해 보세요.

도움말 영어를 좋아하는 학생의 수를 먼저 알아봅니다.

▸251006-0332

08 국어를 좋아하는 학생은 수학을 좋아하는 학생보다 몇 명 더 많은가요?

(　　　　　　　　　　)

▸251006-0333

09 좋아하는 학생 수가 과학보다 많고 사회보다 적은 과목은 무엇인가요?

(　　　　　　　　　　)

▸251006-0334

10 위 막대그래프를 세로 눈금 한 칸이 2명인 막대그래프로 다시 나타낸다면 국어를 좋아하는 학생 수는 몇 칸으로 나타내야 할까요?

(　　　　　　　　　　)

문제해결 접근하기

▸251006-0335

11 초등학교 학생 수를 조사하여 나타낸 표에서 일부분이 지워져 보이지 않습니다. 푸른 초등학교 학생 수는 하늘 초등학교 학생 수보다는 500명이 더 많고, 사랑 초등학교 학생 수보다는 200명이 더 많을 때, 빈칸에 알맞은 수를 써넣고, 막대그래프로 나타내 보세요.

초등학교별 학생 수

초등학교	사랑	푸른	하늘	우주
학생 수(명)			800	1600

이해하기

문제를 읽고, 알 수 있는 것은 무엇인가요?

답 ______________________

계획 세우기

어떤 방법으로 문제를 해결하면 좋을까요?

답 ______________________

____

해결하기

위 표의 빈칸에 알맞은 수를 써넣고, 막대그래프로 나타내 보세요.

초등학교별 학생 수

(명)				
1500				
1000				
500				
0				
학생 수 / 초등학교	사랑			

되돌아보기

문제를 해결한 방법을 설명해 보세요.

답 ______________________

교과서 개념 배우기

개념 5 막대그래프를 활용해 볼까요

■ **일기를 읽고 막대그래프로 나타내 볼까요**

시우의 환경 일기

제목 : 물 사용량을 조사해~ 날짜 : 2024년 ○월 ○일	오늘 우리집의 물 사용량을 조사해 보았다. 음식을 만드는 데 40 L, 화장실에서는 100 L, 세탁을 하는 데는 50 L, 청소를 하는 데는 10 L를 사용하였다.

우리집 물 사용량

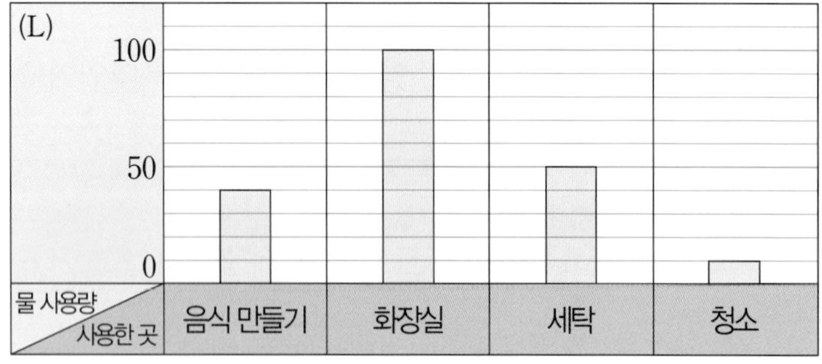

- 가로에는 사용한 곳을, 세로에는 물 사용량을 나타냈습니다.
- 세로 눈금 한 칸은 10 L를 나타냅니다.
- 막대그래프의 세로 눈금은 100 L까지 나타낼 수 있어야 합니다.
- 이야기를 막대그래프로 나타내면 물을 가장 많이 사용할 때와 물을 가장 적게 사용할 때 등을 쉽게 알 수 있습니다.

■ **1반과 2반 학생들이 좋아하는 반려동물을 보고 알 수 있는 것은 무엇인가요**

1반 학생들의 좋아하는 반려동물

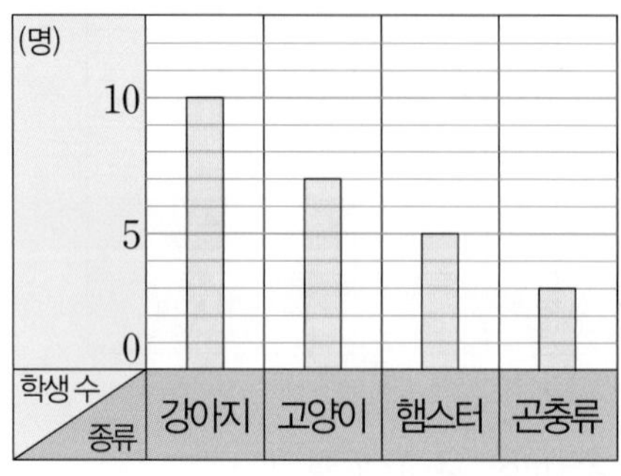

2반 학생들의 좋아하는 반려동물

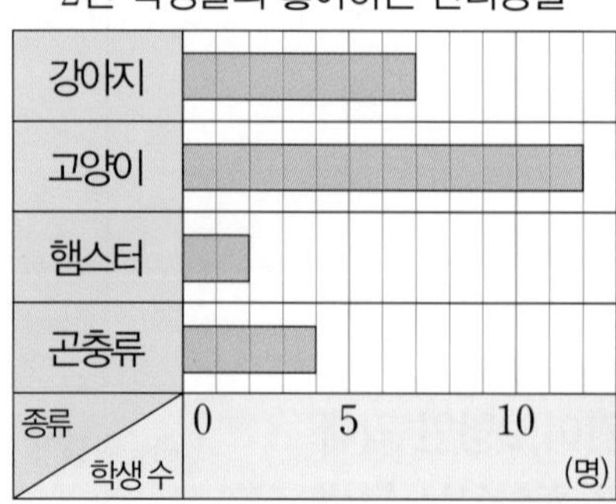

- 1반 학생들이 가장 좋아하는 반려동물은 강아지입니다.
- 고양이를 좋아하는 학생은 2반이 1반보다 5명 더 많습니다.

- **이야기를 막대그래프로 나타내는 방법**
  - 가로와 세로에 무엇을 나타낼지 정합니다.
  - 눈금 한 칸의 크기를 정합니다.
  - 조사한 것을 막대로 나타냅니다.
  - 알맞은 제목을 씁니다. (제목은 처음에 쓸 수도 있습니다.)

- **우리 집 물 사용량을 나타낸 막대그래프에서 알 수 있는 내용**
  - 물을 가장 많이 사용한 장소는 화장실입니다.
  - 물을 가장 적게 사용할 때는 청소할 때입니다.

- **좋아하는 반려동물을 나타낸 막대그래프에서 알 수 있는 내용**
  - 강아지를 좋아하는 학생은 1반이 더 많습니다.
  - 2반 학생들이 가장 적게 좋아하는 반려동물은 햄스터입니다.

정답과 풀이 48쪽

문제를 풀며 이해해요

[01~02] 민재가 모둠 친구들과 티볼 연습을 하고 난 뒤에 쓴 이야기입니다. 물음에 답하세요.

우리 모둠 친구들이 운동장에서 티볼 연습을 했습니다. 공을 칠 수 있는 기회는 모두에게 10번씩 주어졌습니다. 그 중에서 나는 7번, 서현이는 4번, 재준이는 5번, 우주는 3번, 수호는 9번을 쳤습니다.

이야기를 읽고 막대그래프로 나타낼 수 있는지 묻는 문제예요.

▸ 251006-0336

01 이야기를 읽고 막대그래프를 완성해 보세요.

학생별로 기록을 살펴보고 막대를 완성해 보아요.

(번)					
10					
5					
0					
횟수 / 이름	민재	서현	재준	우주	수호

▸ 251006-0337

02 위 막대그래프를 통해 알 수 있는 사실이 맞으면 ○표, 틀리면 ×표 하세요.

막대의 길이가 가장 긴 학생과 가장 짧은 학생을 찾아보아요.

(1) 티볼 연습에서 공을 가장 많이 친 사람은 수호입니다.

( )

(2) 티볼 연습에서 공을 가장 적게 친 사람은 서현입니다.

( )

[01~03] 이야기를 읽고 물음에 답하세요.

채윤이네 반에서는 이번 주말에 가고 싶은 장소를 조사하였습니다. 놀이공원에 가고 싶은 학생은 6명, 동물원은 2명, 영화관은 6명, 도서관은 8명, 공연장은 10명이었습니다.

중요

▸251006-0338

01 이야기를 읽고 막대그래프를 완성해 보세요.

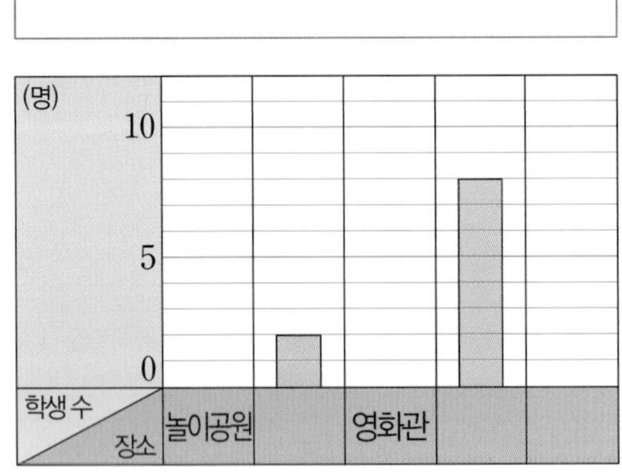

▸251006-0339

02 가고 싶어 하는 학생 수가 같은 두 장소는 어느 곳인가요?

( ), ( )

▸251006-0340

03 가고 싶어 하는 학생이 가장 많은 곳의 학생 수는 가고 싶어 하는 학생이 가장 적은 곳의 학생 수의 몇 배일까요?

( )

[04~05] 5일 동안 어느 도시의 미세먼지 수치를 나타낸 막대그래프입니다. 물음에 답하세요.

요일별 미세먼지 수치

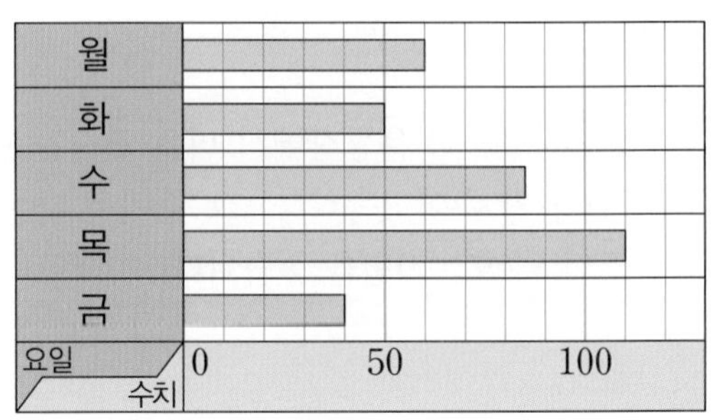

▸251006-0341

04 미세먼지가 가장 많았던 요일을 써 보세요.

( )

▸251006-0342

05 미세먼지 수치가 80보다 높은 경우 '나쁨'을 나타냅니다. 미세먼지 수치가 '나쁨'이었던 요일을 모두 써 보세요.

( )

[06~08] 푸른 마을과 사랑 마을의 일주일 동안 재활용 쓰레기양을 조사하여 나타낸 막대그래프입니다. 물음에 답하세요.

푸른 마을의 재활용 쓰레기양

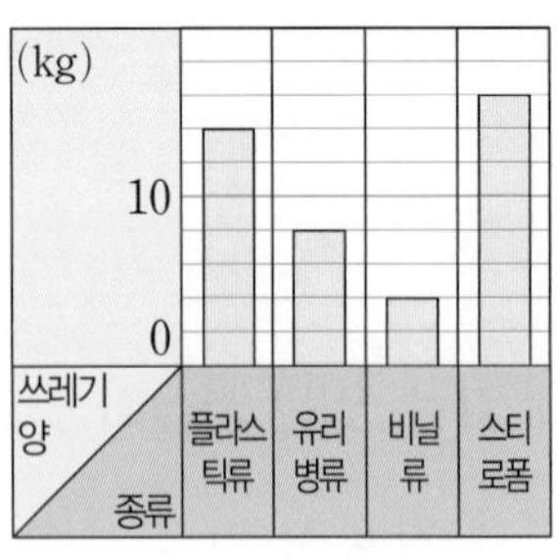

사랑 마을의 재활용 쓰레기양

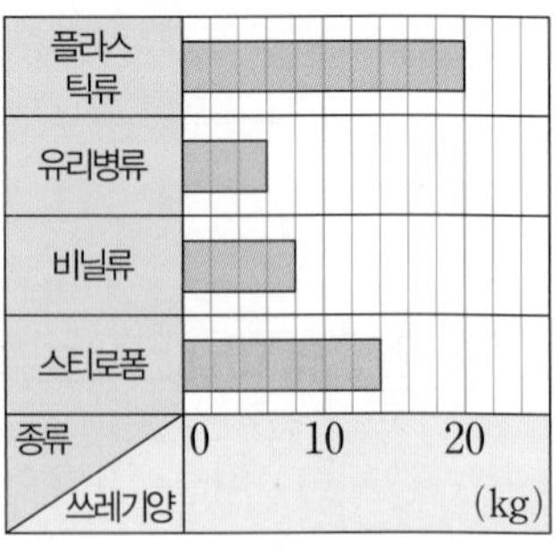

▸251006-0343

06 눈금 한 칸의 크기는 몇 kg인가요?

( )

▸251006-0344

07 푸른 마을과 사랑 마을에서 재활용 쓰레기양이 가장 많은 종류를 각각 써 보세요.

푸른 마을 ( )

사랑 마을 ( )

중요

▶ 251006-0345

08 두 막대그래프를 보고 바르게 설명한 것의 기호를 모두 써 보세요.

㉠ 두 마을의 재활용 쓰레기양의 합은 같습니다.
㉡ 두 마을의 재활용 쓰레기의 종류는 모두 4가지입니다.
㉢ 푸른 마을에서 재활용 쓰레기양이 두 번째로 적은 종류는 유리병류입니다.
㉣ 시랑 마을에서 재활용 쓰레기양이 가장 적은 종류는 비닐류입니다.

( )

[09~10] 환경 그리기 대회에 참가한 학생 수를 반별로 조사하여 나타낸 막대그래프입니다. 물음에 답하세요.

반별 환경 그리기 대회 참가 학생 수

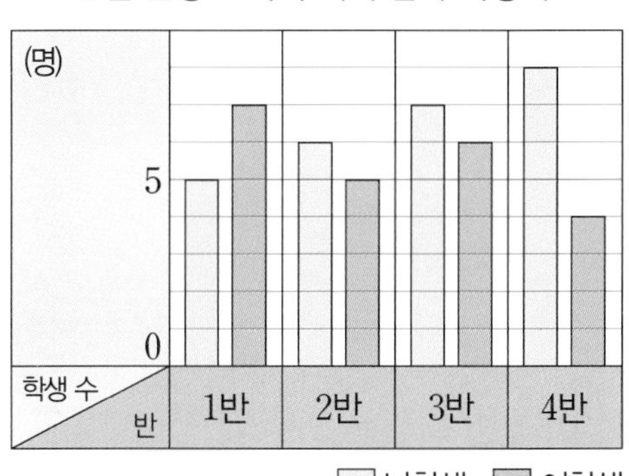

▶ 251006-0346

09 환경 그리기 대회에 참가한 남학생 수와 여학생 수의 차가 가장 큰 반은 몇 반인가요?

( )

도전

▶ 251006-0347

10 환경 그리기 대회에 참가한 학생 수가 가장 많은 반은 몇 반일까요?

( )

도움말 각 반의 참가한 남학생 수와 여학생 수를 더한 후 비교합니다.

문제해결 접근하기

▶ 251006-0348

11 형빈이네 반에 있는 학급 문고를 조사하였습니다. 아래의 내용을 보고 막대그래프로 나타내 보세요.

- 학급 문고에 있는 책의 종류는 위인전, 동화책, 과학책, 영어책입니다.
- 책은 모두 50권입니다.
- 과학책이 가장 많고 22권입니다.
- 위인전은 과학책보다 10권 적습니다.
- 동화책 수와 영어책 수는 같습니다.

이해하기

구하려고 하는 것은 무엇인가요?

답

계획 세우기

어떤 방법으로 문제를 해결하면 좋을까요?

답

해결하기

막대그래프로 나타내 보세요.

종류별 책의 수

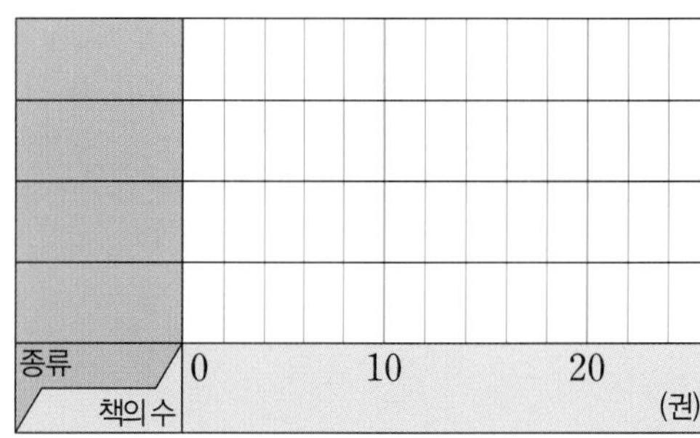

되돌아보기

문제를 해결한 방법을 설명해 보세요.

답

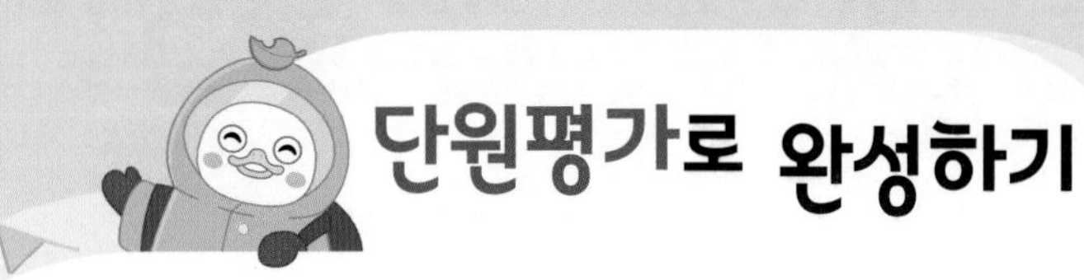

[01~03] 유찬이네 반 학생들의 장래 희망을 조사하여 나타낸 표와 막대그래프입니다. 물음에 답하세요.

유찬이네 반 학생들의 장래 희망

장래 희망	가수	배우	운동 선수	교사	크리에이터	합계
학생 수 (명)	6	4	7	3	6	26

유찬이네 반 학생들의 장래 희망

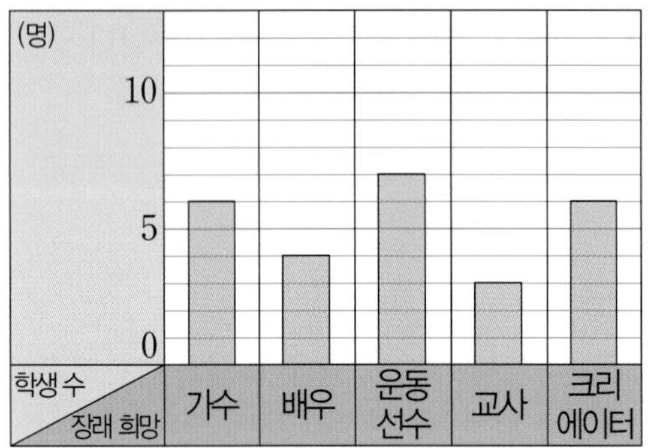

▸ 251006-0349

01 막대그래프에서 가로와 세로는 각각 무엇을 나타내나요?

가로 (　　　　　　　　)

세로 (　　　　　　　　)

▸ 251006-0350

02 세로 눈금 한 칸은 몇 명을 나타내나요?

(　　　　　　　　)

중요

▸ 251006-0351

03 전체 학생 수를 알아보기에 표와 막대그래프 중 어느 쪽이 더 편리한가요?

(　　　　　　　　)

[04~06] 원선이네 반 학생들이 좋아하는 운동을 조사하여 나타낸 막대그래프입니다. 물음에 답하세요.

좋아하는 운동별 학생 수

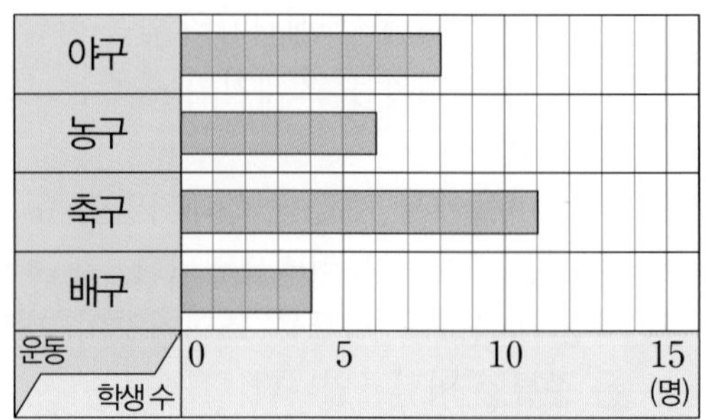

▸ 251006-0352

04 야구를 좋아하는 학생과 농구를 좋아하는 학생은 각각 몇 명인가요?

야구 (　　　　　　　　)

농구 (　　　　　　　　)

▸ 251006-0353

05 원선이네 반 학생은 모두 몇 명일까요?

(　　　　　　　　)

▸ 251006-0354

06 좋아하는 학생 수가 가장 많은 운동과 가장 적은 운동의 학생 수의 차는 몇 명일까요?

(　　　　　　　　)

[07~08] 현수네 학교 4학년 학생들 중에서 자전거를 타고 등교하는 학생 수를 조사하여 나타낸 막대그래프입니다. 물음에 답하세요.

반별 자전거를 타고 등교하는 학생 수

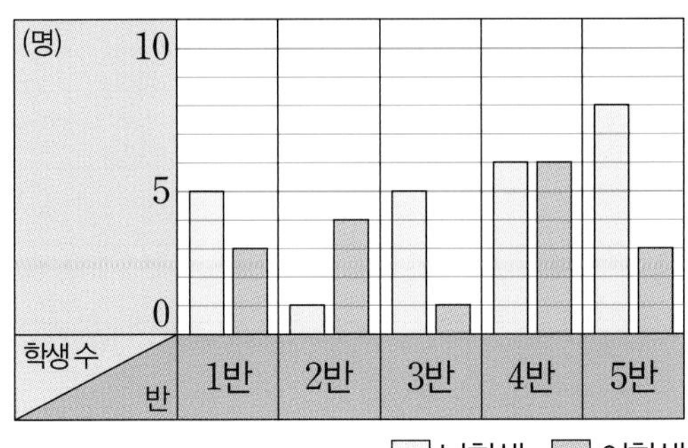

▸ 251006-0355

07 자전거를 타고 등교하는 학생 수가 4반보다 1명 더 적은 반은 어느 반일까요?

( )

서술형

▸ 251006-0356

08 자전거를 타고 등교하는 4학년 남학생 수와 자전거를 타고 등교하는 4학년 여학생 수의 차는 몇 명인지 풀이 과정을 쓰고 답을 구해 보세요.

풀이

(1) 자전거를 타고 등교하는 4학년 남학생은 모두 ( )명입니다.

(2) 자전거를 타고 등교하는 4학년 여학생은 모두 ( )명입니다.

(3) 따라서 자전거를 타고 등교하는 남학생 수와 여학생 수의 차는
( )−( )=( )(명)입니다.

답 ______

[09~10] 석찬이네 학교 4학년과 5학년 학생들에게 하고 싶은 행사를 조사하여 나타낸 막대그래프입니다. 물음에 답하세요.

4학년에서 하고 싶어 하는 행사별 학생 수

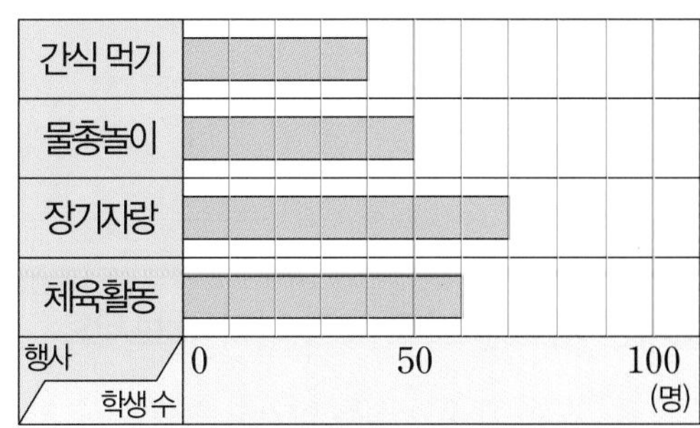

5학년에서 하고 싶어 하는 행사별 학생 수

간식 먹기
물총놀이
장기자랑
체육활동
행사
학생 수
0
50
100
(명)

▸ 251006-0357

09 4학년에서 가장 많은 학생들이 하고 싶어 하는 행사의 학생 수와 5학년에서 가장 적은 학생들이 하고 싶어 하는 행사의 학생 수의 차는 몇 명일까요?

( )

도전

▸ 251006-0358

10 4학년과 5학년의 조사 결과를 모아 행사를 정한다면 무엇이 좋을지 적고, 그 이유도 적어 보세요.

( )

이유 ______

______

[11~14] 유현이네 반 학생들이 방과 후에 배우고 싶은 악기를 조사하여 나타낸 것입니다. 물음에 답하세요.

방과 후에 배우고 싶은 악기

드럼	첼로	플루트	피아노
☆☆☆☆☆☆☆☆☆☆☆	☆☆☆	☆☆☆☆☆☆☆☆☆	☆☆☆☆☆☆☆

▸ 251006-0359

11 조사한 자료를 보고 표로 나타내 보세요.

배우고 싶은 악기별 학생 수

악기	드럼	첼로	플루트	피아노	합계
학생 수 (명)					

▸ 251006-0360

12 위의 표를 보고 막대그래프로 나타내 보세요.

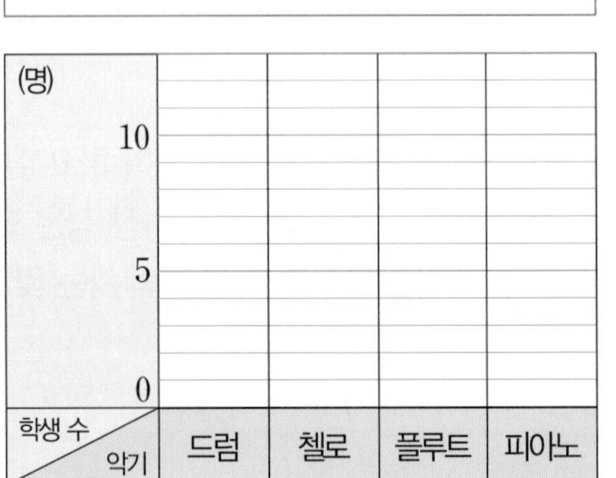

▸ 251006-0361

13 가로에는 학생 수, 세로에는 악기가 나타나도록 막대가 가로로 된 막대그래프로 나타내 보세요.

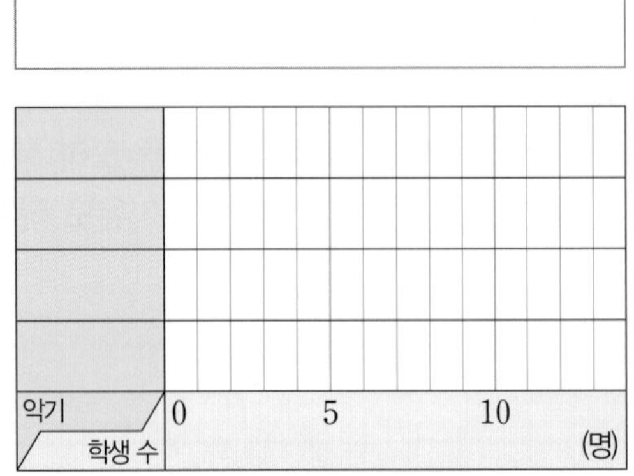

중요

▸ 251006-0362

14 학생 수가 많은 악기부터 위에서 순서대로 나타나도록 막대가 가로인 막대그래프로 나타내 보세요.

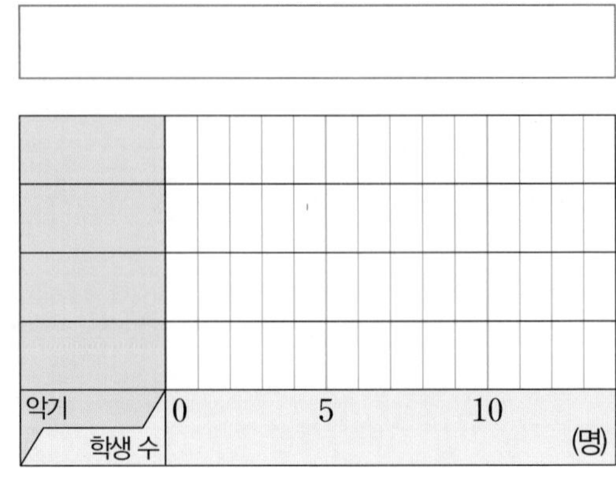

▸ 251006-0363

15 어느 아이스크림 가게에서 월별 아이스크림 판매량을 조사하여 나타낸 막대그래프입니다. 7월의 판매량이 6월의 판매량보다 40개 더 많을 때 막대그래프를 완성해 보세요.

월별 아이스크림 판매량

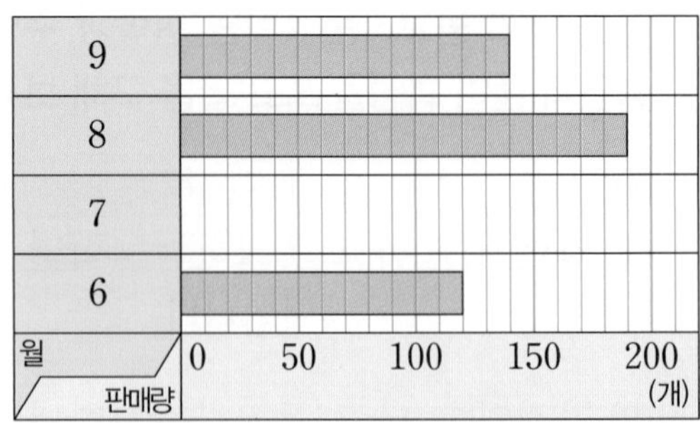

정답과 풀이 50쪽

[16~18] 승원이가 알뜰 시장에서 물건을 판 후 쓴 일기입니다. 물음에 답하세요.

오늘 알뜰 시장에서 카드, 블록, 지우개, 인형을 팔았다. 인형은 4개, 카드는 8개, 지우개는 2개, 블록은 10개를 팔았다. 가지고 간 물건들을 모두 팔고, 친구들과 함께 내가 가진 물건을 나눌 수 있어서 기분이 좋았다.

▸ 251006-0364

16 일기를 읽고 막대그래프를 완성해 보세요.

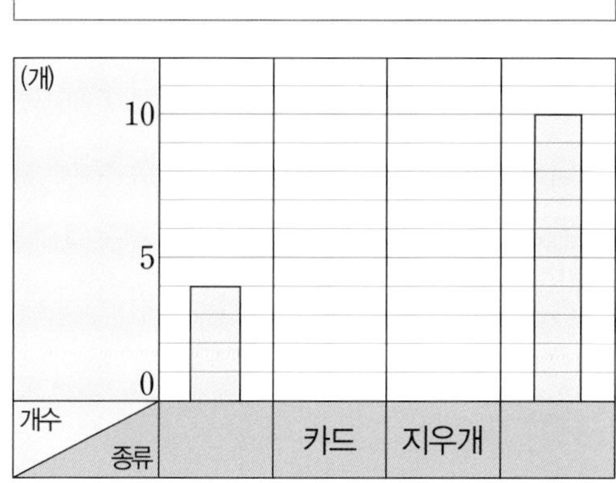

▸ 251006-0365

17 위 막대그래프를 가로 눈금 한 칸이 2개인 막대그래프로 다시 나타낸다면 블록은 몇 칸으로 나타내야 하나요?

( )

▸ 251006-0366

18 두 번째로 많이 판 물건 수는 가장 적게 판 물건 수의 몇 배일까요?

( )

[19~20] 민구네 반 학생들이 좋아하는 과일을 조사하여 나타낸 막대그래프의 일부분이 찢어졌습니다. 배를 좋아하는 학생은 감을 좋아하는 학생보다 5명 더 많습니다. 물음에 답하세요.

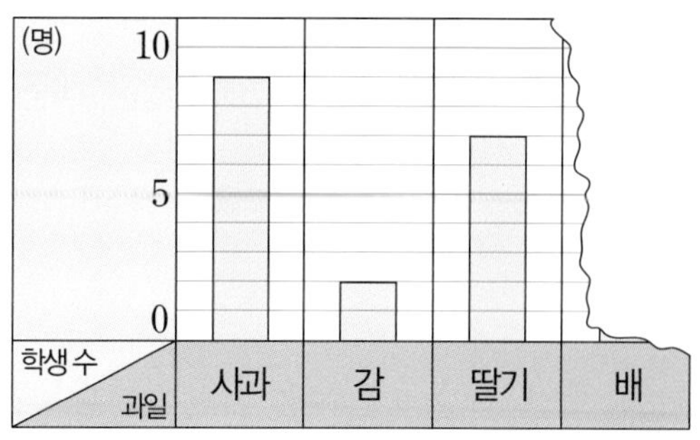

▸ 251006-0367

19 배를 좋아하는 학생은 몇 명인지 구해 보세요.

( )

▸ 251006-0368

20 막대그래프를 보고 알 수 있는 내용을 모두 찾아 기호를 써 보세요.

㉠ 사과를 좋아하는 학생 수가 가장 많습니다.
㉡ 딸기를 좋아하는 학생 수와 감을 좋아하는 학생 수의 차는 4명입니다.
㉢ 딸기를 좋아하는 학생 수와 배를 좋아하는 학생 수는 같습니다.
㉣ 조사한 학생 수는 모두 28명입니다.

( )

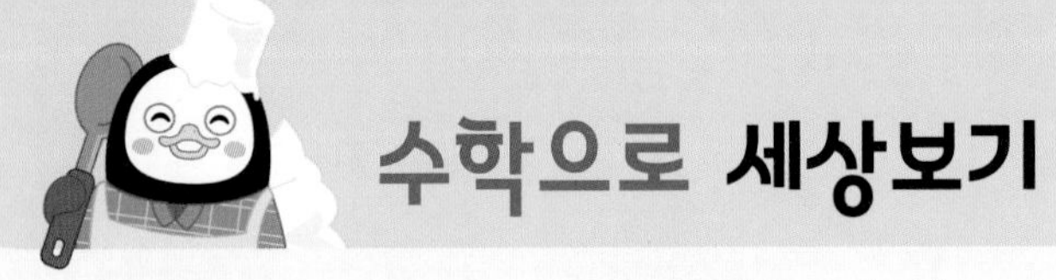

수학으로 세상보기

막대그래프로 보는 세상

우리는 매일 주변에서 수많은 정보를 접하기 때문에 어떤 정보들은 아무 생각없이 지나쳐 버리기도 합니다. 그래서 사람들은 자신에게 필요한 정보를 쉽게 알아볼 수 있도록 정보를 보여주기 위해 노력합니다. 이에 막대그래프는 표보다 자료의 많고 적음을 한눈에 비교하기 쉽기 때문에 자주 쓰입니다. 이렇게 편리한 막대그래프에 대해서 더 자세히 알아볼까요?

1 최초의 막대그래프는 누가 만들었을까요?

최초의 막대그래프는 스코틀랜드의 기술자이자 발명가, 기업가인 윌리엄 플레이페어(William Playfair, 1759~1823)가 만들었습니다. 플레이페어는 1786년 출간한 〈상업 정치 지도(Commercial and Political Atlas)〉에서 자신이 발명한 막대그래프를 선보였습니다. 이 그래프는 조지프 프리스틀리(산소를 발견한 화학자)가 막대를 사용해 시기의 길고 짧음과 양의 많고 적음을 표현한 것을 참조했습니다. 플레이페어는 여러 국가의 수출입에 대한 몇 해 동안의 자료를 수집했고, 이를 막대그래프로 표현했습니다. 아래의 막대그래프는 1781년에 스코틀랜드와 무역한 17개 국가의 수출과 수입에 대해 표현되어 있습니다.

〈상업 정치 지도〉

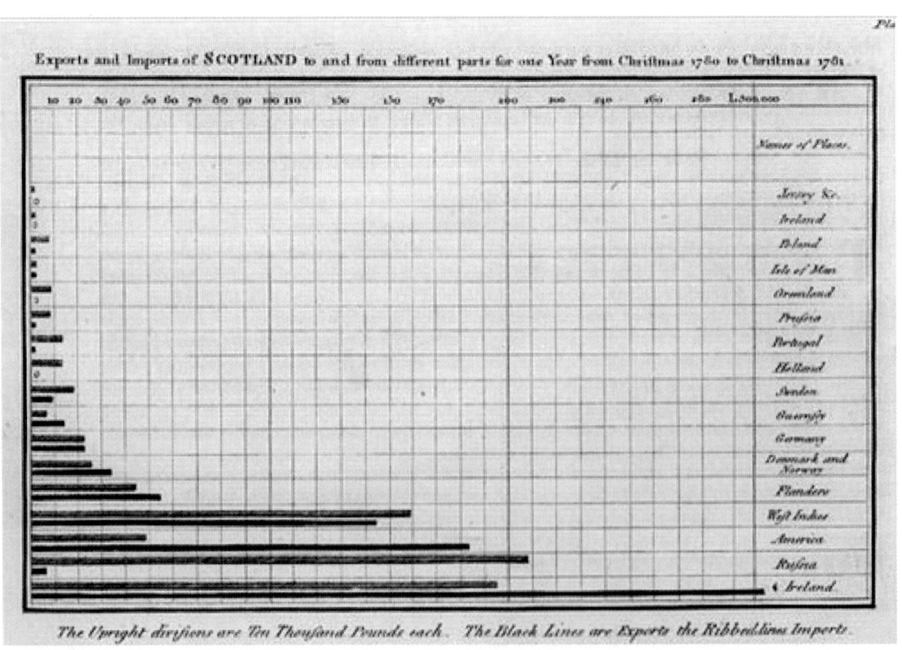

1786년에 사용된 윌리엄의 막대그래프
(출처: 그래프를 만든 괴짜, 글 헬레인 베커, 담푸스)

2 병을 이기는 그래프

1854년 영국 런던에서 콜레라라는 무서운 병이 유행하여 수많은 사람이 사망하였습니다. 당시 많은 의사들은 콜레라의 원인이 쓰레기에서 나는 더러운 냄새나 나쁜 공기 때문이라고 생각했습니다. 하지만 존 스노우라는 의사는 콜레라의 원인을 다르게 생각하여 콜레라로 사망한 사람들이 나온 지역을 조사한 후 지도 위에 막대그래프로 나타내었습니다. 그러자 특정 지역에서 사망자가 많이 나왔고, 같은 물을 사용하고 있다는 것을 알게 되었습니다. 그리하여 그 물을 사용하지 않도록 하였고, 그 결과 콜레라 환자는 눈에 띄게 줄어들게 되었습니다. 이처럼 자료를 조사하여 막대그래프로 나타내 질병의 원인을 찾을 수 있었던 것입니다.

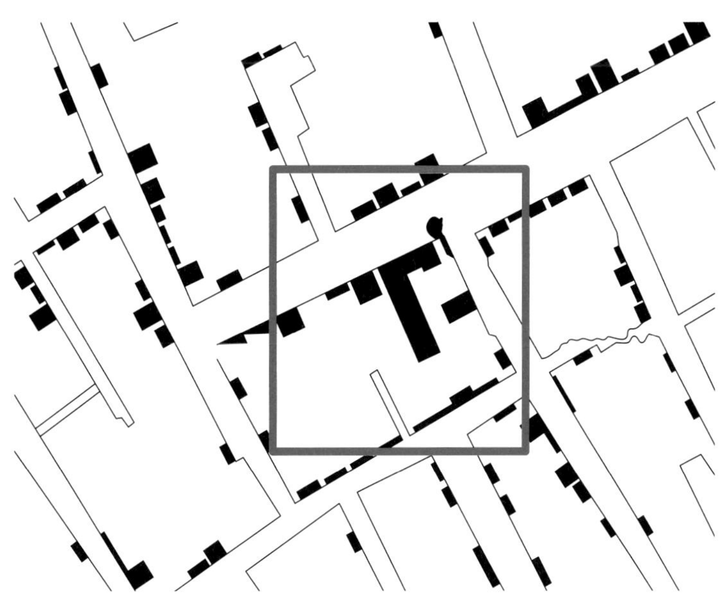

3 막대그래프로 알아보는 자연재해

지진은 지층이 지구 내부에서 생기는 커다란 힘을 오랫동안 받아 끊어지면서 땅이 흔들리는 현상을 말합니다. 우리나라는 지진이 많이 발생하는 지진대에서 떨어져 있어서 비교적 지진 안전 지대라고 생각해 왔습니다. 그런데 최근에는 지진 발생 횟수가 증가하고 규모가 3 이상인 지진도 많이 발생하여 지진 안전 지대라고 생각하기 어렵습니다. 지진은 미리 대비하는 것이 중요합니다. 막대그래프는 지진과 같은 자연재해의 발생 횟수를 비교하여 살펴보기에 편리합니다.

(출처: 기상청, 지진 및 지진해일 발생 통계)

6

규칙 찾기

서하네 가족은 식당에 가려고 건물 지하 주차장에 주차를 했습니다. 주차한 위치를 알려주는 수가 기둥에 적혀 있네요. 어떤 규칙에 따라 적혀 있을까요? 규칙을 알고 있으면 주차된 차의 위치를 찾기 쉬워요.

이번 6단원에서는 수와 도형의 배열에서 규칙을 찾아보고, 계산식에서도 규칙을 찾아볼 거예요. 또 달력이나 수 배열표에서 규칙적인 계산식도 찾아볼 거예요.

단원 학습 목표

1. 크기가 같은 두 양의 관계를 등호를 사용한 식으로 나타낼 수 있습니다.
2. 수 배열표나 실생활에서 변화하는 수의 규칙을 찾을 수 있습니다.
3. 도형이나 실생활에서 변화하는 모양의 규칙을 찾을 수 있습니다.
4. 덧셈식, 뺄셈식, 곱셈식, 나눗셈식의 배열에서 규칙을 찾을 수 있습니다.
5. 계산 도구를 이용하여 계산식의 배열에서 규칙을 추측하고 찾을 수 있습니다.
6. 계산 도구를 이용해서 규칙적인 계산식을 만들 수 있습니다.

단원 진도 체크

회차	학습 내용		진도 체크
1차	교과서 개념 배우기 + 문제 해결하기	**개념 1** 크기가 같은 두 양의 관계를 식으로 나타내 볼까요(1) **개념 2** 크기가 같은 두 양의 관계를 식으로 나타내 볼까요(2)	✓
2차	교과서 개념 배우기 + 문제 해결하기	**개념 3** 수의 배열에서 규칙을 찾아 식으로 나타내 볼까요	✓
3차	교과서 개념 배우기 + 문제 해결하기	**개념 4** 도형의 배열에서 규칙을 찾아 식으로 나타내 볼까요	✓
4차	교과서 개념 배우기 + 문제 해결하기	**개념 5** 덧셈식과 뺄셈식에서 규칙을 찾아볼까요 **개념 6** 곱셈식과 나눗셈식에서 규칙을 찾아볼까요	✓
5차	교과서 개념 배우기 + 문제 해결하기	**개념 7** 규칙적인 계산식을 찾아볼까요	✓
6차	단원평가로 완성하기		✓
7차	수학으로 세상보기		✓

해당 부분을 공부하고 나서 ✓표를 하세요.

주차장
A11
A12
A13
A23
A24
A25

개념 1 크기가 같은 두 양의 관계를 식으로 나타내 볼까요(1)

■ 크기가 같은 두 양을 식으로 나타내기

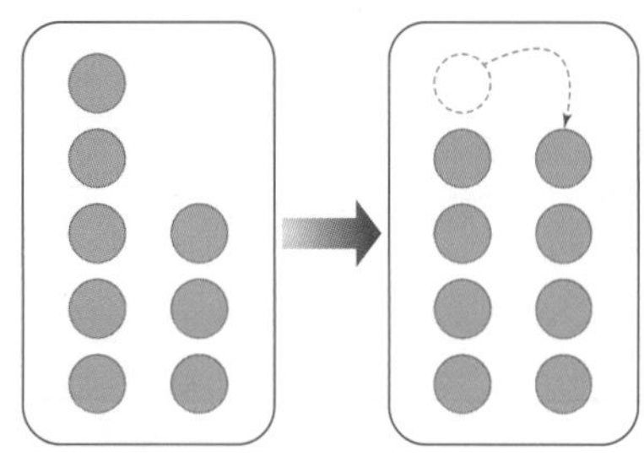

• 왼쪽 5개와 오른쪽 3개의 구슬에서 왼쪽 구슬 1개를 오른쪽으로 옮겼습니다.
• 구슬을 옮기기 전과 옮긴 후의 구슬의 수는 같습니다.
• 구슬의 수가 같음을 식으로 나타내면 다음과 같습니다.

$$5+3=4+4$$

• 양쪽의 값이 같을 때 등호(=)를 사용합니다.

• 곱셈식과 등호

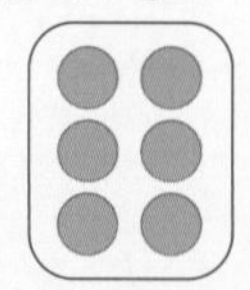 

2개씩 3줄로 놓은 구슬을 3개씩 2줄로 놓았습니다.
구슬의 수는 같습니다.
➡ $2\times3=3\times2$

개념 2 크기가 같은 두 양의 관계를 식으로 나타내 볼까요(2)

■ 같은 양을 서로 다른 식으로 나타내기

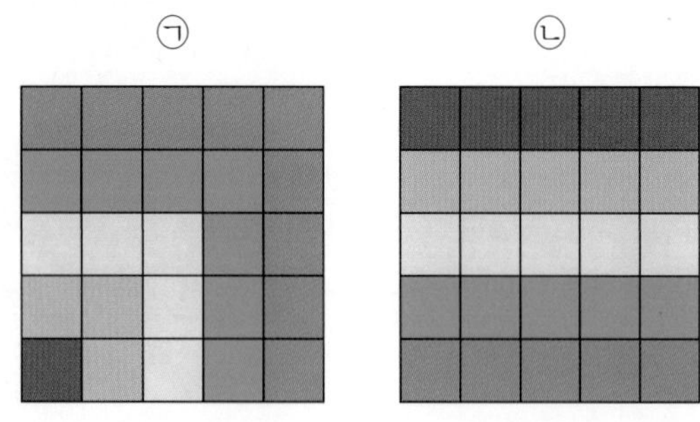

• ㉠ 작은 정사각형의 수를 덧셈식으로 나타내면 $1+3+5+7+9=25$입니다.
• ㉡ 작은 정사각형의 수를 곱셈식으로 나타내면 $5\times5=25$입니다.
• 덧셈식과 곱셈식은 크기가 같은 양을 나타내므로 등호를 사용한 식으로 나타낼 수 있습니다.

$$1+3+5+7+9=5\times5$$

• 6에 2를 더하고 1을 빼는 경우

$6+2=8-1=7$ (×)

등호를 2개 사용하여 연결하는 경우 6+2와 7이 같아야 하는데 두 값이 서로 다릅니다.

$6+2=8$
$8-1=7$

두 개의 식으로 나누어 등호를 사용합니다.

문제를 풀며 이해해요

[01~03] 그림을 보고 물음에 답하세요.

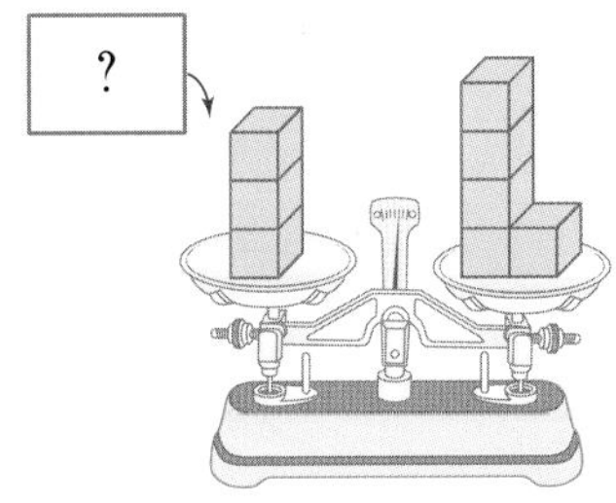

크기가 같은 두 양의 관계를 등호를 사용한 식으로 나타낼 수 있는지 묻는 문제예요.

▸251006-0369

01 왼쪽 접시에 쌓기나무를 몇 개 더 올리면 저울이 수평을 이룰까요?

( )

양쪽 접시에 놓인 쌓기나무의 수가 같아지려면 쌓기나무가 몇 개 더 필요한지 생각해 보아요.

▸251006-0370

02 01과 같이 쌓기나무를 더 올렸을 때 양쪽의 쌓기나무의 수가 같음을 식으로 나타내려고 합니다. □ 안에 알맞은 수를 써넣으세요.

$$3+\square=4+1$$

▸251006-0371

03 02의 식에서 사용한 기호 '='의 이름을 써 보세요.

( )

▸251006-0372

04 색칠한 정삼각형을 보고 □ 안에 알맞은 수를 써넣으세요.

색칠한 정삼각형 전체의 수를 같은 색으로 색칠한 정삼각형의 수의 합으로 나타내 보아요.

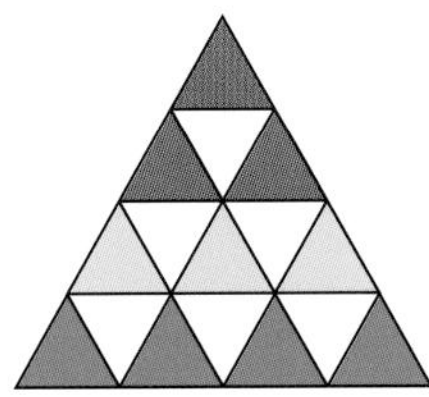

$$1+2+\square+4=10$$

교과서 문제 해결하기

[01~02] 저울이 수평을 이루도록 □ 안에 알맞은 수를 써넣으세요.

01 ▸ 251006-0373

$2+6=10-\square$

중요

02 ▸ 251006-0374

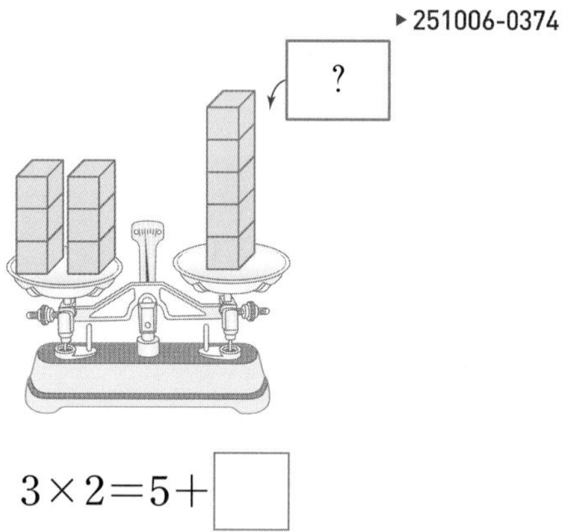

$3\times2=5+\square$

03 ○ 안에 들어갈 알맞은 기호에 ○표 하세요. ▸ 251006-0375

$1+3+5 \bigcirc 3\times3$

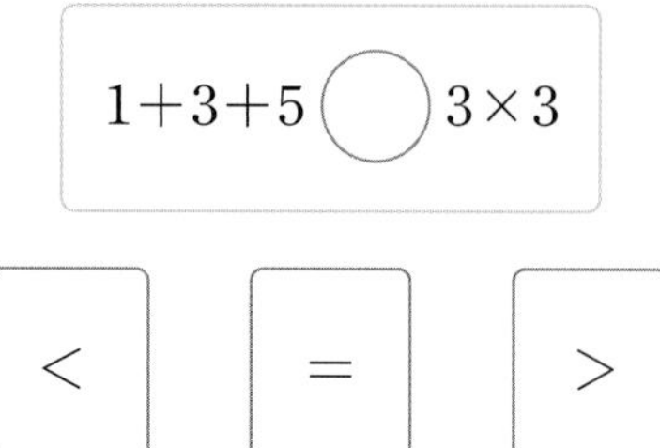

중요

04 등호를 사용한 식을 바르게 만든 사람을 찾아 이름을 써 보세요. ▸ 251006-0376

(　　　　　　　　)

05 등호로 연결할 수 있는 식끼리 선으로 이어 보세요. ▸ 251006-0377

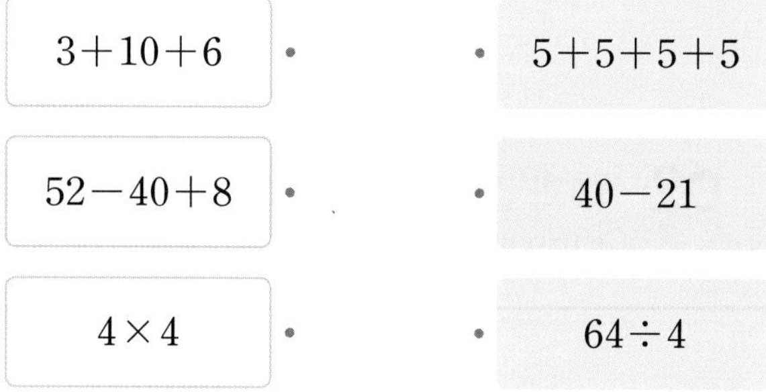

06 보기 에서 알맞은 수를 찾아 □ 안에 써넣으세요. ▸ 251006-0378

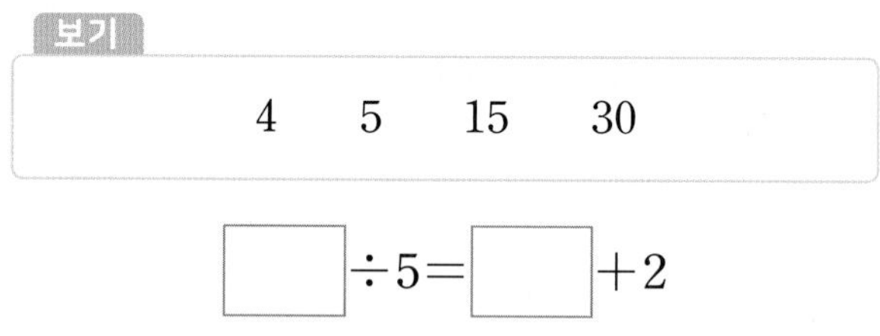

$\square\div5=\square+2$

07 양쪽의 연필꽂이에 꽂힌 연필의 수는 같습니다. □ 안에 알맞은 수를 써넣고, ○ 안에 알맞은 기호를 써넣어 등호를 사용한 식으로 나타내 보세요. ▸ 251006-0379

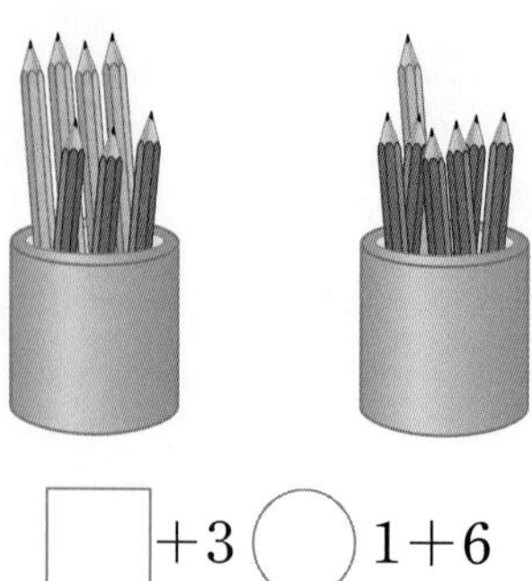

$\square+3 \bigcirc 1+6$

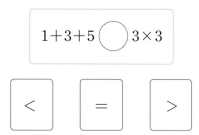

▸251006-0380

08 유정이와 찬서는 서로 다른 방법으로 자석의 수를 구했습니다. □ 안에 알맞은 수를 써넣으세요.

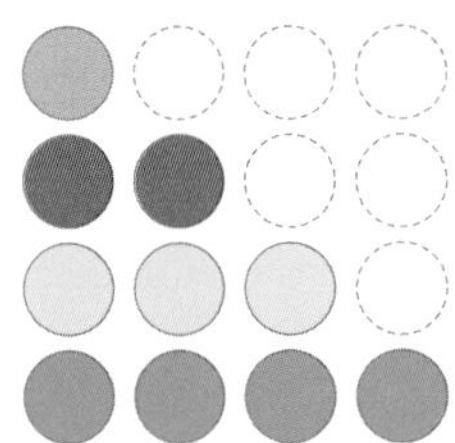

유정: 나는 같은 색이 칠해진 자석끼리 덧셈으로 구했어.
찬서: 자석이 4개씩 4줄 있었다면 16개였을텐데, 몇 개가 적으니까 뺄셈으로 구했어. 우리가 만든 식을 등호를 사용한 식으로 나타내 보자.

$1+2+3+\square=16-\square$

▸251006-0381

09 가와 나에 그려진 별의 수는 같습니다. □ 안에 알맞은 수를 써넣으세요.

$4\times\square=6\times\square$

도전

▸251006-0382

10 30×2를 서로 다른 식으로 나타내 보세요.

덧셈식	$30\times2=$
뺄셈식	$30\times2=$
곱셈식	$30\times2=$
나눗셈식	$30\times2=$

도움말 30×2의 값을 먼저 구하고 양쪽의 값이 같아지도록 다양한 식을 만듭니다.

문제해결 접근하기

▸251006-0383

11 48을 6으로 나눈 몫은 어떤 수에서 15를 뺀 수와 크기가 같습니다. 어떤 수는 얼마인지 구해 보세요.

이해하기

구하려고 하는 것은 무엇인가요?

답

계획 세우기

어떤 방법으로 문제를 해결하면 좋을까요?

답

해결하기

□ 안에 알맞은 수를 써넣으세요.

- $48\div\square=$(어떤 수)$-\square$입니다.
- $\square=$(어떤 수)$-\square$입니다.
- 어떤 수는 □입니다.

되돌아보기

구한 답이 맞는지 확인해 보세요.

답

개념 3 수의 배열에서 규칙을 찾아 식으로 나타내 볼까요

■ 수의 배열에서 규칙 찾기

• 13부터 시작하여 오른쪽으로 12씩 커집니다.

• 61부터 시작하여 왼쪽으로 12씩 작아집니다.

• 243부터 시작하여 3으로 나눈 몫이 오른쪽에 있습니다.

• 3부터 시작하여 3씩 곱한 수가 왼쪽에 있습니다.

• 계산식으로 나타내기

12를 더한 수가 오른쪽에 있습니다.

㉠ $25+12=37$

$37+12=49$

12를 뺀 수가 왼쪽에 있습니다.

㉠ $61-12=49$

$49-12=37$

■ 수 배열표에서 규칙 찾기

271	371	471	571	671
273	373	473	573	♥
275	375	475	575	675
277	377	477	577	677
279	379	479	◆	679

• → 방향으로 100씩 커집니다.

• ↓ 방향으로 2씩 커집니다.

• ♥에 알맞은 수는 → 방향의 규칙에서 $573+100=673$입니다.

• ♥에 알맞은 수는 ↓ 방향의 규칙에서 $671+2=673$입니다.

• 271부터 시작하여 ↘ 방향으로 102씩 커집니다.

• 671부터 시작하여 ↙ 방향으로 98씩 작아집니다.

• ◆에 알맞은 수는 579입니다.

• 반대 방향의 규칙 찾기

→ 방향으로 100씩 커지면
← 방향으로 100씩 작아집니다.

↓ 방향으로 2씩 커지면
↑ 방향으로 2씩 작아집니다.

↘ 방향으로 102씩 커지면
↖ 방향으로 102씩 작아집니다.

문제를 풀며 이해해요

▸ 251006-0384

01 수의 배열에서 규칙을 찾아 빈칸에 알맞은 수를 써넣으세요.

(1)

24	44		84	104

(2)

13	26	52		208

수의 배열에서 규칙을 찾을 수 있는지 묻는 문제예요.

오른쪽으로 갈수록 수의 크기가 커지는지 작아지는지 먼저 살펴보아요.

[02~04] 수 배열표를 보고 물음에 답하세요.

31	33	35	37	39
51	53	㉠	57	59
71	73	75	77	79
91	93	95	㉡	99

▸ 251006-0385

02 → 방향의 규칙을 알아보려고 합니다. □ 안에 알맞은 수를 써넣고, 알맞은 말에 ○표 하세요.

□씩 (커집니다 , 작아집니다).

어떤 수를 기준으로 하여 해당하는 방향으로 수가 어떻게 변하는지 살펴보아요.

▸ 251006-0386

03 ↘ 방향의 규칙을 알아보려고 합니다. □ 안에 알맞은 수를 써넣고, 알맞은 말에 ○표 하세요.

□씩 (커집니다 , 작아집니다.)

▸ 251006-0387

04 ㉠과 ㉡에 알맞은 수를 각각 구해 보세요.

㉠ (　　　　　　)

㉡ (　　　　　　)

교과서 문제 해결하기

[01~03] 수의 배열에서 규칙을 찾아 물음에 답하세요.

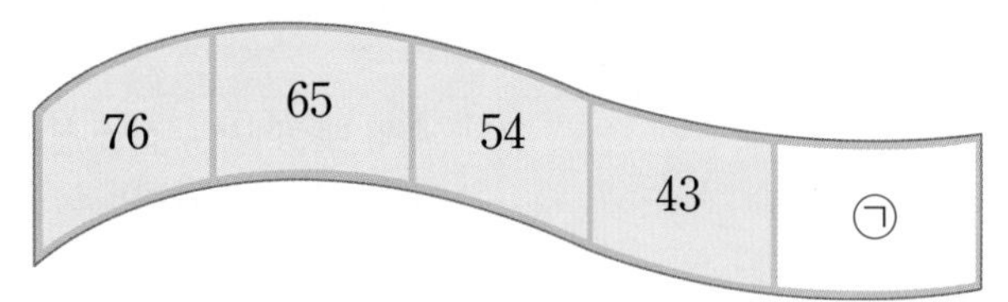

중요

▸251006-0388

01 □ 안에 알맞은 수를 써넣으세요.

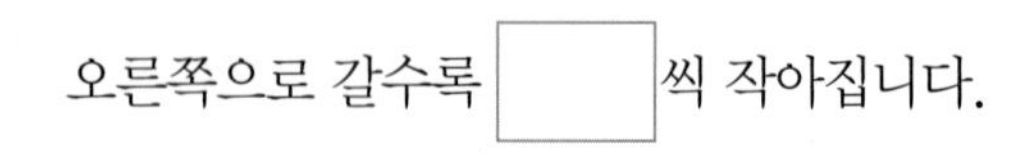

오른쪽으로 갈수록 □씩 작아집니다.

▸251006-0389

02 □ 안에 알맞은 수를 써넣어 찾은 규칙이 맞는지 확인해 보세요.

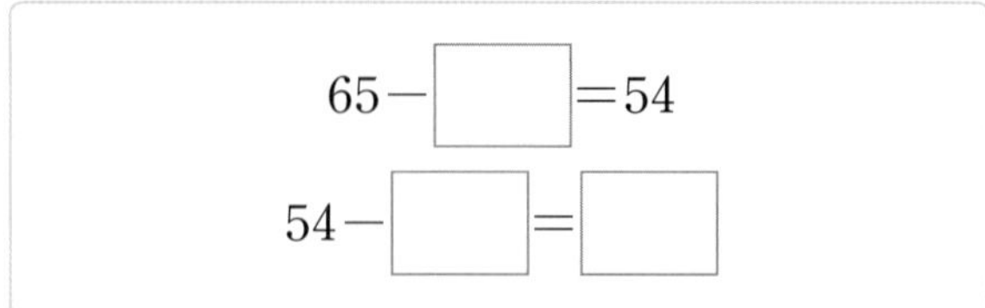

65 − □ = 54

54 − □ = □

▸251006-0390

03 ㉠에 알맞은 수를 구해 보세요.

(　　　　　　　　)

▸251006-0391

04 오른쪽으로 갈수록 2배가 되는 수의 배열을 찾아 기호를 써 보세요.

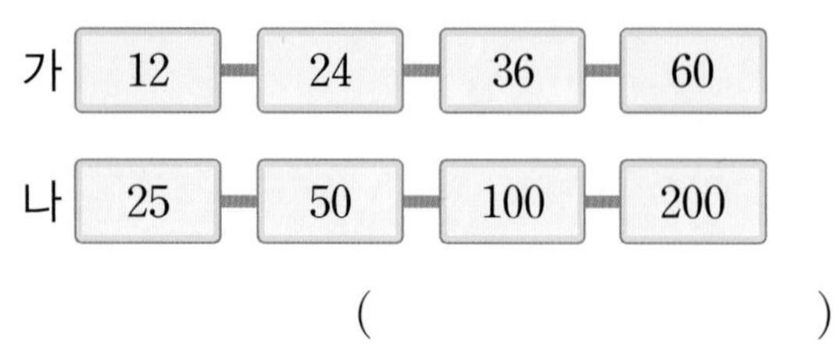

(　　　　　　　　)

▸251006-0392

05 수의 배열에서 규칙을 찾아 빈칸에 알맞은 수를 써넣으세요.

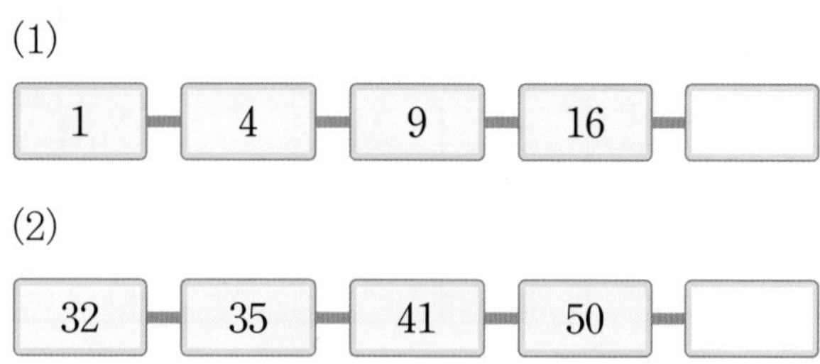

중요

▸251006-0393

06 수 배열표의 규칙에 따라 빈칸에 알맞은 수를 써넣으세요.

32203	32223	32243	32263	32283
42204	42224		42264	42284
52205	52225	52245	52265	

▸251006-0394

07 엘리베이터 안에서 다음과 같은 수의 배열을 찾았습니다. 규칙을 잘못 말한 것을 찾아 기호를 써 보세요.

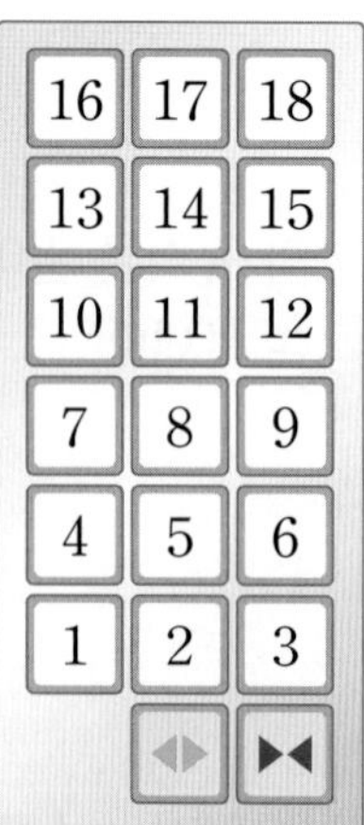

㉠ ↘ 방향으로 2씩 작아집니다.
㉡ ↓ 방향으로 3씩 커집니다.
㉢ → 방향으로 1씩 커집니다.

(　　　　　　　　)

[08~10] 수 배열표를 보고 물음에 답하세요.

390	380	370	360	350
490	480	㉠	460	㉡
590	580	570	560	550
690	680	670	660	650
790	780	770	760	㉢

▸251006-0395

08 □로 표시된 칸에서 찾은 규칙입니다. 알맞은 말에 ○표 하세요.

760부터 시작하여 위쪽으로 100씩 (작아집니다 , 커집니다).

▸251006-0396

09 색칠한 칸의 수는 350부터 시작하여 ↙ 방향으로 얼마씩 커지고 있나요?

(　　　　　　　)

도전

▸251006-0397

10 수 배열표의 규칙을 바르게 말한 사람을 찾아 이름을 써 보세요.

민호: ㉠에 들어갈 수와 ㉡에 들어갈 수는 백의 자리 숫자가 같아.
지수: ㉡에 들어갈 수와 ㉢에 들어갈 수는 백의 자리 숫자가 같아.

(　　　　　　　)

도움말 같은 가로줄에 놓인 수, 같은 세로줄에 놓인 수의 공통점을 생각해 봅니다.

문제해결 접근하기

▸251006-0398

11 채하는 수영장에 들어가기 전 48번 신발장에 신발을 넣었습니다. 진서는 채하가 신발을 넣은 칸에서 두 칸 아래에 신발을 넣었다면 진서가 신발을 넣은 신발장의 번호를 구해 보세요.

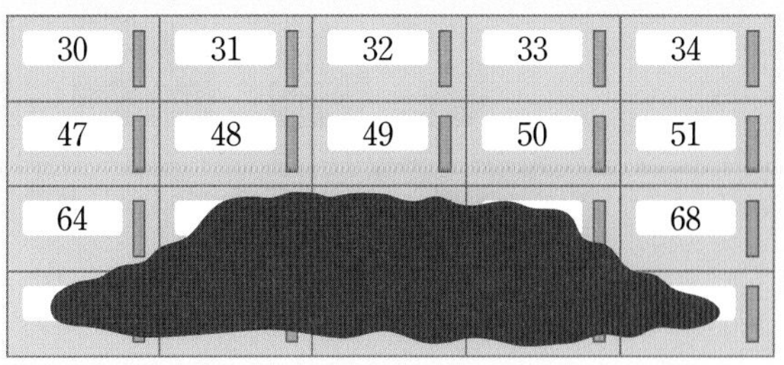

이해하기

구하려고 하는 것은 무엇일까요?

답 ______________________

계획 세우기

어떤 방법으로 문제를 해결하면 좋을까요?

답 ______________________

해결하기

□ 안에 알맞은 수를 써넣으세요.

수 배열표의 수는 ↓ 방향으로 □씩 커집니다. 48의 한 칸 아래에 있는 칸의 번호는 48+□=□(번)이고, 진서가 신발을 넣은 신발장의 번호는 □+□=□(번)입니다.

되돌아보기

민후는 진서가 신발을 넣은 칸에서 오른쪽으로 두 칸, 위쪽으로 한 칸 이동한 곳에 신발을 넣었습니다. 민후는 몇 번 신발장에 신발을 넣었을까요?

답 ______________________

개념 4 도형의 배열에서 규칙을 찾아 식으로 나타내 볼까요

■ 계단 모양의 배열에서 규칙 찾기

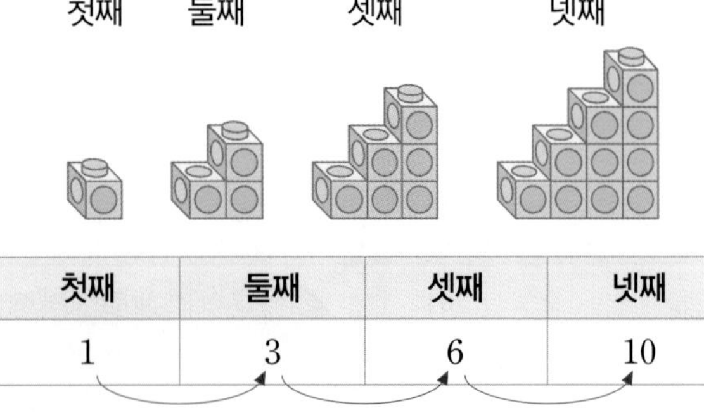

첫째	둘째	셋째	넷째
1	3	6	10

+2 +3 +4

- 모형의 수가 1개에서 시작하여 2개, 3개, 4개, ...씩 늘어나는 규칙입니다.
- 다섯째 모양에서 모형의 수는 10+5=15(개)입니다.
- 오른쪽에 이전 모양보다 한 칸 더 높게 연결하는 규칙입니다.

- 계단 모양의 배열에서 모형 수를 덧셈식으로 나타내기

첫째	1
둘째	1+2
셋째	1+2+3
넷째	1+2+3+4

다섯째 모양에서 모형의 수는 1+2+3+4+5=15(개) 입니다.

■ 사각형 모양의 배열에서 규칙 찾기

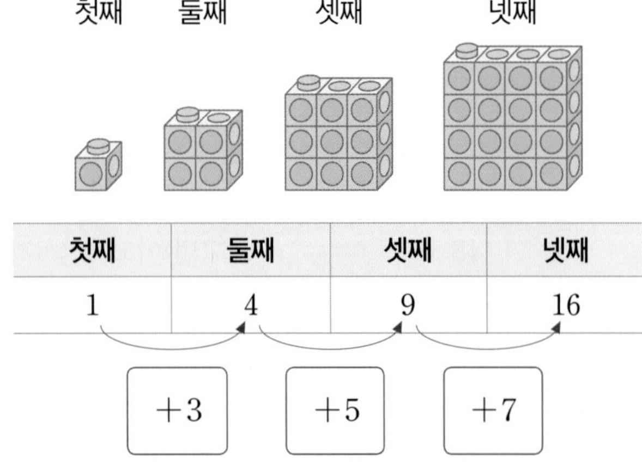

첫째	둘째	셋째	넷째
1	4	9	16

+3 +5 +7

- 모형의 수가 1개에서 시작하여 3개, 5개, 7개, ...씩 늘어나는 규칙입니다.
- 다섯째 모양에서 모형의 수는 16+9=25(개)입니다.
- 가로와 세로가 각각 1개씩 늘어나는 규칙입니다.

- 사각형 모양의 배열에서 모형의 수를 곱셈식으로 나타내기

첫째	1×1
둘째	2×2
셋째	3×3
넷째	4×4

다섯째 모양에서 모형의 수는 5×5=25(개)입니다.

정답과 풀이 53쪽

문제를 풀며 이해해요

[01~03] 바둑돌의 배열에서 규칙을 찾아보세요.

도형의 배열에서 규칙을 찾을 수 있는지 묻는 문제예요.

첫째 둘째 셋째 넷째 다섯째

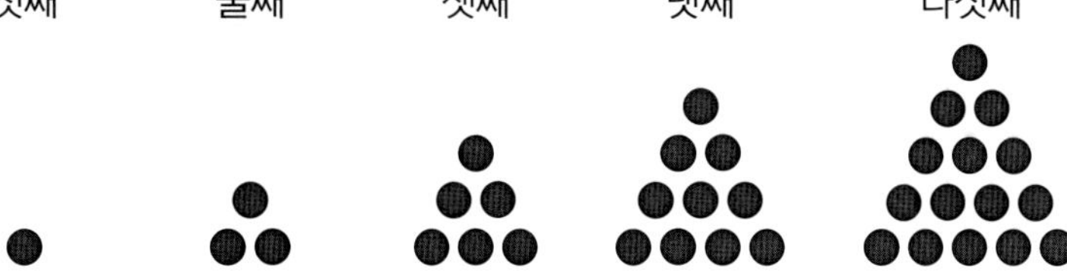

▸251006-0399

01 바둑돌의 수를 표로 정리했습니다. □ 안에 알맞은 수를 써넣으세요.

첫째	둘째	셋째	넷째	다섯째
1	3	6	10	15

$+2$ $+\square$ $+\square$ $+\square$

▸251006-0400

02 여섯째에 놓일 바둑돌은 몇 개일까요?

( )

다섯째의 바둑돌의 수에 얼마를 더하면 여섯째의 바둑돌의 수를 구할 수 있을지 생각해 보아요.

▸251006-0401

03 여섯째에 놓일 바둑돌의 수를 보기 와 같이 덧셈식으로 나타내 보세요.

삼각형 모양의 배열에서 위에서부터 바둑돌의 수를 한 줄씩 세어 더해 보아요.

보기

셋째에 놓인 바둑돌의 수 ➡ $1+2+3=6$
넷째에 놓인 바둑돌의 수 ➡ $1+2+3+4=10$

여섯째에 놓일 바둑돌의 수

➡ ______________________

교과서 문제 해결하기

[01~02] 모양의 배열을 보고 물음에 답하세요.

첫째 둘째 셋째 넷째

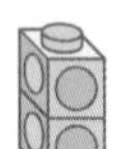

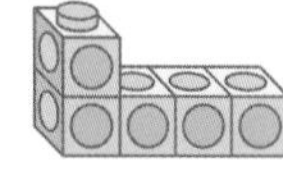

중요

▸251006-0402

01 모형의 수가 몇 개씩 늘어나고 있나요?

( )

▸251006-0403

02 일곱째 모양을 만들려면 몇 개의 모형이 필요할까요?

( )

[03~04] 도형의 배열을 보고 물음에 답하세요.

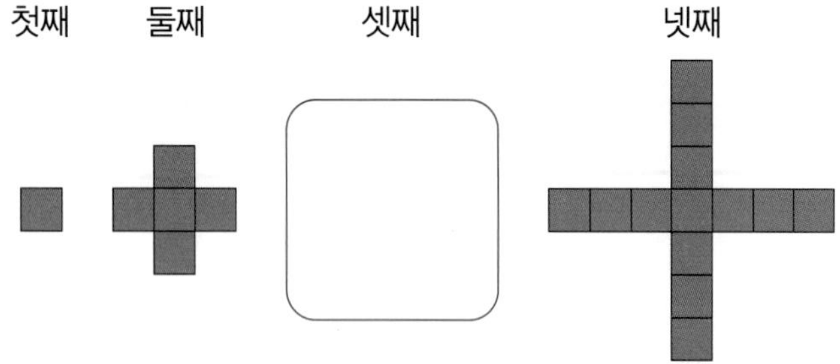

▸251006-0404

03 셋째에 알맞은 도형을 그려 보세요.

▸251006-0405

04 도형의 배열에서 규칙을 찾아 정사각형의 수를 식으로 나타냈습니다. 같은 방법으로 여섯째 도형의 정사각형의 수를 식으로 나타내 보세요.

순서	식
첫째	1
둘째	$1+4$
셋째	$1+4+4$
넷째	$1+4+4+4$

식 __________

[05~07] 도형의 배열을 보고 물음에 답하세요.

첫째 둘째 셋째 넷째

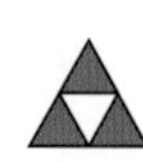

▸251006-0406

05 셋째와 넷째 도형의 삼각형 수를 덧셈식으로 나타냈습니다. □ 안에 알맞은 수를 써넣으세요.

	▲의 수	▽의 수
셋째	$1+2+3$	$1+$□
넷째	$1+2+3+$□	$1+$□$+3$

중요

▸251006-0407

06 다섯째 도형에서 ▲은 몇 개일까요?

( )

▸251006-0408

07 ▲의 수가 ▽의 수보다 8개 많을 때는 몇째 도형일까요? ( )

① 다섯째 ② 여섯째 ③ 일곱째
④ 여덟째 ⑤ 아홉째

[08~09] 모양의 배열을 보고 물음에 답하세요.

첫째 둘째 셋째 넷째

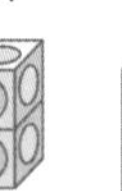
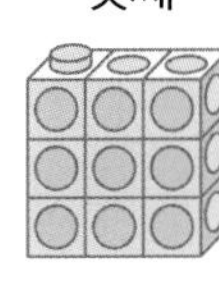
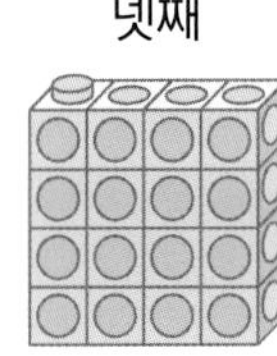

▸251006-0409

08 모형의 수를 다음과 같이 덧셈식으로 나타내 구해 보세요.

순서	덧셈식	모형의 수(개)
첫째	1	1
둘째	1+3	4
셋째	1+3+5	9
넷째		
다섯째		

▸251006-0410

09 모형의 수를 다음과 같이 곱셈식으로 나타내 구해 보세요.

순서	곱셈식	모형의 수(개)
첫째	1×1	1
둘째	2×2	4
셋째	3×3	9
넷째		
다섯째		

도전

▸251006-0411

10 바둑돌의 배열을 보고 일곱째 모양에서 ○가 놓일 위치를 찾아 기호를 써 보세요.

첫째 둘째 셋째 넷째

일곱째 ㉡ ●●●●●●●●●● ㉣ (㉠: 위, ㉢: 아래)

( )

도움말 ●과 ○이 놓인 규칙을 각각 생각해 봅니다.

▸251006-0412

11 규칙에 따라 쌓기나무를 쌓으려고 합니다. 쌓기나무 16개로 만들 수 있는 모양은 몇째 모양인지 구해 보세요.

첫째 둘째 셋째

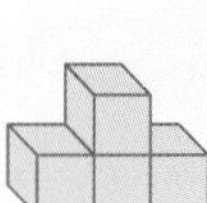
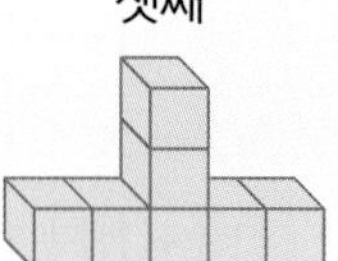

이해하기

구하려고 하는 것은 무엇인가요?

답 ______

계획 세우기

어떤 방법으로 문제를 해결하면 좋을까요?

답 ______

해결하기

□ 안에 알맞은 수를 써넣으세요.

- 쌓기나무의 수가 1개에서 시작하여 4개, 7개로 □개씩 늘어납니다.
- □씩 뛰어 세면 1, 4, 7, □, □, □, ...이므로 쌓기나무 16개로 만들 수 있는 모양은 □째 모양입니다.

되돌아보기

여덟째 모양을 만들기 위해 필요한 쌓기나무의 개수를 구해 보세요.

답 ______

개념 5 덧셈식과 뺄셈식에서 규칙을 찾아볼까요

■ 덧셈식에서 규칙 찾기

순서	덧셈식
첫째	11+12+13=36
둘째	12+13+14=39
셋째	13+14+15=42
넷째	14+15+16=45

• 더하는 3개의 수가 각각 1씩 커집니다.
• 계산 결과는 3씩 커집니다.
• 다섯째에 올 덧셈식
➡ 15+16+17=48

• 연속한 세 수를 더한 결과는 가운데 수를 3배 한 값과 같습니다.
11+12+13=12×3=36
12+13+14=13×3=39
• 다섯째에 올 덧셈식은 14, 15, 16보다 1씩 큰 수를 더하므로 15+16+17=48입니다.

■ 뺄셈식에서 규칙 찾기

순서	뺄셈식
첫째	490−20=470
둘째	480−30=450
셋째	470−40=430
넷째	460−50=410

• 빼지는 수는 10씩 작아집니다.
• 빼는 수는 10씩 커집니다.
• 계산 결과는 20씩 작아집니다.
• 다섯째에 올 뺄셈식
➡ 450−60=390

• 다섯째에 올 뺄셈식은 460보다 10 작은 수에서 50보다 10 큰 수를 뺀 것이므로 450−60=390입니다.

개념 6 곱셈식과 나눗셈식에서 규칙을 찾아볼까요

■ 곱셈식에서 규칙 찾기

순서	곱셈식
첫째	101×5=505
둘째	1001×5=5005
셋째	10001×5=50005
넷째	100001×5=500005

• 곱해지는 수와 계산 결과의 자리 수가 1개씩 늘어나고, 곱하는 수는 5로 같습니다.
• 곱해지는 수와 계산 결과에 0이 곱셈식의 순서만큼 있습니다.
• 다섯째에 올 곱셈식
➡ 1000001×5=5000005

• 다섯째에 올 곱셈식은 곱해지는 수가 1000001이고, 계산 결과가 5000005이므로 1000001×5=5000005입니다.

■ 나눗셈식에서 규칙 찾기

순서	나눗셈식
첫째	110÷11=10
둘째	220÷22=10
셋째	330÷33=10
넷째	440÷44=10

• 나누어지는 수가 110씩 커집니다.
• 나누는 수가 11씩 커집니다.
• 계산 결과는 10으로 같습니다.
• 다섯째에 올 나눗셈식
➡ 550÷55=10

• 다섯째에 올 나눗셈식은 나누어지는 수가 440+110=550이고, 나누는 수가 44+11=55이므로 550÷55=10입니다.

문제를 풀며 이해해요

[01~02] 뺄셈식을 보고 물음에 답하세요.

계산식을 보고 규칙을 찾을 수 있는지 묻는 문제예요.

순서	뺄셈식
첫째	$654-321=333$
둘째	$765-432=333$
셋째	$876-543=333$

▸251006-0413

01 뺄셈식의 규칙입니다. 알맞은 말에 ○표 하세요.

(더해지는 수 , 더하는 수 , 계산 결과)는 변하지 않습니다.

▸251006-0414

02 규칙에 따라 넷째 뺄셈식을 써 보세요.

빼지는 수와 빼는 수가 어떤 규칙으로 변하는지 살펴보아요.

뺄셈식 ____________________

[03~04] 곱셈식을 보고 물음에 답하세요.

순서	곱셈식
첫째	$11\times11=121$
둘째	$11\times111=1221$
셋째	$11\times1111=12221$

▸251006-0415

03 곱셈식의 규칙입니다. 알맞은 말에 ○표 하세요.

(곱해지는 수 , 곱하는 수 , 계산 결과)의 1이 한 개씩 늘어납니다.

▸251006-0416

04 규칙에 따라 넷째 곱셈식을 써 보세요.

곱해지는 수와 곱하는 수가 어떤 규칙으로 변하는지 살펴보아요.

곱셈식 ____________________

교과서 문제 해결하기

[01~03] 계산식을 보고 물음에 답하세요.

순서	덧셈식
첫째	570+110=680
둘째	470+310=780
셋째	370+510=880
넷째	270+710=980

순서	곱셈식
첫째	68×10=680
둘째	78×10=780
셋째	88×10=880
넷째	98×10=980

▸251006-0417

01 덧셈식과 곱셈식의 규칙을 설명한 것을 보고 옳은 것은 ○표, 틀린 것은 ×표 하세요.

(1) 덧셈식에서 더해지는 수는 100씩 작아집니다. (　　)

(2) 곱셈식에서 계산 결과는 10씩 커집니다. (　　)

(3) 여섯째 덧셈식과 여섯째 곱셈식의 계산 결과는 같습니다. (　　)

▸251006-0418

02 곱셈식에서 변하지 않고 일정한 것은 어느 것인가요? (　　)

① 더해지는 수　② 더하는 수
③ 곱해지는 수　④ 곱하는 수
⑤ 계산 결과

▸251006-0419

03 규칙에 따라 다섯째 계산식을 써 보세요.

	덧셈식
다섯째	

	곱셈식
다섯째	

[04~05] 곱셈식을 보고 물음에 답하세요.

순서	곱셈식
첫째	99×2=198
둘째	99×3=297
셋째	99×4=396
넷째	99×5=495

중요

▸251006-0420

04 규칙에 따라 일곱째 곱셈식을 써 보세요.

곱셈식 ____________________

▸251006-0421

05 규칙에 따라 계산했을 때 계산 결과로 나올 수 있는 수를 모두 찾아 ○표 하세요.

595　594　891　981

▸251006-0422

06 규칙에 따라 □ 안에 알맞은 식을 써넣으세요.

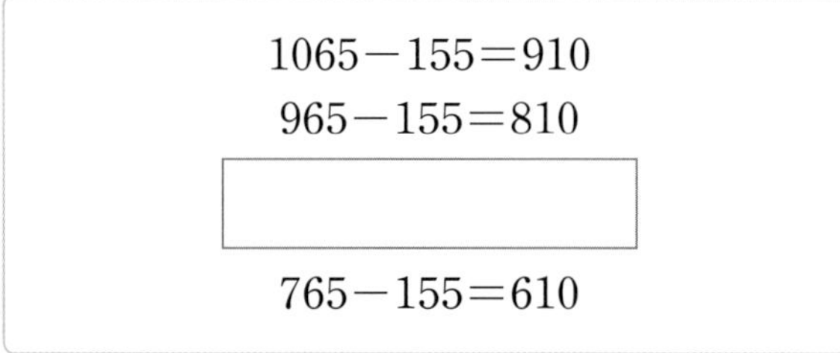
1065−155=910
965−155=810
□
765−155=610

▸251006-0423

07 06의 규칙에 따라 뺄셈식을 바르게 만든 사람을 찾아 이름을 써 보세요.

유이: 365−55=310

현후: 265−155=110

지수: 460−155=305

(　　　　　)

[08~10] 나눗셈식을 보고 물음에 답하세요.

순서	나눗셈식
첫째	$721 \div 7 = 103$
둘째	$7021 \div 7 = 1003$
셋째	$70021 \div 7 = 10003$
넷째	$700021 \div 7 = 100003$

▸ 251006-0424

08 규칙에 따라 다섯째 나눗셈식을 써 보세요.

계산식 ____________________

중요

▸ 251006-0425

09 규칙에 따라 계산 결과가 100000003이 되는 계산식은 몇째일까요? (　　)

① 여섯째　② 일곱째　③ 여덟째
④ 아홉째　⑤ 열째

도전

▸ 251006-0426

10 나눗셈식을 이용해 규칙적인 곱셈식을 만들려고 합니다. □ 안에 알맞은 수를 써넣으세요.

순서	곱셈식
첫째	$103 \times 7 = 721$
둘째	$\square \times 7 = 7021$
셋째	$\square \times \square = \square$

도움말 나눗셈의 몫에 나누는 수를 곱하면 나누어지는 수가 됩니다.

문제해결 접근하기

▸ 251006-0427

11 진수와 경민이는 규칙에 따라 덧셈식을 만들었습니다. 두 사람이 만든 식의 같은 순서의 계산 결과의 차가 10000일 때 두 사람이 만든 식을 각각 구해 보세요.

진수	경민
$21+12=33$	$21+2=23$
$321+123=444$	$321+23=344$
$4321+1234=5555$	$4321+234=4555$

이해하기

구하려고 하는 것은 무엇인가요?

답 ____________________

계획 세우기

어떤 방법으로 문제를 해결하면 좋을까요?

답 ____________________

해결하기

□ 안에 알맞은 수를 써넣으세요.

계산 결과의 차는 10, 100, □, …으로 늘어나므로 계산 결과가 10000일 때 진수가 만든 식은 $54321+\square=\square$, 경민이가 만든 식은 $54321+\square=\square$입니다.

되돌아보기

계산 결과의 차가 100000일 때 두 사람이 만든 식을 각각 구해 보세요.

답 ____________________

개념 7 규칙적인 계산식을 찾아볼까요

■ 달력에서 규칙적인 계산식 찾기

10월						
일	월	화	수	목	금	토
		1	2	3	4	5
6	7	8	9	10	11	12
13	14	15	16	17	18	19
20	21	22	23	24	25	26
27	28	29	30	31		

• ╳ 방향으로 엇갈리는 수에서 ↘ 방향의 수와 ↙ 방향의 수의 합은 같습니다.

➡ 14+22=15+21

3+11+19=5+11+17

• 가로, 세로, ↘ 방향, ↙ 방향으로 각각 연속된 세 수의 합은 가운데 수의 3배입니다.

➡ 3+11+19=11×3

• 가운데 수를 기준으로 위쪽과 아래쪽의 수를 더한 결과와 왼쪽과 오른쪽의 수를 더한 결과는 같습니다.

➡ 4+18=10+12

• 가운데 수를 기준으로 위쪽과 아래쪽 또는 왼쪽과 오른쪽의 수를 더한 결과는 가운데 수의 2배입니다.

➡ 4+18=11×2

6	7	8	9
13	14	15	16
20	21	22	23
27	28	29	30

달력에서 같은 세로줄에 놓인 수는 7로 나누었을 때 나머지가 같습니다.

8÷7=1 … 1

15÷7=2 … 1

같은 세로줄에 놓인 4개의 수로 덧셈식을 만들 수 있습니다.

8+29=15+22

■ 도형에서 규칙적인 계산식 찾기

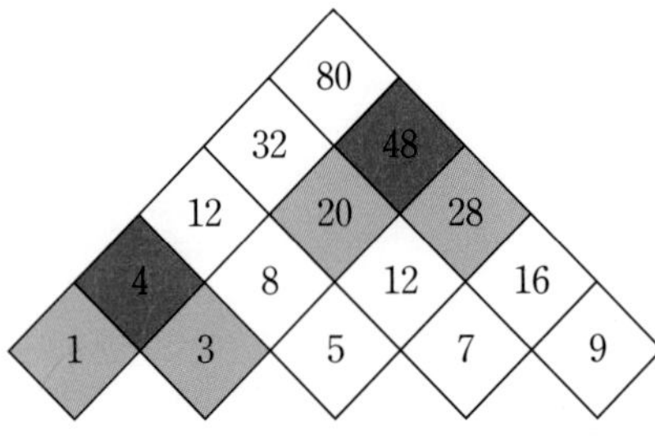

• 아래 두 수의 합은 두 수 사이에 있는 위의 수와 같습니다.

➡ 1+3=4, 20+28=48

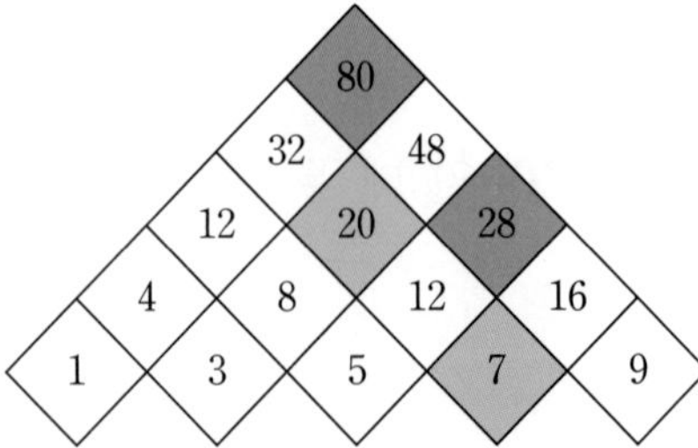

• 위에 있는 수는 아래에 있는 수의 4배입니다.

➡ 7×4=28, 20×4=80

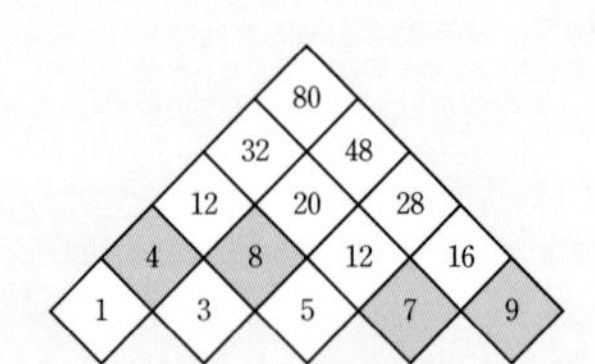

왼쪽에 있는 수와 오른쪽에 있는 수 사이에는 일정한 규칙을 찾을 수 없습니다.

8−4=4, 9−7=2

문제를 풀며 이해해요

[01~04] 수 배열표를 보고 □ 안에 알맞은 수를 써넣으세요.

21	22	23	24	25	26
33	34	35	36	37	38
45	46	47	48	49	50
57	58	59	60	61	62

수 배열표를 보고 규칙적인 계산식을 찾을 수 있는지 묻는 문제예요.

▸ 251006-0428

01 → 방향의 규칙을 이용해 계산식을 만들어 보세요.

$21+\square=22$

$\square+1=34$

→ 방향으로 몇씩 커지는지 알아보아요.

▸ 251006-0429

02 ↓ 방향의 규칙을 이용해 계산식을 만들어 보세요.

$21+\square=33$

$\square+12=48$

↓ 방향으로 몇씩 커지는지 알아보아요.

▸ 251006-0430

03 ╳ 방향의 규칙을 이용해 계산식을 만들어 보세요.

$21+34=22+33$

$23+36=24+\square$

$25+\square=26+\square$

↘ 방향의 수와 ↙ 방향의 수의 합을 구해 보아요.

▸ 251006-0431

04 색칠한 칸의 수를 이용해 보기와 같은 규칙이 있는 계산식을 만들어 보세요.

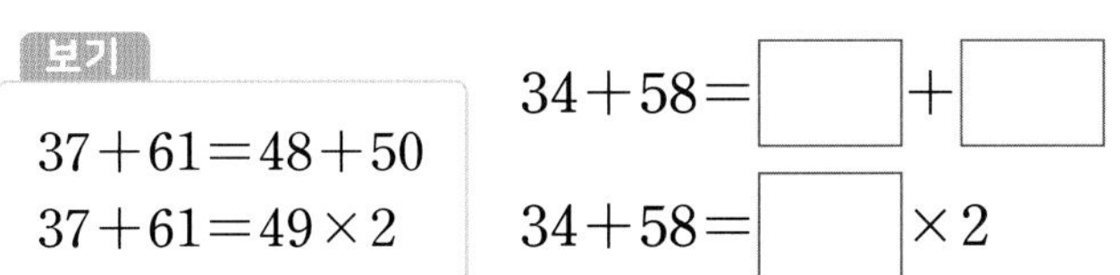

보기

$37+61=48+50$

$37+61=49\times2$

$34+58=\square+\square$

$34+58=\square\times2$

가운데 수를 기준으로 위쪽과 아래쪽 또는 왼쪽과 오른쪽의 수의 합을 구해 보아요.

교과서 문제 해결하기

[01~04] 건물의 호수를 보고 물음에 답하세요.

701호	702호
601호	602호
501호	502호
401호	402호
301호	302호
201호	202호
101호	102호

중요

▸ 251006-0432

01 건물의 호수에서 규칙을 찾아 □ 안에 알맞은 수를 써넣으세요.

> 가운데 수를 기준으로 위쪽과 아래쪽의 수를 더한 결과는 가운데 수의 □배입니다.

▸ 251006-0433

02 01에서 찾은 규칙을 이용해 계산식을 만들어 보세요.

$401+601=$ □

▸ 251006-0434

03 건물의 호수를 보고 찾은 계산식입니다. 옳은 것은 ○표, 틀린 것은 ×표 하세요.

(1) $501-401=302-202$ (　　　)

(2) $202-201=702-602$ (　　　)

(3) $601+501=602+502$ (　　　)

▸ 251006-0435

04 규칙에 따라 □ 안에 알맞은 수를 써넣으세요.

$101+202=102+201$

$201+302=$ □ $+301$

$301+$ □ $=302+$ □

[05~07] 도형에 적힌 수를 보고 물음에 답하세요.

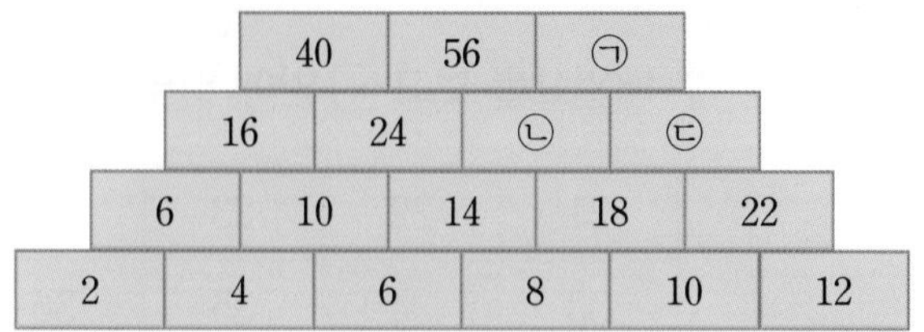

▸ 251006-0436

05 규칙에 따라 빈칸에 알맞은 식을 써넣으세요.

$6-4=2$

$10-6=4$

□

$18-10=8$

도전

▸ 251006-0437

06 ㉠, ㉡, ㉢을 이용해 계산식을 바르게 만든 것을 찾아 기호를 써 보세요.

> 가: ㉠＋㉡＝㉢
> 나: ㉢－㉡＝㉠
> 다: ㉠－㉡＝㉢

(　　　　　　　　　　　　)

도움말 아래의 두 수와 위의 수 사이의 규칙을 찾아봅니다.

▸ 251006-0438

07 □ 안에 공통으로 들어갈 수를 써 보세요.

> 18×□＝㉠
> 8×□＝㉡
> 10×□＝㉢

(　　　　　　　　　　　　)

[08~10] 달력을 보고 물음에 답하세요.

8월						
일	월	화	수	목	금	토
				1	2	3
4	5	6	7	8	9	10
11	12	13	14	15	16	17
18	19	20	21	22	23	24
25	26	27	28	29	30	31

중요

▸ 251006-0439

08 달력에서 찾은 규칙을 바르게 말한 사람을 찾아 이름을 써 보세요.

선영: 위에 있는 수에 2를 곱하면 아래에 있는 수가 돼.
재훈: 오른쪽에 있는 수에서 1을 빼면 왼쪽에 있는 수가 돼.

( )

▸ 251006-0440

09 계산 결과가 같은 두 계산식을 찾아 기호를 써 보세요.

㉠ 8+16+24　　㉡ 9+16+17
㉢ 2+9+16　　㉣ 16×3

( )

▸ 251006-0441

10 3보다 큰 수 중 7로 나누었을 때 나머지가 3인 수를 달력에서 모두 찾아 써 보세요.

( )

문제해결 접근하기

▸ 251006-0442

11 수 배열표에서 다음 규칙을 만족하는 계산식을 몇 개까지 만들 수 있는지 구해 보세요.

╳ 방향으로 엇갈리는 수에서 ╱ 방향의 두 수와 ╲ 방향의 두 수의 합은 같습니다.

2	10	18	26
4	12	20	28
6	14	22	30
8	16	24	32

이해하기

구하려고 하는 것은 무엇인가요?

답

계획 세우기

어떤 방법으로 문제를 해결하면 좋을까요?

답

해결하기

생각한 방법으로 문제를 해결해 보세요.

답

되돌아보기

수 배열표에서 다음 규칙을 만족하는 계산식을 몇 개까지 만들 수 있는지 구해 보세요.

가운데 수를 기준으로 위쪽과 아래쪽의 수를 더한 결과와 왼쪽과 오른쪽의 수를 더한 결과는 같습니다.

답

단원평가로 완성하기

▸ 251006-0443

01 저울이 수평을 이루도록 □ 안에 알맞은 수를 써넣으세요.

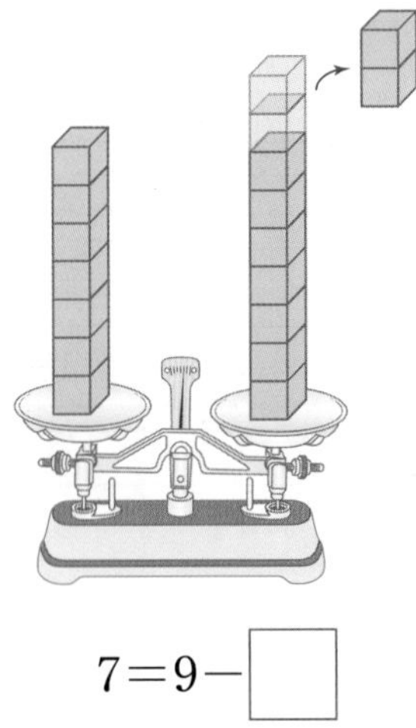

$7=9-\square$

▸ 251006-0444

02 크기를 비교하여 ○ 안에 >, =, <를 알맞게 써넣으세요.

(1) $5+3$ ○ 2×4

(2) $100\div4$ ○ $30-5$

▸ 251006-0445

03 보기 의 수를 모두 사용하여 식을 만들어 보세요.

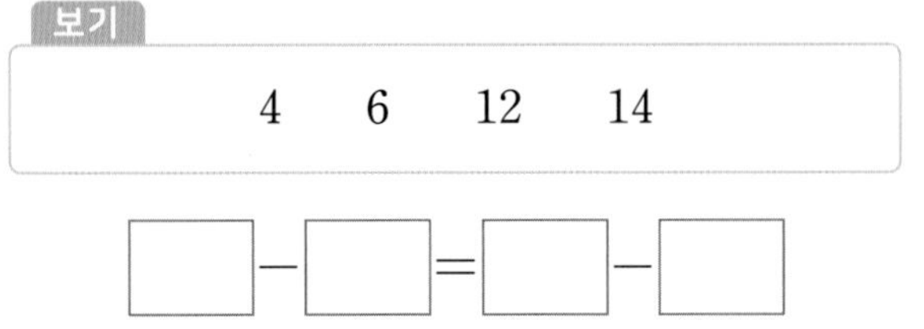

$\square-\square=\square-\square$

▸ 251006-0446

04 크기가 같은 양을 서로 다른 방법으로 나타냈습니다. □ 안에 알맞은 수를 써넣으세요.

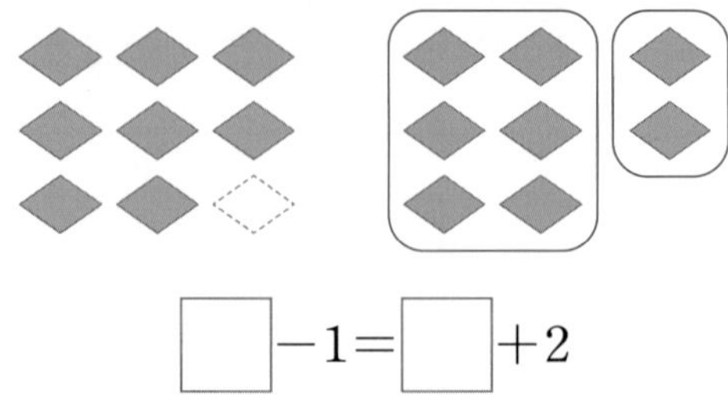

$\square-1=\square+2$

[05~07] 수 배열표를 보고 물음에 답하세요.

480	482	484	486	488
582	584	586	588	◎
684	686	688	690	692
786	788	790	792	794
888	890	●	894	896

중요

▸ 251006-0447

05 규칙을 바르게 설명한 것은 어느 것인가요?

( )

① → 방향으로 2씩 작아집니다.
② ← 방향으로 2씩 커집니다.
③ ↖ 방향으로 100씩 작아집니다.
④ ↑ 방향으로 100씩 작아집니다.
⑤ ↗ 방향으로 100씩 작아집니다.

▸ 251006-0448

06 색칠한 칸의 수는 480부터 시작하여 얼마씩 커지고 있나요?

( )

▸ 251006-0449

07 규칙에 따라 ◎와 ●에 알맞은 수를 구해 보세요.

◎ ( )

● ( )

▸ 251006-0450

08 규칙에 따라 빈칸에 알맞은 수를 써넣으세요.

25	5	30	6	35	7		8

[09~10] 모양의 배열을 보고 물음에 답하세요.

첫째 둘째 셋째 넷째

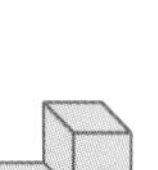
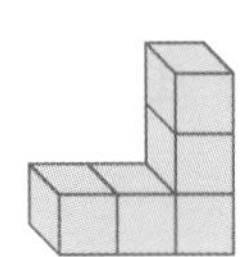

중요

▸ 251006-0451

09 모양의 배열에서 규칙을 설명하려고 합니다. 알맞은 말을 찾아 모두 ○표 하세요.

쌓기나무의 수는 1개에서 시작하여 (위쪽 , 왼쪽 , 오른쪽 , 앞쪽)으로 1개씩 늘어납니다.

▸ 251006-0452

10 여섯째 모양을 만들려면 몇 개의 쌓기나무가 필요할까요?

( )

[11~12] 도형의 배열을 보고 물음에 답하세요.

첫째 둘째 셋째

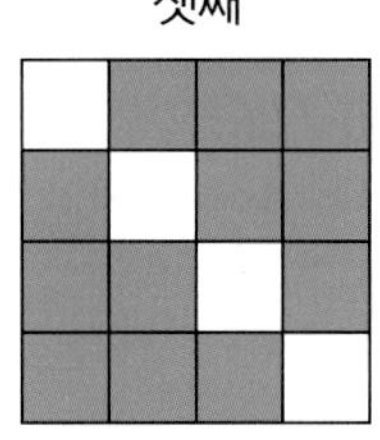

▸ 251006-0453

11 빈칸에 알맞은 수를 써넣으세요.

	첫째	둘째	셋째	넷째
■의 수	2	6	12	
□의 수	2	3	4	

▸ 251006-0454

12 여섯째 도형에서 ■의 수와 □의 수의 합과 차를 구해 보세요.

합 ( )
차 ( )

[13~15] 계산식을 보고 물음에 답하세요.

가	나	다
250+30=280 260+40=300 270+50=320 280+60=340	120+140=260 140+150=290 160+160=320 180+170=350	30+100=130 140+100=240 250+100=350 360+100=460

▸251006-0455

13 유이가 설명하는 규칙에 맞는 계산식을 찾아 기호를 써 보세요.

더해지는 수와 더하는 수가 각각 10씩 커지면 계산 결과는 20씩 커져.

( )

도전

▸251006-0456

14 가와 나의 규칙에 따라 계산식을 이어서 썼을 때 가와 나에서 공통으로 나올 수 있는 계산 결과를 보기 에서 찾으면 모두 몇 개일까요?

보기

380 400 420 440

( )

▸251006-0457

15 다에서 다음에 올 계산식을 써 보세요.

계산식 ____________________

▸251006-0458

16 곱셈식의 규칙에 따라 빈칸에 알맞은 식을 써넣으세요.

순서	곱셈식
첫째	1×9=9
둘째	11×99=1089
셋째	111×999=110889
넷째	
다섯째	11111×99999=1111088889

서술형

▸251006-0459

17 나눗셈식의 규칙에 따라 빈칸에 알맞은 식을 구하는 풀이 과정을 쓰고 답을 구하세요.

순서	나눗셈식
첫째	714÷7=102
둘째	7014÷7=1002
셋째	70014÷7=10002
넷째	
다섯째	7000014÷7=1000002

풀이

(1) 나누어지는 수는 714에서 시작하여 (　　　)와/과 (　　　) 사이에 0이 1개씩 늘어납니다.

(2) 계산 결과는 102에서 시작하여 1과 2 사이에 (　　　)이/가 1개씩 늘어납니다.

(3) 따라서 빈칸에 알맞은 식은 (　　　)÷(　　　)=(　　　)입니다.

답 ______________________

▸251006-0460

18 수 배열표에서 규칙적인 계산식을 찾아 □ 안에 알맞은 수를 써넣으세요.

105	205	305	405	505
104	204	304	404	504
103	203	303	403	503
102	202	302	402	502
101	201	301	401	501

104+304=205+203

103+303=□+202

□+302=203+□

[19~20] 달력을 보고 물음에 답하세요.

4월						
일	월	화	수	목	금	토
	1	2	3	4	5	6
7	8	9	10	11	12	13
14	15	16	17	18	19	20
21	22	23	24	25	26	27
28	29	30				

▸251006-0461

19 달력에서 찾은 규칙입니다. 옳은 것은 ○표, 틀린 것은 ×표 하세요.

(1) ↘ 방향으로 8씩 커집니다. (　　　)

(2) ↙ 방향으로 7씩 커집니다. (　　　)

(3) ↑ 방향으로 6씩 작아집니다. (　　　)

▸251006-0462

20 □ 안에 공통으로 들어갈 수를 구해 보세요.

17+18+19=18×□
25+26+27=26×□
8+15+22=15×□

(　　　　　　)

수학으로 세상보기

삼각형 모양과 수

볼링핀이 왼쪽 그림과 같이 놓여 있어요. 어떤 도형이 떠오르나요? 볼링핀은 모두 몇 개인가요? 이렇게 수와 도형을 연결 지어 생각하려는 시도는 몇천 년 전부터 시작되었어요. 그럼, 가장 간단한 삼각형 모양과 수를 연결 지어 볼까요?

1 점을 삼각형 모양으로 배열했어요!

점의 배열을 보고 규칙을 찾아볼까요? 1개에서 시작하여 아래로 2개, 3개, 4개, ...씩 늘어나고 있어요. 이처럼 정삼각형 모양을 만드는 데 사용된 점의 수를 '삼각수'라고 한답니다. 삼각수를 다양한 식으로 나타낼 수 있어요.

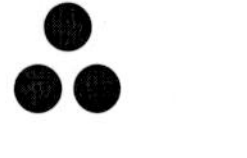

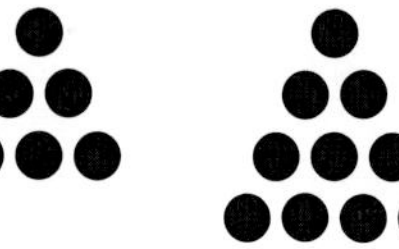

2 삼각수를 식으로 나타내요!

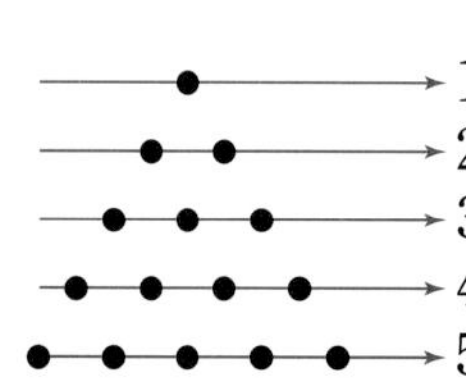

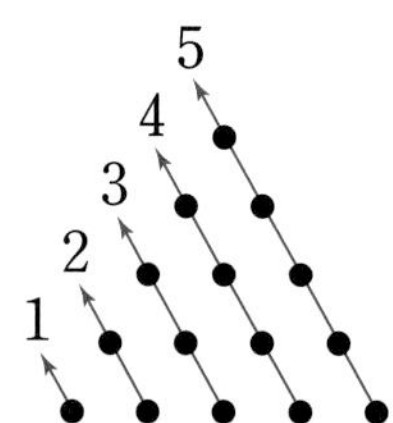

위와 같이 같은 줄에 놓인 점의 수를 세어 보면 삼각수를 연속된 자연수의 합으로 나타낼 수 있음을 알 수 있어요.

	첫째	둘째	셋째	넷째	다섯째
계산식	1	1+2	1+2+3	1+2+3+4	1+2+3+4+5
삼각수	1	3	6	10	15

삼각수 두 개를 붙이면 다음과 같이 사각형 모양이 되는데 이를 이용해 삼각수를 구할 수도 있어요.

넷째 삼각수 두 개	다섯째 삼각수 두 개
5개씩 4줄 ➡ $5\times4=20$ 넷째 삼각수 ➡ $20\div2=10$	6개씩 5줄 ➡ $6\times5=30$ 다섯째 삼각수 ➡ $30\div2=15$

BOOK 1

개념책

BOOK 1 개념책으로 **학습 개념**을
확실하게 공부했나요?

BOOK 2

실전책

BOOK 2 실전책에는 **요점 정리**가
있어서 **공부한 내용을 복습**할 수 있어요!
단원평가가 들어 있어
내 실력을 확인해 볼 수 있답니다.

EBS

인터넷·모바일·TV
무료 강의 제공

초 | 등 | 부 | 터 EBS

만점왕

수학 4-1

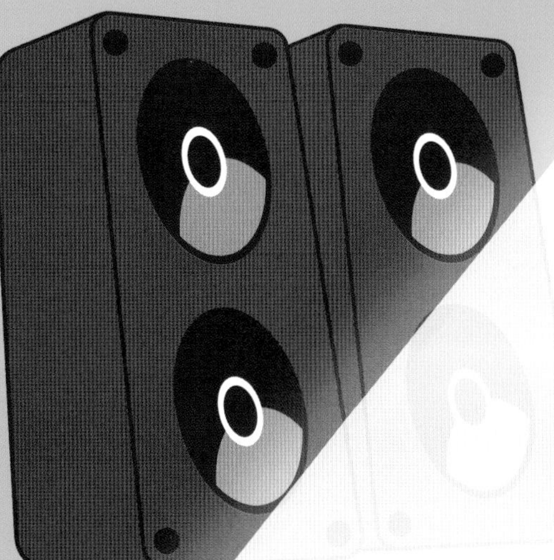

BOOK 2

실전책

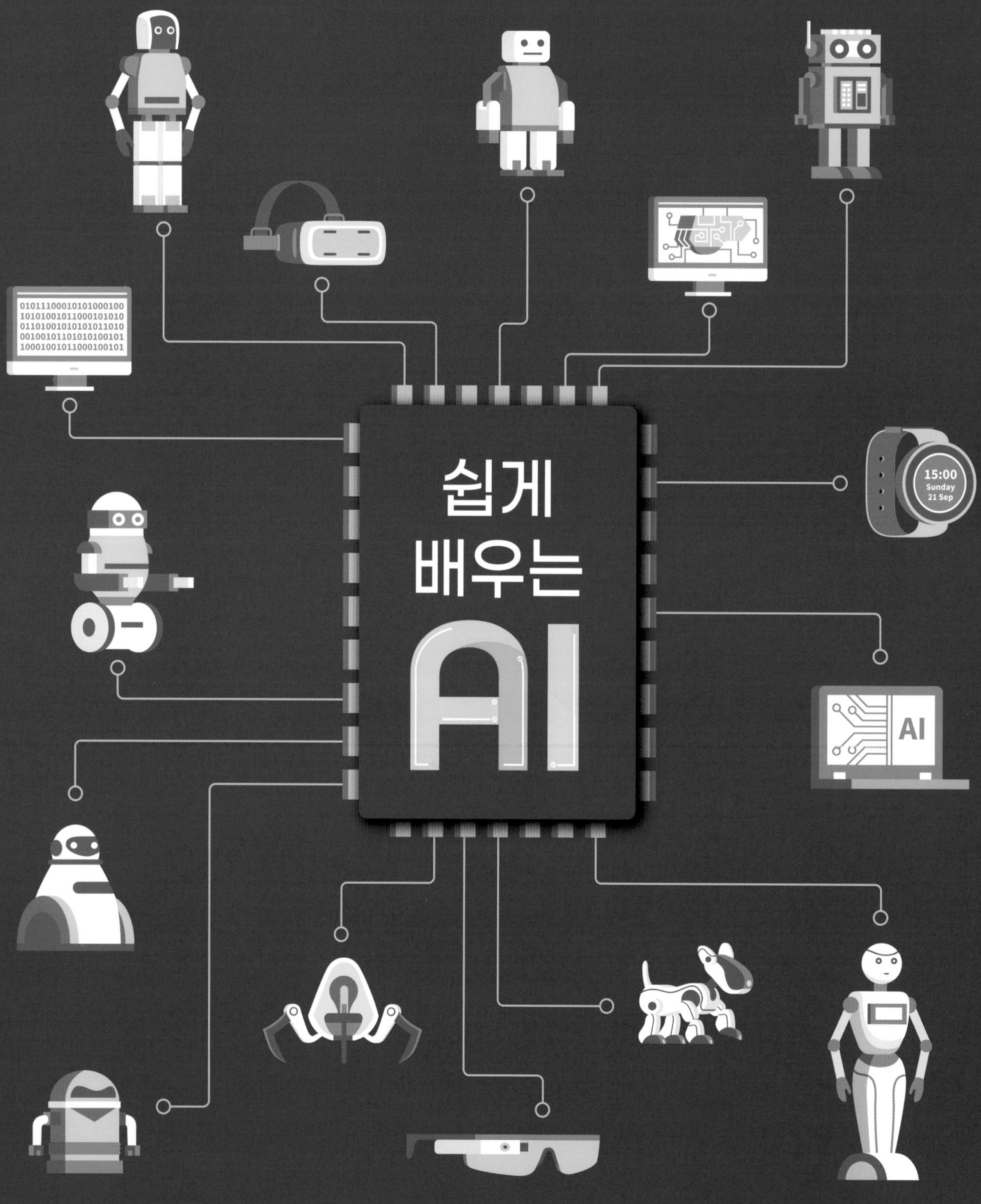
쉽게
배우는
AI
15:00
Sunday
21 Sep
AI

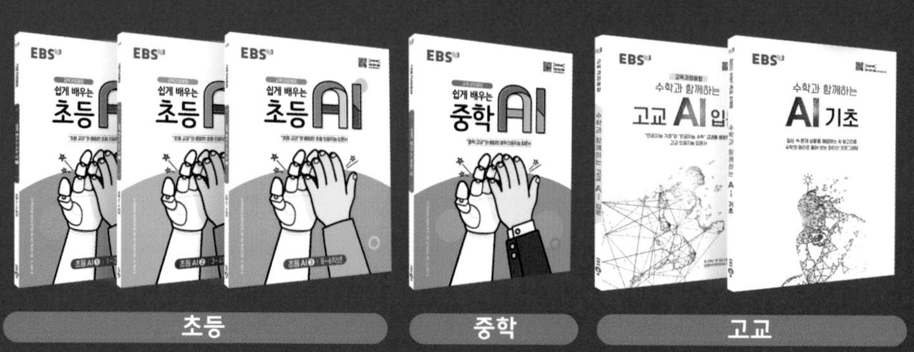
EBS
쉽게 배우는
초등 AI
쉽게 배우는
중학 AI
수학과 함께하는
고교 AI 입
수학과 함께하는
AI 기초
초등
중학
고교

수학 4-1

넌 할 수 있어!

자기주도 활용 방법

시험 2주 전 공부

핵심을 복습하기

시험이 2주 남았네요. 이럴 땐 먼저 핵심을 복습해 보면 좋아요.
만점왕 북2 실전책을 펴 보면
각 단원별로 핵심 정리와 쪽지 시험이 있습니다.
정리된 핵심을 읽고 쪽지 시험을 풀어 보세요.
문제가 어렵게 느껴지거나 자신 없는 부분이 있다면
북1 개념책을 찾아서 다시 읽어 보는 것도 도움이 돼요.

시험 1주 전 공부

시간을 정해 두고 연습하기

앗, 이제 시험이 일주일 밖에 남지 않았네요.
시험 직전에는 실제 시험처럼 시간을 정해 두고 문제를 푸는 연습을 하는 게 좋아요.
그러면 시험을 볼 때에 떨리는 마음이 줄어드니까요.
이때에는 **만점왕 북2의 학교 시험 만점왕**을 풀어 보면 돼요.
시험 시간에 맞게 풀어 본 후 맞힌 개수를 세어 보면
자신의 실력을 알아볼 수 있답니다.

이 책의 차례

BOOK 2 실전책

■ 만 알아보기

1000이 10개인 수를 10000 또는 1만이라 쓰고, 만 또는 일만이라고 읽습니다.

■ 다섯 자리 수 알아보기

• 53287은 10000이 5개, 1000이 3개, 100이 2개, 10이 8개, 1이 7개인 수입니다.

만의 자리	천의 자리	백의 자리	십의 자리	일의 자리
5	3	2	8	7

⬇

5	0	0	0	0
	3	0	0	0
		2	0	0
			8	0
				7

53287＝50000＋3000＋200＋80＋7

53287은 오만 삼천이백팔십칠이라고 읽습니다.

■ 십만, 백만, 천만 알아보기

수	쓰기	읽기	0의 개수
10000이 10개인 수	100000 또는 10만	십만	5개
10000이 100개인 수	1000000 또는 100만	백만	6개
10000이 1000개인 수	10000000 또는 1000만	천만	7개

10000이 4329개이면 43290000 또는 4329만이라고 쓰고, 사천삼백이십구만이라고 읽습니다.

10000이 4329개인 수 ➡

천만	백만	십만	만	천	백	십	일
4	3	2	9	0	0	0	0

■ 억과 조 알아보기

수	쓰기	읽기	0의 개수
1000만이 10개인 수	100000000 또는 1억	일억	8개
1000억이 10개인 수	1000000000000 또는 1조	일조	12개

1억이 8756개이면 875600000000 또는 8756억이라고 쓰고, 팔천칠백오십육억이라고 읽습니다.

1억이 8756개인 수

⬇

천억	백억	십억	억	천만	백만	십만	만	천	백	십	일
8	7	5	6	0	0	0	0	0	0	0	0

1조가 531개이면 531000000000000 또는 531조라고 쓰고, 오백삼십일조라고 읽습니다.

1조가 531개인 수

⬇

천조	백조	십조	조	천억	백억	십억	억	천만	백만	십만	만	천	백	십	일
	5	3	1	0	0	0	0	0	0	0	0	0	0	0	0

■ 뛰어 세기

• 10만씩 뛰어 세기

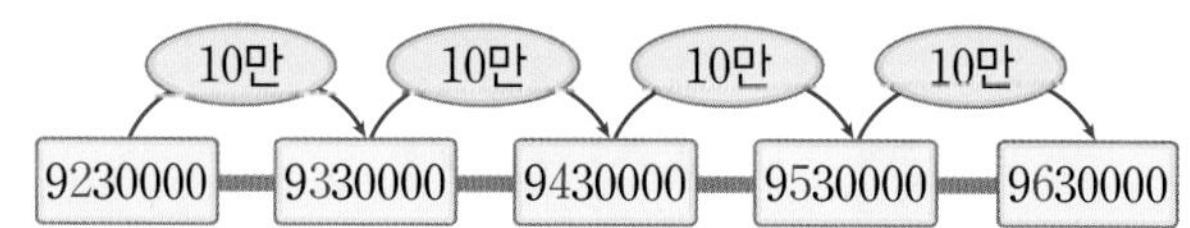

➡ 10만씩 뛰어 세면 십만의 자리 숫자가 1씩 커집니다.

• 10조씩 뛰어 세기

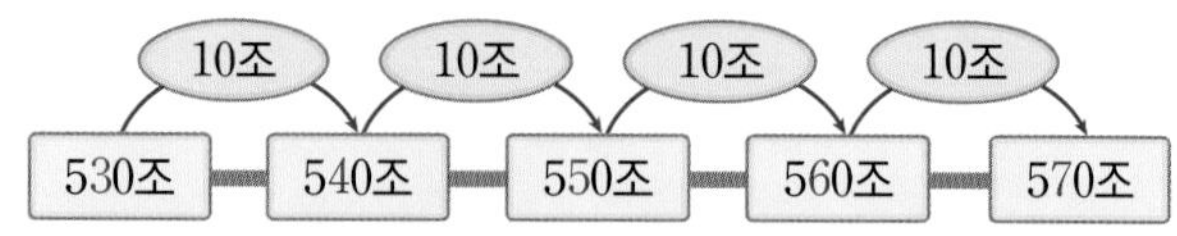

➡ 10조씩 뛰어 세면 십조의 자리 숫자가 1씩 커집니다.

■ 수의 크기 비교하기

자리 수가 다르면 자리 수가 많은 수가 더 큽니다.

48270000＜593010000
(여덟 자리 수) (아홉 자리 수)

자리 수가 같으면 높은 자리의 숫자가 더 큰 수가 더 큽니다.

589000000＜593010000

쪽지 시험

정답과 풀이 58쪽

▸ 251006-0463

01 10000만큼 색칠해 보세요.

5000	4000	3000	2000	1000

▸ 251006-0464

02 빈칸에 알맞은 수나 말을 써넣으세요.

쓰기	읽기
62070	
	오만 구백
460008	

▸ 251006-0465

03 7891000에서 숫자 8이 얼마를 나타내는지 쓰고 읽어 보세요.

쓰기 ______________

읽기 ______________

▸ 251006-0466

04 1조는 1억의 몇 배인가요? (　　　)

① 10배　　② 100배
③ 1000배　　④ 10000배
⑤ 100000배

▸ 251006-0467

05 다음 수를 쓰고 읽어 보세요.

10000이 87개, 1이 6500개인 수

쓰기 ______________

읽기 ______________

▸ 251006-0468

06 억을 나타내는 것을 찾아 기호를 써 보세요.

㉠ 1000만이 10개인 수
㉡ 10000이 1000개인 수
㉢ 1000만이 100개인 수

(　　　　　　　　)

▸ 251006-0469

07 □ 안에 알맞은 수를 써넣으세요.

438700000000에서 십억의 자리 숫자는 □입니다.

▸ 251006-0470

08 다음 수를 표에 나타내려고 합니다. 빈칸에 알맞은 숫자를 써넣으세요.

5000000000＋6000000＋3000

천억	백억	십억	억	천만	백만	십만	만	천	백	십	일

▸ 251006-0471

09 몇씩 뛰어 세었나요?

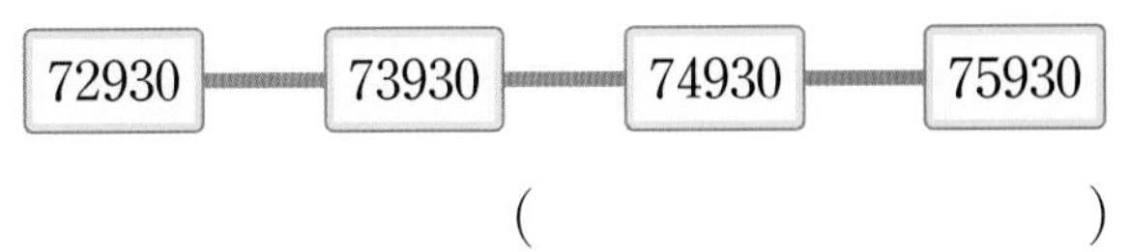

(　　　　　　　　)

▸ 251006-0472

10 가장 큰 수에 ○표, 가장 작은 수에 △표 하세요.

10000이 4300개인 수	45000000	3900만
(　　　)	(　　　)	(　　　)

학교 시험 만점왕 1회

1. 큰 수

▸251006-0473

01 규칙에 따라 빈칸에 알맞은 수를 써넣으세요.

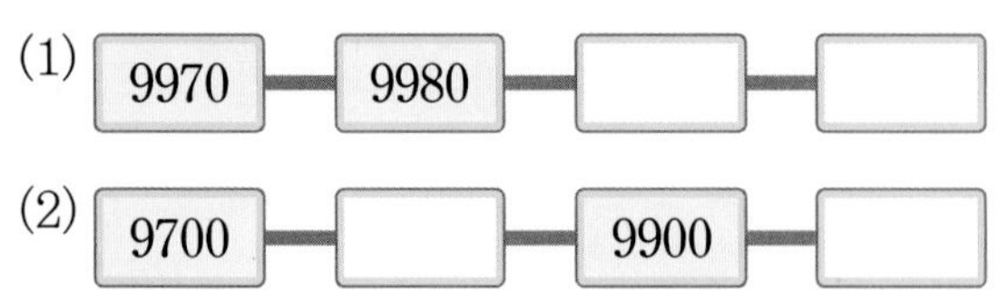

서술형

▸251006-0474

02 우영이는 은행에서 천 원짜리 지폐 50장을 모두 만 원짜리 지폐로 바꾸려고 합니다. 만 원짜리 지폐 몇 장으로 바꿀 수 있는지 풀이 과정을 쓰고 답을 구해 보세요.

풀이

답

▸251006-0475

03 선희가 설명하는 수를 쓰고 읽어 보세요.

> 선희: 만의 자리 숫자는 6, 백의 자리 숫자는 3, 나머지 자리 숫자는 1인 다섯 자리 수야.

쓰기

읽기

▸251006-0476

04 58901의 각 자리의 숫자와 각 자리의 숫자가 나타내는 값을 써넣으세요.

만의 자리	천의 자리	백의 자리	십의 자리	일의 자리
5	8		0	
	8000		0	1

▸251006-0477

05 다음 중 0이 6개인 수는 어느 것인가요? (   )

① 만　② 십만

③ 백만　④ 천만

⑤ 억

▸251006-0478

06 700만보다 작은 수를 찾아 기호를 써 보세요.

㉠ 68000000
㉡ 7030000
㉢ 6950000

(   )

▸251006-0479

07 삼백칠십팔만을 보기 와 같이 표로 나타내고 십만의 자리 숫자를 써 보세요.

보기

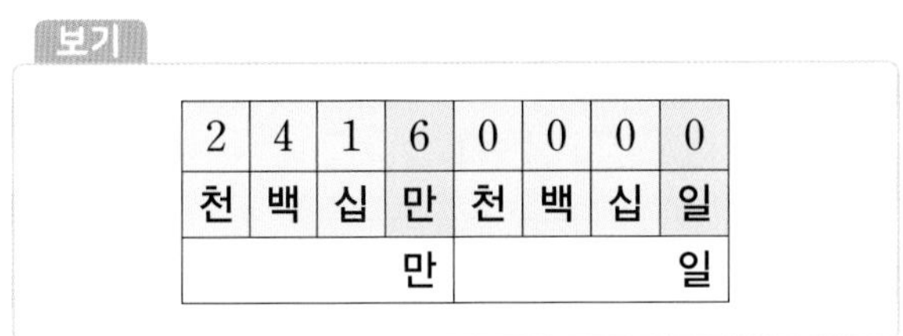

2	4	1	6	0	0	0	0
천	백	십	만	천	백	십	일
			만				일

천	백	십	만	천	백	십	일
			만				일

(　　　　　　　　　　)

▸251006-0480

08 다음 중 백만의 자리 숫자가 가장 큰 수는 어느 것인가요? (　　)

① 80716432　　② 9982154
③ 31496178　　④ 26180193
⑤ 8893675

▸251006-0481

09 □ 안에 알맞은 수를 써넣으세요.

(1) □보다 1000만만큼 더 큰 수는 1억입니다.

(2) 9900억보다 □만큼 더 큰 수는 1조입니다.

▸251006-0482

10 수를 읽어 보세요.

(1) 9300030000 ➡ (　　　　　　　　)

(2) 24520000000 ➡ (　　　　　　　　)

▸251006-0483

11 5조 6422억을 수로 나타낸 것은 어느 것인가요? (　　)

① 564220000
② 5642200000
③ 56422000000
④ 564220000000
⑤ 5642200000000

▸251006-0484

12 조건 을 만족하도록 빈칸에 알맞은 수를 써넣으세요.

조건

➡은 왼쪽 수를 10배 한 수를 오른쪽에 적습니다.
⬇은 위쪽 수를 100배 한 수를 아래쪽에 적습니다.

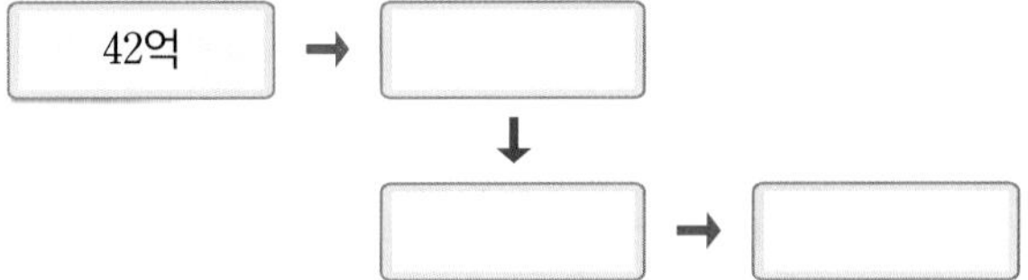

▸251006-0485

13 밑줄 친 숫자 3이 나타내는 값을 써 보세요.

(1) 703920000

➡ (　　　　　　　　)

(2) 3148000000

➡ (　　　　　　　　)

▸251006-0486

14 □ 안에 알맞은 수를 써넣으세요.

349200890000은 100억이 □개, 1억이 92개, □이/가 89개인 수입니다.

[15~16] 수 배열표를 보고 물음에 답하세요.

	3490000		
4390000	4490000		4690000
		★	
	6490000		

▸ 251006-0487

15 → 방향과 ↓ 방향으로 몇씩 뛰어 세었는지 □ 안에 알맞은 수를 써넣으세요.

→ 방향으로 □ 씩 뛰어 세었고,

↓ 방향으로 □ 씩 뛰어 세었습니다.

서술형

▸ 251006-0488

16 ★에 알맞은 수를 구하는 풀이 과정을 쓰고 답을 구해 보세요.

풀이

답

▸ 251006-0489

17 530조 6700억에서 10조씩 5번 뛰어 센 수는 얼마일까요?

(　　　　　　　　)

▸ 251006-0490

18 두 수를 표에 나타내고 크기를 비교하여 ○ 안에 >, =, <를 알맞게 써넣으세요.

45290230

➡

천억	백억	십억	억	천만	백만	십만	만	천	백	십	일

5820019

➡

천억	백억	십억	억	천만	백만	십만	만	천	백	십	일

45290230 ○ 5820019

▸ 251006-0491

19 작은 수부터 순서대로 기호를 써 보세요.

㉠ 89만
㉡ 6787000
㉢ 만이 90개인 수

(　　　　　　　　)

▸ 251006-0492

20 어느 지역의 미술관과 박물관에 1년 동안 방문한 사람 수를 조사했습니다. 더 많은 사람이 방문한 곳은 어느 곳인가요?

(　　　　　　　　)

정답과 풀이 60쪽

1. 큰 수

▸ 251006-0493

01 고무줄이 한 통에 1000개씩 10통 있습니다. 고무줄은 모두 몇 개일까요?

( )

▸ 251006-0494

02 50000원만큼 묶어 보세요.

▸ 251006-0495

03 바르게 말한 사람을 찾아 이름을 써 보세요.

철우: 29301에서 숫자 2는 20000을 나타내.
수진: 39122에서 숫자 3은 3000을 나타내.

( )

▸ 251006-0496

04 같은 값끼리 선으로 이어 보세요.

40000+200 •	• 20400
40000+2000 •	• 40200
20000+400 •	• 42000

▸ 251006-0497

05 □ 안에 공통으로 들어갈 수를 써 보세요.

- □보다 1000만큼 더 큰 수는 1만입니다.
- □만보다 1000만만큼 더 큰 수는 1억입니다.
- □억보다 1000억만큼 더 큰 수는 1조입니다.

( )

▸ 251006-0498

06 조건을 모두 만족하는 수를 찾아 ○표 하세요.

조건
- 일곱 자리 수입니다.
- 만의 자리 숫자는 3입니다.
- 천의 자리 숫자는 5000을 나타냅니다.

73039000	4307900
5035700	6932500

▸ 251006-0499

07 수로 나타낼 때 1의 개수가 가장 적은 것을 찾아 기호를 써 보세요.

㉠ 천백십만 오천십
㉡ 십일만 천삼백
㉢ 천삼백십만

( )

▸251006-0500

08 숫자 7이 칠백만을 나타내는 수는 어느 것인가요? (　　　)

① 78000930
② 705602203
③ 147253000
④ 2751000
⑤ 72290

▸251006-0501

09 다음 수를 표에 나타내려고 합니다. 빈칸에 알맞은 숫자를 써넣고 수를 읽어 보세요.

억이 2개, 만이 90개, 1이 500개인 수

천	백	십	일	천	백	십	일	천	백	십	일
			억				만				일

(　　　　　　　　　)

▸251006-0502

10 다음 수를 쓰거나 읽어 보세요.

쓰기	읽기
590300000	
	팔백구십억 삼천만
9817000000	

▸251006-0503

11 사백오억 천을 수로 바르게 나타낸 것은 어느 것인가요? (　　　)

① 45001000
② 405001000
③ 4050001000
④ 40500001000
⑤ 405000010000

▸251006-0504

12 밑줄 친 숫자 3이 나타내는 수를 써 보세요.

3498억	8032조	13조 450억
⬇	⬇	⬇

▸251006-0505

13 다음을 수로 나타낼 때 숫자 0은 모두 몇 개인지 구해 보세요.

억이 300개, 만이 20개, 일이 5000개인 수

(　　　　　　　　　)

▸251006-0506

14 뛰어 센 규칙을 찾아 빈칸에 알맞은 수를 써넣으세요.

554520	654520	754520		954520

▸251006-0507

15 5340000에서 10000씩 5번 뛰어 세면 어떤 수가 되는지 답을 구해 보세요.

(　　　　　　　　　)

▸ 251006-0508

16 □ 안에 알맞은 수를 써넣으세요.

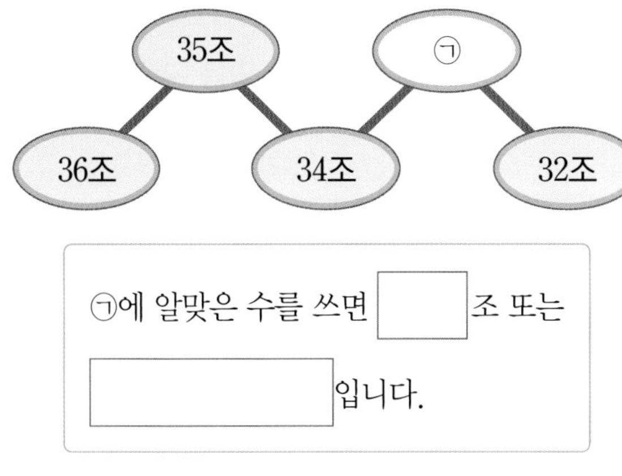

㉠에 알맞은 수를 쓰면 □조 또는 □입니다.

▸ 251006-0509

17 100억씩 거꾸로 세어 보세요.

5989000000000 — □ — □

서술형

▸ 251006-0510

18 가장 작은 수를 찾아 수로 쓰면 얼마인지 풀이 과정을 쓰고 답을 구해 보세요.

오백팔십육만	오백팔만	육백만 사백

풀이

답

서술형

▸ 251006-0511

19 수 카드를 한 번씩만 사용하여 만들 수 있는 가장 작은 일곱 자리 수를 구하려고 합니다. 풀이 과정을 쓰고 답을 구해 보세요.

6 8 1 3 4 0 5

풀이

답

▸ 251006-0512

20 작년에 판매된 노트북 수량을 보고 물음에 답하세요.

A 노트북	B 노트북	C 노트북
34만 5000대	5만 700대	382900대

(1) 노트북 판매 수량은 각각 몇 자리 수인가요?

A 노트북 (　　　　)

B 노트북 (　　　　)

C 노트북 (　　　　)

(2) 가장 많이 판매된 노트북은 어느 것인가요?

(　　　　)

1단원 서술형·논술형 평가

▸ 251006-0513

01 ▲와 △의 합을 구하는 풀이 과정을 쓰고 답을 구해 보세요.

> • 7000보다 ▲만큼 더 큰 수는 10000입니다.
> • 9700보다 △만큼 더 큰 수는 10000입니다.

풀이

답

▸ 251006-0514

02 기쁨 초등학교에서 열린 바자회에서 모인 돈은 10000원짜리 지폐 16장, 1000원짜리 지폐 7장, 100원짜리 동전 9개입니다. 모두 얼마인지 풀이 과정을 쓰고 답을 구해 보세요.

풀이

답

▸ 251006-0515

03 십만의 자리 숫자가 다른 수를 말한 사람은 누구인지 풀이 과정을 쓰고 답을 구해 보세요.

풀이

답

▸ 251006-0516

04 1부터 5까지의 숫자를 한 번씩 사용하여 만들 수 있는 수 중에서 만의 자리 숫자가 2인 가장 큰 수를 구하는 풀이 과정을 쓰고 답을 구해 보세요.

풀이

답

▸ 251006-0517

05 다음 수를 컴퓨터에 입력하려면 0을 모두 몇 번 눌러야 하는지 풀이 과정을 쓰고 답을 구해 보세요.

> 1억이 210개, 만이 840개인 수

풀이

답

▸251006-0518

06 다음 중 억의 자리 숫자가 8인 수를 찾아 기호를 쓰려고 합니다. 풀이 과정을 쓰고 답을 구해 보세요.

㉠	㉡	㉢
8780억	3918000000	12808123800

풀이

답

▸251006-0519

07 원 모양의 연못의 지름을 약 만 이천칠백 m입니다. 이 연못의 지름은 약 몇 cm인지 풀이 과정을 쓰고 답을 구해 보세요.

풀이

답 약

▸251006-0520

08 4억 6000만에서 1000만씩 몇 번 뛰어 세면 5억이 되는지 풀이 과정을 쓰고 답을 구해 보세요.

풀이

답

▸251006-0521

09 더 큰 수를 쓴 사람은 누구인지 풀이 과정을 쓰고 답을 구해 보세요.

풀이

답

▸251006-0522

10 2024년 2월부터 4월까지 전국 출생아 수를 나타낸 표입니다. 가장 많은 아이가 태어난 달은 언제인지 풀이 과정을 쓰고 답을 구해 보세요.

달	2024년 2월	2024년 3월	2024년 4월
전국 출생아 수(명)	19362	19669	19049

(출처: kosis.kr)

풀이

답

■ 각의 크기 비교하기

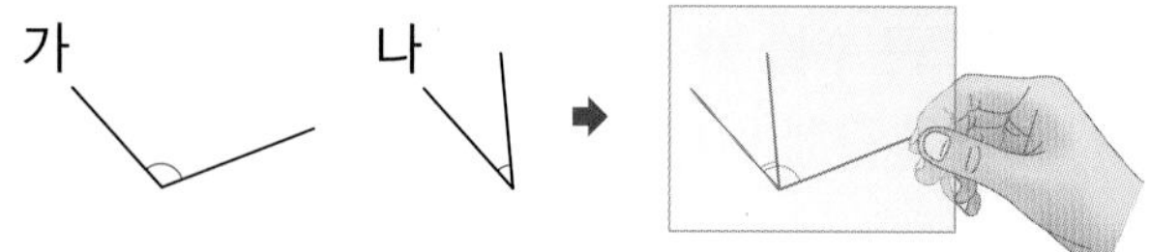

➡ 두 각을 겹쳐서 각의 크기를 비교해 보면 더 큰 각은 가입니다.

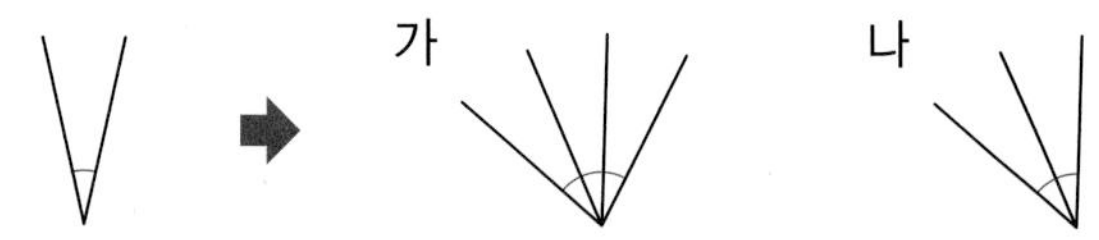

➡ 왼쪽 각이 가에는 3번, 나에는 2번 들어가므로 더 큰 각은 가입니다.

■ 각의 크기 재어 보기

각의 크기: 각도 (90°) 직각의 크기: 90°

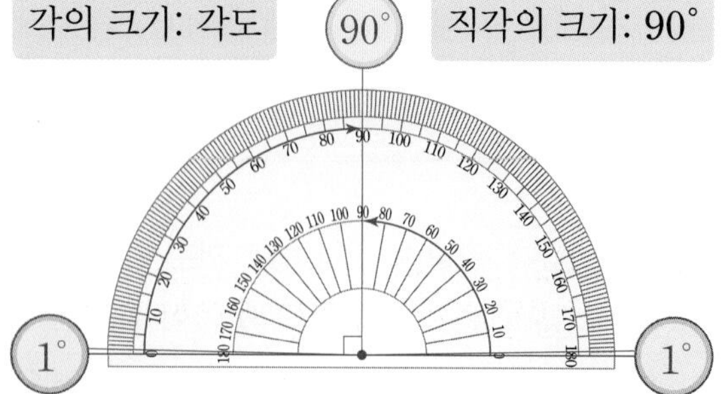

➡ 직각의 크기를 똑같이 90으로 나눈 것 중의 하나를 1도라 하고, 1°라고 씁니다.

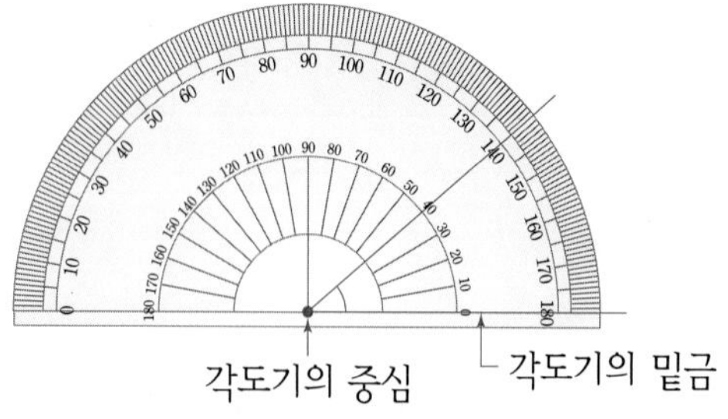

➡ 각도기를 이용하여 각의 크기를 잴 때에는 각도기의 중심을 각의 꼭짓점에 맞추고 각도기의 밑금을 각의 한 변에 맞춥니다. 0부터 시작하여 각의 다른 한 변이 만난 부분에 있는 각도기의 눈금을 읽어 보면 각도는 40°입니다.

■ 예각과 둔각 알아보기

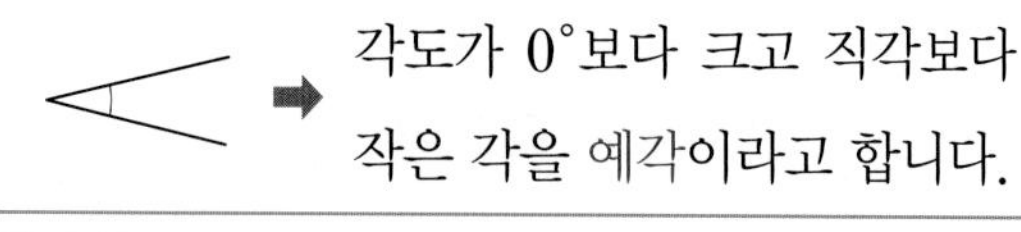
➡ 각도가 0°보다 크고 직각보다 작은 각을 예각이라고 합니다.

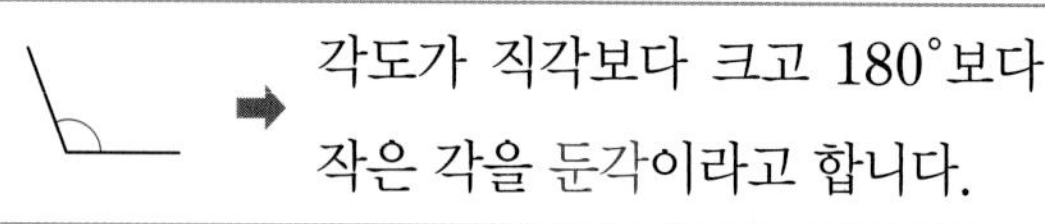
➡ 각도가 직각보다 크고 180°보다 작은 각을 둔각이라고 합니다.

■ 각도 어림하기

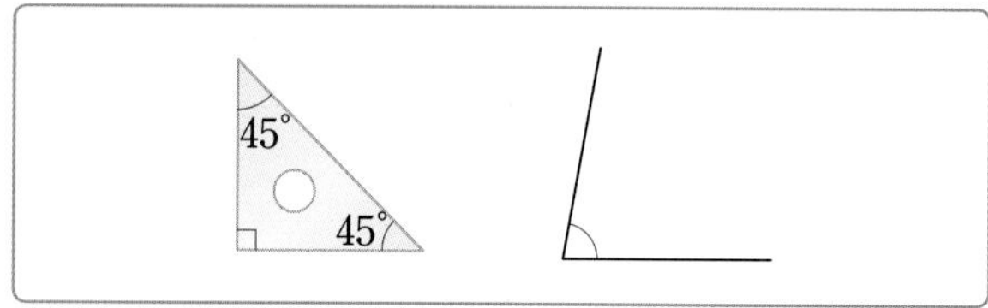

➡ 삼각자의 90°보다 조금 작은 각이므로 각도를 어림하면 약 80°입니다.

■ 각도의 합과 차 구하기

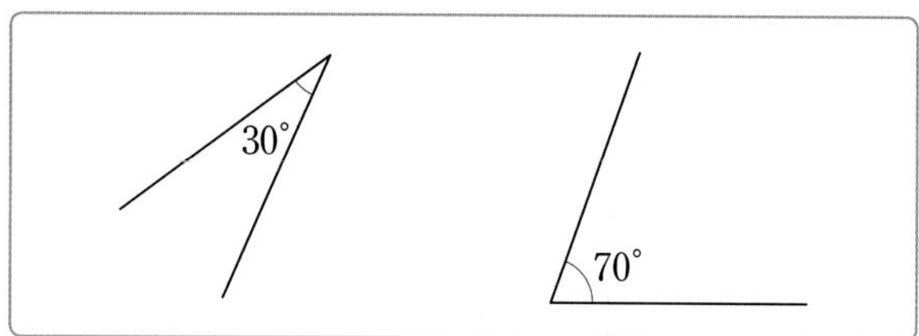

➡ 30+70=100이므로 30°+70°=100°입니다.

➡ 70−30=40이므로 70°−30°=40°입니다.

■ 삼각형의 세 각의 크기의 합 알아보기

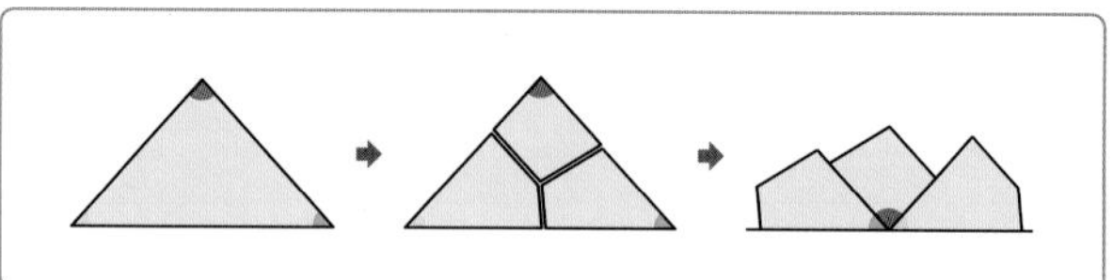

➡ 삼각형의 세 각의 크기의 합은 180°입니다.

■ 사각형의 네 각의 크기의 합 알아보기

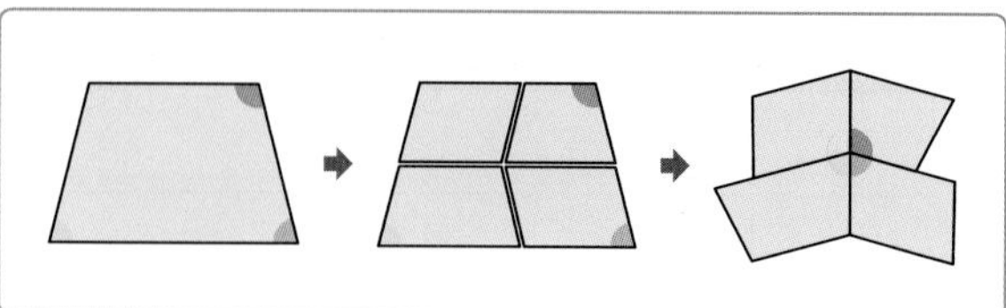

➡ 사각형의 네 각의 크기의 합은 360°입니다.

쪽지 시험

정답과 풀이 64쪽

▸ 251006-0523

01 각의 크기가 더 작은 각에 ○표 하세요.

( ) ( )

▸ 251006-0524

02 □ 안에 알맞은 수를 써넣으세요.

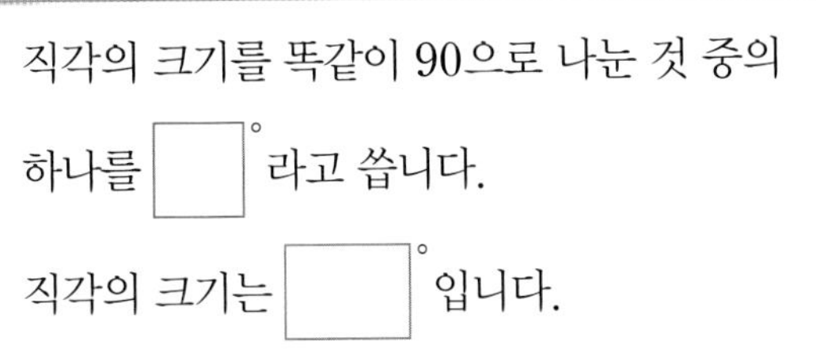

직각의 크기를 똑같이 90으로 나눈 것 중의 하나를 □° 라고 씁니다.

직각의 크기는 □° 입니다.

▸ 251006-0525

03 각도를 바르게 잰 것에 ○표 하세요.

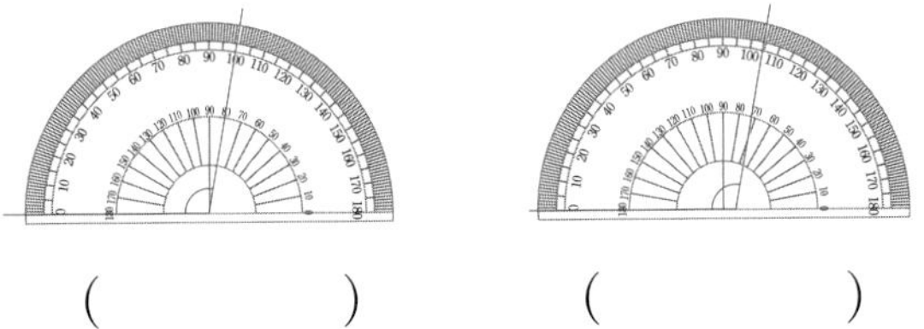

( ) ( )

▸ 251006-0526

04 각도기를 이용하여 각도를 재어 보세요.

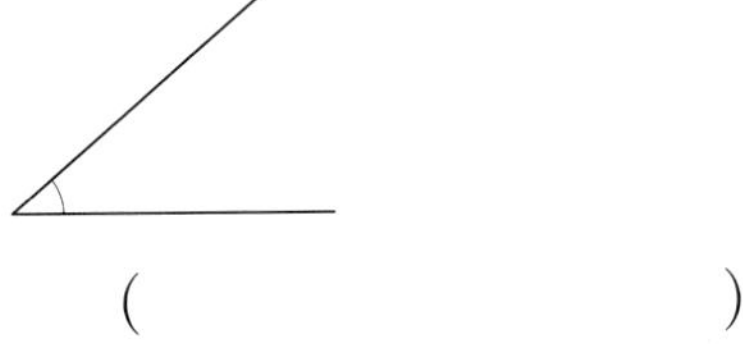

( )

▸ 251006-0527

05 □ 안에 알맞은 말을 써넣으세요.

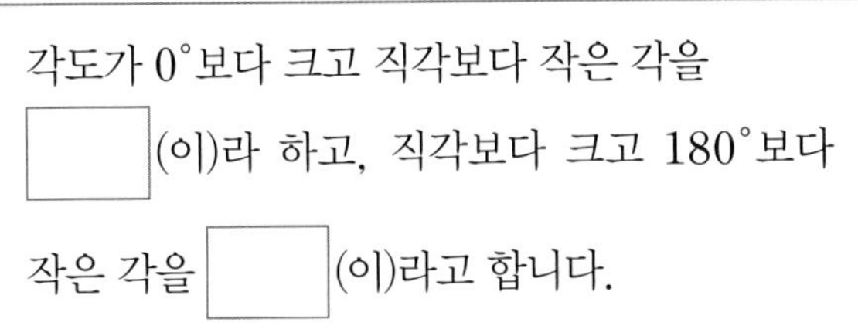

각도가 0°보다 크고 직각보다 작은 각을 □(이)라 하고, 직각보다 크고 180°보다 작은 각을 □(이)라고 합니다.

▸ 251006-0528

06 예각에 ○표, 둔각에 △표 하세요.

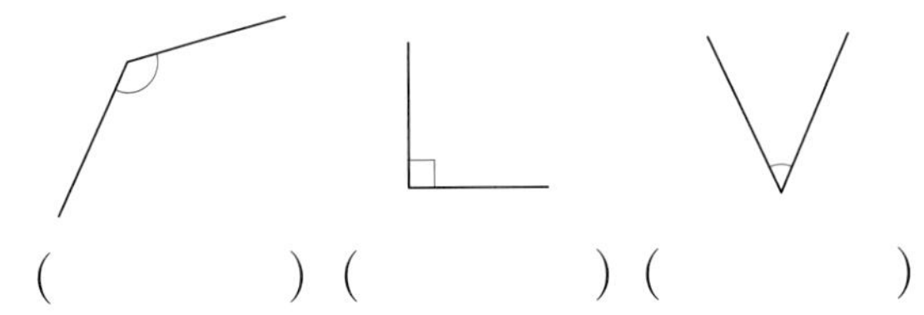

( ) ( ) ( )

▸ 251006-0529

07 각도를 어림하고, 각도기로 재어 보세요.

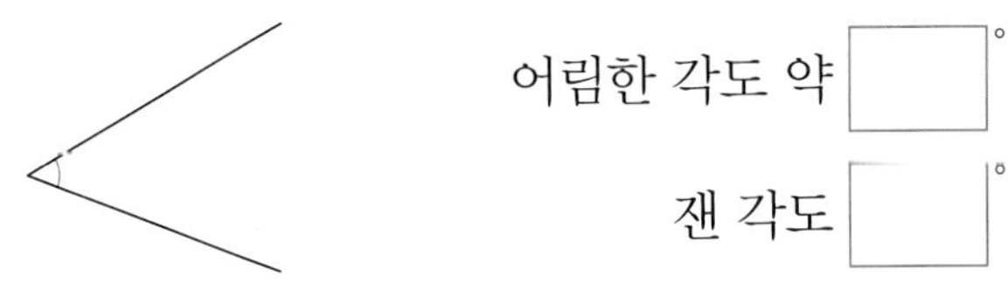

어림한 각도 약 □°

잰 각도 □°

▸ 251006-0530

08 두 각도의 합과 차를 구해 보세요.

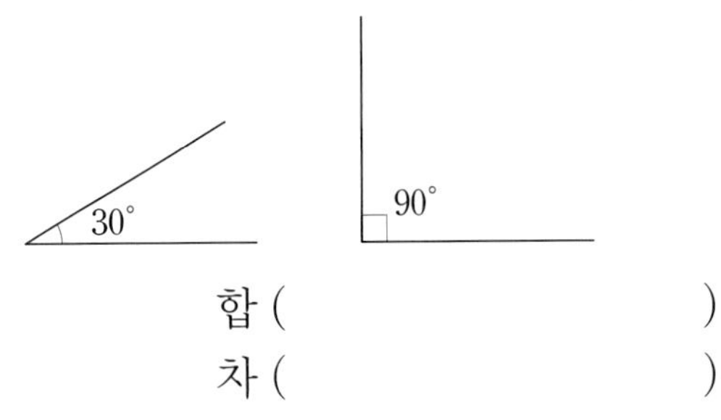

합 ( )

차 ( )

▸ 251006-0531

09 삼각형의 세 각의 크기의 합을 구하려고 합니다. □ 안에 알맞은 수를 써넣으세요.

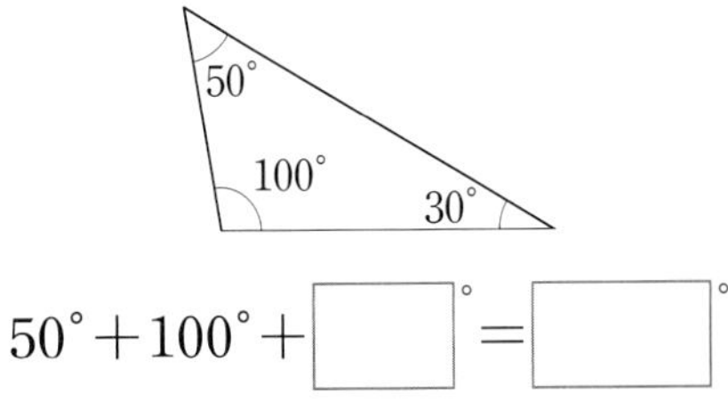

$50° + 100° + □° = □°$

▸ 251006-0532

10 사각형의 네 각의 크기의 합을 구하려고 합니다. □ 안에 알맞은 수를 써넣으세요.

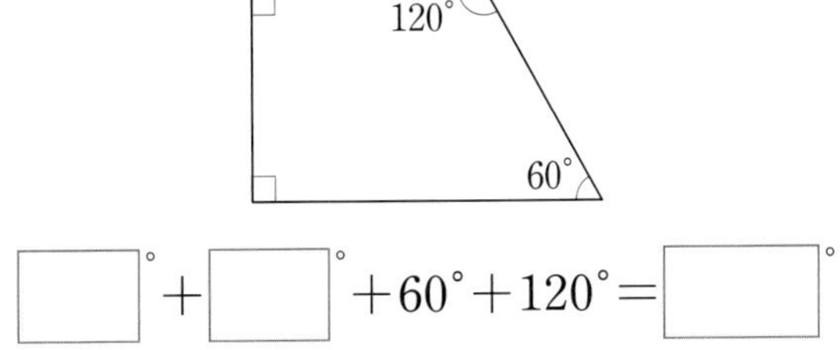

$□° + □° + 60° + 120° = □°$

▸251006-0533

01 가장 큰 각에 ○표, 가장 작은 각에 △표 하세요.

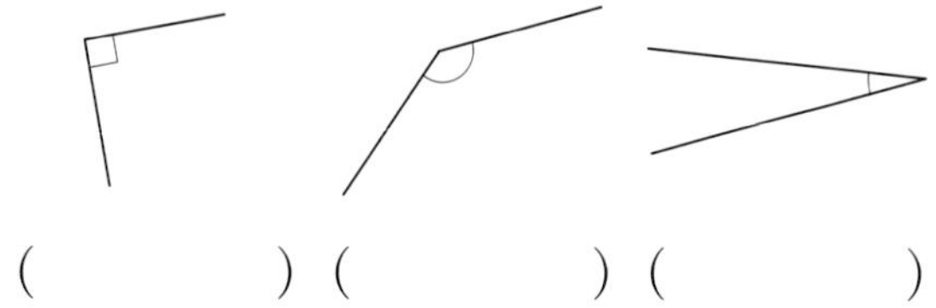

(　　　) (　　　) (　　　)

▸251006-0534

02 보기 의 각보다 더 큰 각을 모두 찾아 기호를 써 보세요.

보기

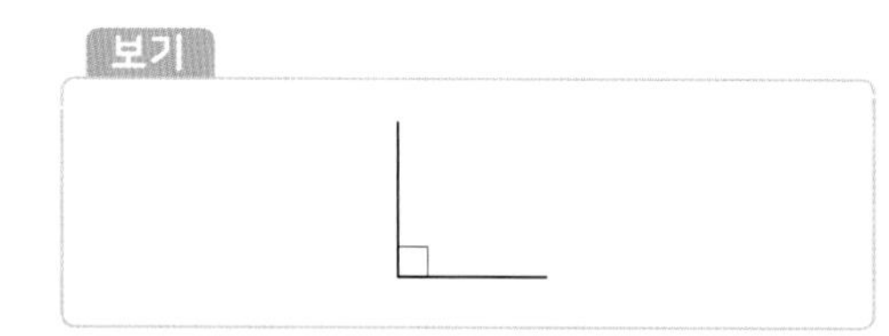

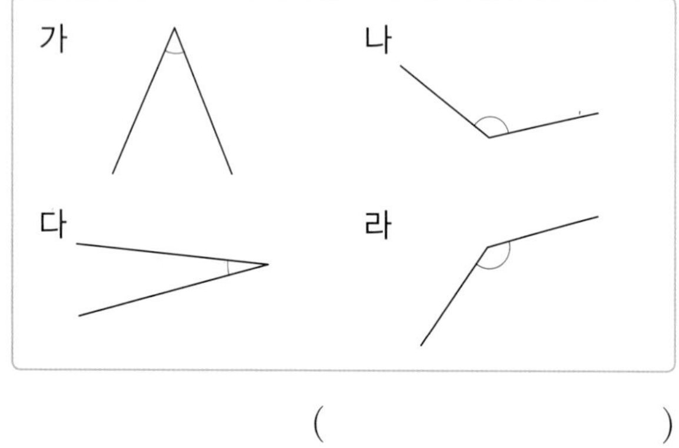

(　　　　　)

▸251006-0535

03 옳은 것에 ○표, 틀린 것에 ×표 하세요.

- 각의 크기를 각도라고 합니다. (　　　)
- 직각의 크기를 똑같이 100으로 나눈 것 중의 하나를 1도라 하고, 1°라고 씁니다. (　　　)
- 직각의 크기는 90°입니다. (　　　)

▸251006-0536

04 각도기를 이용하여 각도를 재고 있습니다. 잘못 말한 친구의 이름을 써 보세요.

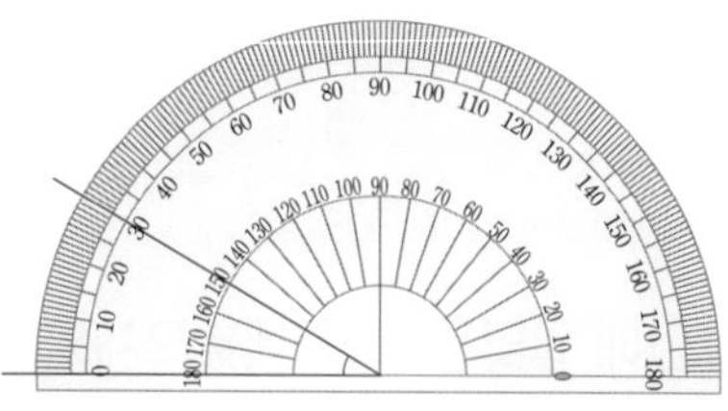

민지: 각도기의 중심은 각의 꼭짓점에 맞추어야 해.
경수: 각의 한 변에 각도기의 밑금을 맞추어야 해.
나연: 각도는 150°야.

(　　　　　)

▸251006-0537

05 예각에 모두 ○표 하세요.

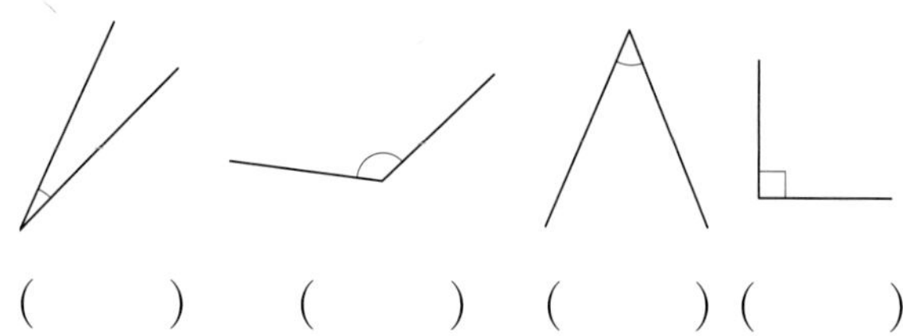

(　　) (　　) (　　) (　　)

▸251006-0538

06 각도를 구해 보세요.

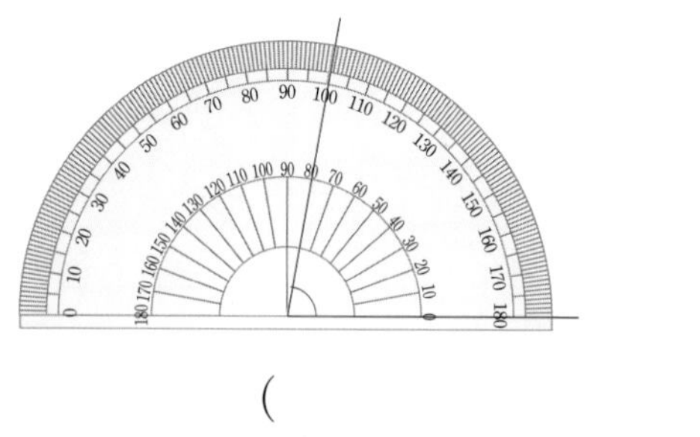

(　　　　　)

▸251006-0539

07 각도기를 이용하여 삼각형의 세 각의 크기를 재었을 때 나올 수 없는 각에 ○표 하세요.

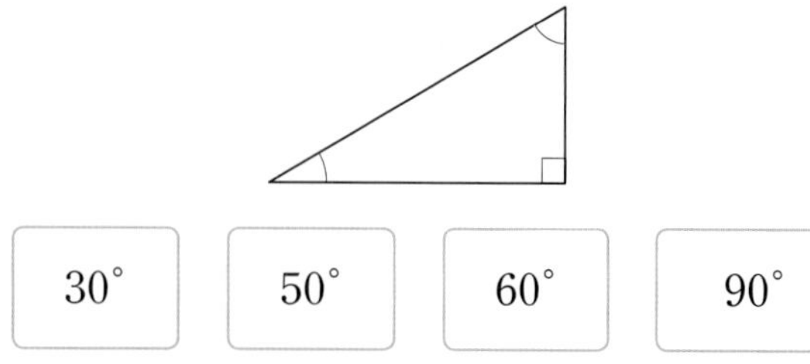

30°	50°	60°	90°

▸ 251006-0540

08 삼각자를 이용하여 각도를 어림한 것입니다. 알맞은 말에 ○표 하고, □ 안에 알맞은 수를 써넣으세요.

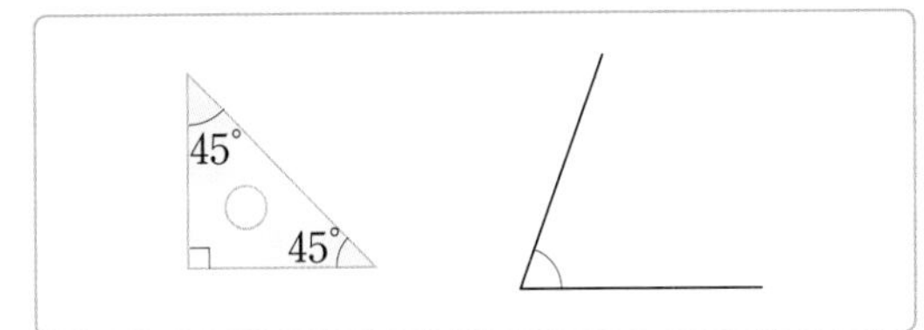

삼각자의 90°보다 (큰 , 작은) 각이므로 각도를 어림하면 약 □° 입니다.

▸ 251006-0541

09 각도를 어림하고, 각도기로 재어 보세요.

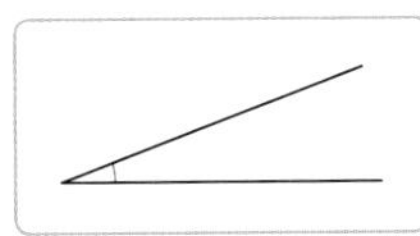

어림한 각도 약 □°

잰 각도 □°

▸ 251006-0542

10 알맞은 것끼리 이어 보세요.

$120° - 25°$ •	• $100°$
$35° + 65°$ •	• $80°$
$90° - 10°$ •	• $95°$

▸ 251006-0543

11 삼각형을 보고 □ 안에 알맞은 수를 써넣으세요.

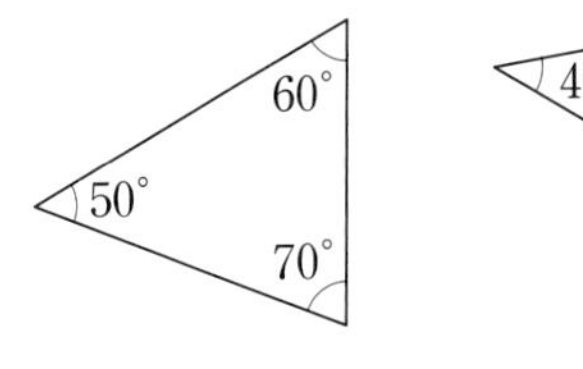

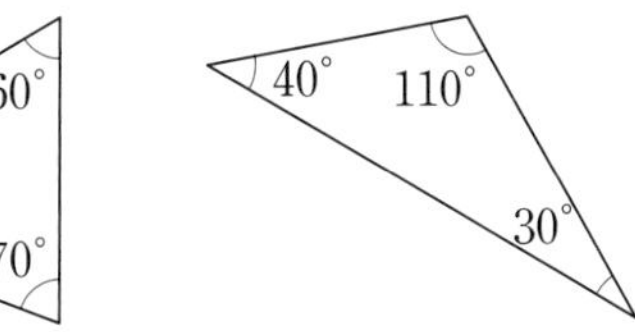

삼각형의 세 각의 크기의 합은 □° 입니다.

▸ 251006-0544

12 사각형의 네 각의 크기의 합을 구해 보세요.

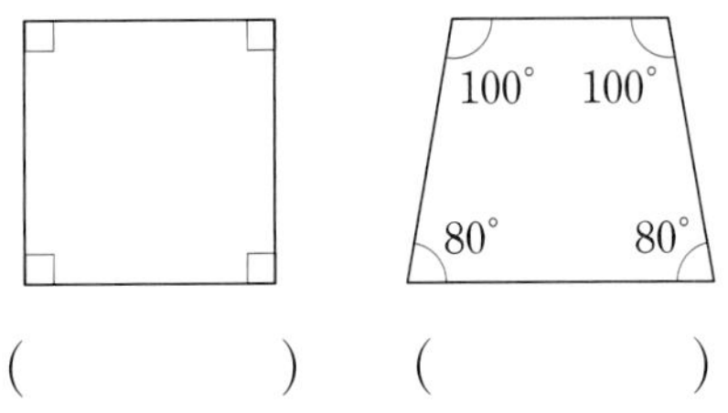

(　　　　) (　　　　)

▸ 251006-0545

13 ㉠의 각도를 구해 보세요.

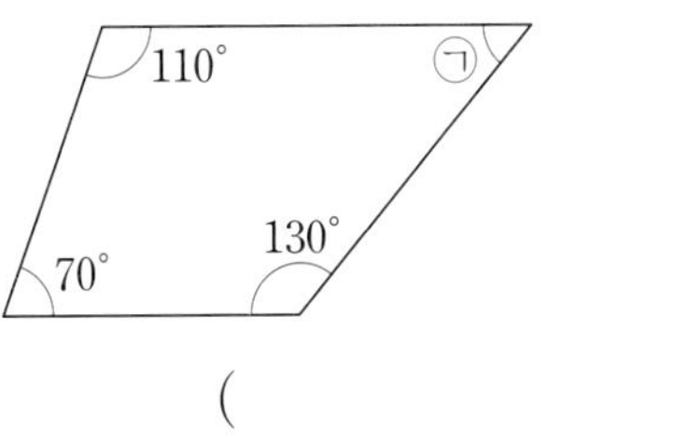

(　　　　　　　　)

서술형

▸ 251006-0546

14 ㉠, ㉡, ㉢ 중에서 가장 큰 각도와 가장 작은 각도의 합을 구하는 풀이 과정을 쓰고 답을 구해 보세요.

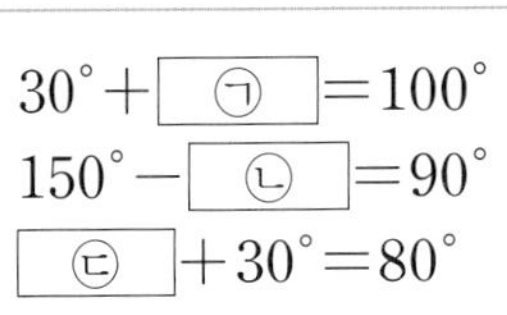

풀이

답

▸ 251006-0547

15 ㉠과 ㉡의 각도의 차를 구해 보세요.

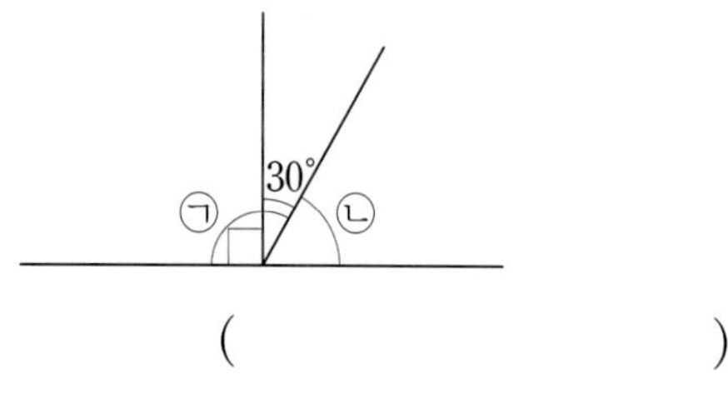

(　　　　　　　　　)

▸ 251006-0548

16 예각을 모두 찾아 그 각도의 합을 구해 보세요.

85°	155°	75°	100°

(　　　　　　　　　)

▸ 251006-0549

17 삼각형의 세 각의 크기가 될 수 없는 것에 ×표 하세요.

60°　60°　60°　(　　　)

70°　90°　20°　(　　　)

45°　50°　75°　(　　　)

▸ 251006-0550

18 그림에서 찾을 수 있는 크고 작은 예각과 둔각의 개수를 각각 구해 보세요.

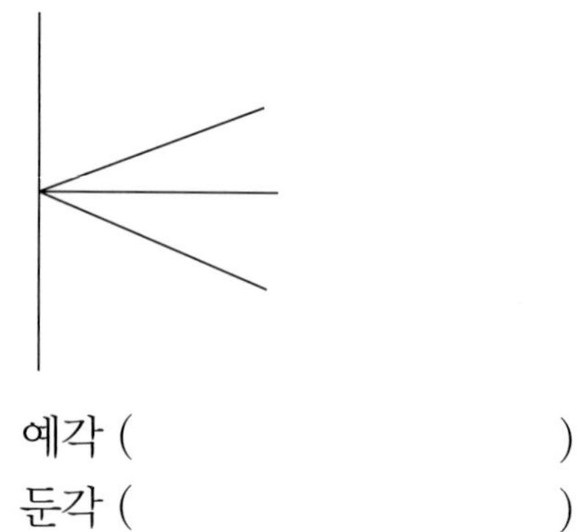

예각 (　　　　　　　　　)

둔각 (　　　　　　　　　)

▸ 251006-0551

19 세 각의 크기가 모두 같은 삼각형에 선을 그어 다음과 같은 모양을 만들었을 때 ㉠의 각도를 구해 보세요.

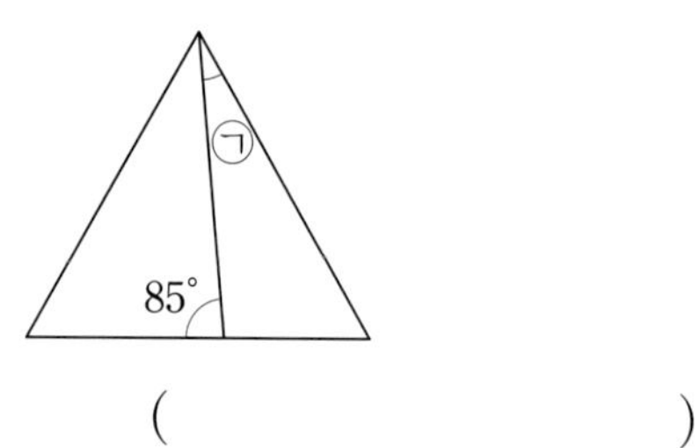

(　　　　　　　　　)

서술형

▸ 251006-0552

20 삼각형과 사각형의 각의 크기가 다음과 같을 때 ㉡의 각도를 구하는 풀이 과정을 쓰고 답을 구해 보세요.

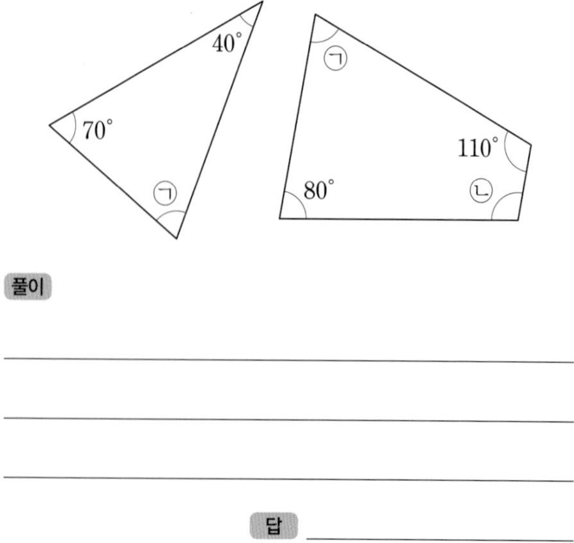

풀이

답

▸251006-0553

01 각의 크기가 작은 것부터 순서대로 기호를 써 보세요.

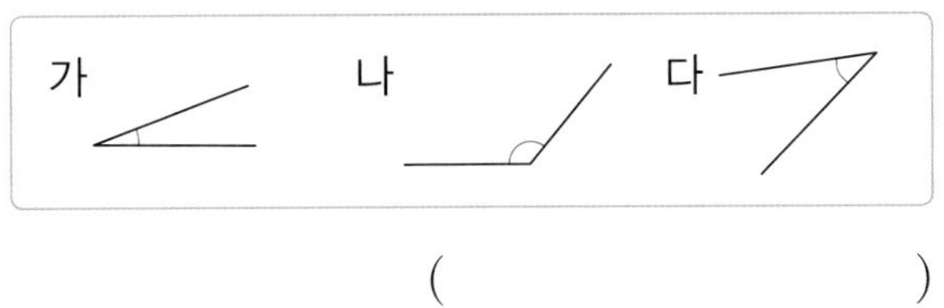

( )

▸251006-0554

02 가, 나, 다의 각의 크기에 대한 설명을 보고 각도가 두 번째로 큰 각의 기호를 써 보세요.

보기

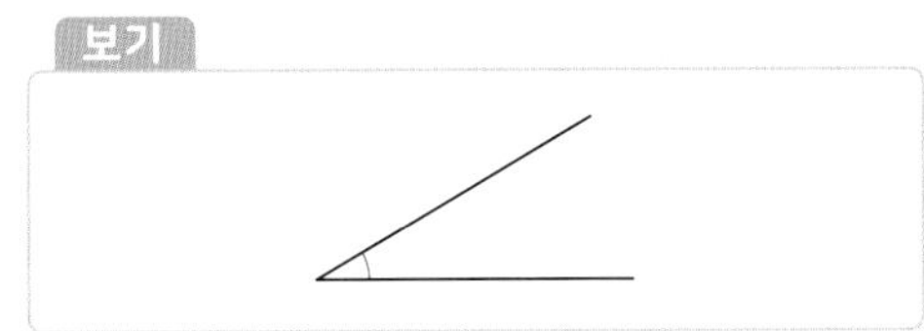

가: 보기 의 각이 4번 들어갑니다.
나: 보기 의 각의 크기의 3배입니다.
다: 보기 의 각과 크기가 같습니다.

( )

▸251006-0555

03 □ 안에 알맞은 수나 말을 써넣으세요.

직각의 크기를 똑같이 □(으)로 나눈 것 중의 하나를 □(이)라 하고, 1°라고 씁니다.

▸251006-0556

04 두 각도의 합을 구해 보세요.

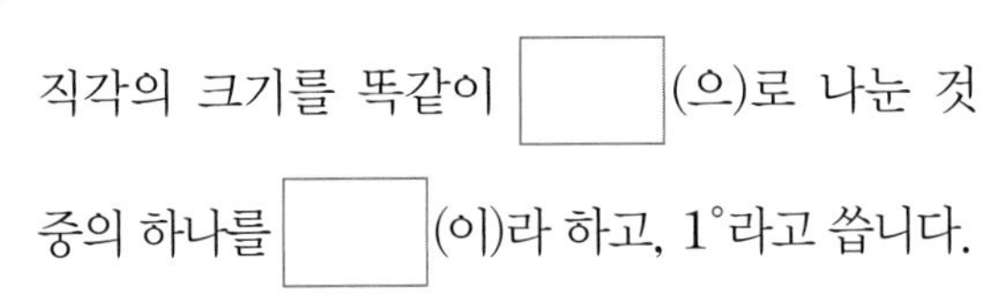

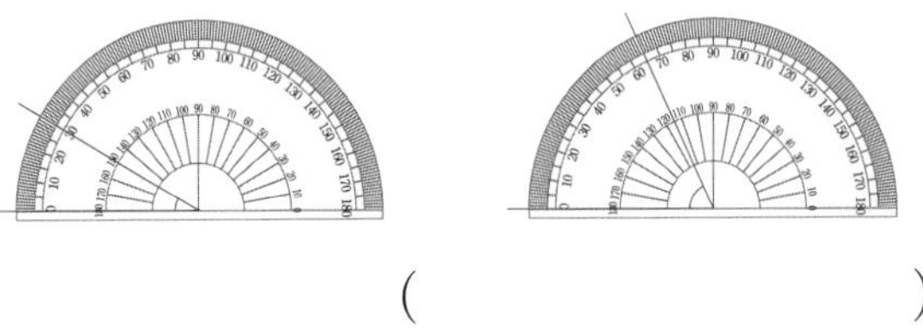

( )

▸251006-0557

05 각도기를 이용하여 각도를 재어 보세요.

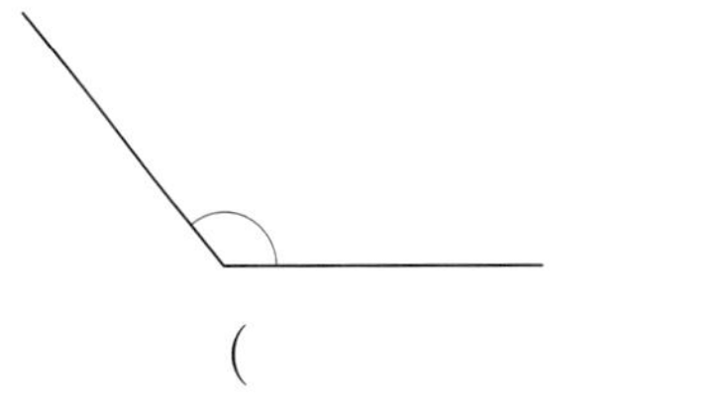

( )

▸251006-0558

06 각도기를 이용하여 시계의 긴바늘과 짧은바늘이 이루는 작은 쪽의 각도를 구해 보세요.

( )

▸251006-0559

07 삼각자를 이용하여 각도를 어림한 것입니다. 어림을 잘한 친구의 이름을 써 보세요.

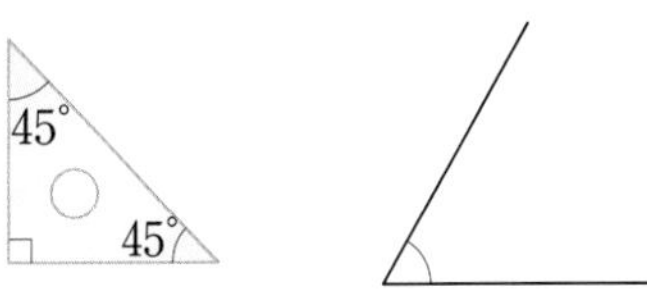

여준: 45°보다 크고 90°보다 작으니까 약 60°야.
민지: 90°보다 작으니까 약 40°야.
효정: 45°보다 크니까 약 95°야.

( )

▸251006-0560

08 예각에 ○표 하세요.

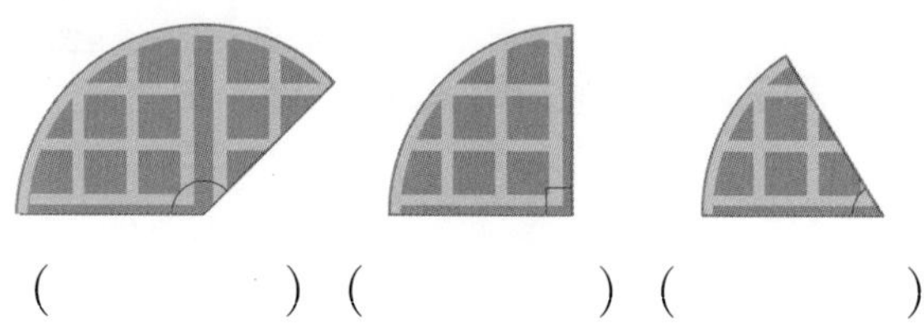

(　　　) (　　　) (　　　)

▸251006-0561

09 각도를 잘못 설명한 친구의 이름을 써 보세요.

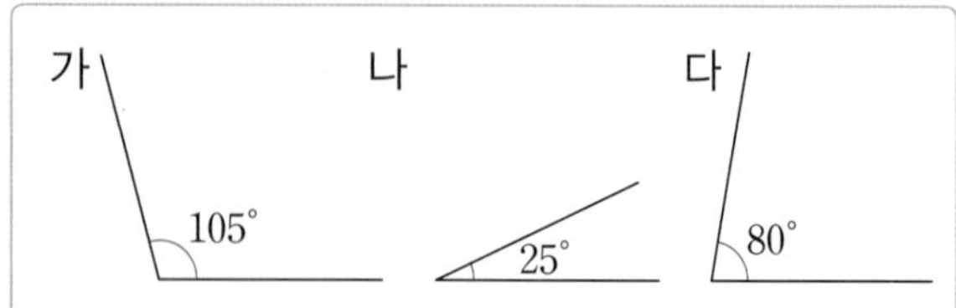

민성: 가와 다의 각도의 합은 185°야.
재호: 가와 나의 각도의 차는 다의 각도보다 더 작아.
은영: 나와 다의 각도의 합은 가의 각도와 같아.

(　　　)

▸251006-0562

10 각과 어림한 각도를 알맞게 이어 보세요.

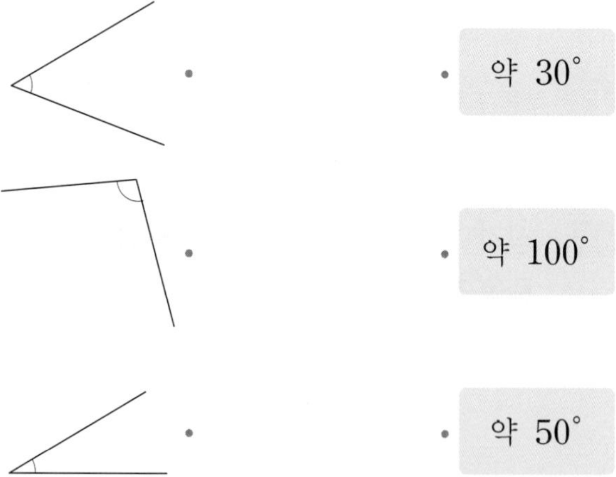

▸251006-0563

11 둔각을 2개 찾아 두 각도의 차를 구해 보세요.

90°　110°　95°　60°

(　　　)

▸251006-0564

12 각도기를 이용하여 각도를 재어 보고 □ 안에 알맞은 수를 써넣으세요.

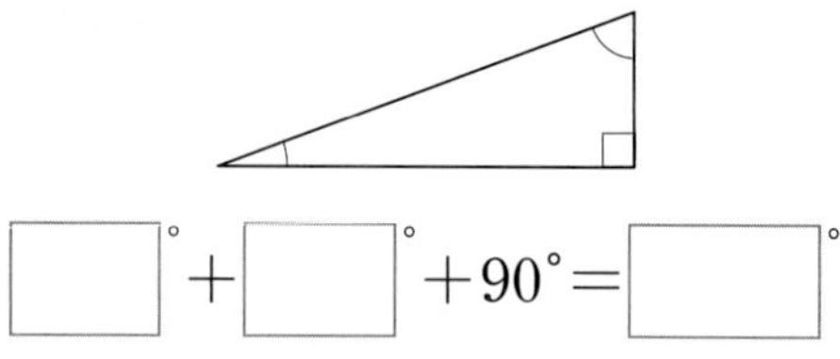

□° + □° + 90° = □°

▸251006-0565

13 삼각형의 세 각이 될 수 있는 각도를 찾아 모두 ○표 하세요.

35°　115°　95°　50°

서술형

▸251006-0566

14 ㉠과 ㉡의 각도의 차를 구하는 풀이 과정을 쓰고 답을 구해 보세요.

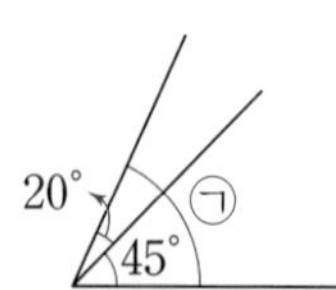

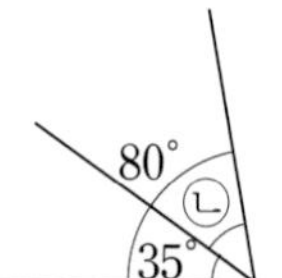

풀이

답

▸ 251006-0567

15 각도를 이용하여 사각형 한 개를 만들려고 합니다. 사각형의 네 각이 될 수 없는 각도를 찾아 써 보세요.

$120°$ $90°$ $95°$ $60°$ $55°$

( )

▸ 251006-0568

16 각도기를 이용하여 각도를 재어 보고, 보기 의 각에 겹치지 않게 이어 붙여서 $90°$인 각을 만들 수 있는 각에 ○표 하세요.

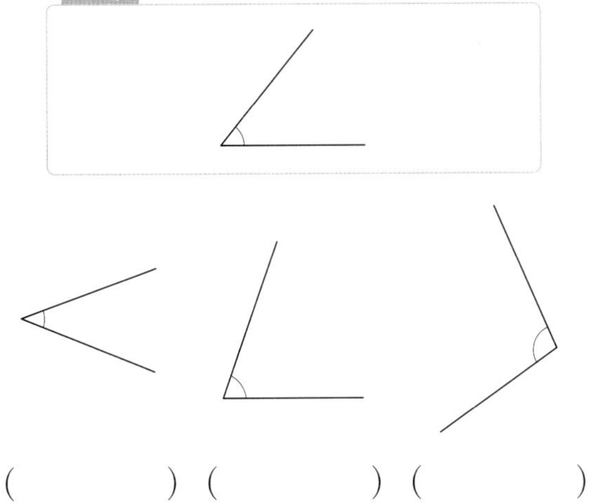

( ) ( ) ( )

▸ 251006-0569

17 ★에 알맞은 각도를 구해 보세요.

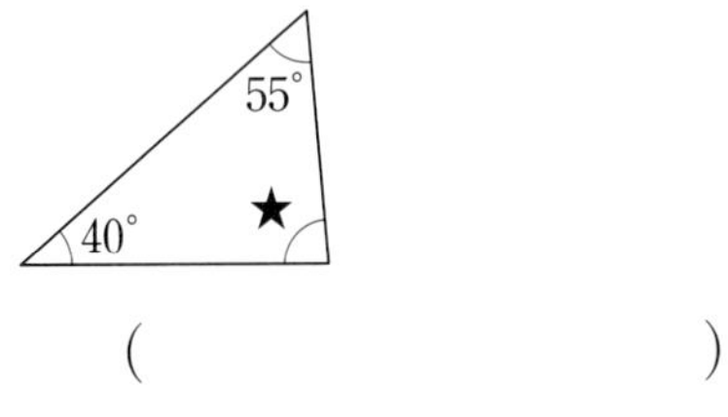

( )

▸ 251006-0570

18 ㉠과 ㉡의 각도의 합을 구해 보세요.

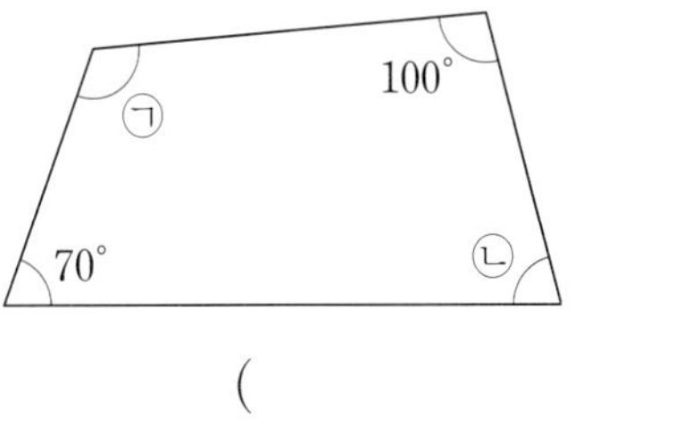

( )

▸ 251006-0571

19 정사각형 모양의 색종이를 반으로 접어서 오른쪽 모양을 만들었습니다. ㉠의 각도를 구해 보세요.

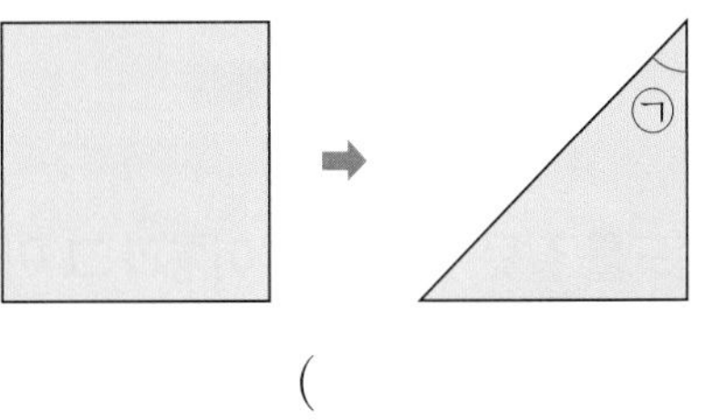

( )

서술형

▸ 251006-0572

20 ㉠, ㉡, ㉢의 각도의 합을 구하는 풀이 과정을 쓰고 답을 구해 보세요.

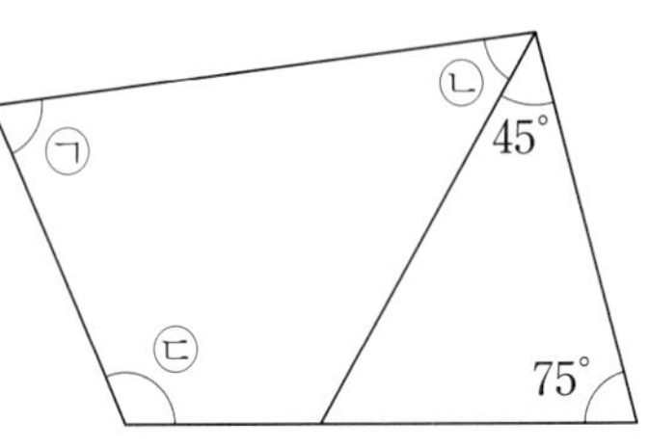

풀이

답

서술형·논술형 평가

▸ 251006-0573

01 세 번째로 크기가 큰 각을 구하는 풀이 과정을 쓰고 답을 구해 보세요.

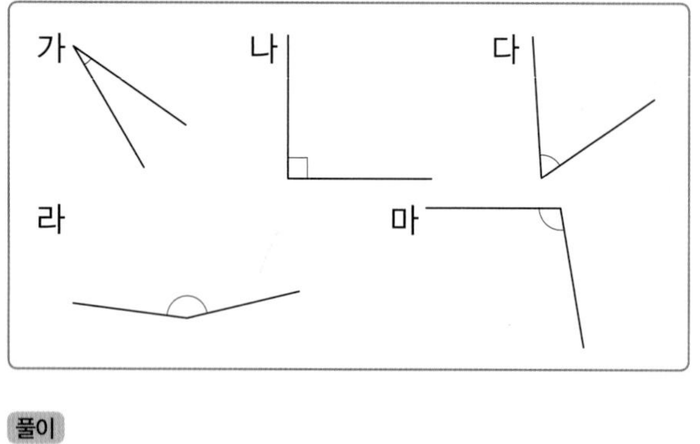

풀이

답

▸ 251006-0574

02 각도를 잘못 잰 친구의 이름과 그 이유를 써 보세요.

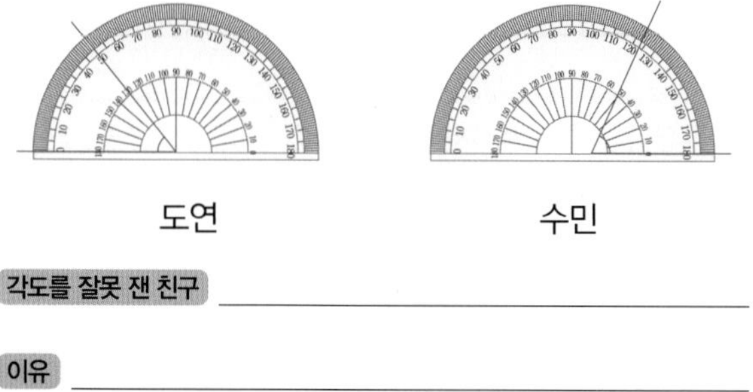

각도를 잘못 잰 친구

이유

▸ 251006-0575

03 각도기를 이용하여 각도를 재어 두 각도의 합은 몇 도인지 풀이 과정을 쓰고 답을 구해 보세요.

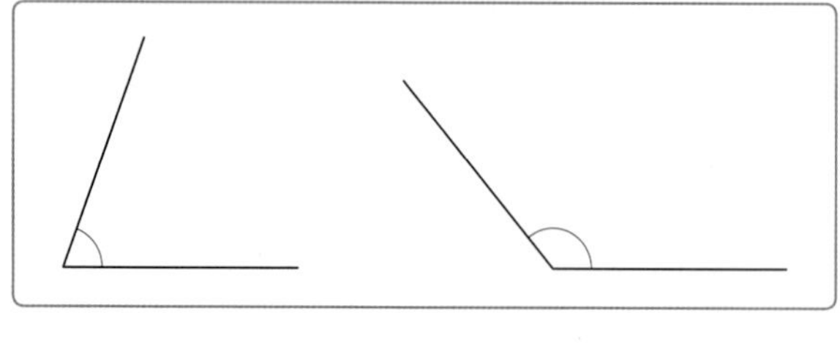

풀이

답

▸ 251006-0576

04 각도를 가장 잘 어림한 친구의 이름과 그 이유를 써 보세요.

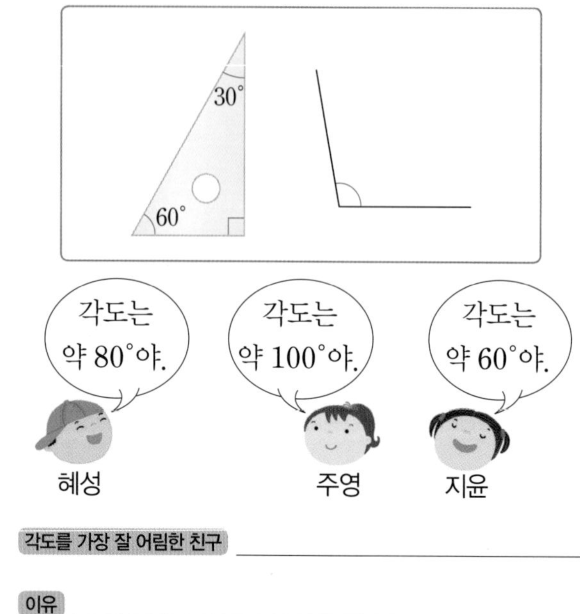

각도를 가장 잘 어림한 친구

이유

▸ 251006-0577

05 예각과 둔각의 개수의 차를 구하는 풀이 과정을 쓰고 답을 구해 보세요.

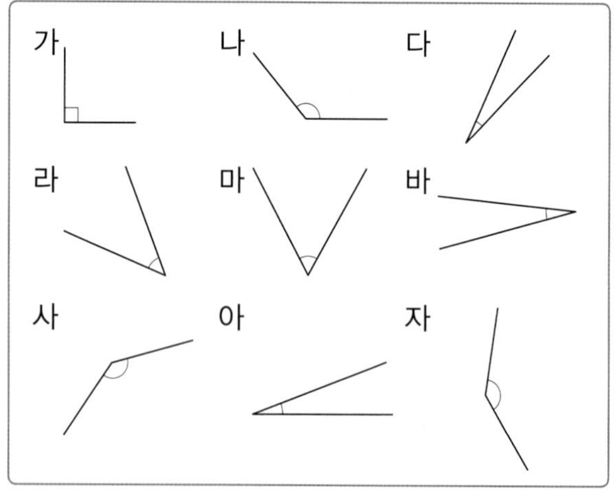

풀이

답

▸ 251006-0578

06 계산 결과가 둔각인 것은 모두 몇 개인지 풀이 과정을 쓰고 답을 구해 보세요.

㉠ $60°+70°$	㉡ $130°-40°$
㉢ $160°-60°$	㉣ $65°+55°$

풀이

답

▸ 251006-0579

07 두 각도의 합이 예각이 되는 경우는 모두 몇 가지인지 풀이 과정을 쓰고 답을 구해 보세요.

$20°$ $50°$ $70°$ $35°$

풀이

답

▸ 251006-0580

08 ㉠+㉡+㉢의 각도를 구하려고 합니다. 풀이 과정을 쓰고 답을 구해 보세요.

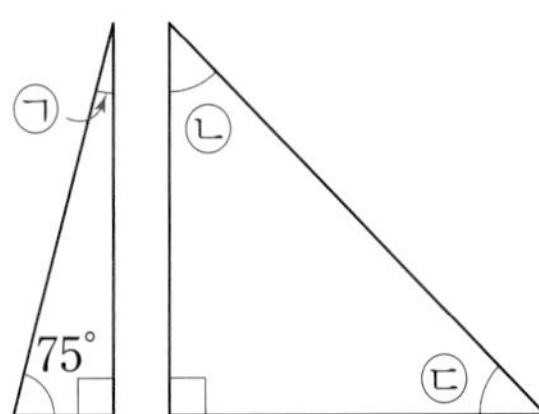

풀이

답

▸ 251006-0581

09 ㉠+㉡이 $200°$일 때 ㉢+㉣의 값을 구하는 풀이 과정을 쓰고 답을 구해 보세요.

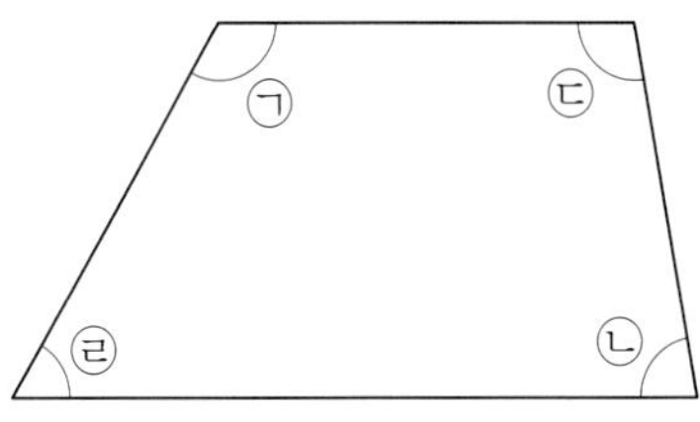

풀이

답

▸ 251006-0582

10 삼각형과 사각형의 각도를 보고 ㉡의 각도는 몇 도인지 풀이 과정을 쓰고 답을 구해 보세요.

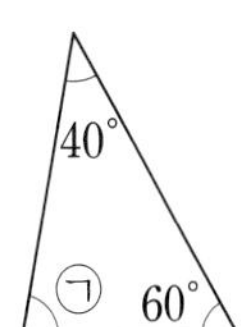

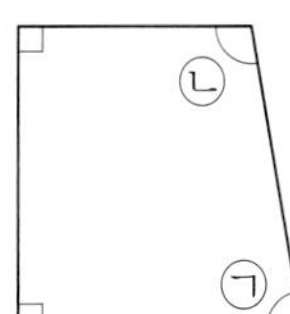

풀이

답

■ **(세 자리 수)×(몇십) 계산하기**

325×3=975
325×30=9750 (10배)

➡ 325×30의 값은 325×3의 값의 10배이므로 325×3을 계산한 값에 0을 붙입니다.

■ **(세 자리 수)×(몇십몇) 계산하기**

```
    1 2 3
 ×    4 5
 --------
    6 1 5  ← 123×5
  4 9 2 0  ← 123×40
 --------
  5 5 3 5
```

➡ 123×45를 계산할 때는 123×5의 값과 123×40의 값을 각각 구해서 더해 줍니다.

■ **(세 자리 수)÷(몇십) 계산하기**

40×6=240
40×7=280
40×8=320

```
       7
40)289
   280
   ---
     9
```

몫: 7
나머지: 9

➡ 289÷40의 몫을 찾을 때는 40에 어떤 수를 곱했을 때 계산 결과가 289를 넘지 않으면서 289에 가장 가까운 수가 되는 어떤 수를 찾습니다.

■ **(두 자리 수)÷(몇십몇) 계산하기**

23×3=69
23×4=92
23×5=115

```
      4
23)95
   92
   --
    3
```

몫: 4
나머지: 3

➡ 계산 결과 확인: 23×4=92, 92+3=95

■ **(세 자리 수)÷(몇십몇) 계산하기(1)**

25×6=150
25×7=175
25×8=200

```
       7
25)183
   175
   ---
     8
```

몫: 7
나머지: 8

➡ 계산 결과 확인: 25×7=175, 175+8=183

■ **(세 자리 수)÷(몇십몇) 계산하기(2)**

12×40=480
12×50=600
12×60=720

12×6=72
12×7=84
12×8=96

```
      57
12)684
   600
   ---
    84
    84
   ---
     0
```

몫: 57
나머지: 0

➡ 나누는 수와 몫의 곱이 684에 가장 가까우면서 684를 넘지 않아야 하므로 몫의 십의 자리 숫자는 5입니다.

➡ 684에서 12×50의 값을 빼고 남은 수를 12로 나누면 몫의 일의 자리 숫자는 7이 됩니다.

➡ 계산 결과 확인: 12×57=684

■ **(세 자리 수)÷(몇십몇) 계산하기(3)**

33×10=330
33×20=660
33×30=990

33×4=132
33×5=165
33×6=198

```
      25
33)829
   660
   ---
   169
   165
   ---
     4
```

몫: 25
나머지: 4

➡ 계산 결과 확인: 33×25=825, 825+4=829

■ **어림셈 활용하기**

➡ 290원짜리 물건 19개의 가격이 얼마쯤 되는지 구하려는 경우 290원을 300원으로, 19개를 20개로 바꾸어 구하면 가격을 빠르고 쉽게 어림할 수 있습니다.

➡ 사탕 239개를 한 봉지에 21개씩 나누어 담으려는 경우 239개를 240개로, 21개씩을 20개씩으로 바꾸면 필요한 봉지의 개수를 빠르고 쉽게 어림할 수 있습니다.

쪽지 시험

정답과 풀이 68쪽

▸ 251006-0583

01 □ 안에 알맞은 수를 써넣으세요.

$411 \times 2 = 822 \Rightarrow 411 \times 20 = \square$

▸ 251006-0584

02 □ 안에 알맞은 식을 써넣으세요.

$$\begin{array}{r} 2\ 1\ 4 \\ \times \quad 3\ 2 \\ \hline 4\ 2\ 8 \leftarrow \square \\ 6\ 4\ 2\ 0 \leftarrow \square \\ \hline 6\ 8\ 4\ 8 \end{array}$$

▸ 251006-0585

03 계산해 보세요.

(1) $\begin{array}{r} 3\ 2\ 5 \\ \times \quad 3\ 0 \\ \hline \end{array}$

(2) $\begin{array}{r} 6\ 1\ 2 \\ \times \quad 1\ 7 \\ \hline \end{array}$

▸ 251006-0586

04 □ 안에 알맞은 수를 써넣으세요.

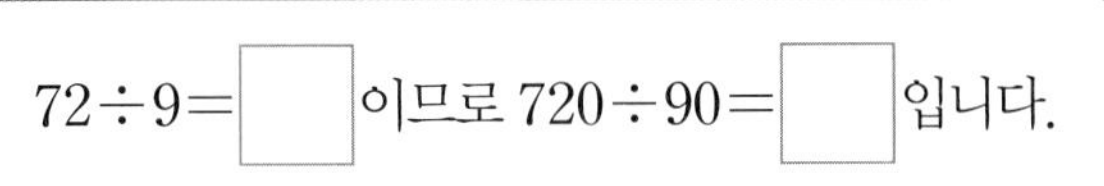

$72 \div 9 = \square$ 이므로 $720 \div 90 = \square$ 입니다.

▸ 251006-0587

05 □ 안에 알맞은 수를 써넣으세요.

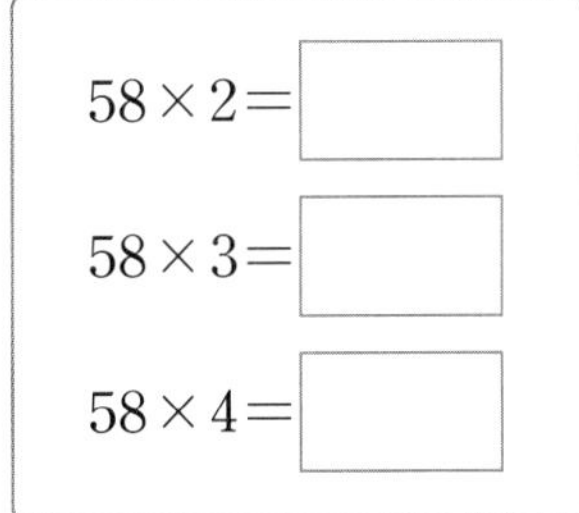

$58 \times 2 = \square$

$58 \times 3 = \square$

$58 \times 4 = \square$

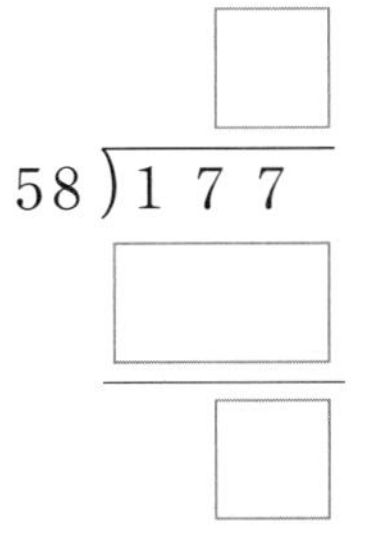

$58 \overline{)1\ 7\ 7}$

▸ 251006-0588

06 □ 안에 알맞은 식을 써넣으세요.

$$\begin{array}{r} 6\ 2 \\ 14 \overline{)8\ 6\ 8} \\ 8\ 4\ 0 \leftarrow \square \\ \hline 2\ 8 \\ 2\ 8 \leftarrow \square \\ \hline 0 \end{array}$$

▸ 251006-0589

07 계산해 보세요.

(1) $23 \overline{)9\ 2}$

(2) $28 \overline{)8\ 9\ 6}$

▸ 251006-0590

08 나눗셈의 몫과 나머지를 구하고 계산 결과가 맞는지 확인해 보세요.

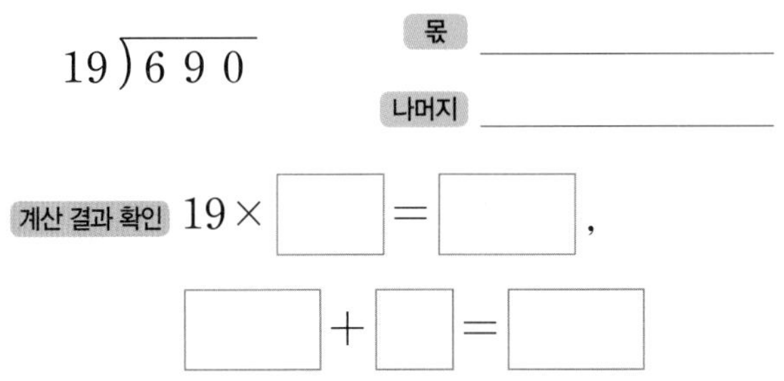

$19 \overline{)6\ 9\ 0}$

몫 ______

나머지 ______

계산 결과 확인 $19 \times \square = \square$,

$\square + \square = \square$

▸ 251006-0591

09 250원짜리 사탕 18개를 사려고 할 때 필요한 금액을 어림셈을 활용하여 구하려고 합니다. 사탕의 개수를 20개로 바꾸어 약 얼마의 금액이 필요한지 어림해 보세요.

약 (　　　　　　　)

▸ 251006-0592

10 연필 240자루를 학생 19명에게 똑같이 나누어 주려고 할 때 학생 한 명에게 약 몇 자루씩 나누어 줄 수 있는지 어림셈을 활용하여 구하려고 합니다. □ 안에 알맞은 수를 써넣으세요.

학생 수를 □명으로 바꾸어 계산하면 학생 한 명에게 연필을 약 □자루씩 나누어 줄 수 있습니다.

학교 시험 만점왕 1회

3. 곱셈과 나눗셈

▸251006-0593

01 132×4의 값을 이용하여 132×40을 계산해 보세요.

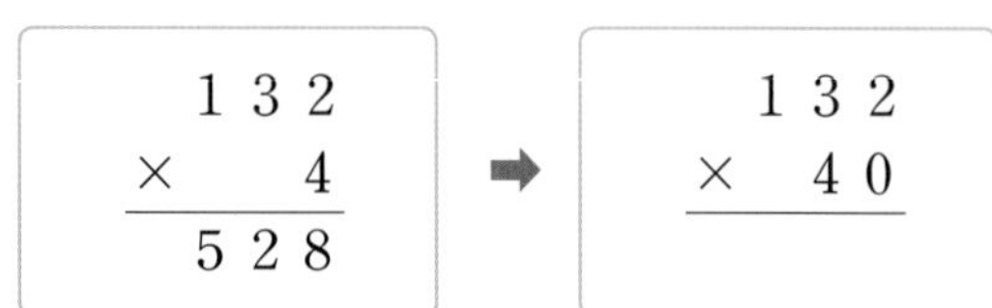

$$\begin{array}{r} 132 \\ \times \quad 4 \\ \hline 528 \end{array} \Rightarrow \begin{array}{r} 132 \\ \times \quad 40 \\ \hline \end{array}$$

▸251006-0594

02 321×25의 값을 구하려고 합니다. □ 안에 알맞은 수를 써넣으세요.

$321\times20=6420$
$321\times5=1605$

$321\times25=$ □ $+$ □
$=$ □

▸251006-0595

03 □ 안에 알맞은 수를 써넣으세요.

$$\begin{array}{r} 1\ 2\ 5 \\ \times \quad 3\ 4 \\ \hline \square \\ \square\ 0 \\ \hline \square \end{array}$$

▸251006-0596

04 두 수의 곱을 구해 보세요.

253　　35

(　　　　　　)

▸251006-0597

05 구슬이 178개씩 들어 있는 상자가 27개 있습니다. 상자에 들어 있는 구슬은 모두 몇 개일까요?

(　　　　　　)

▸251006-0598

06 230원짜리 지우개 18개를 사려고 할 때 약 얼마를 준비하면 좋을지 어림셈을 활용하여 구하려고 합니다. □ 안에 알맞은 수를 써넣으세요.

• 지우개 18개를 □개로 바꾸어 계산하면 준비해야 할 금액은 약 □원입니다.
• 지우개 한 개의 가격 230원을 □원으로 바꾸어 계산하면 준비해야 할 금액은 약 □원입니다.

▸251006-0599

07 바르게 계산한 것은 모두 몇 개일까요?

• $450\times21=9450$　• $243\times19=4517$
• $891\div11=81$　• $96\div32=3$
• $200\div40=50$　• $864\div12=72$

(　　　　　　)

▸251006-0600
08 계산을 하고 몫과 나머지를 구해 보세요.

$215 \div 35$

몫 ____________

나머지 ____________

▸251006-0601
09 곱셈식을 보고 □ 안에 알맞은 수를 써넣으세요.

$37 \times 10 = 370$	$37 \times 2 = 74$
$37 \times 20 = 740$	$37 \times 3 = 111$
$37 \times 30 = 1110$	$37 \times 4 = 148$

• $851 \div 37$의 몫의 십의 자리 숫자는 □입니다.

• $851 \div 37$의 몫의 일의 자리 숫자는 □입니다.

▸251006-0602
10 나눗셈의 몫을 알맞게 이어 보세요.

$273 \div 21$ •	• 13
$420 \div 28$ •	• 14
$504 \div 36$ •	• 15

▸251006-0603
11 나눗셈의 몫과 나머지를 구해 보세요.

$25\overline{)728}$

몫 ____________

나머지 ____________

▸251006-0604
12 딸기 762개를 한 상자에 26개씩 넣어서 팔고 남은 딸기는 현주가 먹으려고 합니다. 현주가 먹을 수 있는 딸기는 몇 개일까요?

( )

▸251006-0605
13 (어떤 수)$\div$13을 계산할 때 나머지가 될 수 없는 수에 모두 ○표 하세요.

9 13 8 15 1

서술형

▸251006-0606
14 현미네 과수원에서 수확한 사과는 한 바구니에 126개씩 바구니 20개에 담았고, 지호네 과수원에서 수확한 사과는 한 바구니에 123개씩 바구니 21개에 담았습니다. 사과를 더 적게 수확한 과수원은 어느 과수원이고, 그 과수원에서 수확한 사과는 몇 개인지 풀이 과정을 쓰고 답을 구해 보세요.

풀이

답 ____________, ____________

▸251006-0607

15 다음 나눗셈의 몫과 나머지를 구하고 계산 결과가 맞는지 확인하였습니다. ㉢이 ㉣보다 크다고 할 때, 잘못 말한 친구의 이름을 써 보세요.

> 955÷59
>
> 계산 결과 확인
>
> 59×㉠=㉡, ㉢+㉣=㉤

> 민영: ㉠은 11이고 ㉣은 16이야.
> 장미: ㉤은 955야.
> 연수: ㉣은 59보다 작은 수야.
> 현지: ㉡과 ㉢은 같은 수야.

(　　　　　　　　)

▸251006-0608

16 어떤 수를 43으로 나누어야 할 것을 잘못하여 34로 나누었더니 몫이 24로 나누어떨어졌습니다. 바르게 계산하였을 때의 몫과 나머지를 구해 보세요.

몫 ________

나머지 ________

▸251006-0609

17 학생 383명을 나누어서 20팀을 만들려고 할 때 한 팀에 학생이 몇 명 정도가 되는지 어림셈을 활용하여 구하려고 합니다. 각 팀의 학생 수는 똑같거나 1명 차이가 난다고 할 때 □ 안에 알맞은 수를 써넣으세요.

- 학생 383명을 380명으로 바꾸어 계산하면 380÷20=□이므로 한 팀의 학생은 약 □명이 됩니다.
- 학생은 모두 383명이므로 한 팀에 들어가는 학생은 □명 또는 □명이 됩니다.

▸251006-0610

18 ㉠을 11로 나누었을 때 몫은 87이고 나머지가 있다고 합니다. 옳은 것에 ○표, 틀린 것에 ×표 하세요.

> ㉠÷11=87 ⋯ ㉡

- ㉡은 11보다 작은 수입니다. (　　)
- ㉠은 11×87의 값보다 큰 수입니다. (　　)
- ㉠에 들어갈 수 있는 가장 큰 수는 968입니다. (　　)

▸251006-0611

19 수 카드 5, 2, 3, 4, 7을 한 번씩 사용하여 다음과 같은 나눗셈을 만들었습니다. 나눗셈을 계산하여 몫과 나머지를 구해 보세요.

만들 수 있는 세 자리 수 중에서 두 번째로 큰 수	÷	남은 수 카드로 만들 수 있는 두 자리 수 중에서 더 작은 수

몫 ________

나머지 ________

서술형

▸251006-0612

20 982÷12의 나머지와 98㉠÷75의 나머지가 같다고 할 때 ㉠에 알맞은 수는 얼마인지 풀이 과정을 쓰고 답을 구해 보세요.

풀이

답 ________

학교 시험 만점왕 2회

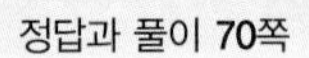

정답과 풀이 70쪽

3. 곱셈과 나눗셈

▸ 251006-0613

01 □ 안에 알맞은 수를 써넣으세요.

$249 \times 4 = \square$ ➡ $249 \times 40 = \square$

▸ 251006-0614

02 □ 안에 알맞은 수나 식을 써넣으세요.

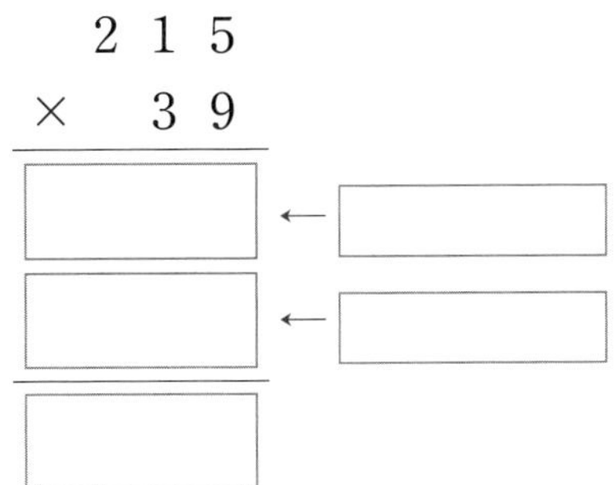

$$\begin{array}{r} 2\ 1\ 5 \\ \times \quad 3\ 9 \\ \hline \square \leftarrow \square \\ \square \leftarrow \square \\ \hline \square \end{array}$$

▸ 251006-0615

03 계산해 보세요.

(1) $\begin{array}{r} 4\ 6\ 5 \\ \times \quad 2\ 0 \\ \hline \end{array}$

(2) 253×36

▸ 251006-0616

04 가장 큰 수와 가장 작은 수의 곱을 구해 보세요.

198 22 431 18 248

( )

▸ 251006-0617

05 현정이는 우유를 하루에 250 mL씩 15일 동안 마셨습니다. 현정이가 마신 우유는 모두 몇 L 몇 mL일까요?

( )

▸ 251006-0618

06 한 개에 198원인 초콜릿을 15개 사려고 할 때 약 얼마의 돈이 필요한지 어림셈을 활용하여 구하려고 합니다. □ 안에 알맞은 수를 써넣으세요.

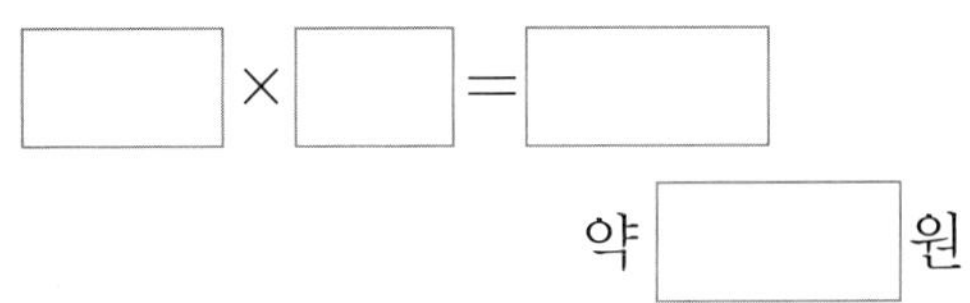

$\square \times \square = \square$

약 $\square$ 원

▸ 251006-0619

07 나눗셈의 몫이 같은 것끼리 이어 보세요.

$210 \div 70$ •	• $304 \div 76$
$360 \div 90$ •	• $348 \div 58$
$420 \div 70$ •	• $78 \div 26$

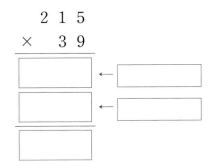

▸251006-0620

08 표를 보고 □ 안에 알맞은 수를 써넣으세요.

×	5	6	7	8	9
62	310	372	434	496	558

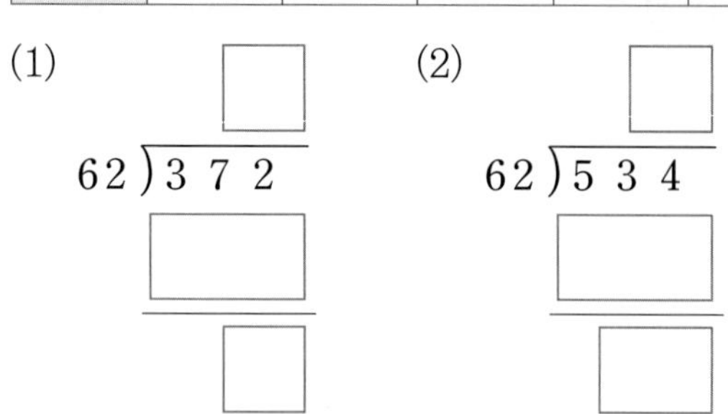

▸251006-0621

09 982÷15를 계산하기 위해 필요한 곱셈식을 모두 찾아 ○표 하세요.

$15 \times 40 = 600$	$15 \times 3 = 45$
$15 \times 50 = 750$	$15 \times 4 = 60$
$15 \times 60 = 900$	$15 \times 5 = 75$
$15 \times 70 = 1050$	$15 \times 6 = 90$

▸251006-0622

10 계산해 보세요.

(1) $12\overline{)816}$

(2) $53\overline{)754}$

▸251006-0623

11 나머지가 가장 큰 나눗셈의 기호를 써 보세요.

㉠ 585÷65　　㉡ 941÷39

㉢ 78÷23　　㉣ 905÷43

(　　　　　　)

▸251006-0624

12 두 나눗셈에 대해 잘못 말한 친구의 이름을 써 보세요.

㉠ 912÷25　　㉡ 899÷26

현아: ㉠은 ㉡보다 몫이 커.

지예: ㉡은 ㉠보다 나머지가 커.

민우: ㉠은 ㉡보다 몫과 나머지가 모두 커.

(　　　　　　)

▸251006-0625

13 1부터 9까지의 숫자 중에서 ㉠에 공통으로 들어갈 수 있는 수를 구해 보세요.

㉠㉠÷32=1 … ◆

1㉠㉠÷38=4 … ▲

(　　　　　　)

서술형

▸251006-0626

14 어느 체험관의 초등학생 입장료는 550원, 어른 입장료는 750원입니다. 초등학생 15명, 어른 12명이 입장한다면 초등학생과 어른의 입장료는 각각 얼마인지 풀이 과정을 쓰고 답을 구해 보세요.

풀이

초등학생 입장료 ________

어른 입장료 ________

▸ 251006-0627

15 복숭아 245개를 한 상자에 30개씩 나누어 담고 남는 복숭아는 상자에 담지 않으려고 합니다. 필요한 상자의 개수와 남는 복숭아의 수를 구해 보세요.

필요한 상자의 수 (　　　　　　　　)

남는 복숭아의 수 (　　　　　　　　)

▸ 251006-0628

16 은미는 전체가 348쪽인 책을 하루에 25쪽씩 읽으려고 합니다. 은미가 이 책을 모두 읽으려면 적어도 며칠이 걸릴까요?

(　　　　　　　　)

▸ 251006-0629

17 색 테이프 358 cm를 19명의 학생들에게 똑같이 잘라서 나누어 주려고 합니다. 약 몇 cm씩 잘라서 주면 되는지 구하려고 할 때 어림셈을 가장 알맞게 활용한 친구의 이름을 써 보세요.

- 효성: 색 테이프의 길이를 360 cm로 바꾸고 학생 수를 20명으로 바꾸어 계산하면 약 18 cm씩 잘라서 줄 수 있어.
- 혜주: 색 테이프의 길이를 360 cm로 바꾸고 학생 수를 15명으로 바꾸어 계산하면 약 24 cm씩 잘라서 줄 수 있어.
- 미진: 학생 수를 25명으로 바꾸어 계산하면 약 14 cm씩 잘라서 줄 수 있어.

(　　　　　　　　)

▸ 251006-0630

18 수 카드 3, 5, 2, 7, 1을 한 번씩 이용하여 몫이 가장 큰 (세 자리 수)÷(두 자리 수)를 만들어 나눗셈의 몫과 나머지를 구해 보세요.

□□□ ÷ □□

몫 ________

나머지 ________

▸ 251006-0631

19 336÷□의 몫이 14보다 크고 16보다 작다고 할 때 □ 안에 알맞은 수를 구해 보세요.

(　　　　　　　　)

서술형

▸ 251006-0632

20 ㉠의 값을 구하는 풀이 과정을 쓰고 답을 구해 보세요.

- 145÷㉠의 몫은 9입니다.
- 112×㉠의 값은 1700보다 크고 2000보다 작습니다.

풀이

답 ________

▸ 251006-0633

01 미나는 한 개에 250원인 과자를 35개 샀습니다. 미나가 산 과자는 모두 얼마인지 풀이 과정을 쓰고 답을 구해 보세요.

풀이

답

▸ 251006-0634

02 859÷11을 잘못 계산한 이유를 쓰고 바르게 계산했을 때의 몫과 나머지를 구해 보세요.

$$\begin{array}{r} 77 \\ 11\overline{)859} \\ \underline{770} \\ 89 \\ \underline{77} \\ 12 \end{array}$$

잘못 계산한 이유

몫

나머지

▸ 251006-0635

03 어떤 수를 25로 나누었더니 몫은 17, 나머지는 12가 되었습니다. 어떤 수에 14를 곱한 값은 얼마인지 풀이 과정을 쓰고 답을 구해 보세요.

풀이

답

▸ 251006-0636

04 감이 105개씩 19상자 있습니다. 감이 약 몇 개인지 어림하여 구하려고 할 때 어림셈을 가장 잘 활용한 친구의 이름과 그 이유를 써 보세요.

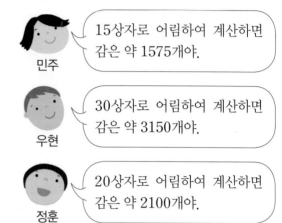

민주: 15상자로 어림하여 계산하면 감은 약 1575개야.

우현: 30상자로 어림하여 계산하면 감은 약 3150개야.

정훈: 20상자로 어림하여 계산하면 감은 약 2100개야.

어림셈을 가장 잘 활용한 친구

이유

▸ 251006-0637

05 연필 420자루, 지우개 323개가 있습니다. 한 상자에 연필 13자루와 지우개 10개를 담아 포장하려고 합니다. 포장할 수 있는 상자는 몇 개이고, 연필과 지우개는 각각 몇 개씩 남는지 풀이 과정을 쓰고 답을 구해 보세요.

풀이

답 상자의 수

남는 연필의 수

남는 지우개의 수

▸ 251006-0638

06 어떤 수를 46으로 나누면 몫은 15, 나머지는 2입니다. 어떤 수를 28로 나누었을 때의 몫과 나머지는 얼마인지 풀이 과정을 쓰고 답을 구해 보세요.

풀이

몫 ________

나머지 ________

▸ 251006-0639

07 딱지 140개를 친구 19명에게 똑같이 나누어 주려고 할 때 한 사람에게 약 몇 개씩 나누어 줄 수 있는지 어림셈을 활용하여 구하는 풀이 과정을 쓰고 답을 구해 보세요.

풀이

답 약 ________

▸ 251006-0640

08 65로 나누었을 때 몫이 12가 되는 수 중에서 가장 큰 수는 얼마인지 풀이 과정을 쓰고 답을 구해 보세요.

풀이

답 ________

▸ 251006-0641

09 ㉠÷㉡의 몫과 나머지는 얼마인지 풀이 과정을 쓰고 답을 구해 보세요.

$928 \div 58 =$ ㉠

$405 \div 27 =$ ㉡

풀이

몫 ________

나머지 ________

▸ 251006-0642

10 제과점에서 월요일에 만든 쿠키를 학생 34명에게 11개씩 나누어 주었더니 남는 쿠키가 없었습니다. 화요일에는 월요일과 같은 수의 쿠키를 만들어 학생 23명에게 똑같이 나누어 주려고 합니다. 화요일에 쿠키를 가능한 한 적게 남기려고 할 때, 화요일에 학생 한 명에게 쿠키를 몇 개씩 나누어 주면 되는지 풀이 과정을 쓰고 답을 구해 보세요.

풀이

답 ________

■ **점의 이동**

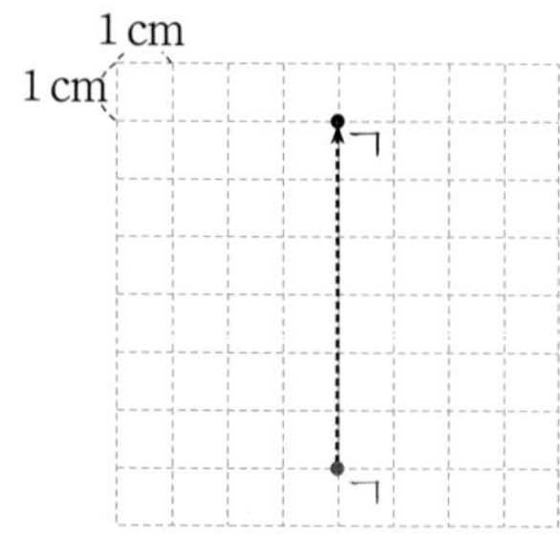

① 미는 방향에 따라 점이 이동한 만큼 위치가 바뀝니다.

② 점 ㄱ은 위쪽으로 6 cm 이동했습니다.

■ **평면도형 밀기**

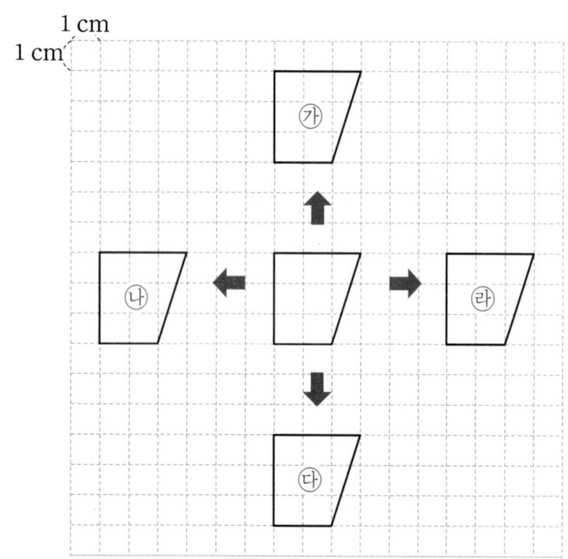

① 도형을 왼쪽, 오른쪽, 위쪽, 아래쪽으로 밀어도 도형의 모양과 크기는 변하지 않고 위치만 바뀝니다.

② ㉮와 ㉰ 도형은 가운데 도형을 위쪽과 아래쪽으로 각각 6 cm 밀었을 때의 도형입니다.

③ ㉯와 ㉱ 도형은 가운데 도형을 왼쪽과 오른쪽으로 각각 6 cm 밀었을 때의 도형입니다.

■ **평면도형 뒤집기**

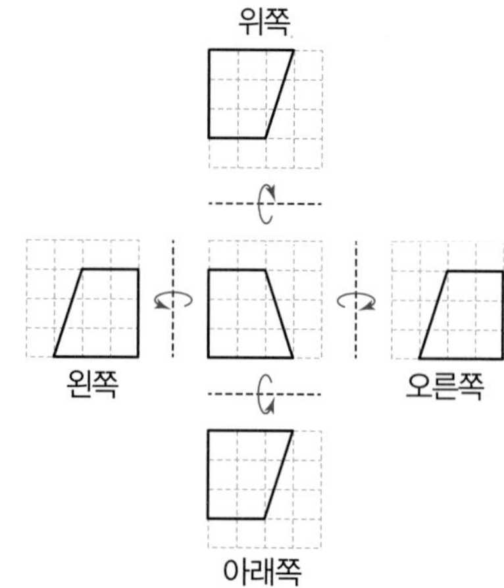

① 도형을 왼쪽이나 오른쪽으로 뒤집으면 도형의 왼쪽과 오른쪽이 서로 바뀝니다.

② 도형을 위쪽이나 아래쪽으로 뒤집으면 도형의 위쪽과 아래쪽이 서로 바뀝니다.

■ **평면도형 돌리기**

시계 방향으로 돌리기	시계 반대 방향으로 돌리기

① (시계 방향으로 90°만큼 돌린 도형)
=(시계 반대 방향으로 270°만큼 돌린 도형)

② (시계 방향으로 180°만큼 돌린 도형)
=(시계 반대 방향으로 180°만큼 돌린 도형)

③ (시계 방향으로 270°만큼 돌린 도형)
=(시계 반대 방향으로 90°만큼 돌린 도형)

■ **규칙적인 무늬 꾸미기**

• 밀기, 뒤집기, 돌리기를 이용하여 규칙적인 무늬를 꾸밀 수 있습니다.

쪽지 시험

정답과 풀이 73쪽

▸251006-0643

01 점 ㄱ이 어떻게 이동했는지 알맞은 말에 ○표 하고, □ 안에 알맞은 수를 써넣으세요.

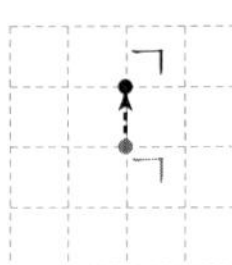

점 ㄱ은 (위쪽 , 아래쪽 , 왼쪽, 오른쪽)으로 □칸 이동했습니다.

▸251006-0644

02 도형을 주어진 방향으로 8칸씩 밀었을 때의 도형을 각각 그려 보세요.

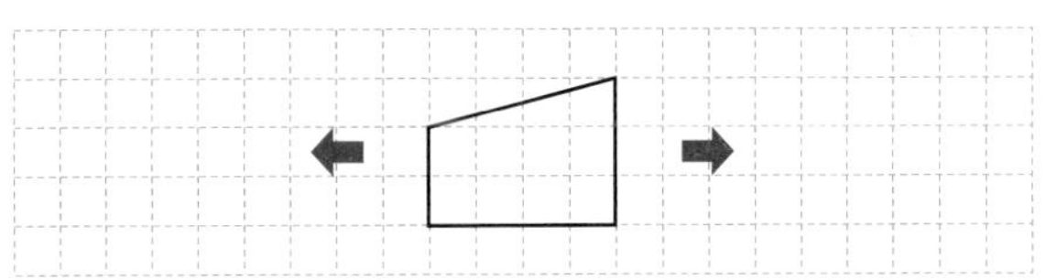

▸251006-0645

03 도형을 오른쪽으로 6 cm 밀었을 때의 도형을 그려 보세요.

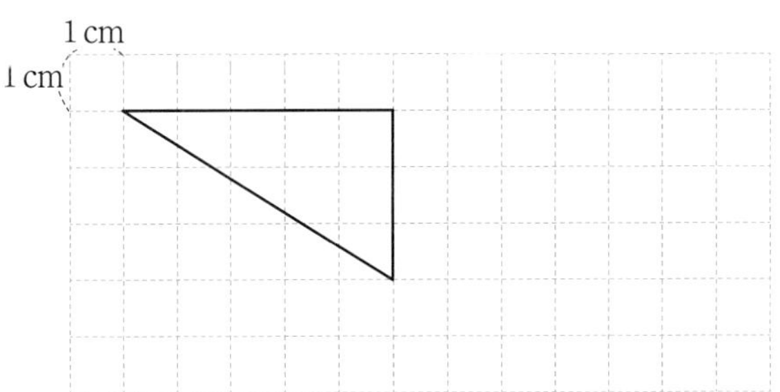

▸251006-0646

04 도형을 오른쪽으로 뒤집었을 때의 도형을 그려 보세요.

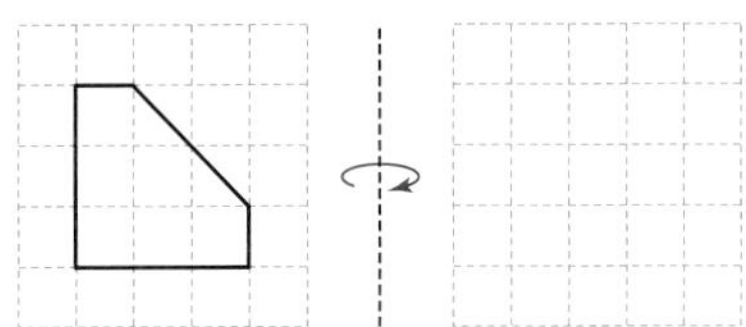

▸251006-0647

05 다음 중 아래쪽으로 뒤집어도 모양이 변하지 않는 도형을 찾아 ○표 하세요.

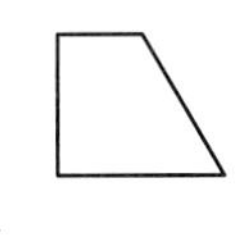
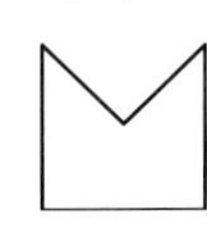
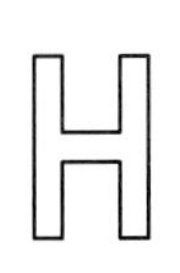

(　　　) (　　　) (　　　)

▸251006-0648

06 어떤 도형을 오른쪽으로 뒤집었을 때의 도형입니다. 뒤집기 전의 도형을 그려 보세요.

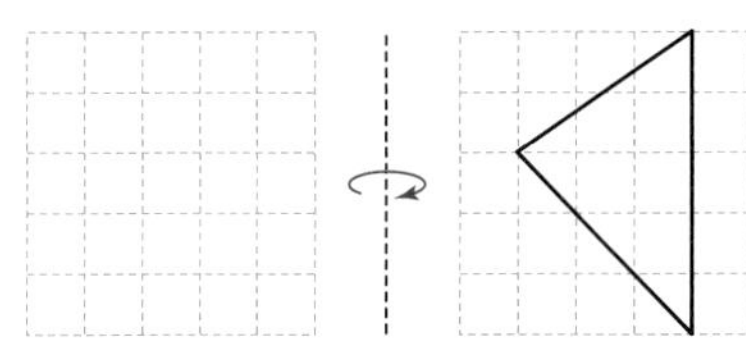

▸251006-0649

07 보기 의 모양 조각을 시계 반대 방향으로 180° 만큼 돌렸을 때의 모양에 ○표 하세요.

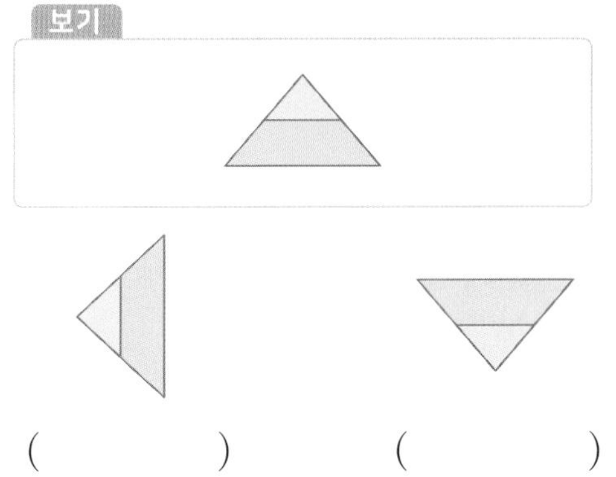

(　　　) (　　　)

▸251006-0650

08 도형을 시계 방향으로 90°만큼 돌렸을 때의 도형을 그려 보세요.

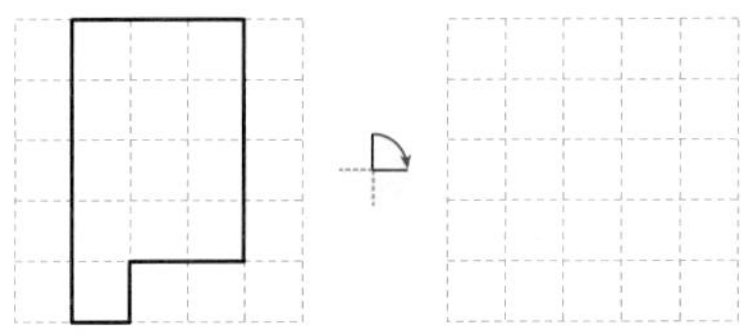

▸251006-0651

09 도형을 시계 반대 방향으로 90°만큼 돌렸을 때의 도형을 그려 보세요.

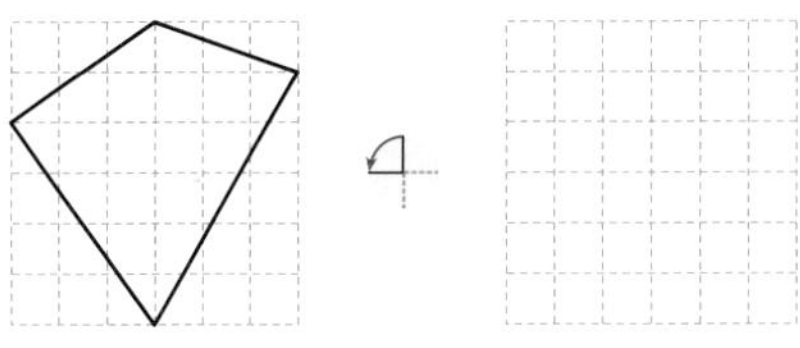

▸251006-0652

10 규칙에 따라 무늬를 꾸몄습니다. 빈칸을 채워 무늬를 완성해 보세요.

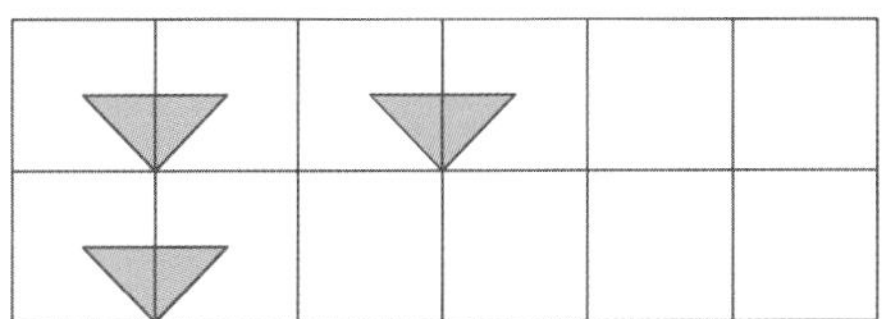

학교 시험 만점왕 1회

▸ 251006-0653

01 점 ㄱ을 왼쪽으로 2 cm 이동했을 때의 점을 그려 보세요.

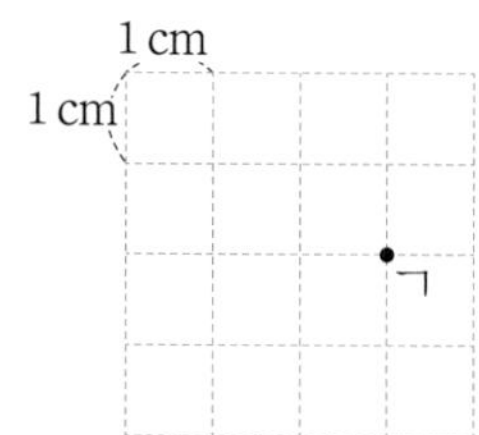

▸ 251006-0654

02 점이 어떻게 이동했는지 알맞은 말에 ○표 하고, □ 안에 알맞은 수를 써넣으세요.

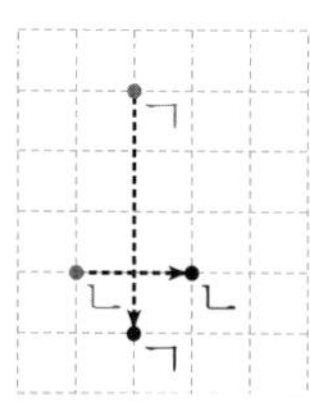

(1) 점 ㄱ은 (위쪽 , 아래쪽 , 왼쪽 , 오른쪽) 으로 □칸 이동했습니다.

(2) 점 ㄴ은 (위쪽 , 아래쪽 , 왼쪽 , 오른쪽) 으로 □칸 이동했습니다.

▸ 251006-0655

03 도형을 주어진 방향으로 7칸 밀었을 때의 도형을 그려 보세요.

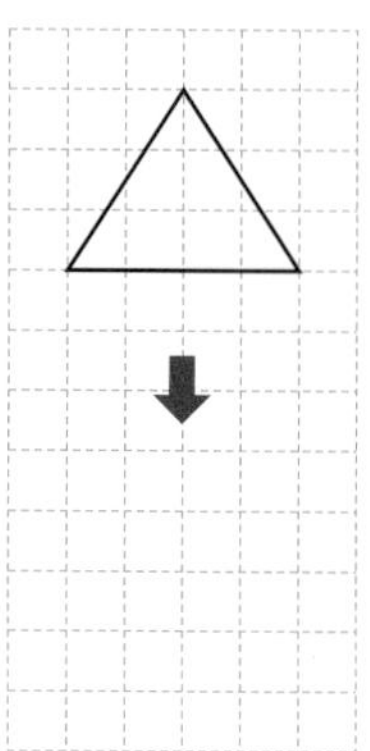

▸ 251006-0656

04 도형의 이동 방법을 설명하려고 합니다. □ 안에 알맞은 수나 말을 써넣으세요.

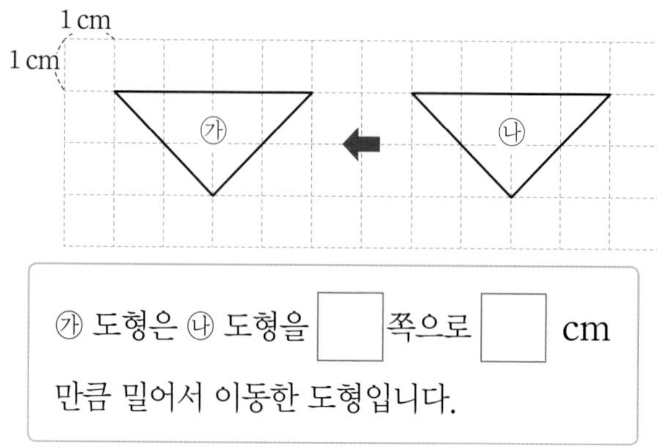

㉮ 도형은 ㉯ 도형을 □쪽으로 □ cm 만큼 밀어서 이동한 도형입니다.

▸ 251006-0657

05 도형을 위쪽으로 4 cm 밀고, 오른쪽으로 7 cm 밀었을 때의 도형을 그려 보세요.

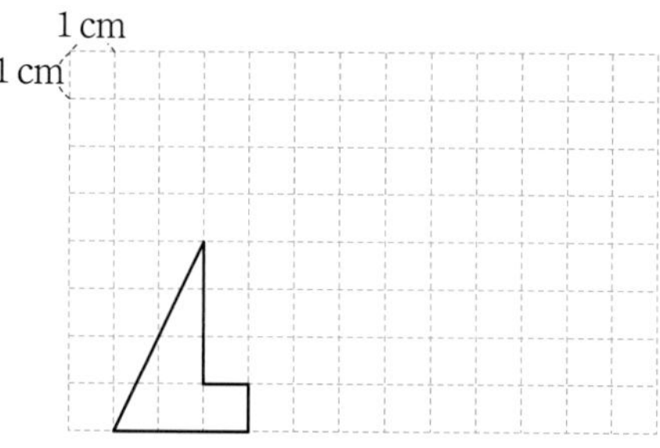

▸ 251006-0658

06 도형을 위쪽으로 3번 뒤집었을 때의 도형을 그려 보세요.

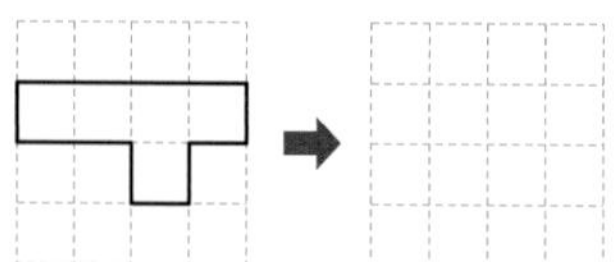

▸ 251006-0659

07 어떤 도형을 아래쪽으로 뒤집었을 때의 도형입니다. 처음 도형을 그려 보세요.

처음 도형

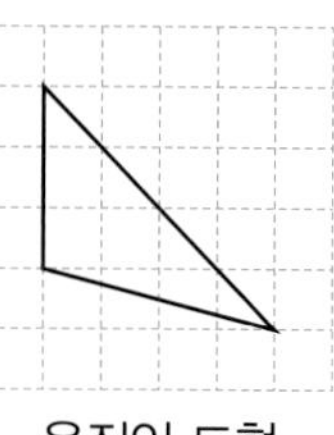

움직인 도형

▶ 251006-0660

08 도현이는 아래의 조각을 움직여서 정사각형을 채우려고 합니다. 빈 곳에 들어갈 조각을 찾아 기호를 써 보세요.

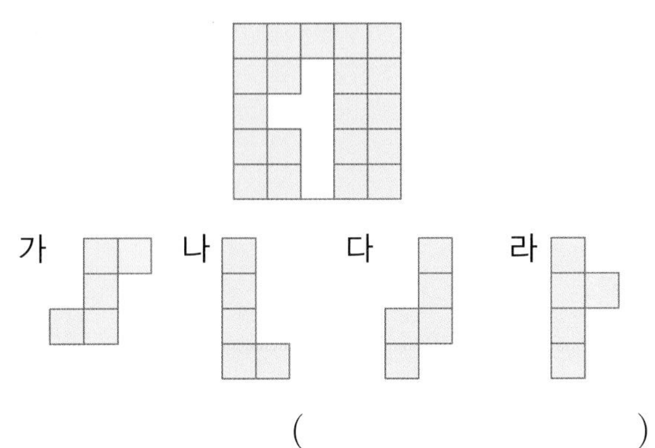

(　　　　　　　　)

▶ 251006-0661

09 거울에 비친 시각은 민주가 학교에 도착한 시각입니다. 민주가 학교에 도착한 시각은 몇 시 몇 분인가요?

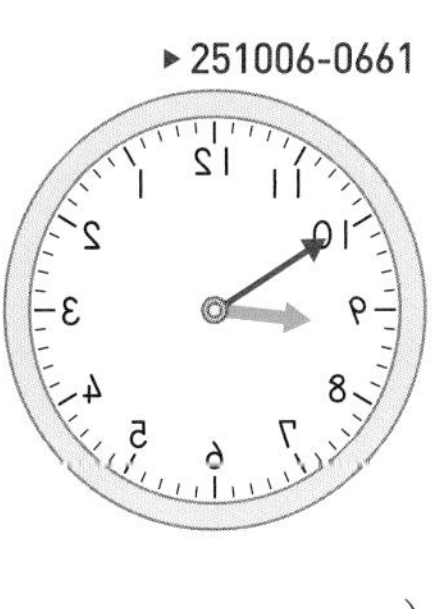

(　　　　　　　　)

서술형

▶ 251006-0662

10 투명 필름 위에 세 자리 수를 적은 것입니다. 투명 필름을 왼쪽으로 뒤집었을 때 나오는 수와 처음 수의 합이 얼마인지 풀이 과정을 쓰고 답을 구해 보세요.

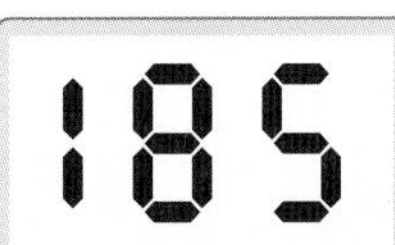

풀이

답

▶ 251006-0663

11 민주가 찍은 사진입니다. 실제 산의 모습과 호수에 비친 산의 모습은 어떻게 다른지 알맞은 말에 ○표 하세요.

호수에 비친 산의 모습은 실제 산의 모습을 (밀기 , 뒤집기 , 돌리기) 한 것과 같습니다.

▶ 251006-0664

12 도형을 제시된 방향으로 돌렸을 때의 도형을 그려 보세요.

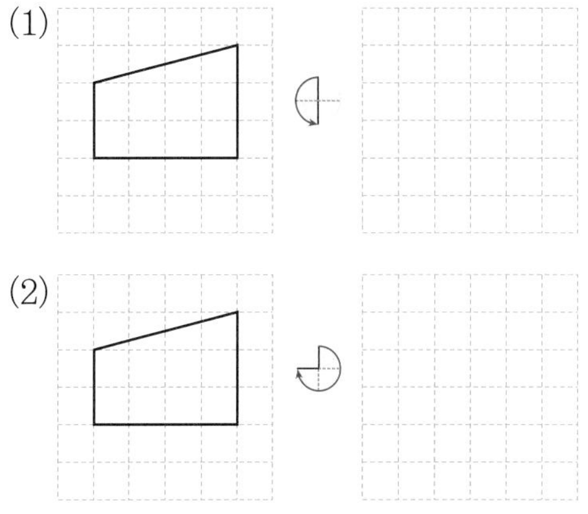

▶ 251006-0665

13 다음 중 와 같이 돌린 도형과 와 같이 돌린 도형이 서로 다른 것을 모두 찾아 기호를 써 보세요.

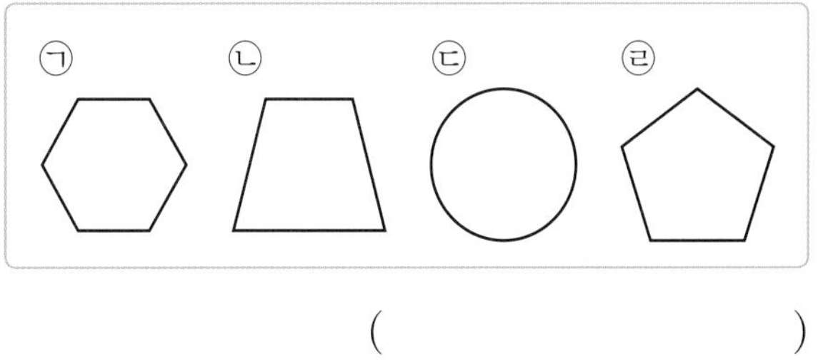

(　　　　　　　　)

▸ 251006-0666

14 왼쪽 도형을 시계 방향으로 180°만큼 2번 돌렸을 때의 도형을 그려 보세요.

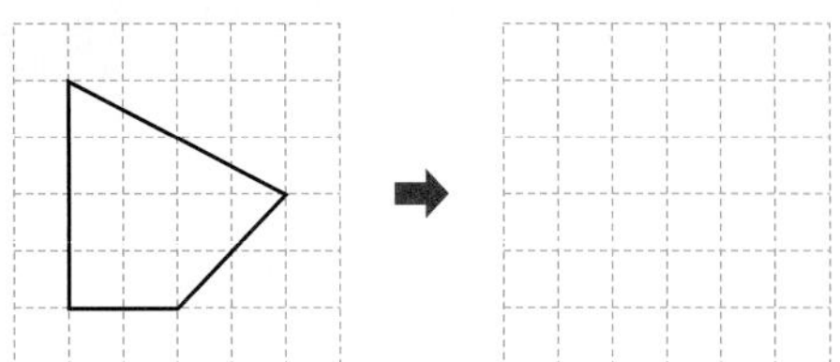

▸ 251006-0667

15 왼쪽 도형을 돌렸더니 오른쪽 도형이 되었습니다. ? 에 알맞은 것을 고르세요. (　　　)

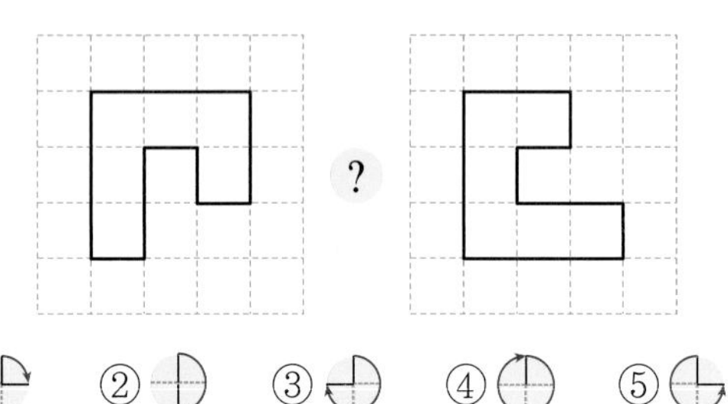

①　②　③　④　⑤

▸ 251006-0668

16 조각을 움직여서 그림을 완성하려고 합니다. ㉠, ㉡에 들어갈 수 있는 조각은 무엇인지 보기 에서 기호를 찾아 써 보세요.

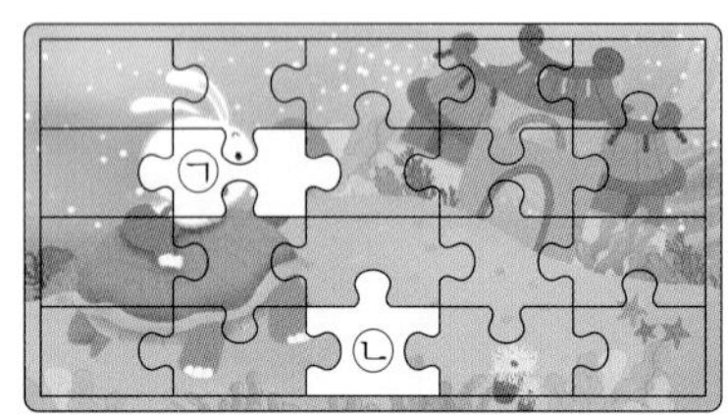

보기

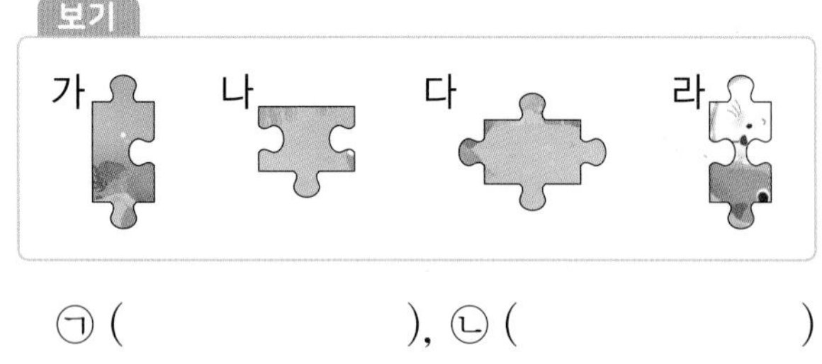

㉠ (　　　　　　　　), ㉡ (　　　　　　　　)

▸ 251006-0669

17 시계 반대 방향으로 180°만큼 돌렸을 때와 아래쪽으로 뒤집었을 때의 모양이 처음 모양과 같은 글자는 모두 몇 개일까요?

ㄱ　ㄷ　ㄹ　ㅁ　ㅂ　ㅍ

(　　　　　　　　)

▸ 251006-0670

18 어떤 규칙으로 꾸민 무늬인지 알맞은 말에 ○표 하세요.

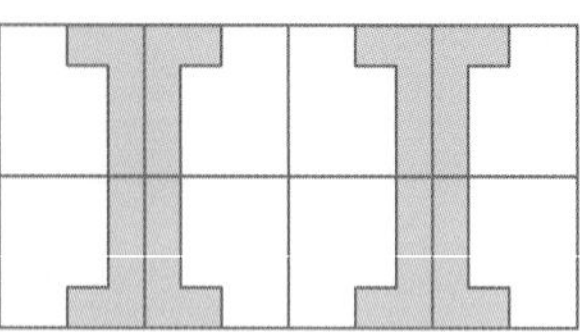

모양을 오른쪽으로 (미는 , 뒤집는) 것을 반복해서 모양을 만들고 그 모양을 아래쪽으로 (밀어서 , 뒤집어서) 무늬를 꾸몄습니다.

▸ 251006-0671

19 모양으로 규칙적인 무늬를 꾸며 보세요.

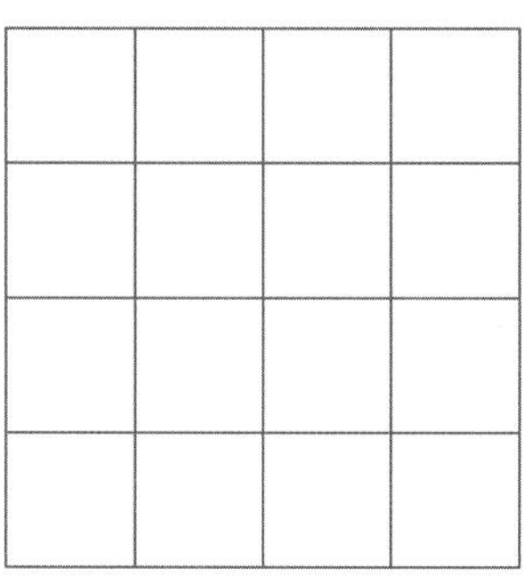

서술형

▸ 251006-0672

20 보기 에서 알맞은 것을 골라 무늬를 꾸민 규칙을 설명해 보세요.

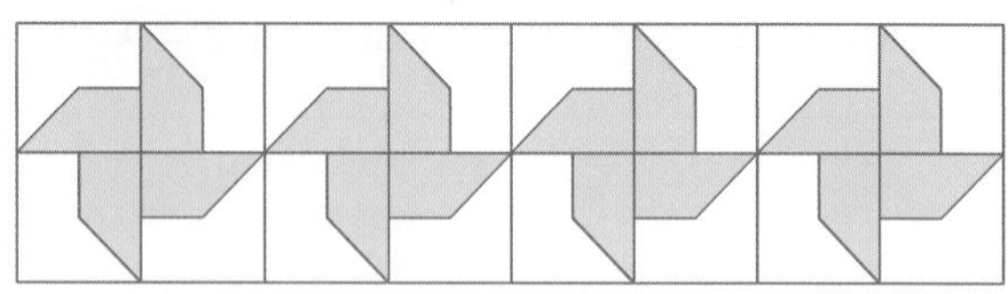

보기

밀기, 돌리기, 뒤집기, 90°, 180°, 270°, 오른쪽, 왼쪽, 위쪽, 아래쪽

규칙 모양을 ______________________

학교 시험 만점왕 2회

정답과 풀이 76쪽

4. 평면도형의 이동

▸251006-0673

01 점을 어떻게 이동했는지 설명해 보세요.

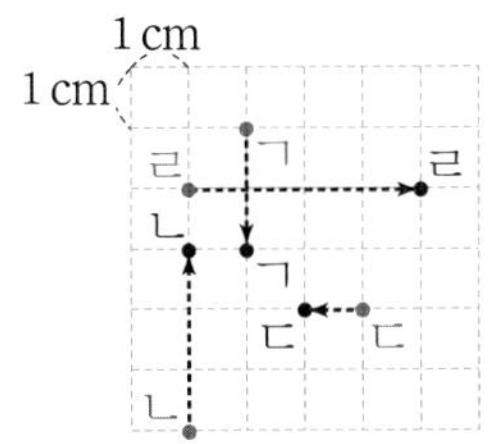

(1) 점 ㄱ을 □쪽으로 □ cm 이동했습니다.

(2) 점 ㄴ을 □쪽으로 □ cm 이동했습니다.

(3) 점 ㄷ을 □쪽으로 □ cm 이동했습니다.

(4) 점 ㄹ을 □쪽으로 □ cm 이동했습니다.

▸251006-0674

02 점 ㄱ에서 점 ㄴ까지 이동하려고 합니다. 알맞은 말에 ○표 하고 □ 안에 알맞은 수를 써넣으세요.

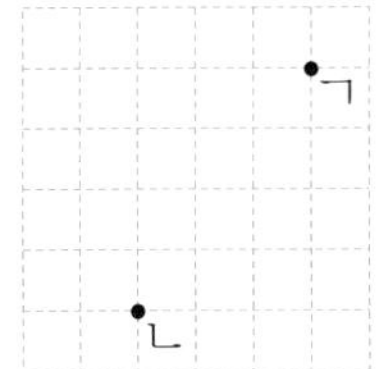

점 ㄱ을 (위쪽 , 아래쪽 , 왼쪽 , 오른쪽)으로 □칸 이동하고, (위쪽 , 아래쪽 , 왼쪽 , 오른쪽)으로 □칸 이동합니다.

▸251006-0675

03 오른쪽 수 카드를 아래쪽으로 밀었을 때의 모양을 찾아 기호를 써 보세요. 2

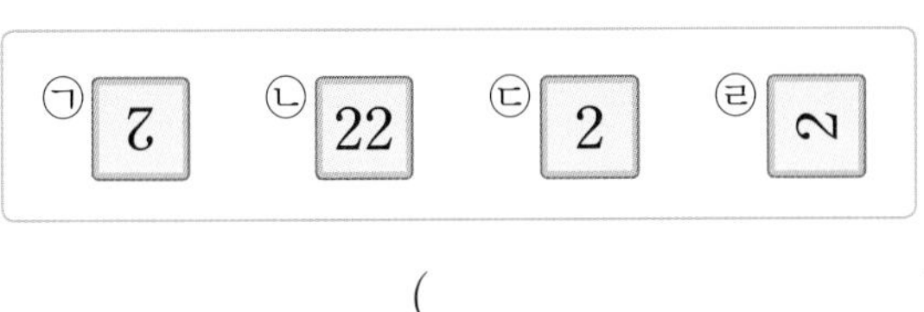

(   )

▸251006-0676

04 도형을 오른쪽으로 8칸 밀었을 때의 도형을 그려 보세요.

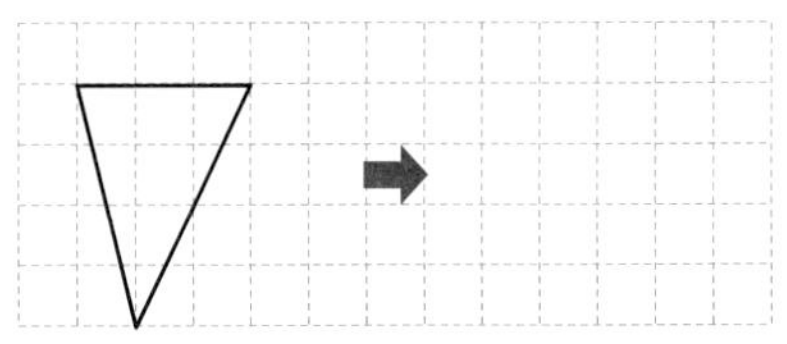

▸251006-0677

05 도형을 오른쪽으로 **4 cm** 밀고 위쪽으로 **3 cm** 밀었을 때의 도형을 그려 보세요.

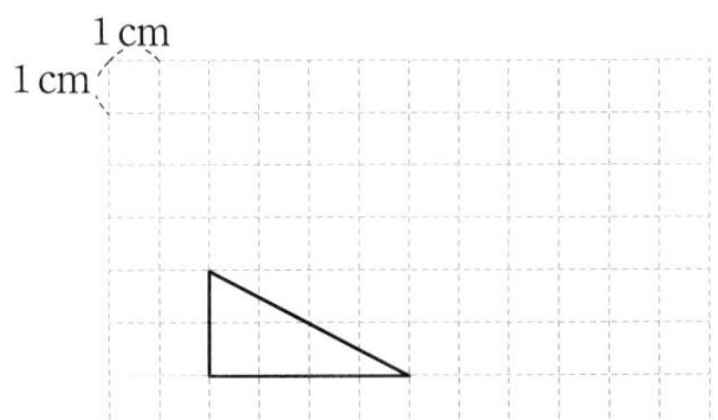

▸251006-0678

06 ㉠과 ㉡ 조각을 밀어 정사각형 모양을 완성하려고 합니다. 어떻게 밀면 되는지 □ 안에 알맞은 말이나 수를 써넣으세요.

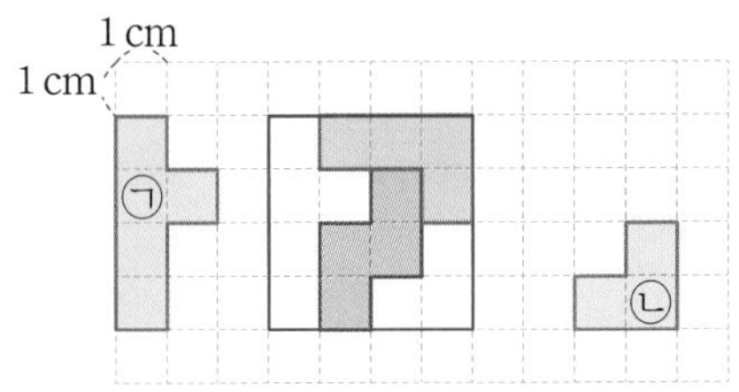

- ㉠ 조각을 □쪽으로 □ cm 밀면 됩니다.
- ㉡ 조각을 □쪽으로 □ cm 밀면 됩니다.

▸251006-0679

07 도형을 왼쪽으로 뒤집었을 때의 도형과 오른쪽으로 뒤집었을 때의 도형을 각각 그려 보세요.

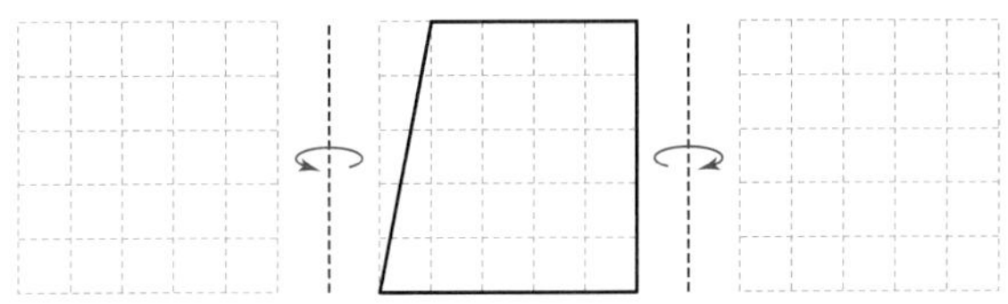

▸251006-0680

08 820이 쓰인 수 카드의 위쪽에 거울을 세워 놓고 비췄을 때 거울에 비친 수는 무엇인지 구해 보세요.

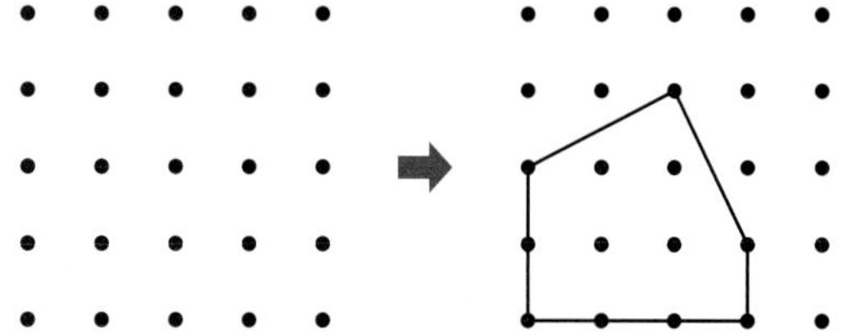

( )

▸251006-0681

09 어떤 도형을 오른쪽으로 뒤집은 도형을 다음과 같이 그렸습니다. 뒤집기 전의 도형을 그려 보세요.

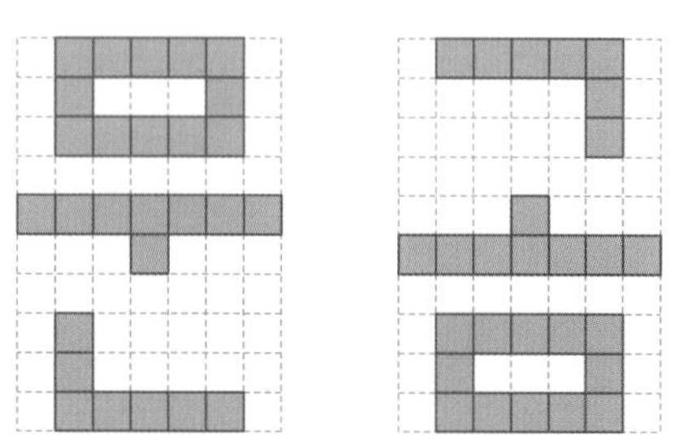

▸251006-0682

10 글자 '문'이 글자 '곰'이 되도록 뒤집는 방법을 설명해 보세요.

'문'을 □쪽으로 뒤집고 □쪽으로 뒤집으면 '곰'이 됩니다.

▸251006-0683

11 지도에서 사용되는 여러 가지 기호입니다. 왼쪽이나 오른쪽으로 뒤집어도 처음과 모양이 같은 것을 찾아 기호를 써 보세요.

( )

▸251006-0684

12 도형을 시계 방향으로 180°만큼 돌린 도형에 ○표 하세요.

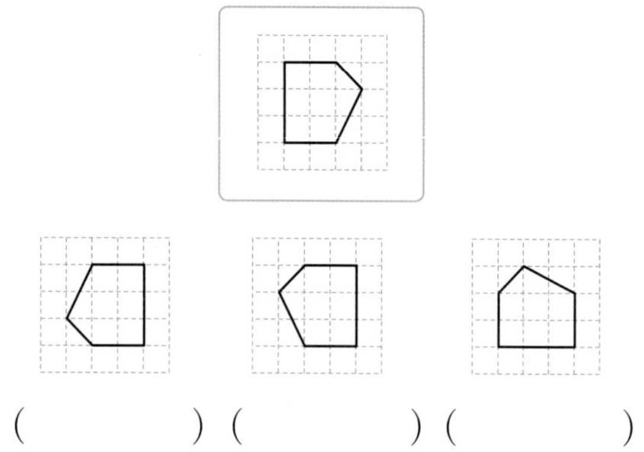

( ) ( ) ( )

▸251006-0685

13 도형을 시계 반대 방향으로 270°만큼 돌렸을 때의 도형을 그려 보세요.

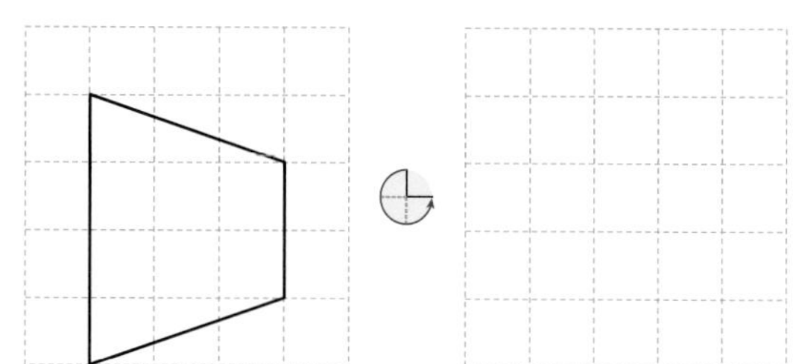

서술형

▸251006-0686

14 덧셈식 카드를 시계 방향으로 180°만큼 돌렸을 때 만들어지는 식의 계산 결과는 얼마인지 풀이 과정을 쓰고 답을 구해 보세요.

85+62

풀이

답

▸ 251006-0687

15 도형을 일정한 규칙으로 움직였습니다. 아홉째에 알맞은 도형을 그려 보세요.

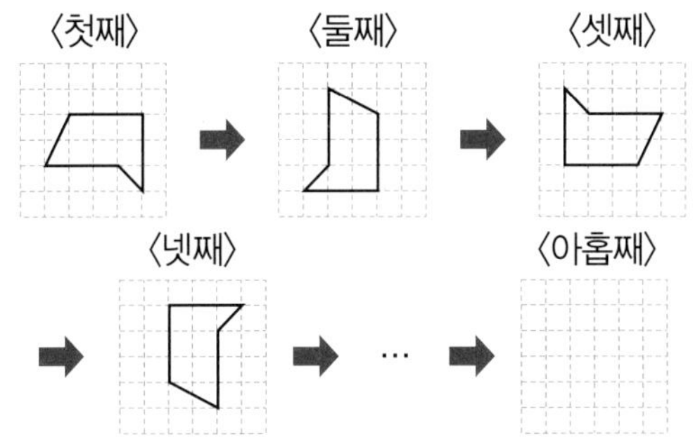

▸ 251006-0688

16 왼쪽 도형을 돌렸더니 오른쪽 도형이 되었습니다. ? 에 들어갈 알맞은 것을 찾아 기호를 써 보세요.

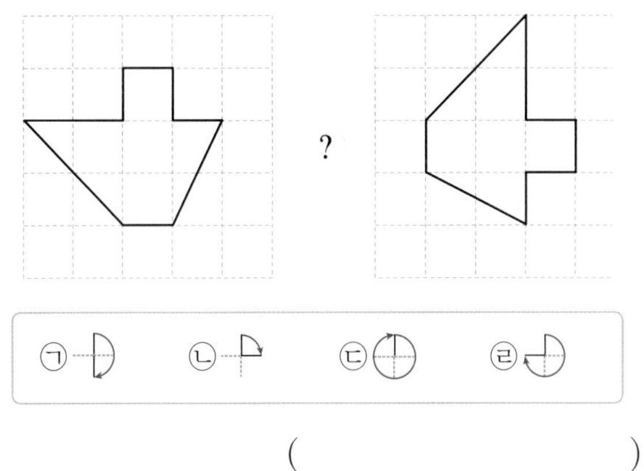

㉠ ㉡ ㉢ ㉣

( )

▸ 251006-0689

17 빈 곳을 채우려면 주어진 조각을 어떻게 움직여야 하는지 알맞은 방법을 찾아 기호를 써 보세요.

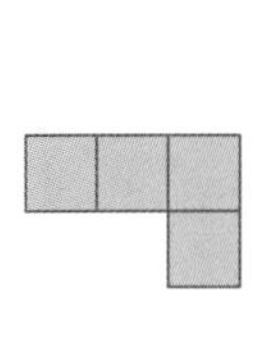

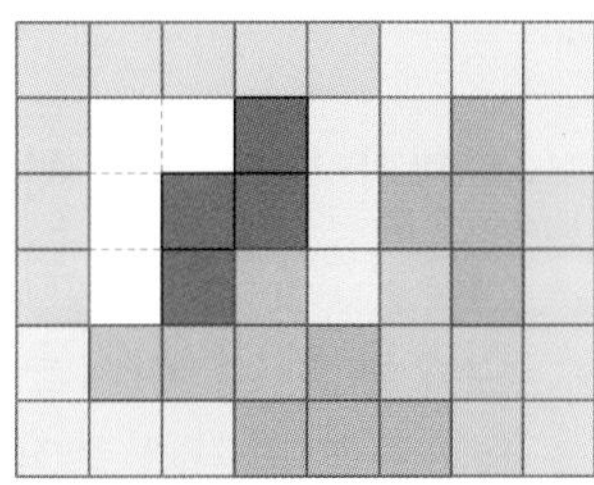

㉠ 시계 반대 방향으로 90°만큼 돌리기
㉡ 위쪽 방향으로 뒤집기
㉢ 시계 방향으로 180°만큼 돌리기
㉣ 오른쪽 방향으로 밀기

( )

▸ 251006-0690

18 모양으로 밀기를 이용하여 꾸민 무늬는 어느 것인가요? ( )

① 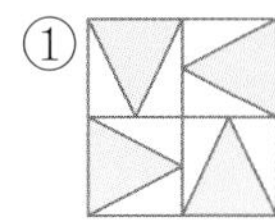
② 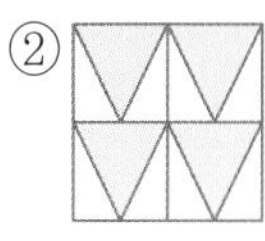
③ 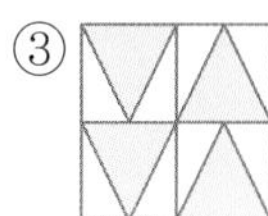
④ 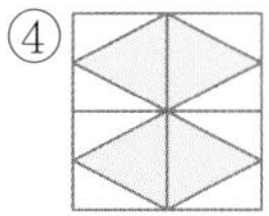
⑤ 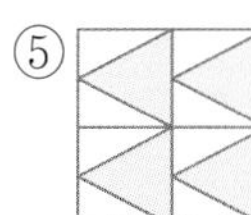

▸ 251006-0691

19 모양으로 돌리기를 이용하여 규칙적인 무늬를 꾸며 보세요.

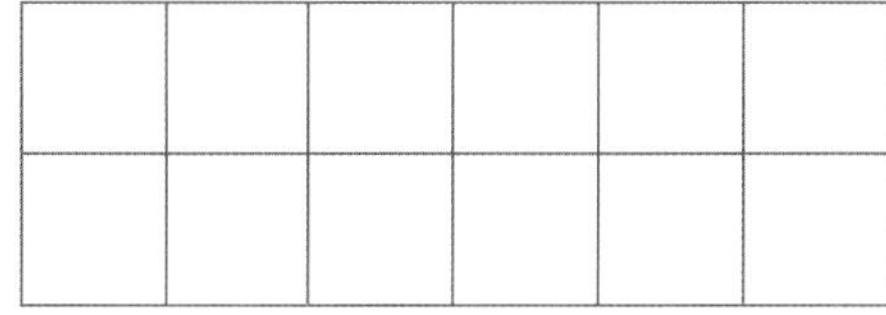

서술형

▸ 251006-0692

20 주어진 무늬를 꾸민 규칙을 설명해 보세요.

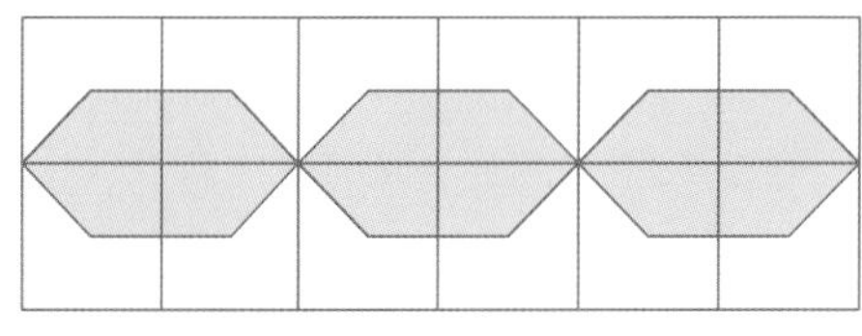

규칙 모양을

4단원 서술형·논술형 평가

▸251006-0693

01 점 ㄱ에서 점 ㄴ으로 이동하려고 합니다. 어떻게 이동하면 되는지 설명해 보세요.

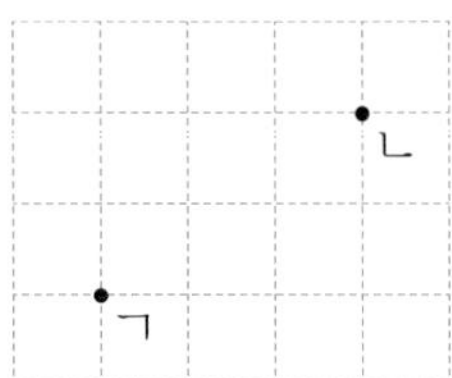

설명

▸251006-0694

02 재현이는 다음과 같이 도형의 이동 방법을 설명했습니다. 재현이가 잘못 설명한 부분을 바르게 고쳐 보세요.

> 재현: 나 도형은 가 도형을 오른쪽으로 3 cm만큼 밀었습니다.

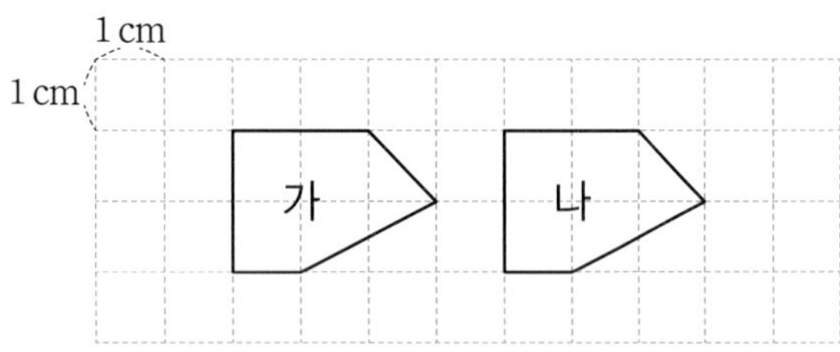

바르게 고치기

▸251006-0695

03 나 도형은 가 도형을 어떻게 이동한 것인지 설명해 보세요.

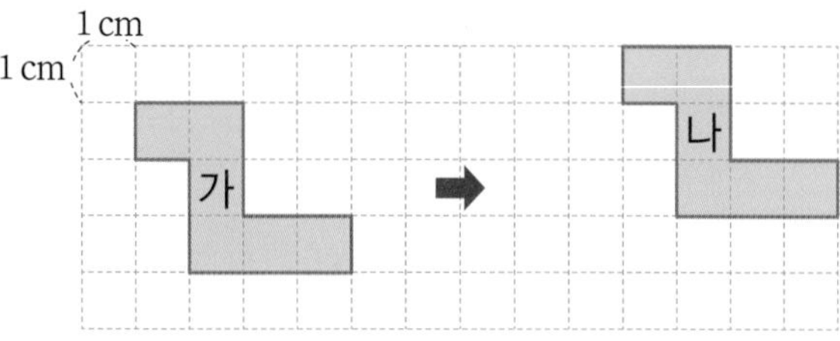

설명

▸251006-0696

04 투명 필름 위에 두 자리 수를 적은 것입니다. 투명 필름을 각각 오른쪽으로 뒤집었을 때 나오는 두 수의 차는 얼마인지 풀이 과정을 쓰고 답을 구해 보세요.

85　　18

풀이

답

▸251006-0697

05 시계가 나타내는 시각을 아래쪽으로 뒤집었을 때의 시각은 몇 시 몇 분인지 풀이 과정을 쓰고 답을 구해 보세요.

08:52

풀이

답

▸ 251006-0698

06 왼쪽 도형을 돌리기 하였더니 오른쪽 도형이 되었습니다. 어떻게 움직인 것인지 보기 의 낱말을 사용하여 설명해 보세요.

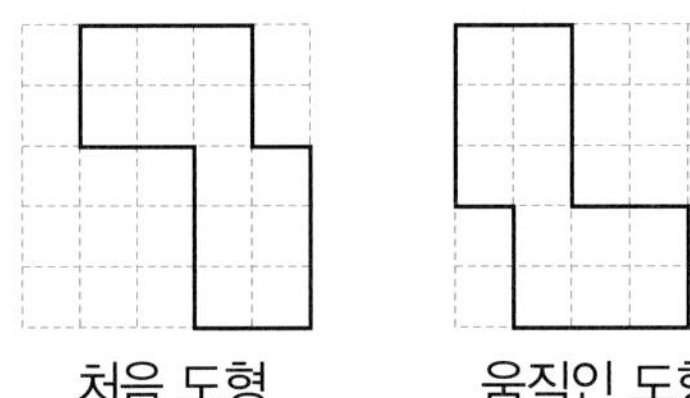

처음 도형 움직인 도형

보기

시계 방향, 시계 반대 방향, 90°, 180°, 270°, 360°

설명

▸ 251006-0699

07 다섯 자리 수가 적힌 카드를 시계 방향으로 180° 만큼 돌렸을 때 만들어지는 수는 얼마인지 풀이 과정을 쓰고 답을 구해 보세요.

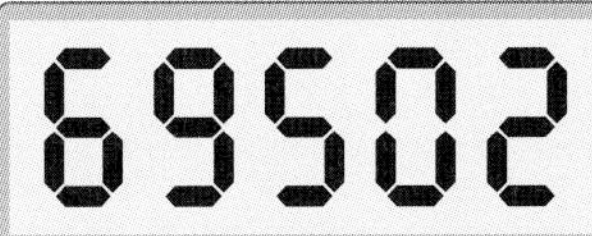

풀이

답

▸ 251006-0700

08 오른쪽 도형을 어떻게 움직이면 처음 도형과 같아지는지 2가지 방법으로 써 보세요.

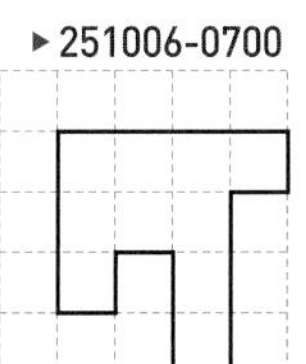

방법 1

방법 2

▸ 251006-0701

09 주어진 모양을 뒤집기를 이용하여 규칙적인 무늬를 만들면 원을 몇 개까지 만들 수 있는지 풀이 과정을 쓰고 답을 구해 보세요.

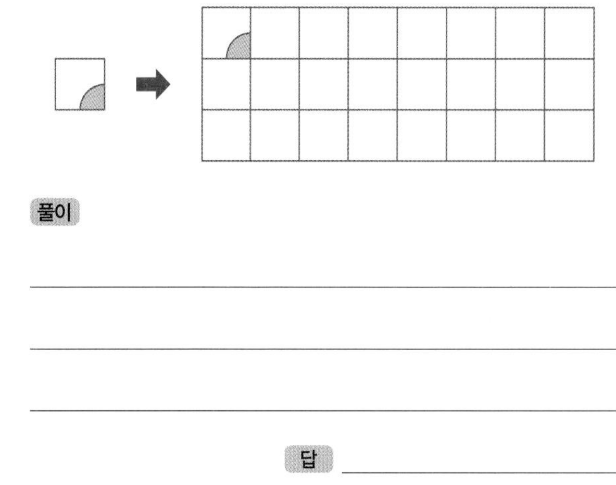

풀이

답

▸ 251006-0702

10 모양을 이용하여 일정한 규칙에 따라 꾸민 무늬입니다. 어떤 규칙으로 꾸민 무늬인지 설명해 보세요.

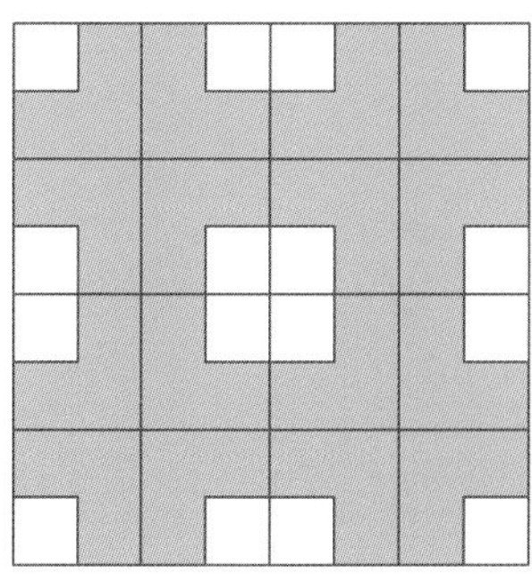

설명

■ 막대그래프 알아보기

좋아하는 체육 활동별 학생 수

체육 활동	달리기	뜀틀	피구	야구	축구	합계
학생 수 (명)	7	1	9	6	4	27

좋아하는 체육 활동별 학생 수

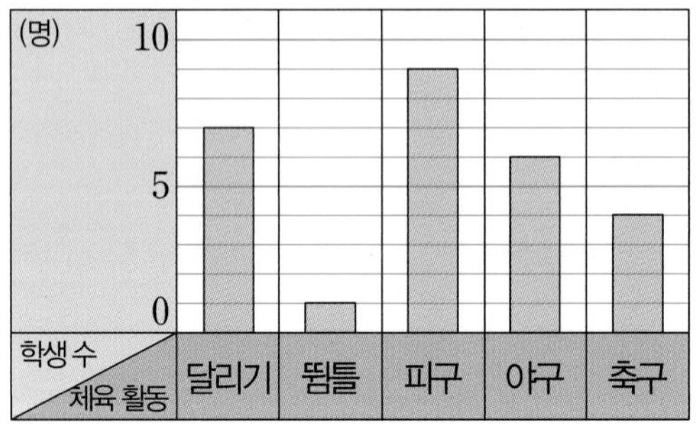

• 조사한 자료의 수량을 막대 모양으로 나타낸 그래프를 막대그래프라고 합니다.

• 표: 전체 학생 수를 알아보기에 편리합니다.

• 막대그래프: 체육 활동별로 학생 수의 많고 적음을 한눈에 알아보기 편리합니다.

■ 막대그래프 내용 알아보기

좋아하는 음식별 학생 수

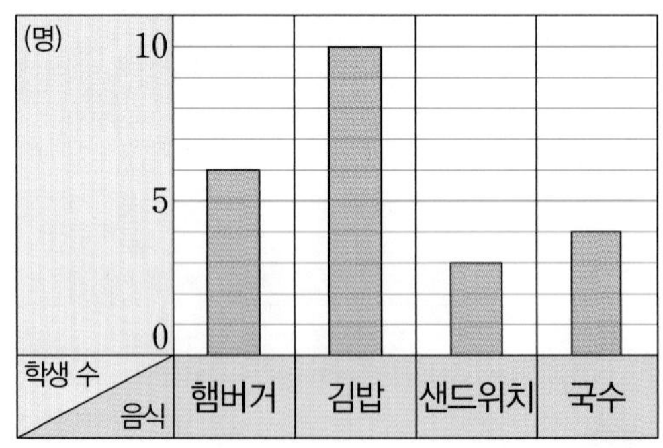

• 가로는 음식, 세로는 학생 수를 나타냅니다.

• 막대그래프에서 세로 눈금 1칸은 1명을 나타냅니다.

• 가장 많은 학생들이 좋아하는 음식은 김밥입니다.

• 가장 적은 학생들이 좋아하는 음식은 샌드위치입니다.

• 조사한 학생은 모두 23명입니다.

■ 막대그래프로 나타내기

• 막대그래프 그리는 순서

① 조사한 내용을 표로 정리합니다.

② 가로와 세로에 무엇을 나타낼 것인지 정합니다.

③ 눈금 한 칸의 크기를 정합니다.

④ 조사한 수량 중 가장 큰 수를 나타낼 수 있도록 눈금의 수를 정합니다.

⑤ 조사한 수에 맞도록 막대를 그립니다.

⑥ 막대그래프에 알맞은 제목을 붙입니다.
(제목은 처음에 써도 됩니다.)

■ 자료를 조사하여 막대그래프로 나타내기

• 자료를 조사한 후에는 조사한 자료를 수집하여 분류합니다.

• 조사한 결과를 표와 그래프로 나타내면 보는 사람이 쉽게 알 수 있습니다

■ 막대그래프 활용하기

• 막대그래프를 활용하면 필요한 정보를 손쉽게 비교할 수 있습니다.

연령별 스마트폰 주당 사용 시간

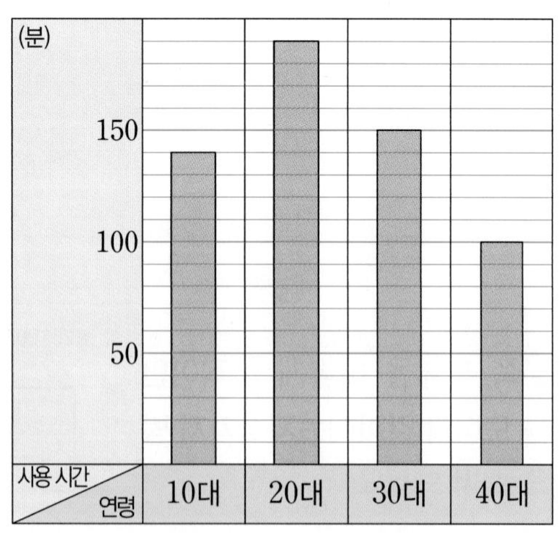

① 주당 스마트폰 사용 시간이 가장 많은 연령은 20대입니다.

② 주당 스마트폰 사용 기간이 가장 적은 연령은 40대입니다.

쪽지 시험

정답과 풀이 78쪽

[01~05] 수정이네 반 학생들이 좋아하는 과일을 조사하여 나타낸 표와 막대그래프입니다. 물음에 답하세요.

좋아하는 과일별 학생 수

과일	사과	감	수박	딸기	포도	합계
학생 수(명)	6	4	11	3	6	30

좋아하는 과일별 학생 수

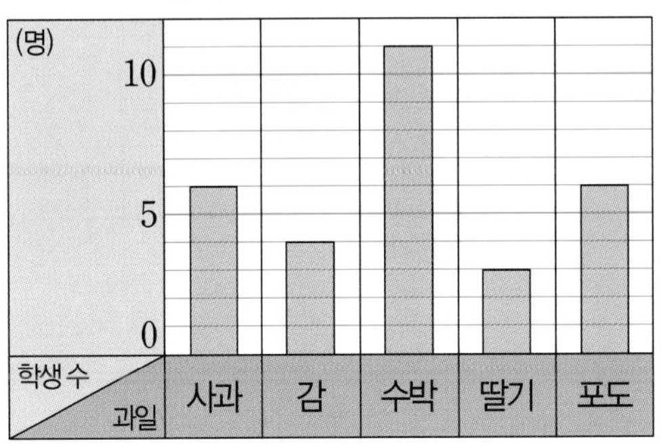

▸ 251006-0703

01 가로와 세로는 각각 무엇을 나타내나요?

가로 (　　　　　　　　)
세로 (　　　　　　　　)

▸ 251006-0704

02 □ 안에 알맞은 수를 써넣으세요.

세로 눈금 한 칸은 □ 명을 나타냅니다.

▸ 251006-0705

03 막대의 길이는 무엇을 나타내나요?

(　　　　　　　　)

▸ 251006-0706

04 가장 많은 학생들이 좋아하는 과일은 무엇인가요?

(　　　　　　　　)

▸ 251006-0707

05 표와 막대그래프 중 좋아하는 과일별 학생 수의 많고 적음을 한눈에 알아보기 쉬운 것은 어느 것인가요?

(　　　　　　　　)

[06~10] 홍규네 반 학생들이 좋아하는 계절을 조사하여 나타낸 표입니다. 물음에 답하세요.

좋아하는 계절별 학생 수

계절	봄	여름	가을	겨울	합계
학생 수(명)	8	7	5	9	29

▸ 251006-0708

06 표를 보고 막대그래프로 나타낼 때 막대그래프의 가로에 계절을 나타낸다면 세로에는 무엇을 나타내야 하나요?

(　　　　　　　　)

▸ 251006-0709

07 표를 보고 막대그래프로 나타내 보세요.

좋아하는 계절별 학생 수

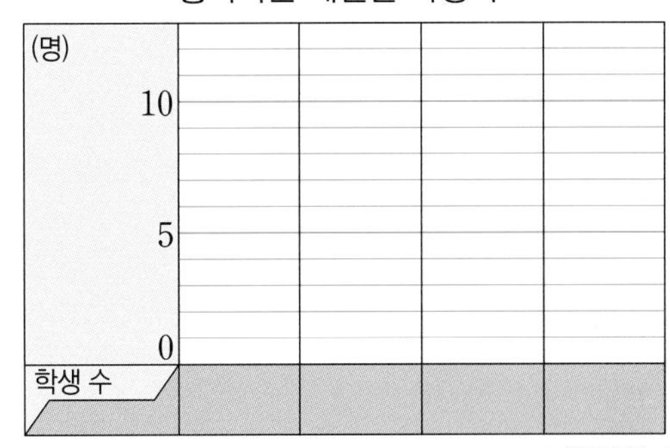

▸ 251006-0710

08 막대가 가로인 막대그래프로 나타내 보세요.

좋아하는 계절별 학생 수

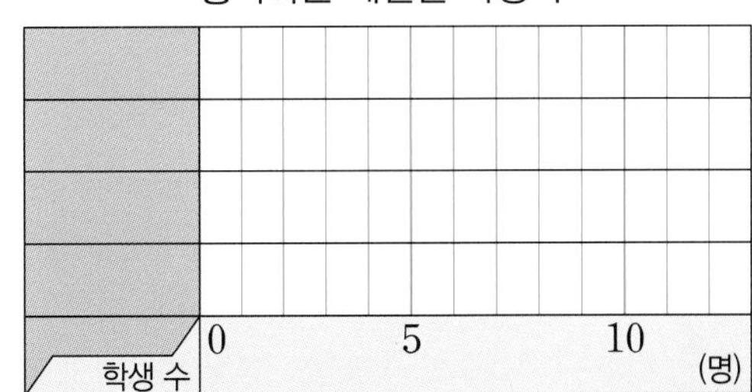

▸ 251006-0711

09 학생들이 많이 좋아하는 계절부터 순서대로 써 보세요.

(　　　　　　　　)

▸ 251006-0712

10 가장 많은 학생들이 좋아하는 계절과 가장 적은 학생들이 좋아하는 계절의 학생 수의 차는 몇 명일까요?

(　　　　　　　　)

[01~04] 지우네 마을의 요일별 수돗물 사용량을 조사하여 나타낸 막대그래프입니다. 물음에 답하세요.

요일별 수돗물 사용량

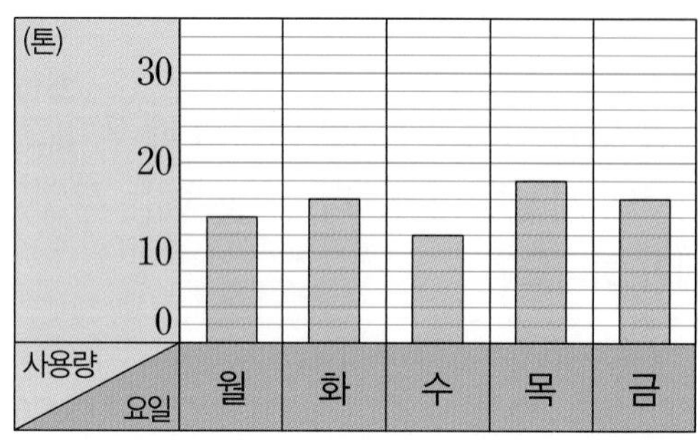

▸251006-0713

01 막대그래프에서 가로와 세로는 각각 무엇을 나타내나요?

가로 ( )

세로 ( )

▸251006-0714

02 세로 눈금 한 칸은 몇 톤을 나타내나요?

( )

▸251006-0715

03 수돗물의 사용량이 같은 요일은 언제와 언제인가요?

( ), ( )

▸251006-0716

04 수돗물을 가장 많이 사용한 요일과 가장 적게 사용한 요일의 사용량의 차는 몇 톤일까요?

( )

[05~07] 재현이네 반과 민희네 반에서 가고 싶은 현장 체험 학습 장소를 조사하여 나타낸 막대그래프입니다. 물음에 답하세요.

재현이네 반에서 가고 싶어 하는 장소별 학생 수

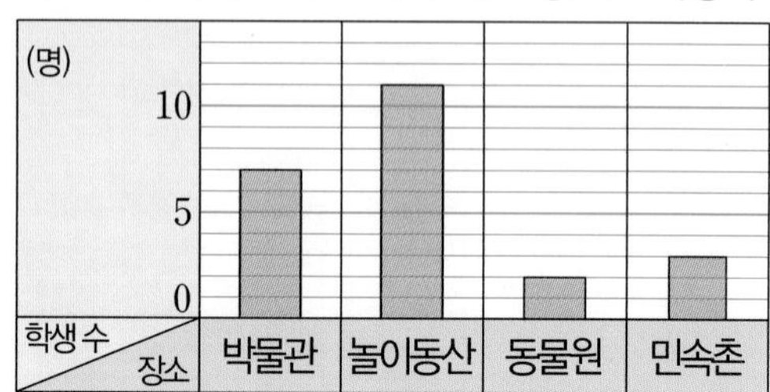

민희네 반에서 가고 싶어 하는 장소별 학생 수

(명) 10 5 0

학생 수 / 장소 | 박물관 | 놀이동산 | 동물원 | 민속촌

▸251006-0717

05 재현이네 반과 민희네 반에서 현장 체험 학습으로 가고 싶어 하는 학생 수가 많은 장소부터 각각 순서대로 써 보세요.

재현이네 반 ( )

민희네 반 ( )

▸251006-0718

06 재현이네 반과 민희네 반에서 가고 싶어 하는 장소별 학생 수가 같은 곳은 어디인가요?

( )

서술형

▸251006-0719

07 재현이네 반과 민희네 반에서 체험 학습 장소를 고른다면 어디가 좋을지 쓰고 그 이유를 써 보세요.

장소 ____________________

이유

[08~10] 종호네 학교 4학년 학생들이 좋아하는 간식을 조사하여 나타낸 표입니다. 물음에 답하세요.

좋아하는 간식별 학생 수

간식	햄버거	김밥	떡볶이	치킨	합계
학생 수(명)	16	28	22	24	90

▸ 251006-0720

08 막대그래프로 나타낼 때 세로 눈금 한 칸이 2명을 나타낸다면 떡볶이를 좋아하는 학생 수는 몇 칸으로 나타내야 할까요?

( )

▸ 251006-0721

09 표를 보고 막대그래프를 완성해 보세요.

좋아하는 간식별 학생 수

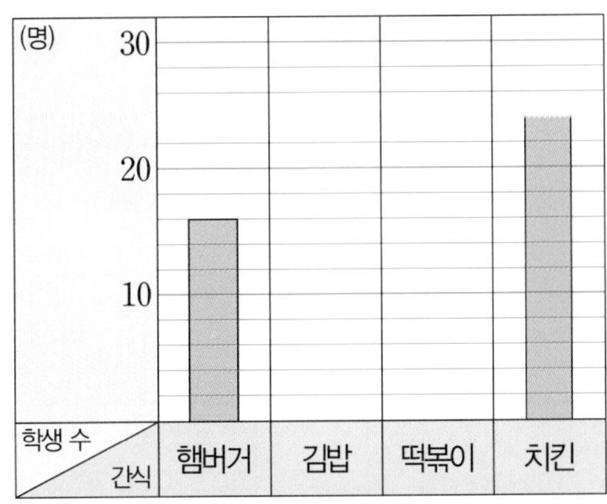

▸ 251006-0722

10 표를 보고 가로로 된 막대그래프로 나타내 보세요.

좋아하는 간식별 학생 수

햄버거	
김밥	
떡볶이	
치킨	
간식 / 학생 수	0 10 20 30 (명)

[11~13] 민주네 반 학생들이 학예회 발표에 참여할 종목을 조사한 것입니다. 물음에 답하세요.

학예회 발표 종목

합창	춤	연극	합주

▸ 251006-0723

11 학생들이 학예회 발표에 참여할 종목을 표로 나타내 보세요.

학예회 발표 종목별 학생 수

종목	합창	춤	연극	합주	합계
학생 수(명)					

▸ 251006-0724

12 표를 보고 위에서부터 학생 수가 많은 순서대로 나타나도록 막대가 가로인 막대그래프를 완성해 보세요.

학예회 발표 종목별 학생 수

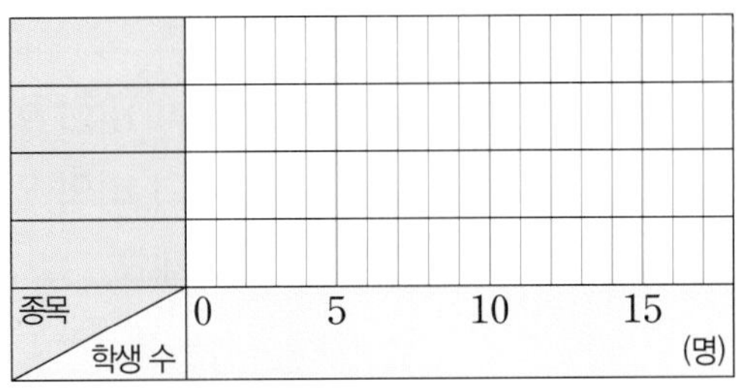

▸ 251006-0725

13 위 막대그래프를 보고 바르게 이야기한 사람의 이름을 써 보세요.

미선: 가장 적은 학생들이 참여할 종목은 춤입니다.
지은: 합주보다 많고 합창보다 적은 수의 학생이 참여할 종목은 연극입니다.
준희: 6명보다 많은 학생들이 참여할 종목은 합창과 연극입니다.

( )

[14~15] 어느 지역의 건조주의보 발생 일수와 산불 발생 건수를 조사하여 나타낸 막대그래프입니다. 물음에 답하세요.

건조주의보 발생 일수

(일) 20 10 0

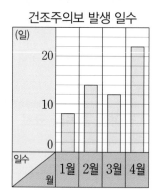

일수 / 월 | 1월 | 2월 | 3월 | 4월

산불 발생 건수

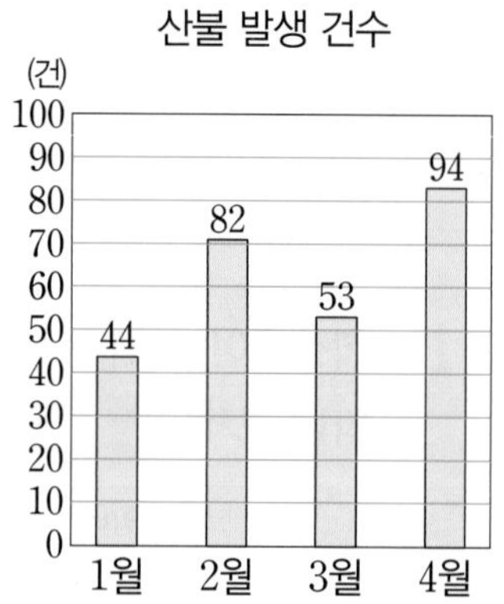

▸ 251006-0726

14 건조주의보 발생 일수와 산불 발생이 가장 많은 달을 각각 찾아 순서대로 써 보세요.

( ), ( )

▸ 251006-0727

15 건조주의보와 산불 발생은 어떤 관계가 있는지 써 보세요.

관계

[16~17] 어느 해의 1년 동안 내린 비의 양을 조사하여 나타낸 막대그래프입니다. 광주의 비의 양이 서울보다 300 mm 많을 때 물음에 답하세요.

도시별 강수량

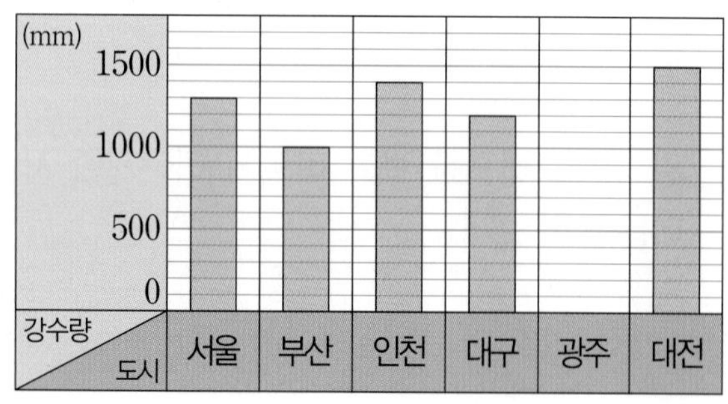

▸ 251006-0728

16 막대그래프를 완성해 보세요.

▸ 251006-0729

17 두 번째로 강수량이 많은 도시와 두 번째로 강수량이 적은 도시의 강수량의 차를 구해 보세요.

( )

[18~20] 이준이네 반 학생들의 혈액형을 조사하여 막대그래프로 나타내려고 합니다. 다음 대화를 보고 물음에 답하세요.

혜린: 너희 반 학생 수는 몇 명이야?
이준: 우리 반 학생 수는 26명이야.
혜린: 너희 반 학생들의 혈액형은 어떻게 돼?
이준: AB형은 4명이야. A형은 AB형보다 3명 더 많고, B형은 A형보다 1명 더 적어.

▸ 251006-0730

18 위의 대화를 보고 아래의 표를 완성해 보세요.

혈액형별 학생 수

혈액형	A형	B형	O형	AB형	합계
학생 수 (명)				4	

▸ 251006-0731

19 위의 표를 보고 막대그래프를 완성해 보세요.

혈액형별 학생 수

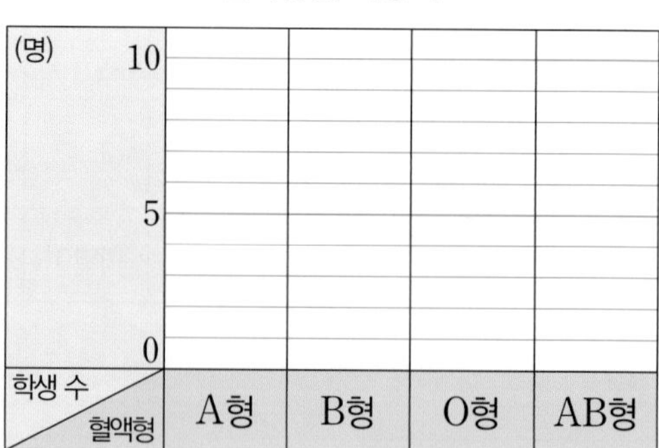

서술형

▸ 251006-0732

20 위 막대그래프를 보고 알 수 있는 사실을 두 가지 써 보세요.

학교 시험 만점왕 2회

정답과 풀이 80쪽

5. 막대그래프

[01~04] 재현이네 학교 학생들이 좋아하는 아이스크림의 맛을 조사하여 나타낸 그래프입니다. 물음에 답해 보세요.

좋아하는 아이스크림의 맛별 학생 수

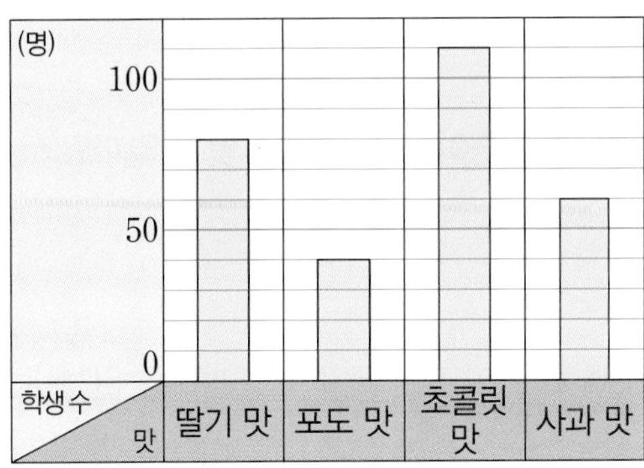

▸251006-0733

01 위와 같이 조사한 수량을 막대 모양으로 나타낸 그래프를 무엇이라고 하나요?

( )

▸251006-0734

02 세로 눈금 한 칸은 몇 명을 나타내나요?

( )

▸251006-0735

03 가장 많은 학생들이 좋아하는 아이스크림의 맛은 무엇인가요?

( )

▸251006-0736

04 포도 맛 아이스크림을 좋아하는 학생의 2배인 아이스크림의 맛은 무엇인가요?

( )

[05~07] 재석이네 모둠과 세호네 모둠 학생들의 오래달리기 기록을 조사하여 나타낸 막대그래프입니다. 물음에 답하세요.

재석이네 모둠의 오래달리기 기록

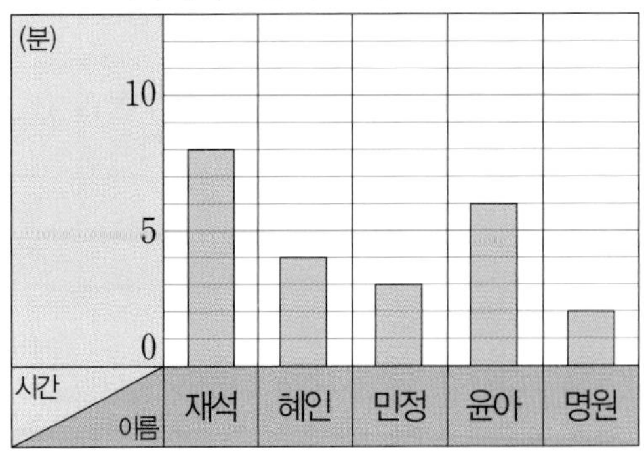

세호네 모둠의 오래달리기 기록

(분) 10, 5, 0

시간 / 이름: 세호, 성진, 한솔, 연아, 진영

▸251006-0737

05 세호네 모둠에서 오래달리기 기록이 두 번째로 느린 학생은 누구인가요?

( )

▸251006-0738

06 윤아는 혜인이보다 기록이 몇 분 더 늦나요?

( )

서술형

▸251006-0739

07 재석이네 모둠과 세호네 모둠에서 기록이 민정이보다 늦고 연아보다 빠른 학생은 모두 몇 명인지 풀이 과정을 쓰고 답을 구해 보세요.

풀이

답

[08~10] 형우네 반 학생들의 장래 희망을 조사하여 나타낸 것입니다. 물음에 답하세요.

장래 희망

과학자	운동 선수	선생님	운동 선수	과학자	의사
선생님	의사	과학자	운동 선수	선생님	운동 선수
운동 선수	과학자	선생님	운동 선수	운동 선수	선생님
운동 선수	의사	의사	선생님	과학자	운동 선수

▸ 251006-0740

08 조사한 자료를 보고 표로 나타내 보세요.

장래 희망별 학생 수

장래 희망	과학자	운동 선수	선생님	의사	합계
학생 수 (명)					

▸ 251006-0741

09 막대가 세로인 막대그래프로 나타낸다면 가로와 세로에는 각각 무엇을 나타내야 하나요?

가로 ( )

세로 ( )

▸ 251006-0742

10 위의 표를 보고 막대그래프로 나타내 보세요.

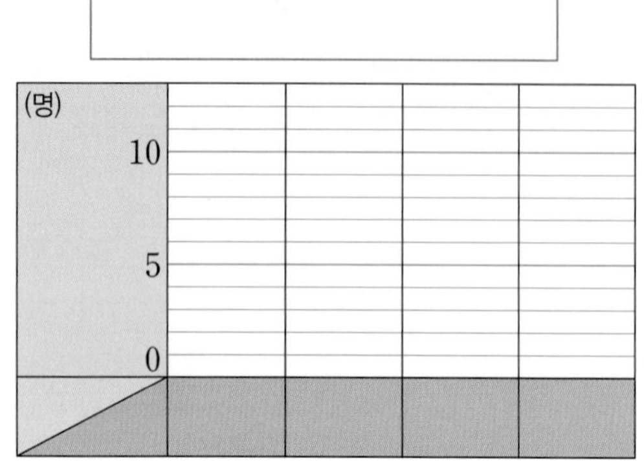

[11~14] 정민이네 학교 학생들이 좋아하는 민속놀이를 조사하여 나타낸 표입니다. 물음에 답하세요.

좋아하는 민속놀이별 학생 수

민속놀이	연날리기	팽이치기	윷놀이	공기놀이	합계
학생 수 (명)	6	4		10	36

▸ 251006-0743

11 윷놀이를 좋아하는 학생은 몇 명일까요?

( )

▸ 251006-0744

12 표를 보고 가로로 된 막대그래프를 완성해 보세요.

좋아하는 민속놀이별 학생 수

연날리기	
팽이치기	
윷놀이	
공기놀이	
민속놀이 / 학생 수	0 5 10 15 (명)

▸ 251006-0745

13 표를 보고 한 칸이 2명인 막대그래프를 완성해 보세요.

(명)				
20				
10				
0				
학생 수 / 민속놀이	연날리기	팽이치기	윷놀이	공기놀이

▸ 251006-0746

14 가장 많은 학생들이 좋아하는 민속놀이의 학생 수는 가장 적은 학생들이 좋아하는 민속놀이의 학생 수의 몇 배인지 구해 보세요.

( )

[15~16] 재호네 마을에서 일주일 동안 배출된 쓰레기양을 조사하여 나타낸 막대그래프입니다. 물음에 답하세요.

일주일 동안 배출된 쓰레기양

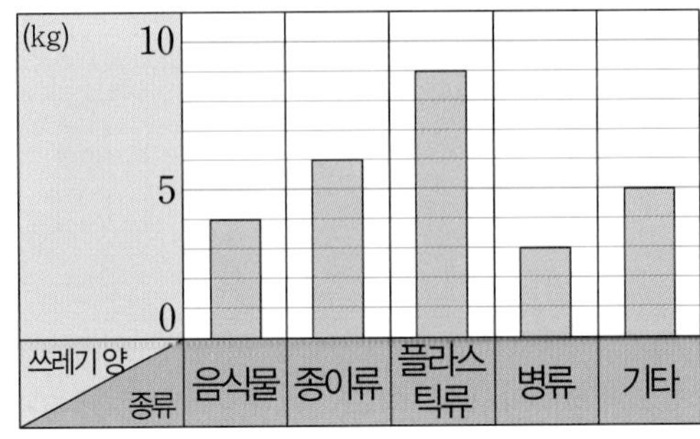

▸ 251006-0747

15 일주일 동안 배출된 쓰레기양은 모두 몇 kg일까요?

(　　　　　　　)

▸ 251006-0748

16 위 그래프에 대한 설명으로 옳지 않은 것을 찾아 기호를 써 보세요.

㉠ 종이류 쓰레기양은 6 kg입니다.
㉡ 가장 적게 배출된 쓰레기는 병류입니다.
㉢ 가장 많이 배출된 쓰레기는 플라스틱류입니다.
㉣ 목요일에 배출된 쓰레기양이 가장 많습니다.

(　　　　　　　)

[17~18] 윤서네 학교 4학년 학생 95명이 존경하는 위인을 조사하여 나타낸 막대그래프입니다. 김구를 존경하는 학생이 20명일 때 물음에 답하세요.

존경하는 위인별 학생 수

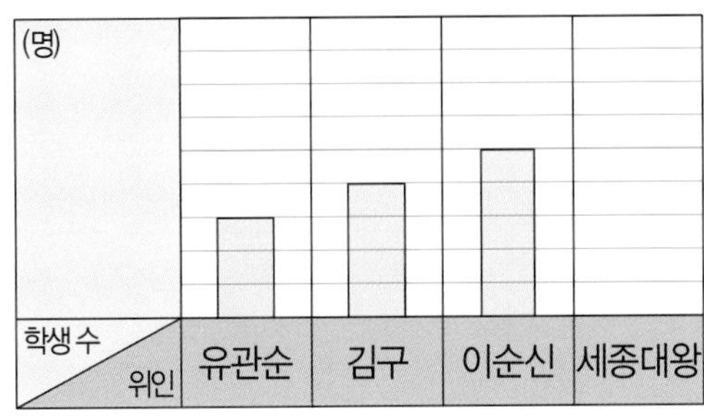

▸ 251006-0749

17 유관순과 이순신을 존경하는 학생 수는 각각 몇 명인지 구해 보세요.

유관순 (　　　　　　　)
이순신 (　　　　　　　)

▸ 251006-0750

18 세종대왕을 존경하는 학생 수를 구하여 막대그래프를 완성해 보세요.

[19~20] 우리나라의 해외 여행객 수를 조사하여 나타낸 막대그래프입니다. 물음에 답하세요.

연도별 해외 여행객 수

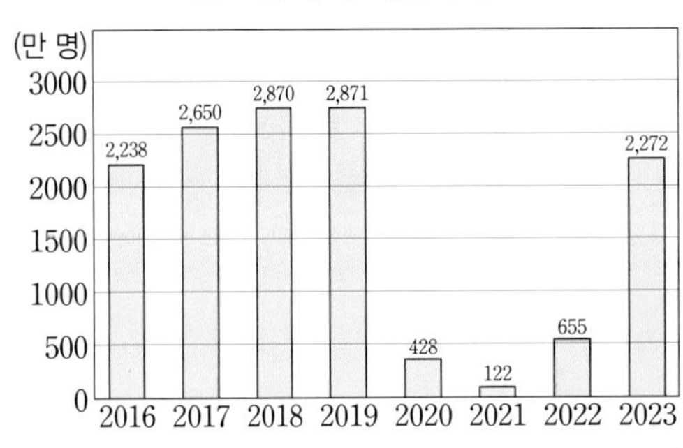

(출처: 한국관광통계, 한국관광공사)

▸ 251006-0751

19 해외 여행객 수가 가장 적었던 해는 언제인가요?

(　　　　　　　)

서술형

▸ 251006-0752

20 위 막대그래프를 보고 2024년 우리나라 해외 여행객 수를 예상해 보고, 그 이유도 써 보세요.

예상 ______________________

이유 ______________________

5단원 서술형·논술형 평가

[01~02] 은성이네 반 학생들이 좋아하는 동물을 조사하여 나타낸 표와 막대그래프입니다. 물음에 답하세요.

좋아하는 동물별 학생 수

동물	곰	원숭이	코끼리	호랑이	합계
학생 수 (명)	3	8	5	10	26

좋아하는 동물별 학생 수

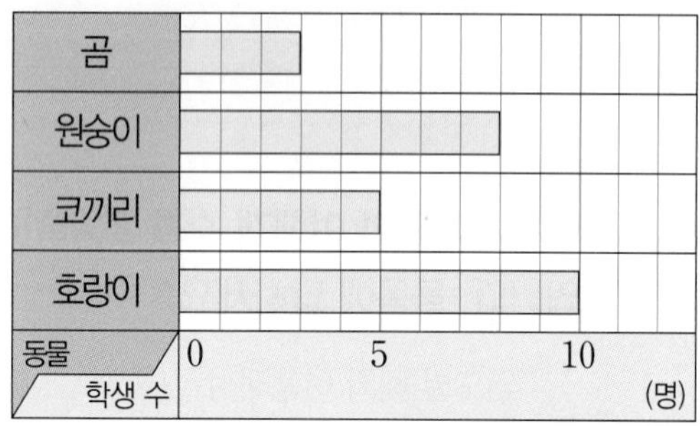

▸251006-0753

01 가장 많은 학생들이 좋아하는 동물과 가장 적은 학생들이 좋아하는 동물의 학생 수의 차는 몇 명인지 풀이 과정을 쓰고 답을 구해 보세요.

풀이

답

▸251006-0754

02 표와 비교하여 막대그래프를 사용했을 때 좋은 점을 써 보세요.

좋은점

[03~05] 민수네 반 학생들이 좋아하는 과일을 조사하여 나타낸 막대그래프입니다. 물음에 답하세요.

좋아하는 과일별 학생 수

(명) 10, 0, 학생 수 / 과일, 사과, 수박, 딸기, 포도

▸251006-0755

03 민수네 반 학생은 모두 몇 명인지 풀이 과정을 쓰고 답을 구해 보세요.

풀이

답

▸251006-0756

04 가장 많이 좋아하는 과일의 학생 수는 가장 적게 좋아하는 과일의 학생 수의 몇 배인지 풀이 과정을 쓰고 답을 구해 보세요.

풀이

답

▸251006-0757

05 잘못 설명한 사람을 찾아 이름을 쓰고, 바르게 고쳐 보세요.

은성: 그래프의 가로에는 과일, 세로에는 학생 수를 나타냈어.
재현: 사과와 포도를 좋아하는 학생 수는 같아.
선희: 사과를 좋아하는 학생 수와 딸기를 좋아하는 학생 수의 차는 3명이야.

잘못 설명한 사람

바르게 고치기

▸ 251006-0758

06 민지네 반 학생들이 좋아하는 간식을 조사하여 나타낸 표를 보고 막대그래프로 나타내려고 합니다. 세로 눈금 한 칸이 2명을 나타낸다면 피자를 좋아하는 학생 수는 몇 칸으로 나타내야 하는지 풀이 과정을 쓰고 답을 구해 보세요.

좋아하는 간식별 학생 수

간식	햄버거	피자	떡볶이	치킨	합계
학생 수(명)	4		8	6	28

풀이

답

[07~08] 민호네 학교 4학년 학생 중 여름 방학 스포츠 캠프에 참가한 학생 수를 조사하여 나타낸 막대그래프입니다. 물음에 답하세요.

스포츠 캠프에 참가한 반별 학생 수

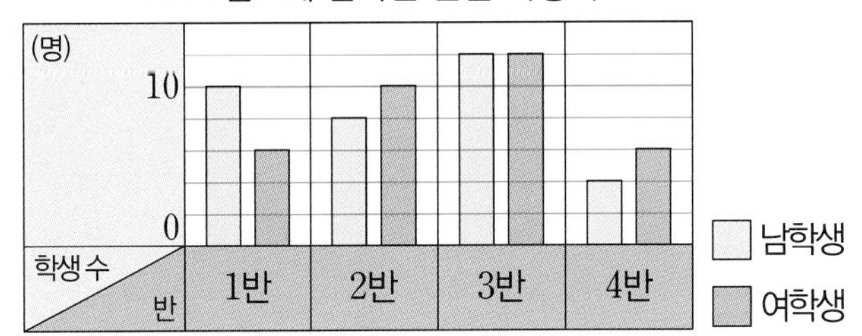

▸ 251006-0759

07 스포츠 캠프에 참가한 남학생이 가장 많은 반은 몇 반이고 몇 명인지 풀이 과정을 쓰고 답을 구해 보세요.

풀이

답 ______, ______

▸ 251006-0760

08 스포츠 캠프에 두 번째로 많이 참가한 반과 가장 적게 참가한 반의 학생 수의 차는 몇 명인지 풀이 과정을 쓰고 답을 구해 보세요.

풀이

답

[09~10] 미진이네 학교 4학년 학생들이 주말에 즐겨 하는 운동을 조사하여 나타낸 두 그래프입니다. 물음에 답하세요.

즐겨하는 운동별 학생 수

운동	학생 수
축구	
수영	
달리기	
배드민턴	

(큰 그림) 10명
(작은 그림) 1명

즐겨하는 운동별 학생 수

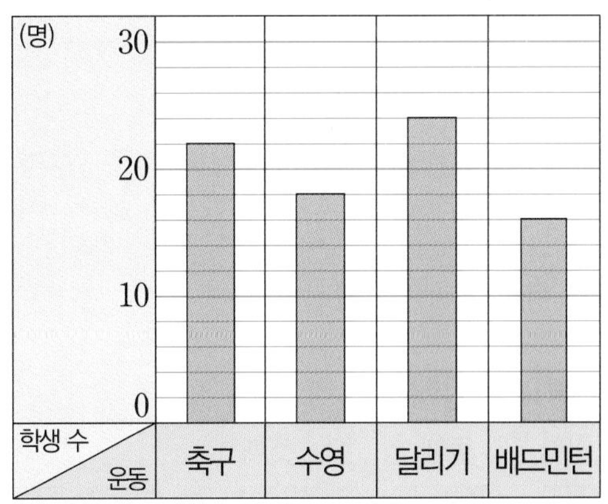

▸ 251006-0761

09 그림그래프와 막대그래프의 같은 점과 다른 점을 각각 한 가지씩 써 보세요.

같은 점

다른 점

▸ 251006-0762

10 막대그래프를 보고 알 수 있는 내용을 2가지 써 보세요.

■ 크기가 같은 두 양의 관계를 식으로 나타내기

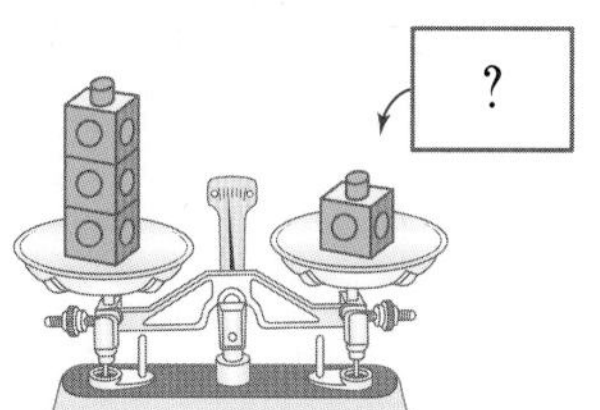

- 오른쪽 접시에 모형을 2개 더 올리면 저울이 수평을 이룹니다.
- 양쪽에 놓인 모형의 개수가 같을 때 등호(=)를 사용해 식으로 나타낼 수 있습니다.

$$3=1+2$$

■ 수의 배열에서 규칙 찾기

32	33	34	35
36	37	38	39
40	41	42	43

- → 방향으로 1씩 커집니다.
- ↓ 방향으로 4씩 커집니다.
- ↘ 방향으로 5씩 커집니다.
- ↙ 방향으로 3씩 커집니다.

■ 도형의 배열에서 규칙 찾기

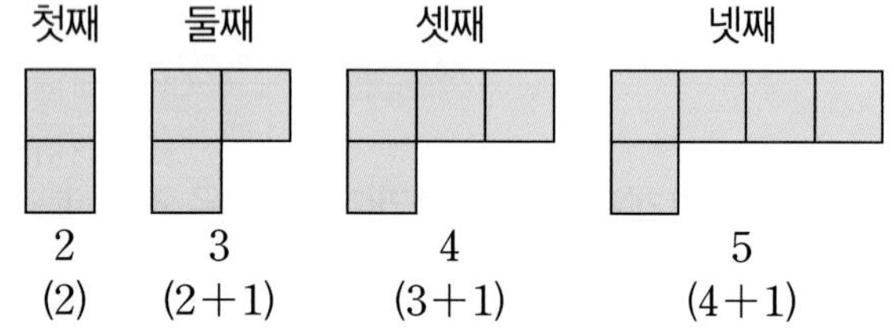

- 정사각형의 수가 2개에서 시작하여, 3개, 4개, 5개, ...로 늘어납니다.
- 다섯째 도형의 정사각형의 수는 5+1=6(개)입니다.

■ 덧셈식에서 규칙 찾기

순서	덧셈식
첫째	200+500=700
둘째	400+600=1000
셋째	600+700=1300

- 더해지는 수는 200씩, 더하는 수는 100씩, 계산 결과는 300씩 커집니다.

■ 뺄셈식에서 규칙 찾기

순서	뺄셈식
첫째	65−12=53
둘째	75−13=62
셋째	85−14=71

- 빼지는 수는 10씩, 빼는 수는 1씩, 계산 결과는 9씩 커집니다.

■ 곱셈식에서 규칙 찾기

순서	곱셈식
첫째	101×9=909
둘째	1001×9=9009
셋째	10001×9=90009

- 1과 1 사이에 0이 1개씩 늘어나는 수에 9를 곱하면 계산 결과는 9와 9 사이에 0이 1개씩 늘어납니다.

■ 나눗셈식에서 규칙 찾기

순서	나눗셈식
첫째	101÷1=101
둘째	202÷2=101
셋째	303÷3=101

- 나누어지는 수와 나누는 수가 각각 2배, 3배, 4배, ...가 되면 계산 결과는 변하지 않습니다.

■ 규칙적인 계산식 찾기

111	113	115	117
211	213	215	217
311	313	315	317

- ╳ 방향으로 엇갈리는 수에서 ↘ 방향의 수의 합과 ↙ 방향의 수의 합은 같습니다.
  ➡ 113+215=115+213
- → 방향, ↓ 방향, ↘ 방향, ↙ 방향으로 각각 연속된 세 수의 합은 가운데 수의 3배입니다.
  ➡ 111+211+311=211×3

쪽지 시험

정답과 풀이 83쪽

▸251006-0763

01 ○ 안에 등호(=)를 넣을 수 있는 식을 찾아 기호를 써 보세요.

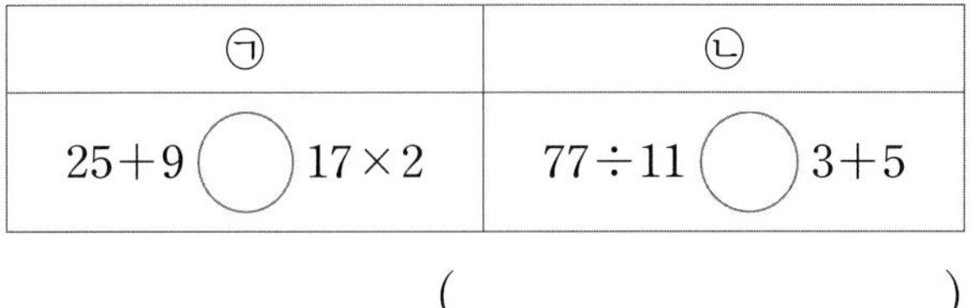

㉠	㉡
$25+9$ ○ 17×2	$77\div11$ ○ $3+5$

(　　　　　　　　)

▸251006-0764

02 수의 배열에서 규칙에 따라 빈칸에 알맞은 수를 써넣으세요.

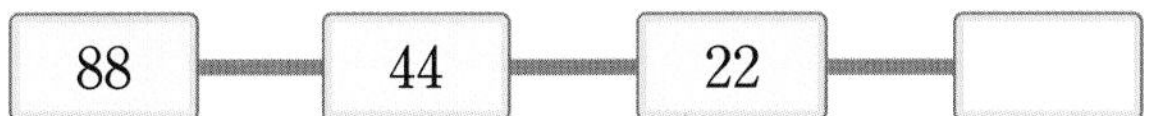

[03~05] 수 배열표를 보고 물음에 답하세요.

4001	4002	4003	4004	4005
4006	4007	4008	4009	4010
4011	4012	4013	4014	4015
4016	4017	4018	4019	㉠
4021	4022	4023	4024	4025

▸251006-0765

03 □ 안에 알맞은 수를 써넣으세요.

↑ 방향으로 □씩 작아집니다.

▸251006-0766

04 ㉠에 알맞은 수를 써 보세요.

(　　　　　　　　)

▸251006-0767

05 색칠한 칸의 수를 이용하여 계산식을 만들어 보세요.

□ + □ = □ × 2

▸251006-0768

06 도형의 배열에서 규칙을 찾아 넷째에 알맞은 도형을 그려 보세요.

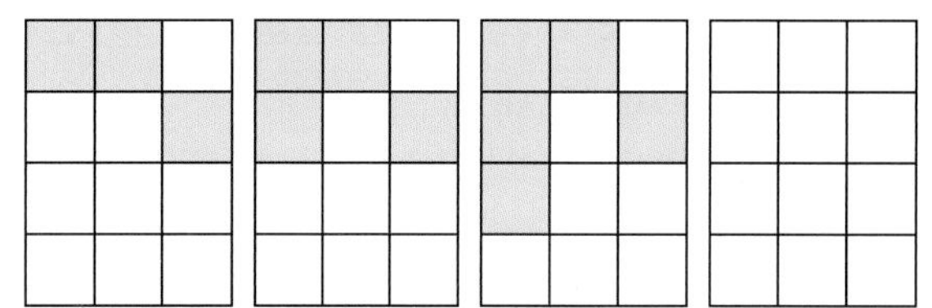

[07~08] 도형의 배열을 보고 물음에 답하세요.

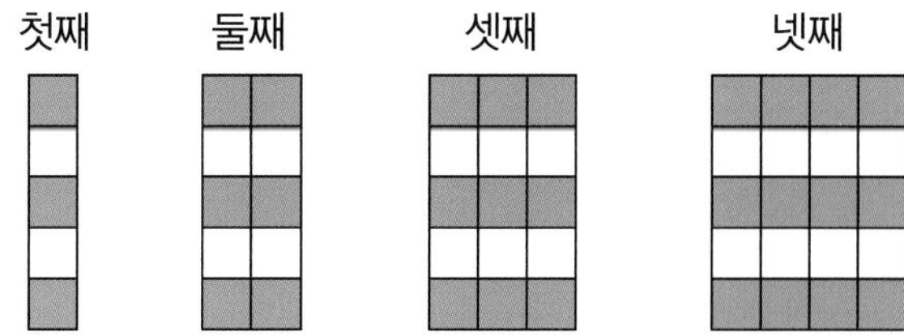

▸251006-0769

07 다섯째 도형에서 파란색 작은 정사각형 수는 몇 개일까요?

(　　　　　　　　)

▸251006-0770

08 여섯째 도형에서 흰색 작은 정사각형 수는 몇 개일까요?

(　　　　　　　　)

▸251006-0771

09 규칙에 따라 빈칸에 알맞은 계산식을 써 보세요.

$11+11=22$
$111+111=222$
□
$11111+11111=22222$

▸251006-0772

10 계산식의 규칙에 따라 1234567×9의 값을 구해 보세요.

$12\times9=108$
$123\times9=1107$
$1234\times9=11106$
$12345\times9=111105$

(　　　　　　　　)

학교 시험 만점왕 1회

6. 규칙 찾기

▸ 251006-0773

01 ▲를 옮겨도 ▲의 개수는 같습니다. □ 안에 알맞은 수를 써넣으세요.

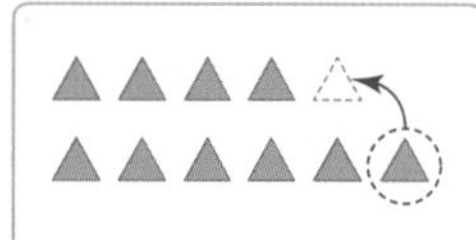

$4+6=\square\times 2$

▸ 251006-0774

02 ○ 안에 등호(=)를 넣을 수 있는 식을 찾아 기호를 써 보세요.

㉠ $85-75$ ○ 3×4

㉡ $4+19+2$ ○ 5×5

㉢ 6×8 ○ $40+6$

(　　　　　　　)

▸ 251006-0775

03 은우가 서진이에게 연필을 몇 자루 주면 두 사람이 가진 연필의 수가 같아질지 생각하여 □ 안에 알맞은 수를 써넣으세요.

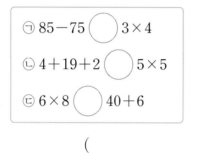

$6-\square=2+\square$

▸ 251006-0776

04 규칙적인 수의 배열에서 ㉠에 알맞은 수를 구해 보세요.

6, 12, 24, 48, ㉠

(　　　　　　　)

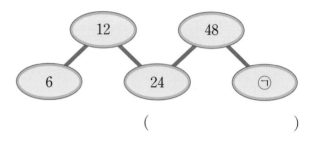

[05~07] 수 배열표를 보고 물음에 답하세요.

14800	14810	14820	14830	14840
24800	24810	24820	24830	24840
34800	34810	★	34830	34840
44800	44810	44820	44830	44840
54800	54810	♥	54830	54840

▸ 251006-0777

05 수 배열표에서 규칙을 바르게 찾은 사람을 찾아 이름을 써 보세요.

도형: → 방향으로 100씩 커지고 있어.
재민: ↗ 방향으로 10000씩 작아지고 있어.
서원: ↓ 방향으로 10000씩 커지고 있어.

(　　　　　　　)

▸ 251006-0778

06 규칙에 따라 수 배열표의 ★과 ♥에 알맞은 수를 구해 보세요.

★ (　　　　　　　)
♥ (　　　　　　　)

▸ 251006-0779

07 ↑ 방향으로 두 칸 뛰어 세면 수의 크기가 어떻게 달라질까요?

(　　　　　)씩 (작아집니다 , 커집니다).

서술형

▸ 251006-0780

08 다섯째에 놓일 바둑돌은 몇 개일지 풀이 과정을 쓰고 답을 구해 보세요.

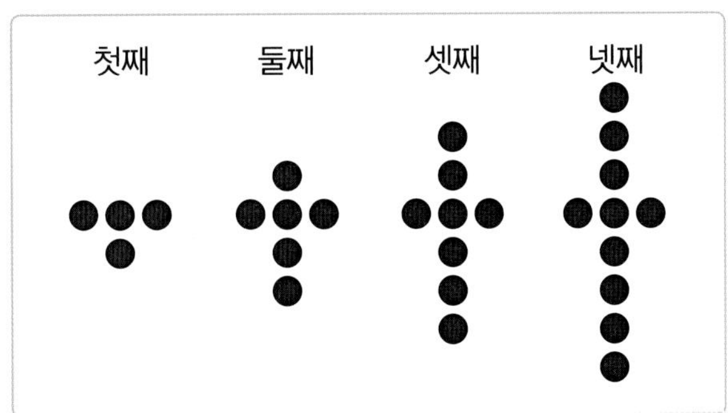

풀이

답

[09~11] 도형을 보고 물음에 답하세요.

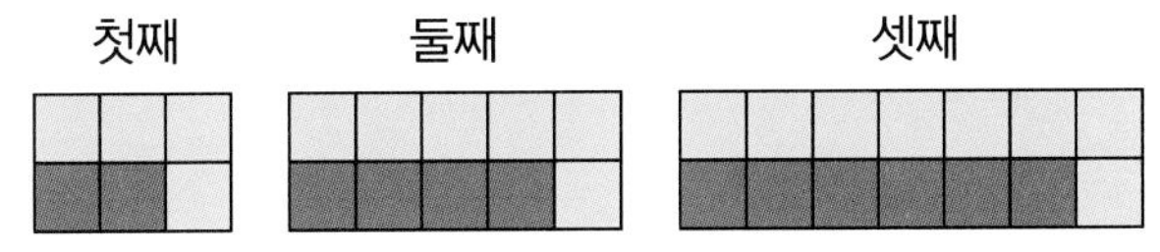

▸ 251006-0781

09 도형의 배열에서 □의 수와 ■의 수의 차를 구해 보세요.

순서	(□의 수)−(■의 수)=계산 결과
첫째	$4-2=2$
둘째	$6-4=2$
셋째	□$-6=2$
넷째	□−□=□

▸ 251006-0782

10 도형의 배열에서 □의 수와 ■의 수의 합을 구하고 곱셈식으로 나타내 보세요.

순서	(□의 수)+(■의 수)=곱셈식
첫째	$4+2=3\times2$
둘째	$6+4=5\times2$
셋째	$8+6=7\times2$
넷째	□+□=□$\times2$

▸ 251006-0783

11 □ 안에 알맞은 수를 써넣으세요.

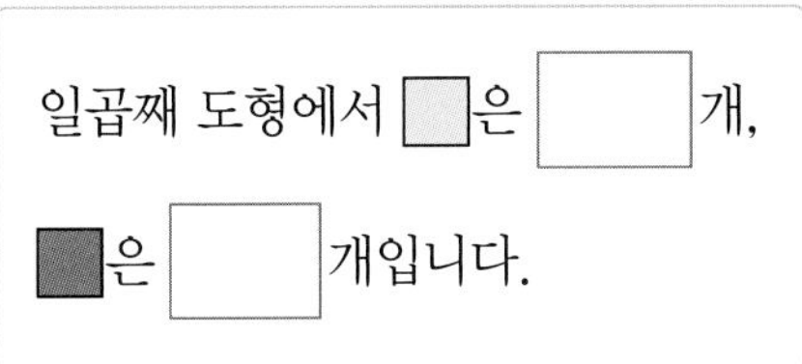

▸ 251006-0784

12 계산식의 배열에서 규칙에 따라 다음에 올 계산식을 써 보세요.

$101+5$ $=106$	$1001+5$ $=1006$	$10001+5$ $=10006$

계산식

▸ 251006-0785

13 규칙에 따라 □ 안에 알맞은 수를 써넣으세요.

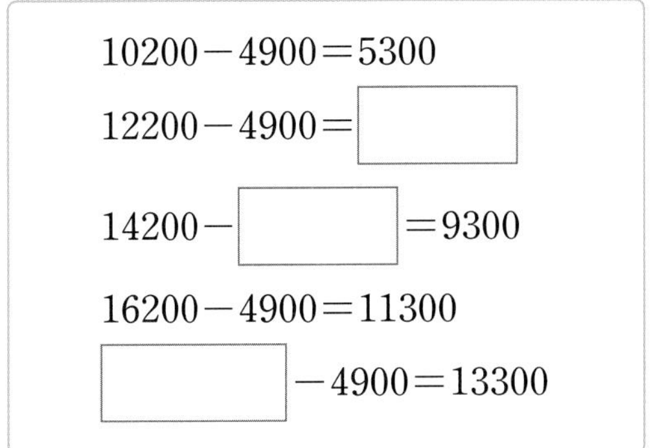

[14~15] 계산식을 보고 물음에 답하세요.

12345679×9=111111111
12345679×18=222222222
12345679×27=333333333
12345679×36=444444444
12345679×45=555555555

▸251006-0786
14 곱셈식의 규칙을 바르게 설명한 것을 모두 고르세요. (　　　　　)

① 곱해지는 수는 변하지 않습니다.
② 곱하는 수는 모두 두 자리 수입니다.
③ 계산 결과는 100000000씩 커집니다.
④ 계산 결과는 열 자리 수입니다.
⑤ 곱하는 수는 9씩 커집니다.

▸251006-0787
15 규칙에 따라 계산식을 만들어 보세요.

□×□=888888888

▸251006-0788
16 곱셈식의 규칙을 이용하여 나눗셈식을 써 보세요.

11×100=1100
22×100=2200
33×100=3300

⬇

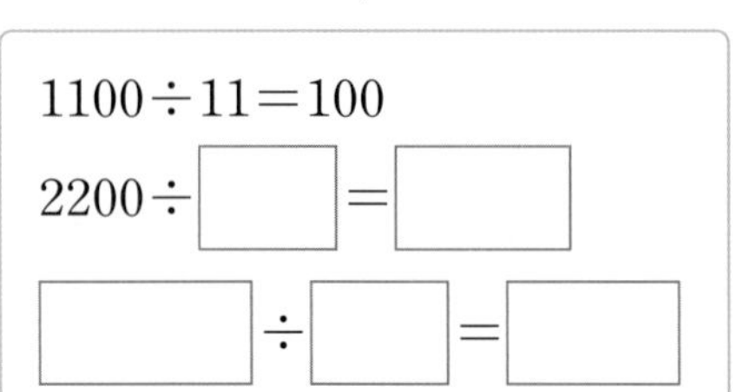

1100÷11=100
2200÷□=□
□÷□=□

서술형

▸251006-0789
17 규칙에 따라 여섯째에 알맞은 계산식을 구하는 풀이 과정을 쓰고 답을 구해 보세요.

순서	나눗셈식
첫째	550÷10=55
둘째	1100÷20=55
셋째	1650÷30=55

풀이

답

[18~20] 사물함에 적힌 수의 배열을 보고 물음에 답하세요.

1	2	3	4	5
6	7	8	9	10
11	12	13	14	15

▸251006-0790
18 ↗ 방향의 규칙을 써 보세요.

규칙

▸251006-0791
19 수의 배열에서 찾은 규칙적인 계산식입니다. 잘못된 식을 찾아 기호를 써 보세요.

㉠ 2+7=3+8
㉡ 9−8=4−3
㉢ 6+7+8=2+7+12

(　　　　　　　　)

▸251006-0792
20 색칠한 칸의 수를 이용하여 만든 계산식입니다. □ 안에 알맞은 수를 써넣으세요.

□×2=□+□

학교 시험 만점왕 2회

정답과 풀이 85쪽

6. 규칙 찾기

▸ 251006-0793

01 가와 나의 구슬의 수가 같아지도록 □ 안에 알맞은 수를 써넣으세요.

가	나
●●●●●● ●●●●●●	●●●●●● ●●

$6\times2=8+\square$

▸ 251006-0794

02 옳은 식을 만든 사람을 찾아 이름을 써 보세요.

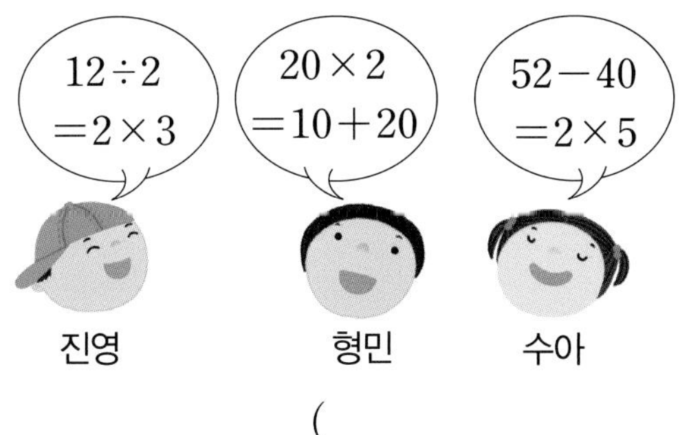

12÷2
=2×3
20×2
=10+20
52−40
=2×5
진영
형민
수아

( )

▸ 251006-0795

03 왼쪽에 놓인 자석에서 2개를 빼면 오른쪽과 자석의 수가 같아집니다. □ 안에 알맞은 수를 써넣으세요.

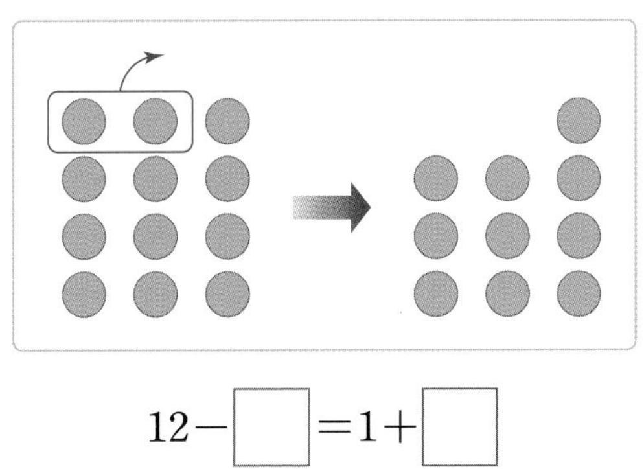

$12-\square=1+\square$

▸ 251006-0796

04 수의 배열에서 규칙을 찾아 빈칸에 알맞은 수를 써넣으세요.

[05~07] 수 배열표를 보고 물음에 답하세요.

	120	130	140	150
	320	330	340	350
	520	530	540	550
	720	730	740	750
●				

▸ 251006-0797

05 ㉠과 ㉡의 합을 구해 보세요.

↓ 방향으로 ㉠씩 커집니다.
↗ 방향으로 ㉡씩 작아집니다.

( )

▸ 251006-0798

06 ●에 알맞은 수를 써 보세요.

( )

▸ 251006-0799

07 색칠한 칸의 수를 이용해 만든 계산식입니다. □ 안에 알맞은 수를 써넣으세요.

$540+\square=\square+740$

서술형

▸ 251006-0800

08 모양의 배열을 보고 다섯째 모양을 만들기 위해 필요한 쌓기나무는 몇 개인지 구하는 풀이 과정을 쓰고 답을 구해 보세요.

첫째 둘째 셋째 넷째

풀이

답

[09~11] 도형의 배열을 보고 물음에 답하세요.

첫째 둘째 셋째 넷째

▸ 251006-0801

09 다섯째에 알맞은 도형을 찾아 ○표 하세요.

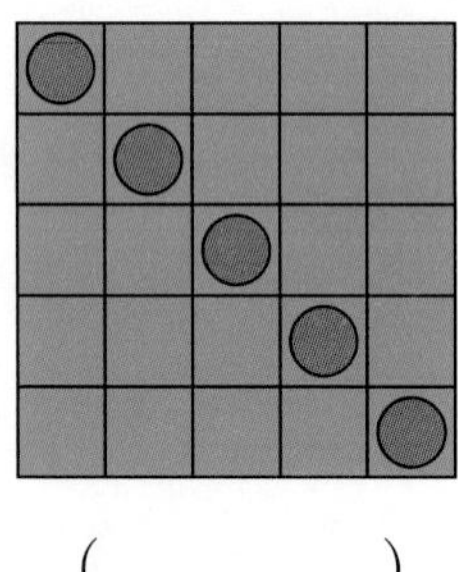

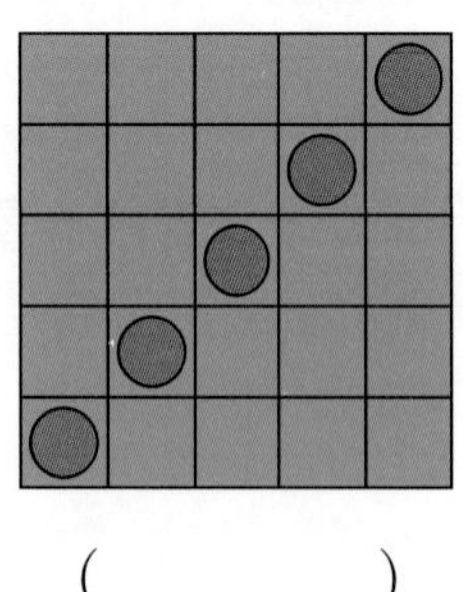

( ) ( )

▸ 251006-0802

10 여덟째 도형을 만드는 데 필요한 ●은 몇 개일까요?

( )

▸ 251006-0803

11 도형의 배열에서 찾은 작은 정사각형의 규칙입니다. □ 안에 알맞은 수를 써넣으세요.

넷째 도형에서 가장 작은 정사각형의 수는 $4\times4=16$(개)입니다.

일곱째 도형에서 가장 작은 정사각형의 수는

□×□=□(개)입니다.

▸ 251006-0804

12 도형의 배열을 보고 일곱째 모양을 찾아 기호를 써 보세요.

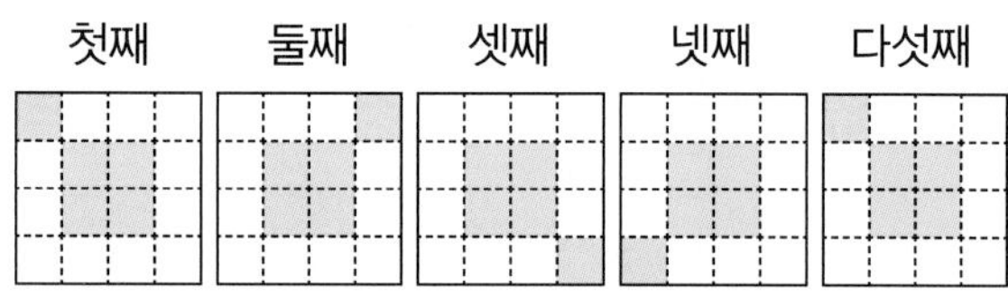

가 나 다 라

( )

▸ 251006-0805

13 곱셈식의 배열에서 규칙에 따라 다음에 올 계산식을 써 보세요.

$1089\times1=1089$
$1089\times2=2178$
$1089\times3=3267$
$1089\times4=4356$
$1089\times5=5445$

계산식

서술형

▸251006-0806

14 나눗셈식의 규칙에 따라 나누는 수가 64인 계산식을 구하는 풀이 과정을 쓰고 답을 구해 보세요.

순서	나눗셈식
첫째	$1002 \div 2 = 501$
둘째	$2004 \div 4 = 501$
셋째	$4008 \div 8 = 501$
넷째	$8016 \div 16 = 501$

풀이

답

[15~17] 채민이와 보영이는 규칙적인 계산식을 만들었습니다. 물음에 답하세요.

채민	보영
$401+520=921$ $301+420=721$ $201+320=521$	$953-121=832$ $853-221=632$ $753-321=432$

▸251006-0807

15 두 계산식에서 공통으로 찾을 수 있는 규칙이 아닌 것을 모두 찾아 기호를 써 보세요.

㉠ 더하거나 빼는 수가 100씩 커집니다.
㉡ 계산 결과가 200씩 작아집니다.
㉢ 계산 결과의 백의 자리 숫자와 십의 자리 숫자는 변하지 않습니다.
㉣ 더해지거나 빼지는 수가 100씩 작아집니다.

( )

▸251006-0808

16 채민이가 만든 규칙에 따라 다음에 올 계산식을 써 보세요.

계산식

▸251006-0809

17 보영이가 만든 규칙에 따라 다음에 올 계산식을 써 보세요.

계산식

[18~20] 달력을 보고 물음에 답하세요.

3월						
일	월	화	수	목	금	토
1	2	3	4	5	6	㉠
8	9	10	11	12	13	㉡
15	16	17	18	19	20	21
22	23	㉢	25	26	27	28
29	30	31				

▸251006-0810

18 ↙ 방향에서 찾을 수 있는 규칙을 써 보세요.

▸251006-0811

19 달력에서 찾은 규칙적인 계산식입니다. □ 안에 알맞은 수를 써넣으세요.

$$1+9+17=3+9+15$$
$$2+10+18=4+10+16$$
$$\square+\square+19=5+\square+\square$$

▸251006-0812

20 바르게 말한 사람을 찾아 이름을 써 보세요.

지은: ㉠과 ㉡의 차는 7이야.
수현: ㉢에 3을 곱하면 17과 31의 합이 돼.
형우: ㉠과 21의 합과 ㉡과 28의 합은 같아.

( )

6단원 서술형·논술형 평가

▸251006-0813

01 수의 배열에서 규칙을 찾아 빈칸에 알맞은 수는 얼마인지 풀이 과정을 쓰고 답을 구해 보세요.

4	12	36		324

풀이

답

[02~03] 모양의 배열을 보고 물음에 답하세요.

첫째 둘째 셋째

▸251006-0814

02 모형이 몇 개씩 늘어나고 있는지 풀이 과정을 쓰고 답을 구해 보세요.

풀이

답

▸251006-0815

03 일곱째 모양에서 필요한 모형의 수는 몇 개인지 풀이 과정을 쓰고 답을 구해 보세요.

풀이

답

▸251006-0816

04 도형의 배열을 보고 여덟째 도형의 작은 정사각형의 수는 모두 몇 개인지 풀이 과정을 쓰고 답을 구해 보세요.

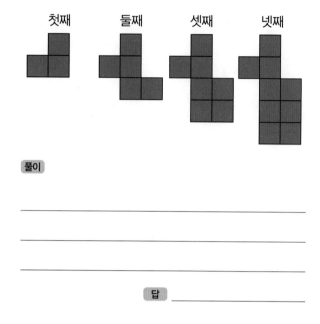

첫째 둘째 셋째 넷째

풀이

답

▸251006-0817

05 초록색 원의 수와 주황색 원의 수의 차가 6개일 때는 몇째 모양인지 풀이 과정을 쓰고 답을 구해 보세요.

첫째 둘째 셋째

풀이

답

▸ 251006-0818

06 덧셈식의 규칙에 따라 계산 결과가 1000001이 되는 덧셈식을 구하는 풀이 과정을 쓰고 답을 구해 보세요.

순서	덧셈식
첫째	$78+23=101$
둘째	$778+223=1001$
셋째	$7778+2223=10001$

풀이

답

▸ 251006-0819

07 뺄셈식의 규칙에 따라 빈칸에 알맞은 식을 구하는 풀이 과정을 쓰고 답을 구해 보세요.

순서	뺄셈식
첫째	$600-300=300$
둘째	$700-400=300$
셋째	
넷째	$900-600=300$

풀이

답

▸ 251006-0820

08 곱셈식의 규칙에 따라 다음에 올 곱셈식을 구하는 풀이 과정을 쓰고 답을 구해 보세요.

$99\times9=891$ — $999\times9=8991$ — $9999\times9=89991$ — ☐

풀이

답

▸ 251006-0821

09 도형의 배열을 보고 규칙적인 계산식을 만들었습니다. 다섯째 계산식을 구하는 풀이 과정을 쓰고 답을 구해 보세요.

첫째 둘째 셋째 넷째

순서	계산식
첫째	$1+3=2\times2$
둘째	$2+4=3\times2$
셋째	$3+5=4\times2$
넷째	$4+6=5\times2$

풀이

답

▸ 251006-0822

10 색칠한 칸에서 서로 다른 두 수를 더했을 때 40이 되는 경우를 모두 찾으면 몇 가지인지 풀이 과정을 쓰고 답을 구해 보세요.
(단, ㉠+㉡과 ㉡+㉠은 한 가지로 생각합니다.)

1월

일	월	화	수	목	금	토
					1	2
3	4	5	6	7	8	9
10	11	12	13	14	15	16
17	18	19	20	21	22	23
24	25	26	27	28	29	30
31						

풀이

답

MEMO

아직 기초가 부족해서
차근차근
공부하고 싶어요.

조금 어려운 내용에
도전해보고 싶어요.

영어의 모든 것!
체계적인
영어공부를 원해요.

조금 어려운
내용에
도전해보고
싶어요.

학습 고민이 있나요?

초등온에는
친구들의 **고민에 맞는**
다양한 강좌가 준비되어 있답니다.

학교 진도에
맞춰
공부하고
싶어요.

초등ON 이란?

EBS가 직접 제작하고 분야별 전문 교육업체가 개발한
다양한 콘텐츠를 바탕으로,

초등 목표달성을 위한 <**초등온**>**서비스**를 제공합니다.

BOOK 3

풀이책

BOOK 3 풀이책으로
틀린 문제의 풀이도 확인해 보세요!

EBS

인터넷·모바일·TV
무료 강의 제공

초 | 등 | 부 | 터 EBS

'한눈에 보는 정답' 보기
& **풀이책** 내려받기

수학 4-1

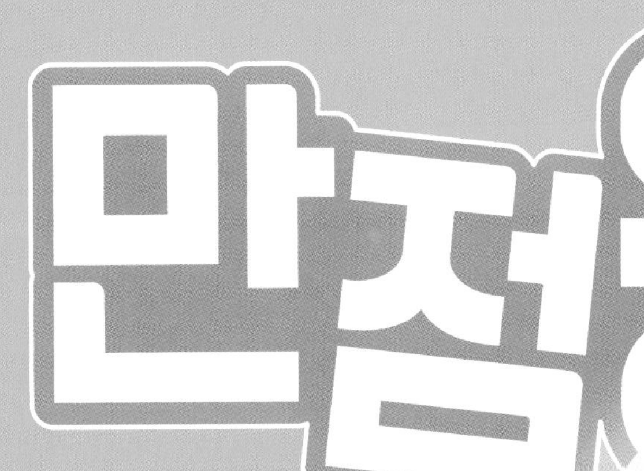

예습, 복습, 숙제까지 해결되는
교과서 완전 학습서

BOOK 3
풀이책

만점왕

BOOK 3 풀이책

수학 4-1

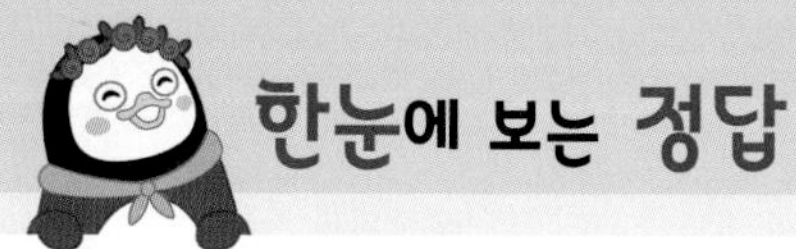

한눈에 보는 정답

BOOK 1 개념책

1 큰 수

문제를 풀며 이해해요 9쪽

01 (1) 1000, 10000 (2) 100, 10000

02 42895, (위에서부터) 2, 8, 5 / 40000, 90

교과서 문제 해결하기 10~11쪽

01 10, 10000 02 ④

03 예

04 (위에서부터) 57605 / 사만 백이십팔 / 90090

05 예

10000	1000	100	10	1
10000	1000	100	10	1

06 30000, 500, 7 07 칠만 백십일에 ○표

08 80105, 팔만 백오 09 ②, ③

10 25190

문제해결 접근하기

11 풀이 참조

문제를 풀며 이해해요 13쪽

01 (위에서부터) 100000, 10000000 / 십만, 백만

02 (위에서부터) 4, 9 / 900000 / 4000000, 900000

03 (1)

천만	백만	십만	만	천	백	십	일
5	3	9	0	0	0	0	0

(2) 3000000 (또는 300만), 삼백만

교과서 문제 해결하기 14~15쪽

01 200000 (또는 20만) 02 ③

03 820051 (또는 82만 51), 팔십이만 오십일

04 ㉠, ㉢ 05

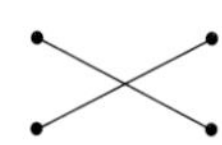

06 56344000에 ○표

07 (1) 십만, 100000 (또는 10만)
(2) 백만, 3000000 (또는 300만)

08 10300000 (또는 1030만) 09 3500장

10 1000배

문제해결 접근하기

11 풀이 참조

문제를 풀며 이해해요 17쪽

01 1억 (또는 100000000), 1조 (또는 1000000000000)

02 (1)

천억	백억	십억	억	천만	백만	십만	만	천	백	십	일
9	8	1	3	0	0	0	0	0	0	0	0

(2) 10억 (또는 1000000000)

(3)

천조	백조	십조	조	천억	백억	십억	억	천만	백만	십만	만	천	백	십	일
4	3	8	1	2	2	5	0	0	0	0	0	0	0	0	0

(4) 300조 (또는 300000000000000)

교과서 문제 해결하기 18~19쪽

01 1억 (또는 100000000)

02 7, 5, 6, 2 / 칠천오백육십이억

03 (1) 31억 2058만 9000 (2) 801억 1042만 700

04 종현

05 9, 9000000000000 (또는 9조)

06 ㉡

07 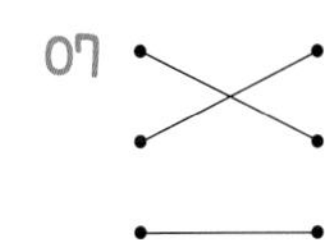

08 ②

09 1100억 (또는 110000000000)

10 34조 9000억 (또는 34900000000000)

문제해결 접근하기

11 풀이 참조

문제를 풀며 이해해요 21쪽

01 (1) 3915억, 3945억
(2) 23500290000, 26500290000

02 (1) 100억 (2) 10조

03 (1) < (2) < (3) >

교과서 문제 해결하기 22~23쪽

01 539조, 559조

02 85억, 86억

03 (위에서부터) 100000, 6404089

04 진주

05 ④

06 34조 730억

07 (1) > (2) <

08 ㉡

09 채하

10 4개

문제해결 접근하기

11 풀이 참조

단원평가로 완성하기 24~27쪽

01 (1) 10000 (2) 1000

02 15600원

03 4400원

04 35094, 삼만 오천구십사

05 2050800

06 400000, 80000

07 (위에서부터) 7, 8 / 50000000, 800000

08 ④

09 (1) 5 (2) 높은에 ○표 (3) 56653311 / 56653311

10 (1) 3 (2) 십억 (3) 40000000000 (또는 400억)

11 ㉣

12 풀이 참조, 사백팔십억 천이백만

13 1조 (또는 1000000000000)

14 748조 39억, 8423590000000000에 ○표

15 (1) 44821, 47821 (2) 369조, 339조

16 ②

17 2개

18 ㉢, ㉠, ㉡

19 에이든

20 8, 9

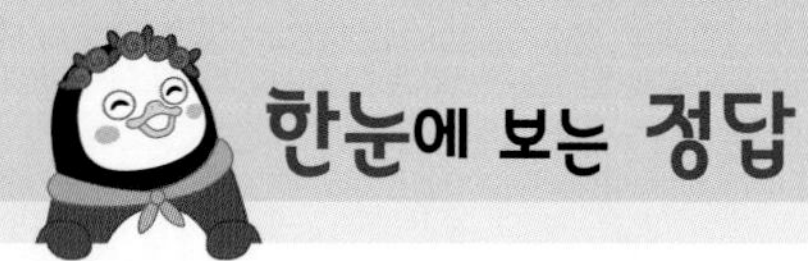

한눈에 보는 정답

2 각도

문제를 풀며 이해해요 33쪽

01 (1) (○) ( ) (2) ( ) (○)
02 2, 3, 나
03 각도, 90

교과서 문제 해결하기 34~35쪽

01 나
02 나, 가
03 각도
04 가, 다, 나
05 (왼쪽에서부터) 1, 90, 10
06 영호
07 가은
08 90
09 나, 다, 가
10 5시

문제해결 접근하기

11 풀이 참조

문제를 풀며 이해해요 37쪽

01 (1) (○) ( ) (2) ( ) (○)
02 (1) 120 (2) 30
03 (○) (△)
( ) (○)

교과서 문제 해결하기 38~39쪽

01 (1) 70 (2) 110
02 ( ) (○) / 20
03 140°
04 (왼쪽에서부터) 75, 130
05 하진
06 나, 라 / 가, 다
07 2개
08 예
09 가연
10 4개

문제해결 접근하기

11 풀이 참조

문제를 풀며 이해해요 41쪽

01 (1) 예 70 / 70 (2) 예 120 / 120
02 (1) 135° (2) 45°
03 (1) 115° (2) 90°

교과서 문제 해결하기 42~43쪽

01 예 45 / 45
02 예 110 / 110
03 ( ) ( ) (○)
04 예 75 / 75
05 예 135
06 100° / 60°
07 65
08 80°
09 ㉠, ㉡, ㉢
10 4개

문제해결 접근하기

11 풀이 참조

문제를 풀며 이해해요 45쪽

01 (1) 80, 65, 180 (또는 65, 80, 180)
(2) 45, 75, 180 (또는 75, 45, 180)
02 (1) 50, 130, 360 (또는 130, 50, 360)
(2) 105, 130, 360 (또는 130, 105, 360)

교과서 문제 해결하기 46~47쪽

01 180
02 180
03 100
04 120°
05 115°
06 360
07 180, 180, 360
08 95
09 140°
10 110°

문제해결 접근하기

11 풀이 참조

단원평가로 완성하기

48~51쪽

01 가
02 (　)(○)(　)
03 90, 1
04 90
05 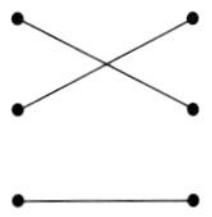
06 중심, 밑금
07 85°
08 예 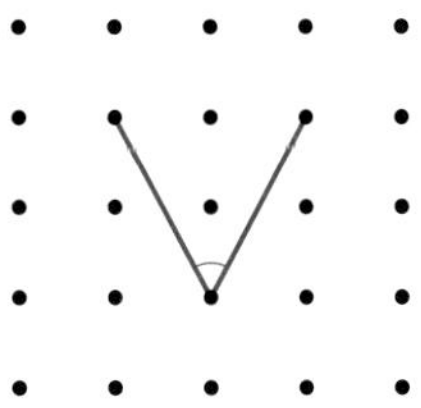
09 다, 마
10 정수
11 예 50 / 50
12 30°
13 ㉢
14 75
15 (　)
(　△　)
(　)
16 2개
17 (1) 110, 65, 175 (또는 65, 110, 175)
(2) 20, 45, 65 (또는 45, 20, 65)
18 40°
19 120°
20 (1) 180°, 110° (2) 360°, 180° (3) 110°, 180°, 70° / 70°

3 곱셈과 나눗셈

문제를 풀며 이해해요

57쪽

01 (1) (왼쪽에서부터) 24000, 10 (2) (왼쪽에서부터) 9450, 10
02 3450, 1035, 4485 (또는 1035, 3450, 4485)
03 (1) 24000 (2) 12480 (3) 1764

교과서 문제 해결하기

58~59쪽

01 48000
02 6560
03 (1) 27000 (2) 19350
04 1042, 20840, 21882
05 (1) 3627 (2) 9984
06 1500개
07 (　○　)
(　)
(　)
08 1
09 20757
10 (위에서부터) 3, 6, 2, 3, 0, 2

문제해결 접근하기

11 풀이 참조

문제를 풀며 이해해요

61쪽

01 (1) 8, 240 (2) 4, 280
02 (1) 6, 240, 5 (2) 2, 62, 6 (3) 8, 344, 0

교과서 문제 해결하기

62~63쪽

01 9
02 8, 560, 2
03 80, 120, 160 / 3, 4
04 (1) 3 (2) 4, 8
05 현주
06 6, 2 / 6, 228, 228, 2, 230
07 ㉠, ㉣
08 2개
09 5장
10 10개

문제해결 접근하기

11 풀이 참조

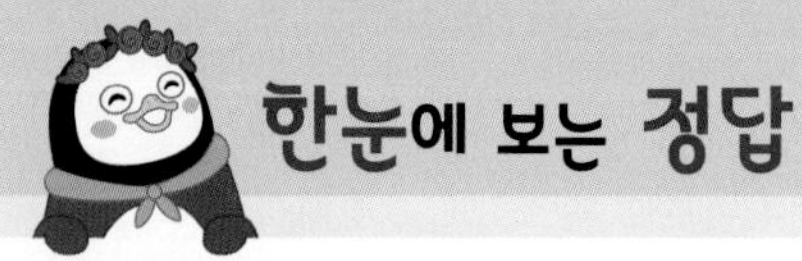

한눈에 보는 정답

문제를 풀며 이해해요 65쪽

01 (1) 50, 60, 5 (2) 20, 30, 2

02 (1)
```
       1 2
74 ) 8 8 8
     7 4
     1 4 8
     1 4 8
         0
```
(2)
```
       5 4
16 ) 8 6 4
     8 0
       6 4
       6 4
         0
```

교과서 문제 해결하기 66~67쪽

01 2

02
```
       2 7
13 ) 3 5 1
     2 6
       9 1
       9 1
         0
```

03
```
       3 8
17 ) 6 4 6
     5 1
     1 3 6
     1 3 6
         0
```

04 73 × 10 / 73 × 2

05 42

06 ㉢

07 연서

08 ㉠, ㉢, ㉡

09 11대

10 4

문제해결 접근하기

11 풀이 참조

문제를 풀며 이해해요 69쪽

01 (1)
```
       2 7
34 ) 9 1 9
     6 8 0  ← 34×20
     2 3 9
     2 3 8  ← 34×7
         1
```
(2)
```
       1 7
46 ) 7 8 5
     4 6 0  ← 46×10
     3 2 5
     3 2 2  ← 46×7
         3
```

02 (1) 15, 3 / 15, 645, 645, 3
(2) 82, 5 / 82, 902, 902, 5, 907

교과서 문제 해결하기 70~71쪽

01 20, 30, 2

02
```
       3 4
23 ) 7 8 6
     6 9 0
       9 6
       9 2
         4
```

03 26, 6

04 아진

05 46, 828, 828, 8, 836

06 ㉠

07 297

08 37, 25

09 41명, 2자루

10 58, 6

문제해결 접근하기

11 풀이 참조

문제를 풀며 이해해요 73쪽

01 예 500, 5000, 5000

02 예 20, 8000, 8000

03 예 80, 3 / 3

04 예 150, 6 / 6

교과서 문제 해결하기 74~75쪽

01 3750 cm

02 19개

03 예 30, 20

04 예 400, 20

05 7590, 7840, 7590, 7840

06 (   )(○)(   )

07

08 ㉮ 6000원　　09 ㉮ 25봉지

10 8000원, 5000원

문제해결 접근하기

11 풀이 참조

단원평가로 완성하기

76~79쪽

01 (왼쪽에서부터) 7050, 10　02 633, 6330

03 149×8 / 149×20　04 (1) 6850 (2) 6516

05
```
      2 9 4
  ×     2 7
  ---------
    2 0 5 8
    5 8 8
  ---------
    7 9 3 8
```

06 3875번

07 ㉮ 20, 7000

08 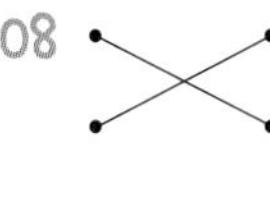

09 56, 70, 84 / 5, 3

10 8, 7 / 8, 648, 648, 7, 655

11
```
          4 8     / 48, 9
   14 ) 6 8 1
        5 6 0
        -----
        1 2 1
        1 1 2
        -----
            9
```

12 62, 9　13 14권

14 557개　15 ㉠

16 ㉮ 120, 8　17 ㉡

18 2, 5, 4　19 515, 516, 517

20 (1) 651, 651 (2) 651, 23, 7 (3) 23, 7 / 23, 7

4 평면도형의 이동

문제를 풀며 이해해요

85쪽

01 (1) 위, 4 (2) 오른, 3 (3) 아래, 2 (4) 왼, 1

02 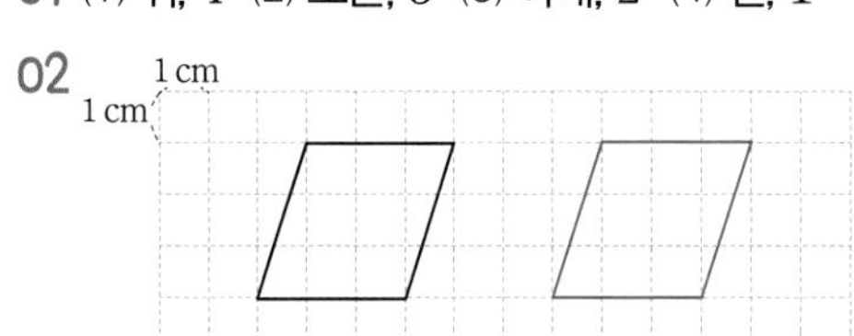

교과서 문제 해결하기

86~87쪽

01 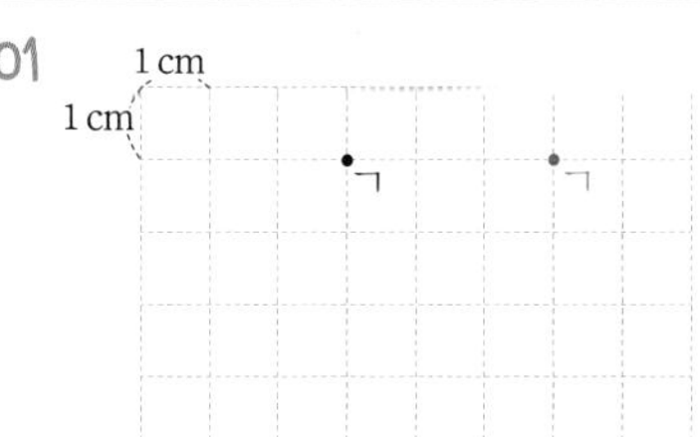

02 (1) 왼, 3 (2) 아래, 2 (3) 오른, 1 (4) 위, 4

03 오른, 2, 위, 3 (또는 위, 3, 오른, 2)

04 오른, 4　05 ( )(○)

06 왼, 5

07 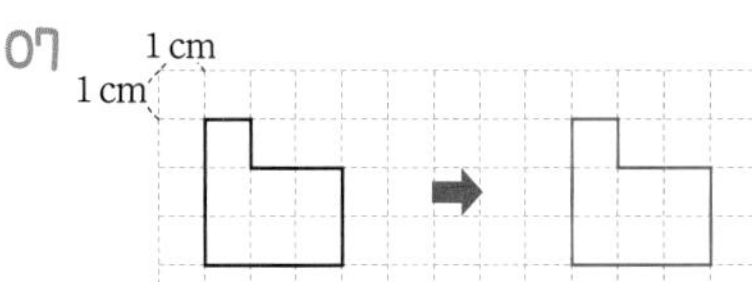

08 ㉢

09 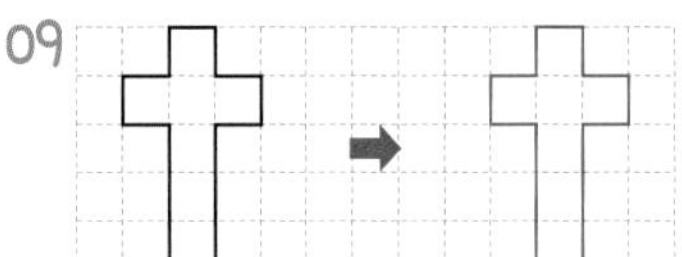

10 왼, 5, 아래, 6

문제해결 접근하기

11 풀이 참조

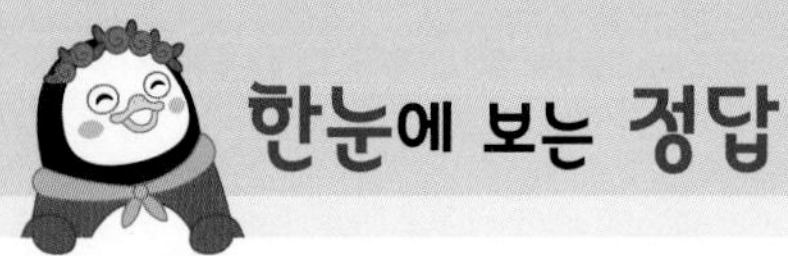

한눈에 보는 정답

문제를 풀며 이해해요

89쪽

01 모양, 크기, 방향 (또는 크기, 모양, 방향)

02

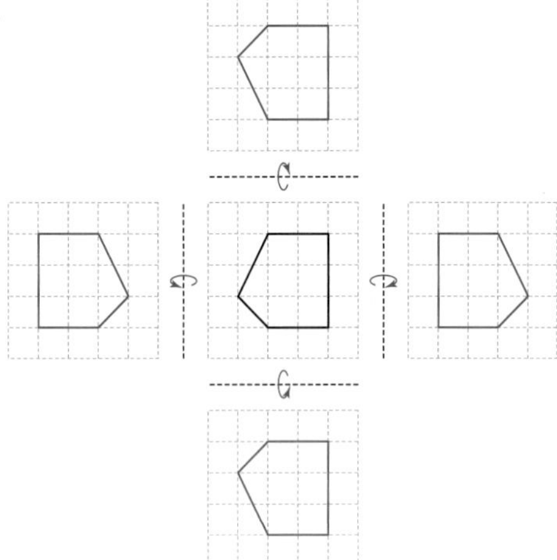

교과서 문제 해결하기

90~91쪽

01 (　　)(○)

02 ㉢

03

04 0, 1, 3, 8에 ○표

05 ⑤

06

07 ㉣

08 (　　)(　　)(　　)(○)

09

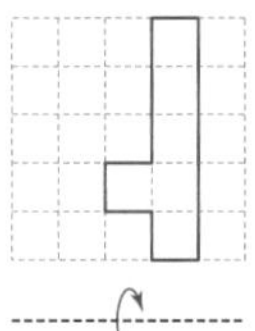

10 ㉡, 오른 (또는 왼)

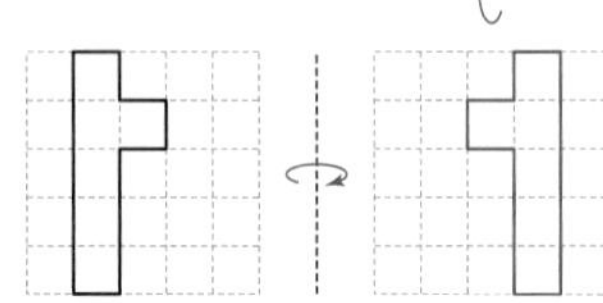

문제해결 접근하기

11 풀이 참조

문제를 풀며 이해해요

93쪽

01

02

03

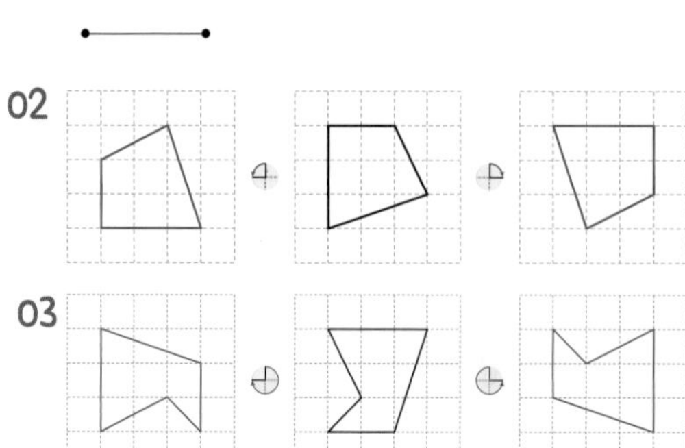

교과서 문제 해결하기

94~95쪽

01 (　　)(○)

02

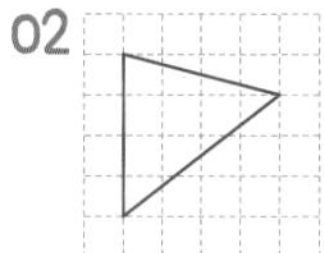

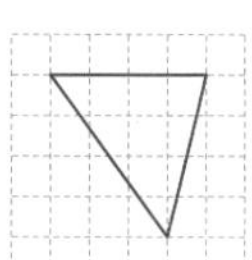

03

04

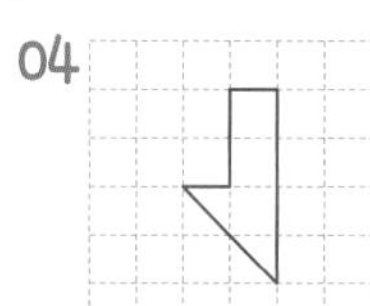

05 4번

06 90, 270

07 다

08 ㉢

09 5시 20분

10

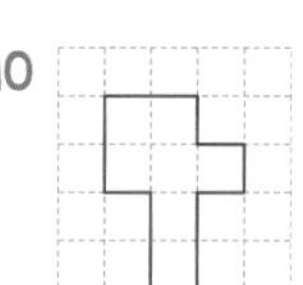

문제해결 접근하기

11 풀이 참조

문제를 풀며 이해해요

97쪽

01

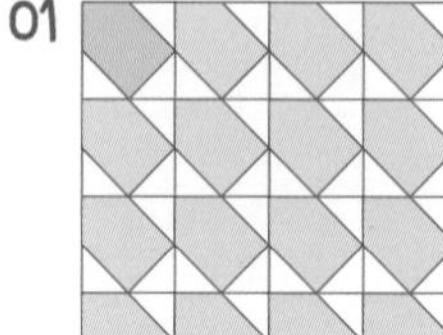

02 예

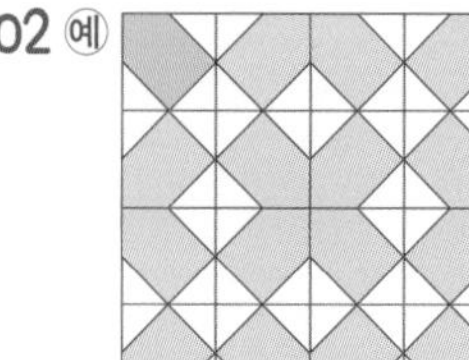

교과서 문제 해결하기

98~99쪽

01 가

02 (　　)(○)(　　)

03 ㉢

04 ㉡

05

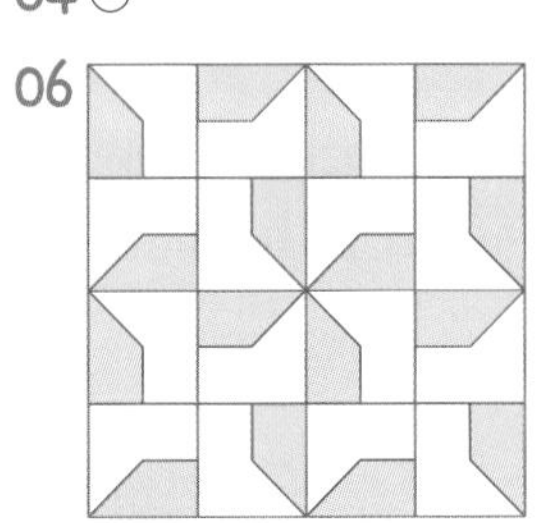

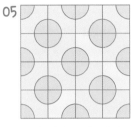

06

07 시계 방향, 90°, 뒤집고에 ○표

08 돌리기

09 예

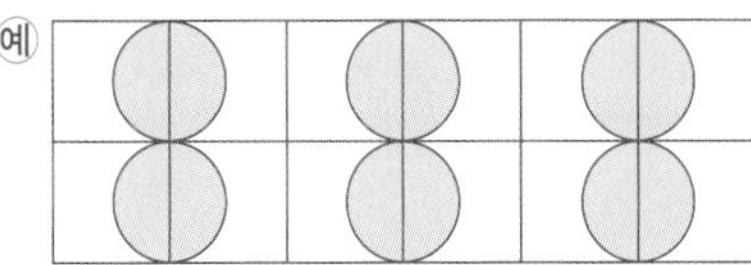

10

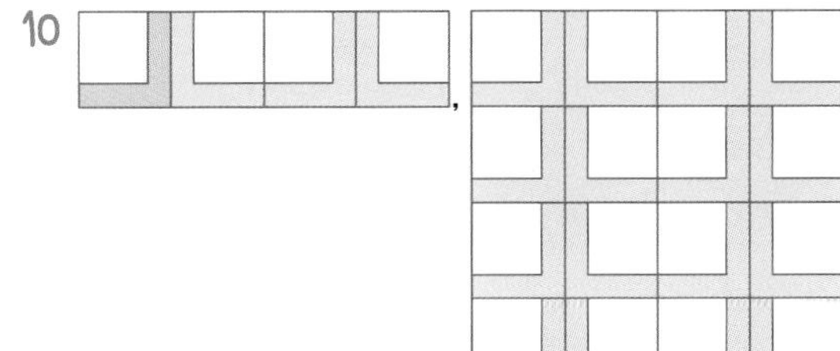

문제해결 접근하기

11 풀이 참조

단원평가로 완성하기

100~103쪽

01

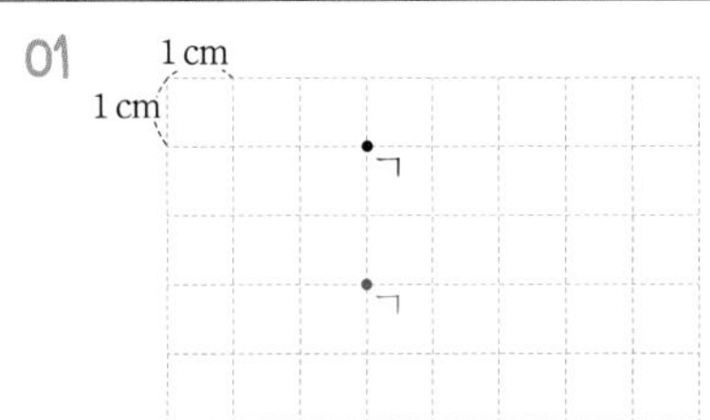

02 (1) 오른, 2 (2) 왼, 4 (3) 위, 3 (4) 아래, 1

03 (　　)(○)(　　)(　　)

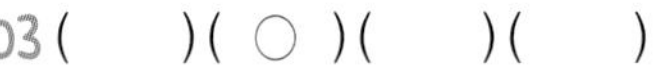

04

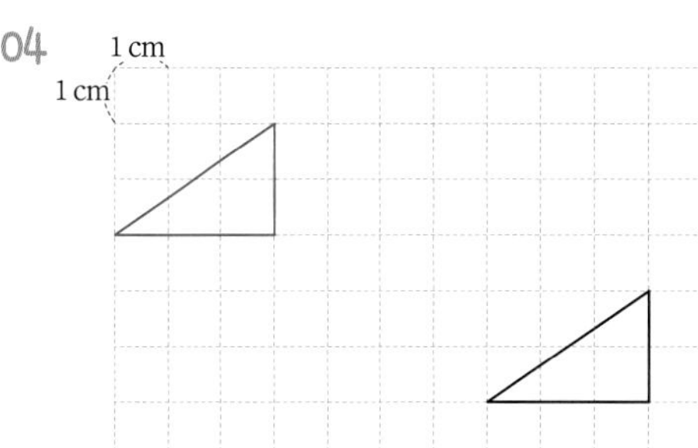

05

06 왼, 4, 아래, 5

07

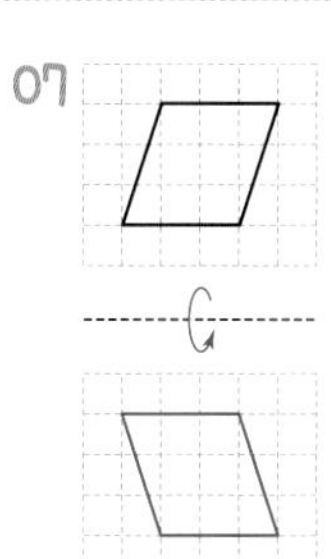

08 ⑤

09

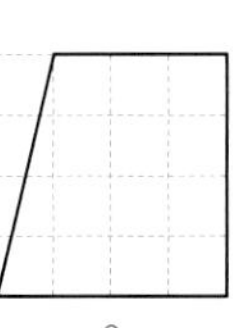

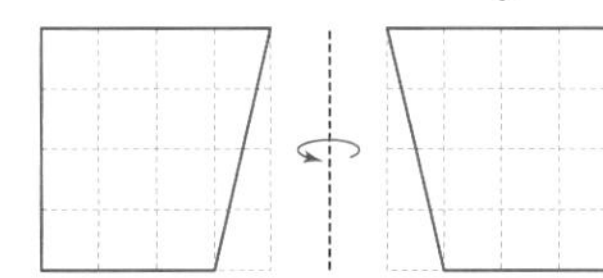

10

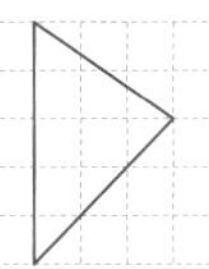

11

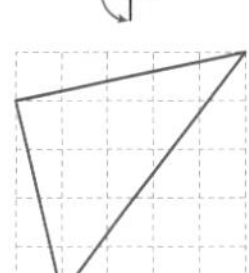

12 (1) 529 (2) 625, 529, 96 / 96

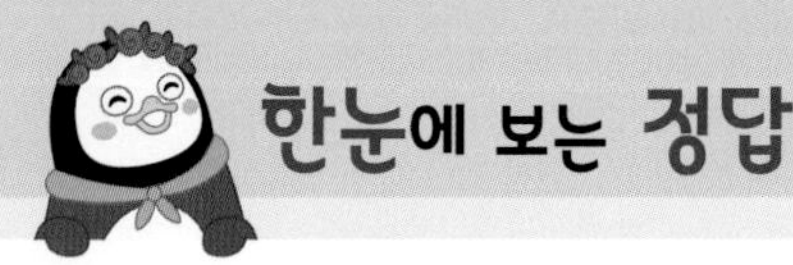

13 ④

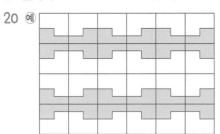

14 (그림)에 ○표

15 ( )(○)( )(○)

16 270, 90

17 ㉡

18 돌리기

19 ㉢

20 예

5 막대그래프

문제를 풀며 이해해요 109쪽

01 (1) 막대그래프 (2) 과일, 학생 수 (3) 1명 (4) 사과
(5) 막대그래프 (6) 표

교과서 문제 해결하기 110~111쪽

01 취미, 학생 수

02 예 취미별 학생 수

03 학생 수

04 1명

05 막대그래프

06 튤립

07 벚꽃, 해바라기

08 32명

09 5반

10 2반

문제해결 접근하기

11 풀이 참조

문제를 풀며 이해해요 113쪽

01 (1) 24 (2) 학생 수 (3) 3 (4) A

02 예

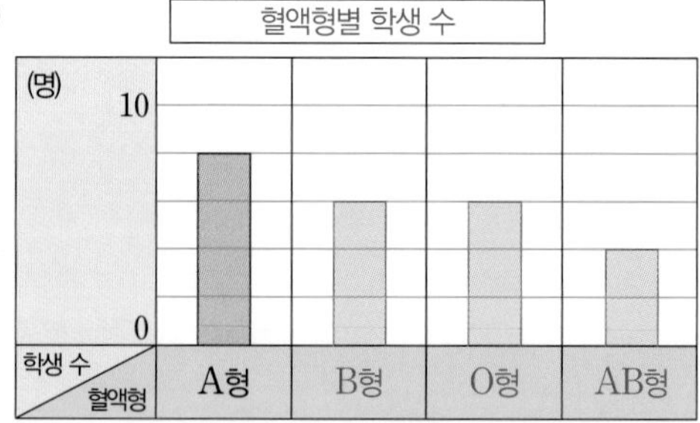

교과서 문제 해결하기 114~115쪽

01 학생 수

02 예

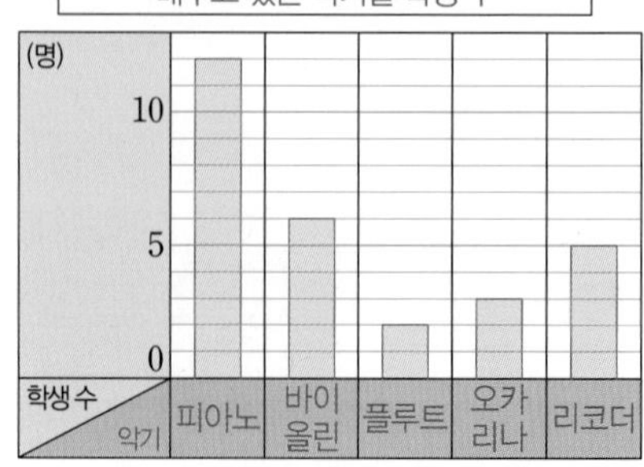

03 예

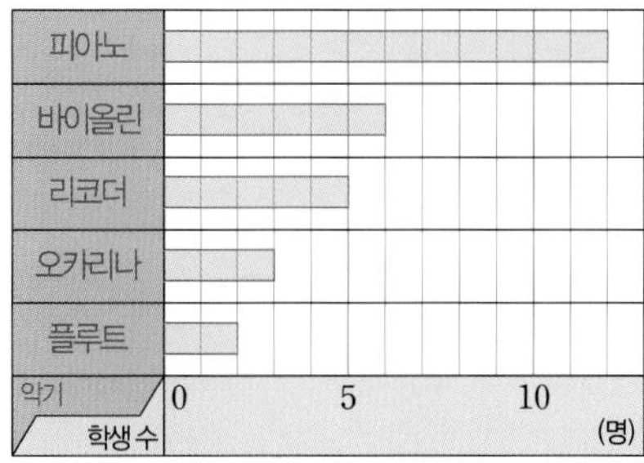

04 2, 2, 3, 2, 5, 14

05 예

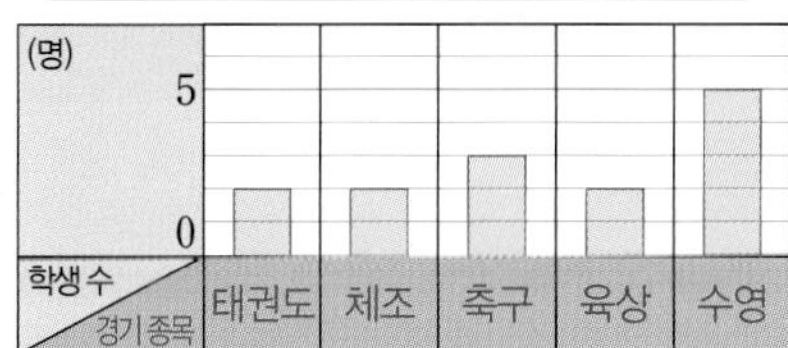

06 시윤

07

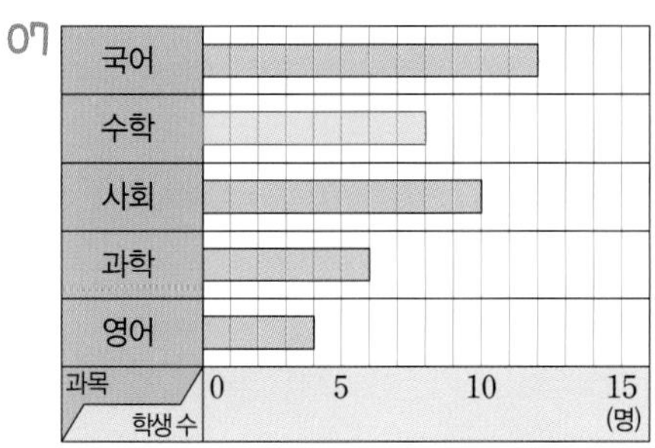

08 4명

09 수학

10 6칸

문제해결 접근하기

11 풀이 참조

문제를 풀며 이해해요

117쪽

01 예

학생별 공을 친 횟수

(번) 10, 5, 0

횟수 / 이름: 민재, 서현, 재준, 우주, 수호

02 (1) ○ (2) ×

교과서 문제 해결하기

118~119쪽

01 예

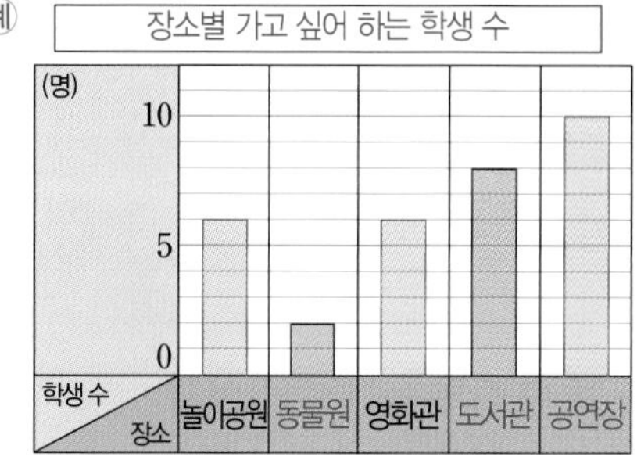

02 놀이공원, 영화관

03 5배

04 목요일

05 수요일, 목요일

06 2 kg

07 스티로폼, 플라스틱류

08 ㉡, ㉢

09 4반

10 3반

문제해결 접근하기

11 풀이 참조

단원평가로 완성하기

120~123쪽

01 장래 희망, 학생 수

02 1명

03 표

04 8명, 6명

05 29명

06 7명

07 5반

08 (1) 25 (2) 17 (3) 25, 17, 8 / 8명

09 60명

10 예 물총놀이 / 가장 많은 학생들이 하고 싶어 하는 활동이기 때문입니다.

11 11, 3, 9, 7, 30

12 예

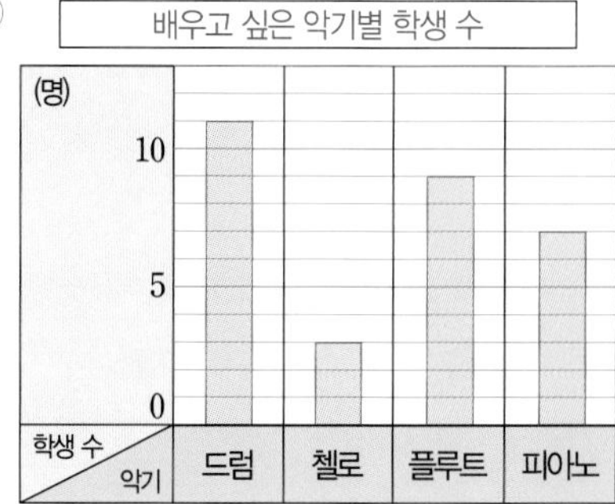

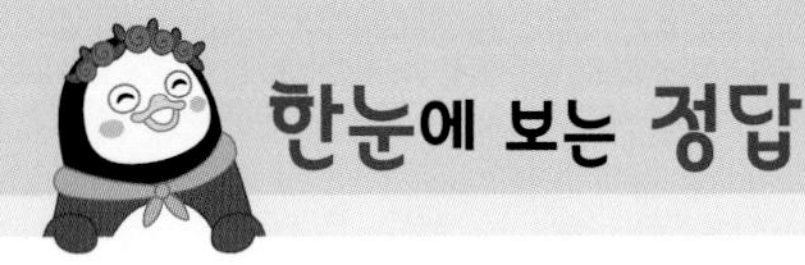

13 예 배우고 싶은 악기별 학생 수

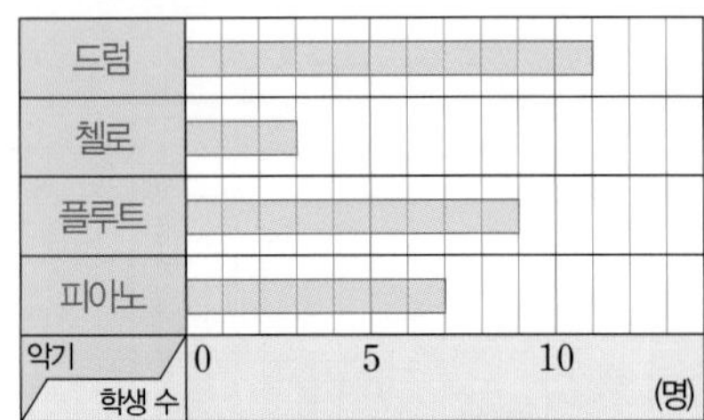

14 예 배우고 싶은 악기별 학생 수

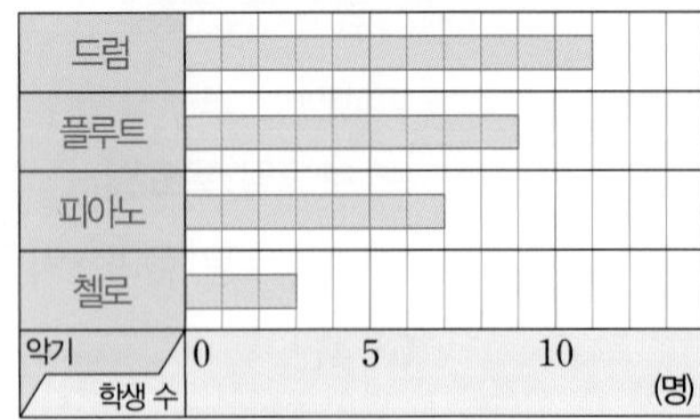

15 월별 아이스크림 판매량

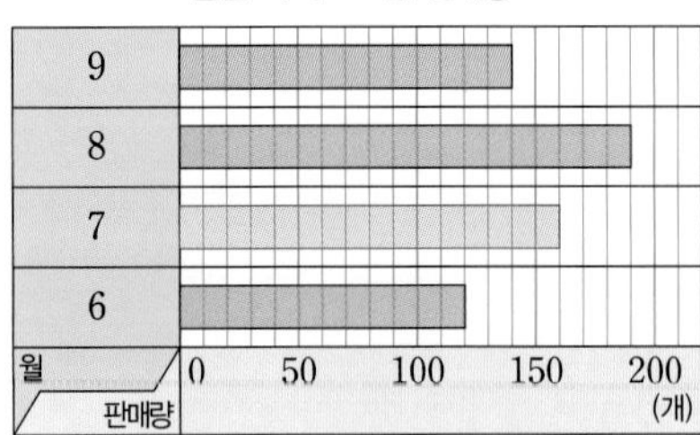

16 예 알뜰시장에서 판 물건의 수

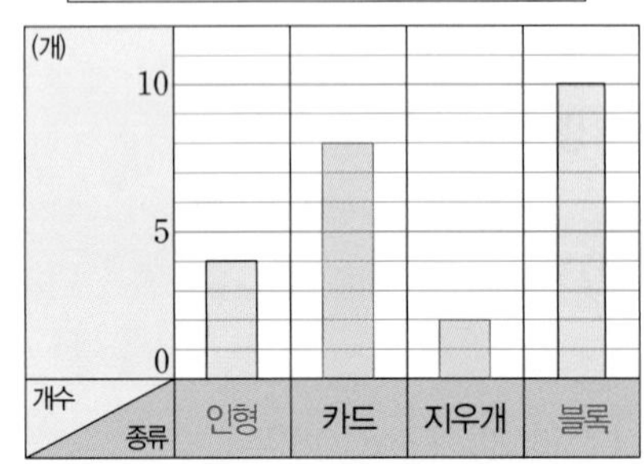

17 5칸　　18 4배

19 7명　　20 ㉠, ㉢

6 규칙찾기

문제를 풀며 이해해요 129쪽

01 2개　　02 2

03 등호　　04 3

교과서 문제 해결하기 130~131쪽

01 2　　02 1

03 ＝에 ○표　　04 세현

05　　06 30, 4

07 4, ＝　　08 4, 6

09 3, 2

10 예 (위에서부터) $20+40$ / $70-10$ / 12×5 / $120\div2$

문제해결 접근하기

11 풀이 참조

문제를 풀며 이해해요 133쪽

01 (1) 64 (2) 104　　02 2, 커집니다에 ○표

03 22, 커집니다에 ○표　　04 55, 97

교과서 문제 해결하기 134~135쪽

01 11　　02 11 / 11, 43

03 32　　04 나

05 (1) 25 (2) 62

06 (위에서부터) 42244, 52285

07 ㉡　　08 작아집니다에 ○표

09 110　　10 민호

문제해결 접근하기

11 풀이 참조

문제를 풀며 이해해요 137쪽

01 3, 4, 5 02 21개
03 $1+2+3+4+5+6=21$

교과서 문제 해결하기 138~139쪽

01 1개 02 8개
03
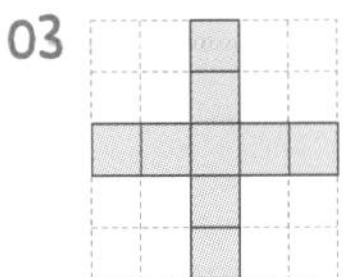
04 $1+4+4+4+4+4$ 05 (위에서부터) 2 / 4, 2
06 15개 07 ④
08 (위에서부터) $1+3+5+7$, 16 / $1+3+5+7+9$, 25
09 (위에서부터) 4×4, 16 / 5×5, 25
10 ㉢

문제해결 접근하기

11 풀이 참조

문제를 풀며 이해해요 141쪽

01 계산 결과에 ○표 02 $987-654=333$
03 곱하는 수에 ○표 04 $11\times11111=122221$

교과서 문제 해결하기 142~143쪽

01 (1) ○ (2) × (3) ○ 02 ④
03 $170+910=1080$ / $108\times10=1080$
04 $99\times8=792$ 05 594, 891에 ○표
06 $865-155=710$ 07 현후
08 $7000021\div7=1000003$ 09 ②
10 (위에서부터) 1003 / 10003, 7, 70021

문제해결 접근하기

11 풀이 참조

문제를 풀며 이해해요 145쪽

01 1 / 33 02 12 / 36
03 35 / 38, 37 04 45, 47 (또는 47, 45) / 46

교과서 문제 해결하기 146~147쪽

01 2 02 501×2
03 (1) ○ (2) × (3) × 04 202 / 402, 401
05 $14-8=6$ 06 다
07 4 08 재훈
09 ㉠, ㉣ 10 10, 17, 24, 31

문제해결 접근하기

11 풀이 참조

단원평가로 완성하기 148~151쪽

01 2 02 (1) = (2) =
03 예 $6-4=14-12$ (또는 $14-6=12-4$)
04 9, 6 05 ⑤
06 104 07 590, 892
08 40 09 위쪽, 왼쪽에 ○표
10 11개 11 (위에서부터) 20, 5
12 49, 35 13 가
14 2개 15 $470+100=570$
16 $1111\times9999=11108889$
17 (1) 7, 1 (2) 0
(3) 700014, 7, 100002 / $700014\div7=100002$
18 204 / 102, 201 19 (1) ○ (2) × (3) ×
20 3

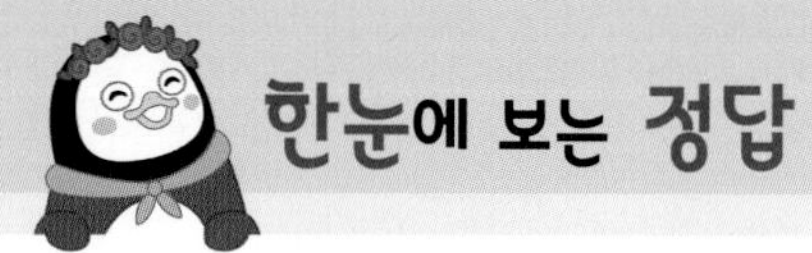

한눈에 보는 정답

BOOK 2 실전책

1 큰 수

1단원 쪽지 시험 5쪽

01 예 5000, 3000, 2000에 색칠

02 (위에서부터) 육만 이천칠십 / 50900 / 사십육만 팔

03 800000 (또는 80만) / 팔십만

04 ④

05 876500 (또는 87만 6500) / 팔십칠만 육천오백

06 ㉠

07 8

08

천억	백억	십억	억	천만	백만	십만	만	천	백	십	일
		5	0	0	6	0	0	3	0	0	0

09 1000 (또는 천)

10 (　　)(○)(△)

학교 시험 만점왕 1회 　1. 큰 수 6~8쪽

01 (1) 9990, 10000 (2) 9800, 10000

02 풀이 참조, 5장

03 61311, 육만 천삼백십일

04 (위에서부터) 9, 1 / 50000, 900

05 ③

06 ㉢

07

	3	7	8	0	0	0	0
천	백	십	만	천	백	십	일
			만				일

, 7

08 ②

09 (1) 9000만 (2) 100억

10 (1) 구십삼억 삼만 (2) 이백사십오억 이천만

11 ⑤

12 420억, 4조 2000억, 42조

13 (1) 3000000 (또는 300만)
(2) 3000000000 (또는 30억)

14 34, 10000 (또는 1만)

15 100000 (또는 10만), 1000000 (또는 100만)

16 풀이 참조, 5590000

17 580조 6700억

18

천억	백억	십억	억	천만	백만	십만	만	천	백	십	일
				4	5	2	9	0	2	3	0

,

천억	백억	십억	억	천만	백만	십만	만	천	백	십	일
					5	8	2	0	0	1	9

, >

19 ㉠, ㉢, ㉡

20 박물관

학교 시험 만점왕 2회 　1. 큰 수 9~11쪽

01 10000개 (또는 1만 개)

02 예

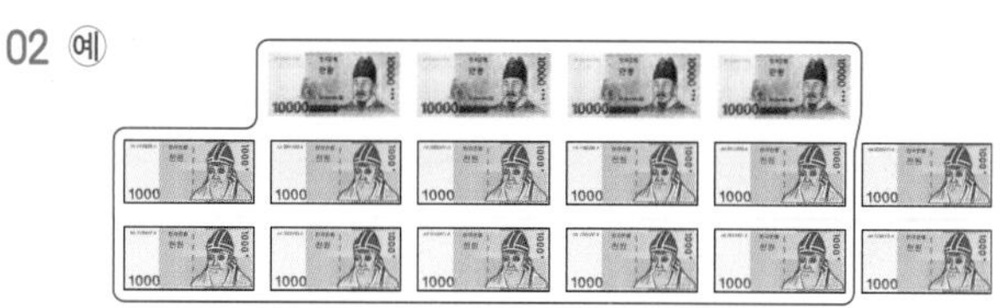

03 철우

04

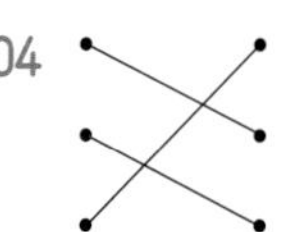

05 9000

06 5035700에 ○표

07 ㉢

08 ③

09

			2	0	0	9	0	0	5	0	0
천	백	십	일	천	백	십	일	천	백	십	일
			억				만				일

이억 구십만 오백

10 (위에서부터) 오억 구천삼십만 / 89030000000 /
구십팔억 천칠백만

11 ④

12 3000억, 30조, 3조

13 8개

14 854520

15 5390000

16 33, 33000000000000

17 5979000000000, 5969000000000

18 풀이 참조, 5080000

19 풀이 참조, 1034568

20 (1) 여섯 자리 수, 다섯 자리 수, 여섯 자리 수 (2) C 노트북

1단원 서술형·논술형 평가

12~13쪽

01 풀이 참조, 3300
02 풀이 참조, 167900원
03 풀이 참조, 채원
04 풀이 참조, 25431
05 풀이 참조, 7번
06 풀이 참조, ㉢
07 풀이 참조, 1270000 cm (또는 127만 cm)
08 풀이 참조, 4번
09 풀이 참조, 지민
10 풀이 참조, 3월

2 각도

2단원 쪽지 시험

15쪽

01 ( )(○)
02 1, 90
03 (○)( )
04 40°
05 예각, 둔각
06 (△)( )(○)
07 예 50, 50
08 120°, 60°
09 30, 180
10 90, 90, 360

학교 시험 만점왕 1회

2. 각도 16~18쪽

01 ( )(○)(△)
02 나, 라
03 (○)
(×)
(○)
04 나연
05 (○)( )(○)( )
06 80°
07 50°에 ○표
08 작은에 ○표, 예 70
09 예 20 / 20
10 (선 잇기 그림)
11 180
12 360°, 360°
13 50°
14 풀이 참조, 120°
15 60°
16 160°
17 ( )
( )
(×)
18 5개, 2개
19 25°
20 풀이 참조, 100°

학교 시험 만점왕 2회

2. 각도 19~21쪽

01 가, 다, 나
02 나
03 90, 1도
04 95°
05 130°
06 120°
07 여준
08 ( )( )(○)
09 재호
10 (선 잇기 그림)
11 15°
12 70, 20, 180 (또는 20, 70, 180)
13 35°, 95°, 50°에 ○표
14 풀이 참조, 20°
15 60°
16 (○)( )( )
17 85°
18 190°
19 45°
20 풀이 참조, 240°

2단원 서술형·논술형 평가

22~23쪽

01 풀이 참조, 나
02 수민 / 예 각의 꼭짓점을 각도기의 중심에 맞추지 않았습니다.
03 풀이 참조, 200°
04 주영 / 예 90°보다 조금 더 큰 각이기 때문에 약 100°라고 어림할 수 있습니다.
05 풀이 참조, 2개
06 풀이 참조, 3개
07 풀이 참조, 3가지
08 풀이 참조, 105°
09 풀이 참조, 160°
10 풀이 참조, 100°

3 곱셈과 나눗셈

3단원 쪽지 시험 25쪽

01 8220
02 214 × 2, 214 × 30
03 (1) 9750 (2) 10404
04 8, 8
05 116, 174, 232 / 3, 174, 3
06 14 × 60 / 14 × 2
07 (1) 4 (2) 32
08 36, 6 / 36, 684, 684, 6, 690
09 5000원
10 예 20, 12

학교 시험 만점왕 1회 3. 곱셈과 나눗셈 26~28쪽

01 5280
02 6420, 1605, 8025 (또는 1605, 6420, 8025)
03 500, 375, 4250
04 8855
05 4806개
06 예 20, 4600 / 250, 4500
07 4개
08 6, 5
09 2 / 3
10 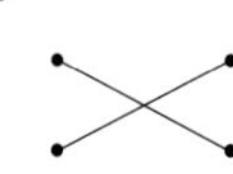
11 29, 3
12 8개
13 13, 15에 ○표
14 풀이 참조, 현미네 과수원, 2520개
15 민영
16 18, 42
17 19, 19 / 19, 20
18 (○) (○) (×)
19 31, 9
20 풀이 참조, 5

학교 시험 만점왕 2회 3. 곱셈과 나눗셈 29~31쪽

01 996, 9960
02 (왼쪽에서부터) 1935, 6450, 8385 / 215 × 9, 215 × 30
03 (1) 9300 (2) 9108
04 7758
05 3 L 750 mL
06 예 200, 15, 3000 / 3000
07 (선 잇기)
08 (1) 6, 372, 0 (2) 8, 496, 38
09 15 × 60 = 900, 15 × 5 = 75에 ○표
10 (1) 68 (2) 14 ⋯ 12
11 ㉢
12 민우
13 5
14 풀이 참조, 8250원, 9000원
15 8개, 5개
16 14일
17 효성
18 62, 9
19 22
20 풀이 참조, 16

3단원 서술형·논술형 평가 32~33쪽

01 풀이 참조, 8750원
02 예 나머지가 나누는 수인 11보다 크기 때문입니다. / 78, 1
03 풀이 참조, 6118
04 정훈 / 예 19상자와 가장 가까운 수로 어림했기 때문입니다.
05 풀이 참조, 32개, 4자루, 3개
06 풀이 참조, 24, 20
07 풀이 참조, 예 7개
08 풀이 참조, 844
09 풀이 참조, 1, 1
10 풀이 참조, 16개

4 평면도형의 이동

4단원 쪽지 시험 35쪽

01 위쪽에 ○표, 1
02 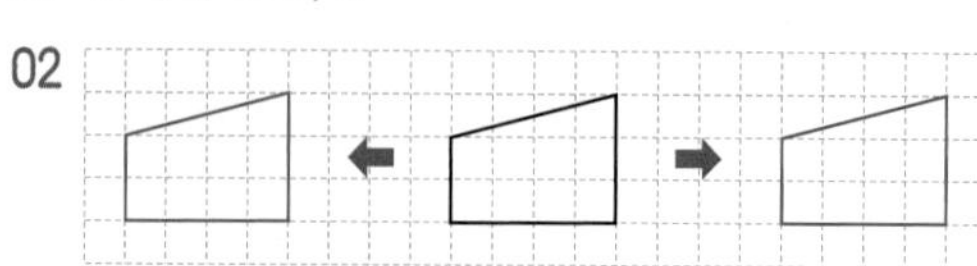

03
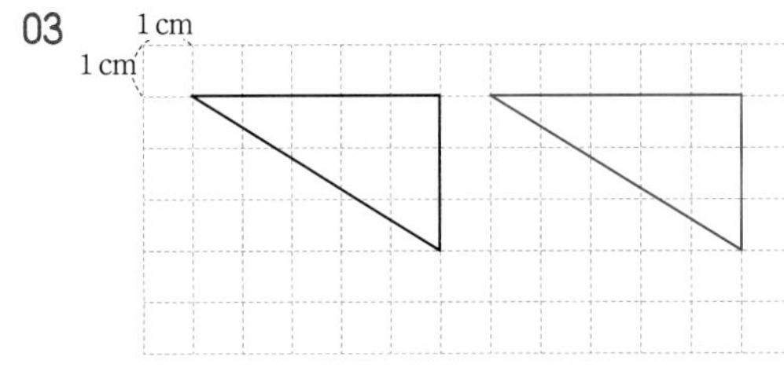

04
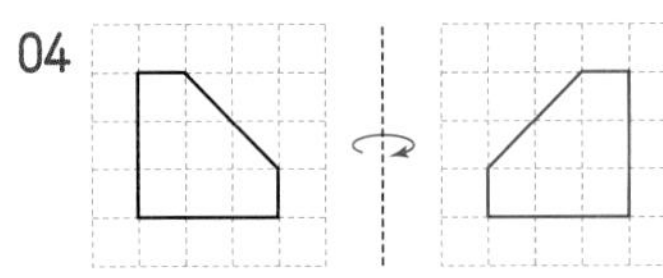

05 (　　)(　　)(○)

06
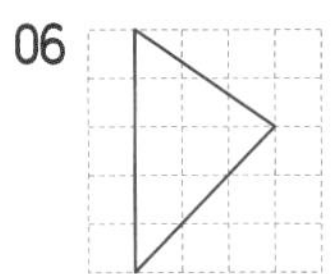

07 (　　)(○)

08
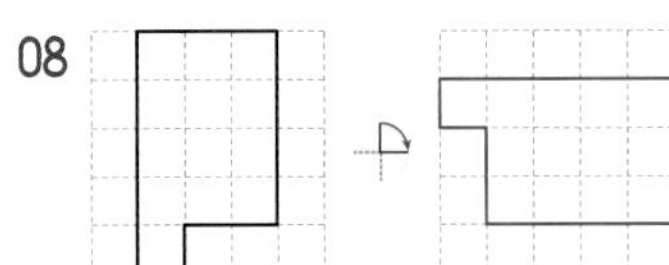

09
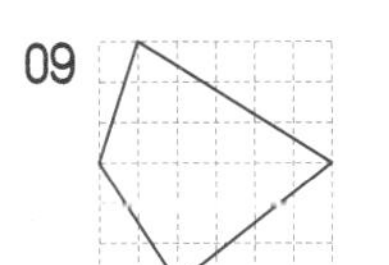

10 예
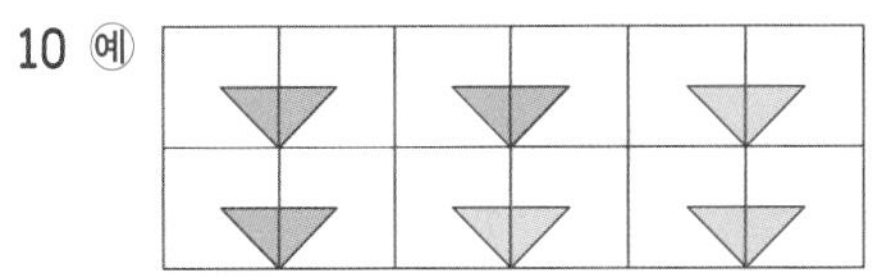

학교 시험 만점왕 1회

4. 평면도형의 이동

36~38쪽

01
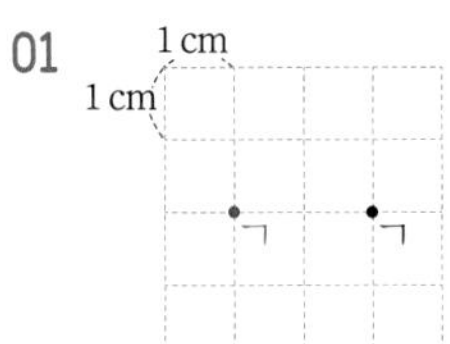

02 (1) 아래쪽에 ○표, 4　(2) 오른쪽에 ○표, 2

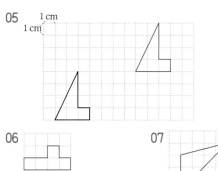

03
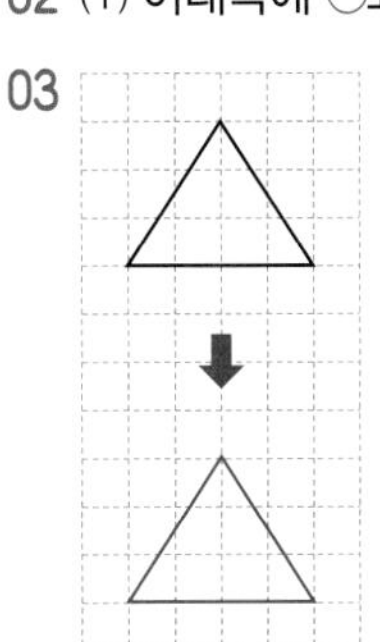

04 왼, 6

05
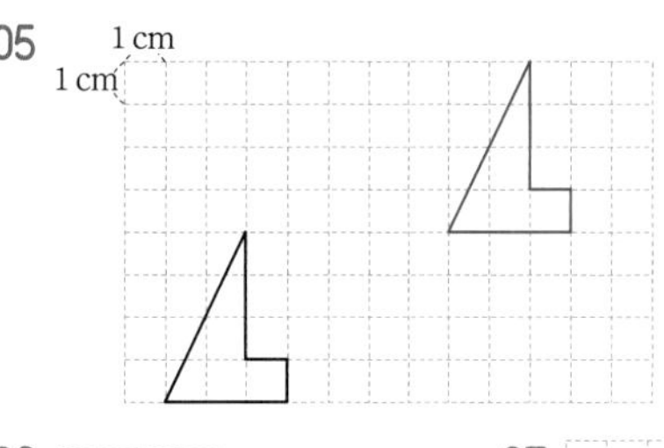

06

07
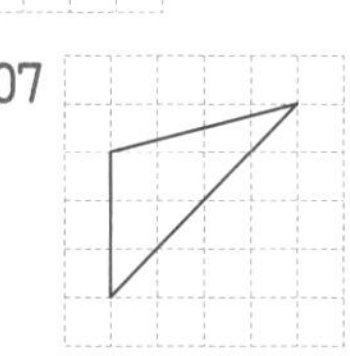

08 라

09 8시 50분

10 466

11 뒤집기에 ○표

12 (1)
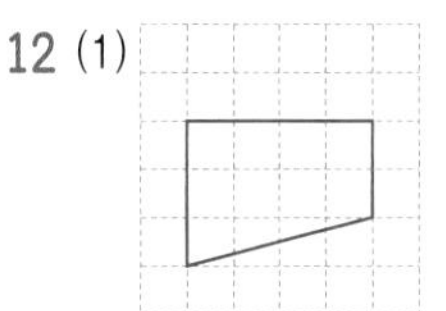
(2)
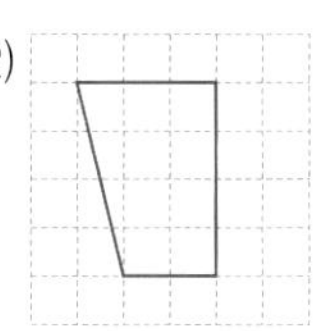

13 ㉡, ㉣

14
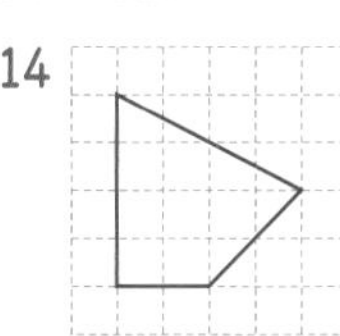

15 ③

16 라, 나

17 2개

18 뒤집는, 뒤집어서에 ○표

19 예
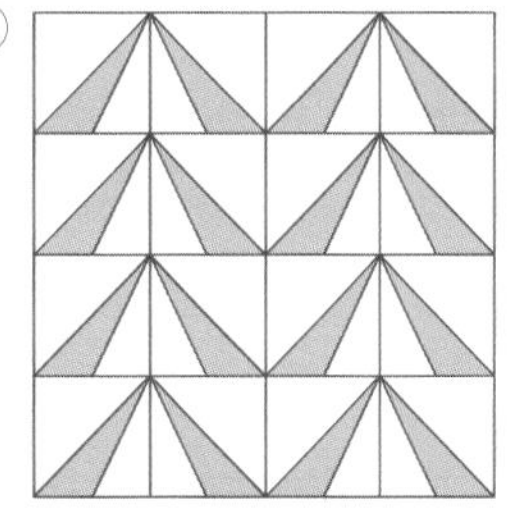

20 예 시계 방향으로 90°만큼 돌리기를 반복해서 모양을 만들고, 그 모양을 오른쪽으로 밀어서 무늬를 꾸몄습니다.

학교 시험 만점왕 2회

4. 평면도형의 이동

39~41쪽

01 (1) 아래, 2　(2) 위, 3　(3) 왼, 1　(4) 오른, 4

02 아래쪽에 ○표, 4, 왼쪽에 ○표, 3 (순서는 바뀌어도 됩니다.)

03 ㉢

04 예
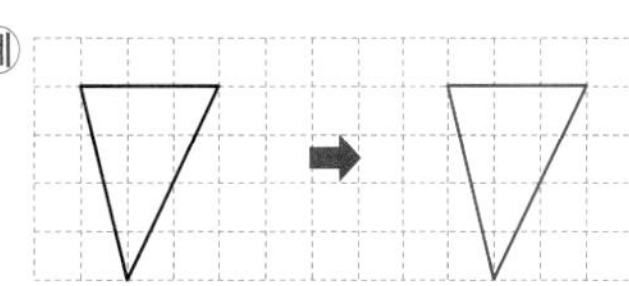

05

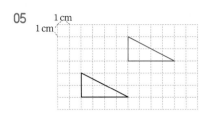

06 오른, 3 / 왼, 4

07

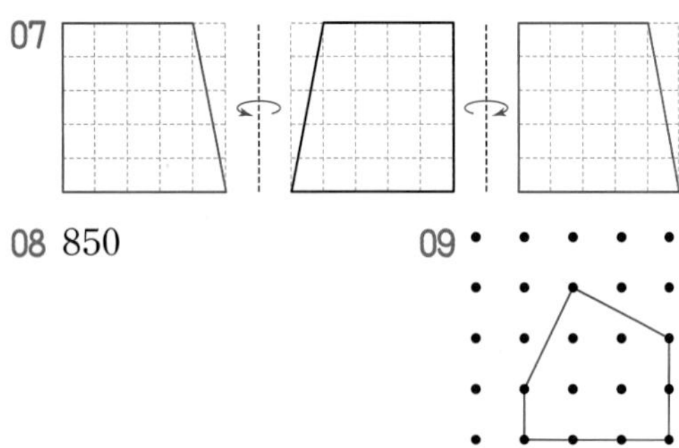

08 850

09

10 왼 (또는 오른), 위 (또는 아래) (순서는 바뀌어도 됩니다.)

11 ㉢

12 (○)(   )(   )

13

14 풀이 참조, 87

15

16 ㉡

17 ㉠

18 ⑤

19 ㉧

20 ㉧ 오른쪽으로 뒤집기를 반복해서 모양을 만들고, 그 모양을 아래쪽으로 뒤집어서 무늬를 꾸몄습니다.

4단원 서술형·논술형 평가

42~43쪽

01 풀이 참조

02 풀이 참조

03 풀이 참조

04 풀이 참조, 53

05 풀이 참조, 8시 25분

06 풀이 참조

07 풀이 참조, 20569

08 풀이 참조

09 풀이 참조, 4개

10 풀이 참조

5 막대그래프

5단원 쪽지 시험

45쪽

01 과일, 학생 수

02 1

03 학생 수

04 수박

05 막대그래프

06 학생 수

07 ㉧

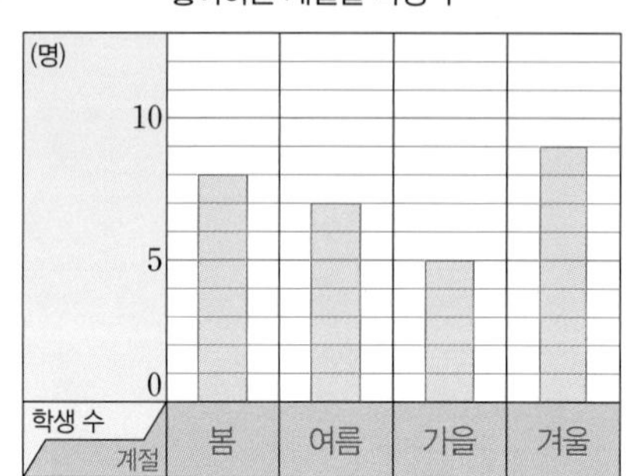

08 ㉧

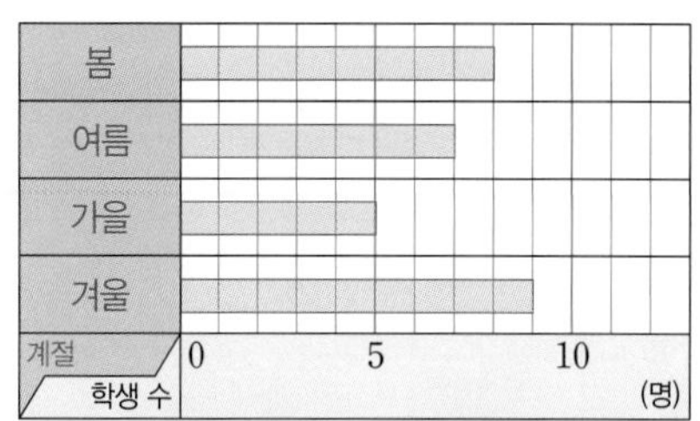

09 겨울, 봄, 여름, 가을

10 4명

학교 시험 만점왕 1회

5. 막대그래프

46~48쪽

01 요일, 사용량

02 2톤

03 화요일, 금요일

04 6톤

05 놀이동산, 박물관, 민속촌, 동물원 / 놀이동산, 박물관, 동물원, 민속촌

06 박물관

07 ㉧ 놀이동산 / ㉧ 놀이동산을 가고 싶어 하는 학생 수가 가장 많으므로 놀이동산을 체험 학습 장소로 고르면 좋을 것 같습니다.

08 11칸

09 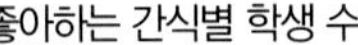

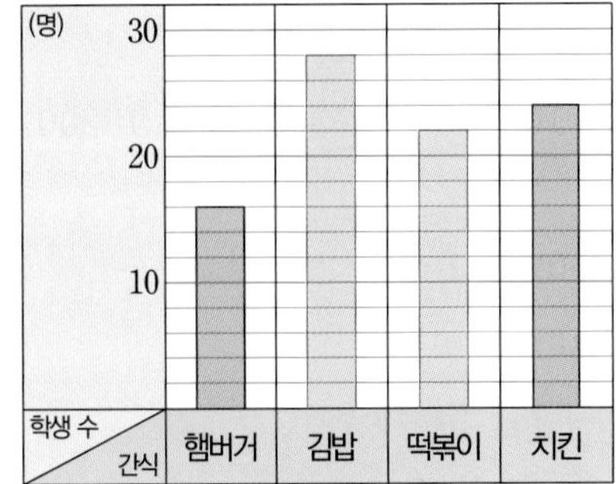

10 좋아하는 간식별 학생 수

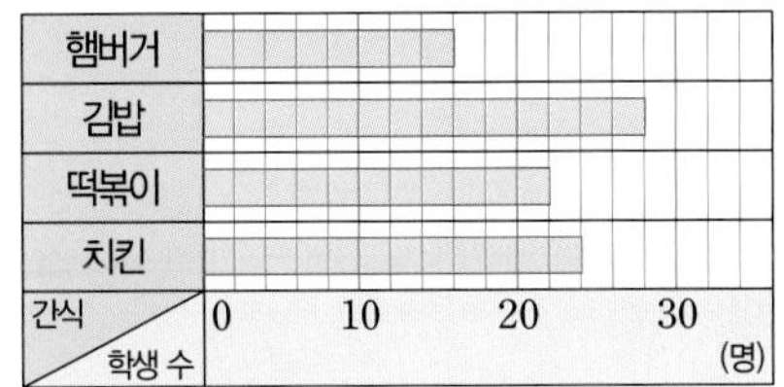

11 9, 6, 14, 5, 34

12 학예회 발표 종목별 학생 수

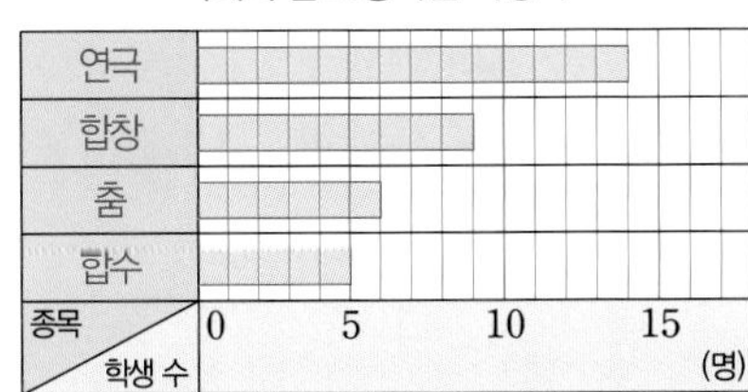

13 준희

14 4월, 4월

15 예 건조주의보가 많이 발생할수록 산불이 많이 발생합니다.

16 도시별 강수량

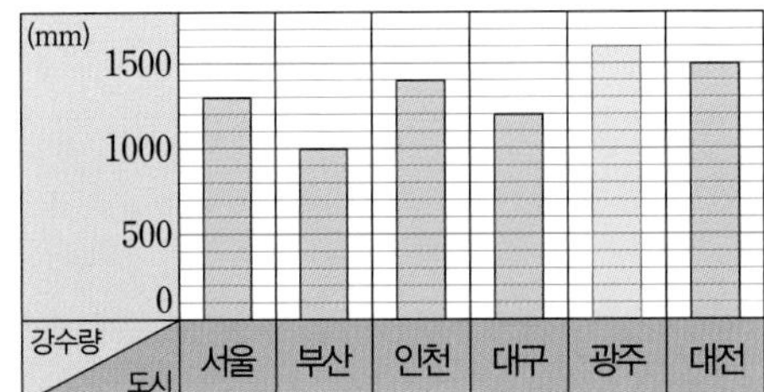

17 300 mm

18 7, 6, 9, 26

19 혈액형별 학생 수

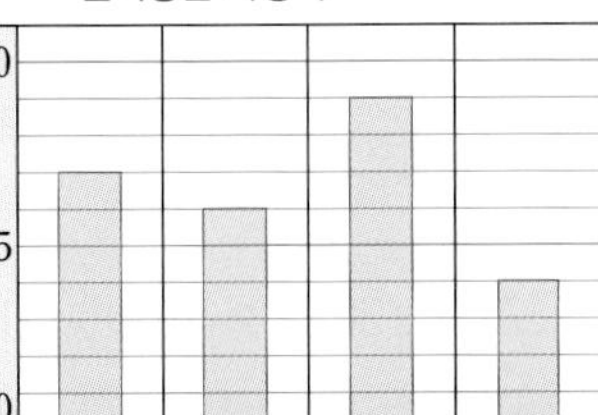

20 예 A형인 학생이 B형인 학생보다 1명 더 많습니다. / O형인 학생이 가장 많습니다.

학교 시험 만점왕 2회

5. 막대그래프

49~51쪽

01 막대그래프

02 10명

03 초콜릿 맛

04 딸기 맛

05 연아

06 2분

07 풀이 참조, 4명

08 5, 9, 6, 4, 24

09 장래 희망, 학생 수

10 예

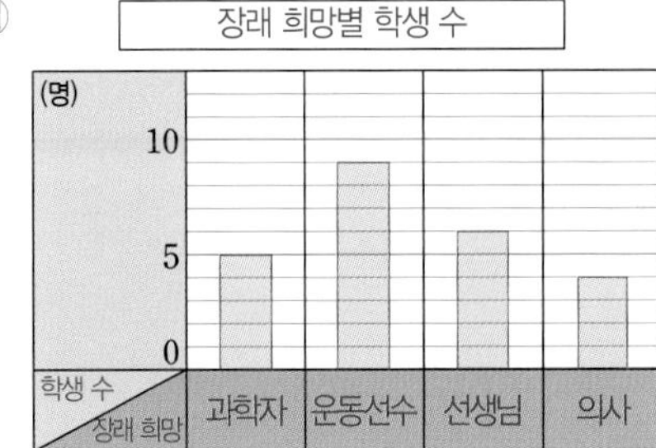

11 16명

12 좋아하는 민속놀이별 학생 수

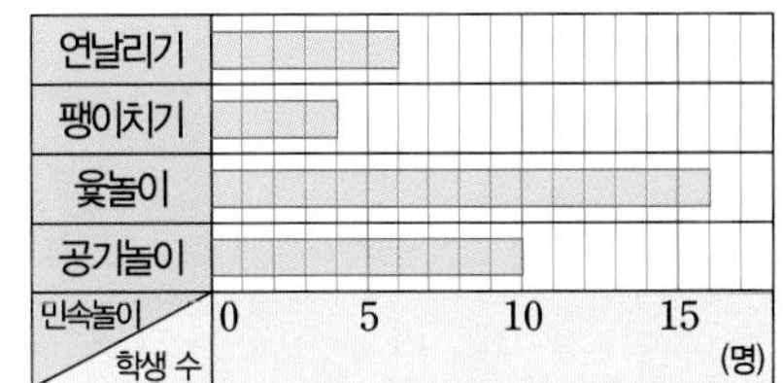

13 예

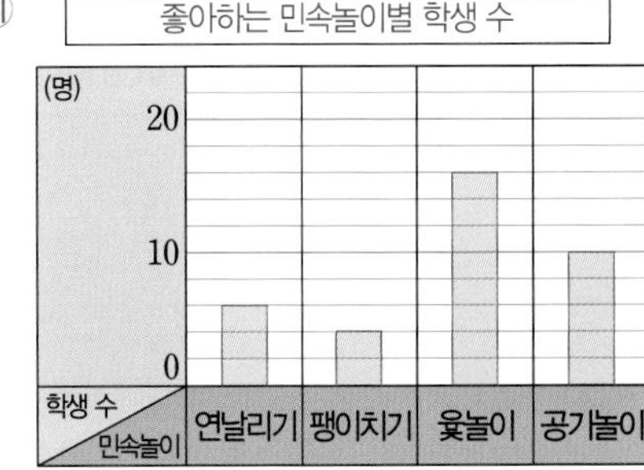

14 4배

15 27 kg

16 ㉣

17 15명, 25명

18 존경하는 위인별 학생 수

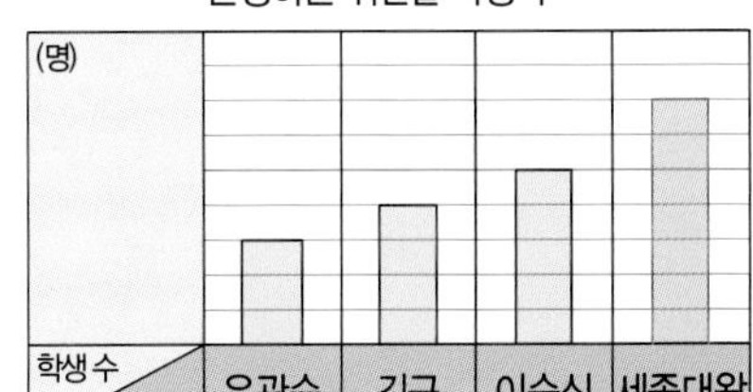

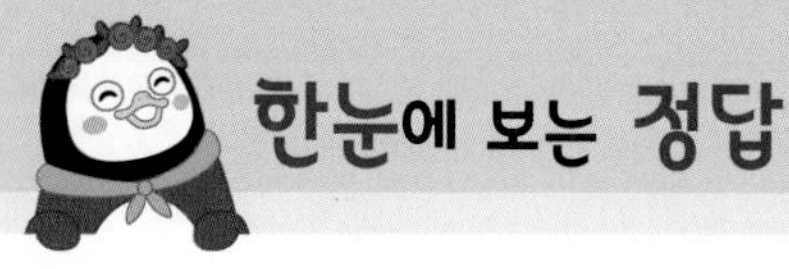

19 2021년

20 ㉠ 2800만 명 / 2021년부터 해외 여행객 수가 계속 증가하고 있으므로 2800만 명 정도 될 것 같습니다.

5단원 서술형·논술형 평가 52~53쪽

01 풀이 참조, 7명
02 풀이 참조
03 풀이 참조, 28명
04 풀이 참조, 5배
05 선희, 풀이 참조
06 풀이 참조, 5칸
07 풀이 참조, 3반, 12명
08 풀이 참조, 8명
09 풀이 참조
10 풀이 참조

6 규칙 찾기

6단원 쪽지 시험 55쪽

01 ㉠
02 11
03 5
04 4020
05 4001, 4013, 4007 (또는 4013, 4001, 4007)
06

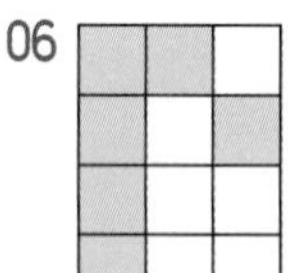

07 15개
08 12개
09 1111+1111=2222
10 11111103

학교 시험 만점왕 1회 6. 규칙 찾기 56~58쪽

01 5
02 ㉡
03 2, 2
04 96
05 서원
06 34820, 54820
07 20000, 작아집니다에 ○표
08 풀이 참조, 12개
09 8 / 10, 8, 2
10 10, 8, 9
11 16, 14
12 100001+5=100006
13 7300, 4900, 18200
14 ①, ⑤
15 12345679, 72
16 22, 100 / 3300, 33, 100
17 풀이 참조, 3300÷60=55
18 ㉠ 4씩 작아집니다.
19 ㉠
20 8, 2, 14 (또는 8, 14, 2)

학교 시험 만점왕 2회 6. 규칙 찾기 59~61쪽

01 4
02 진영
03 2, 9
04 49
05 390
06 910
07 750, 550
08 풀이 참조, 15개
09 (○)(   )
10 8개
11 7, 7, 49
12 다
13 1089×6=6534
14 풀이 참조, 32064÷64=501
15 ㉠, ㉢
16 101+220=321
17 653−421=232
18 6씩 커집니다.
19 3, 11, 11, 17
20 지은

6단원 서술형·논술형 평가 62~63쪽

01 풀이 참조, 108
02 풀이 참조, 3개
03 풀이 참조, 19개
04 풀이 참조, 17개
05 풀이 참조, 일곱째
06 풀이 참조, 777778+222223=1000001
07 풀이 참조, 800−500=300
08 풀이 참조, 99999×9=899991
09 풀이 참조, 5+7=6×2
10 풀이 참조, 4가지

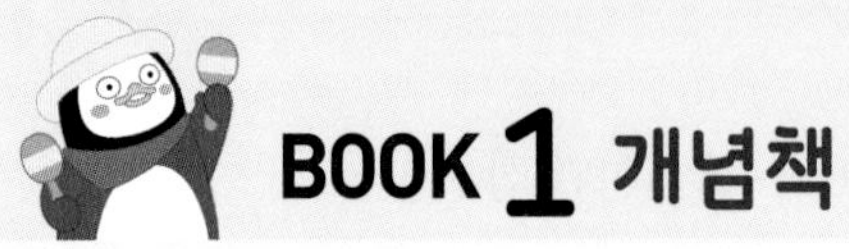

1 큰 수

문제를 풀며 이해해요 9쪽

01 (1) 1000, 10000 (2) 100, 10000

02 42895, (위에서부터) 2, 8, 5/40000, 90

교과서 문제 해결하기 10~11쪽

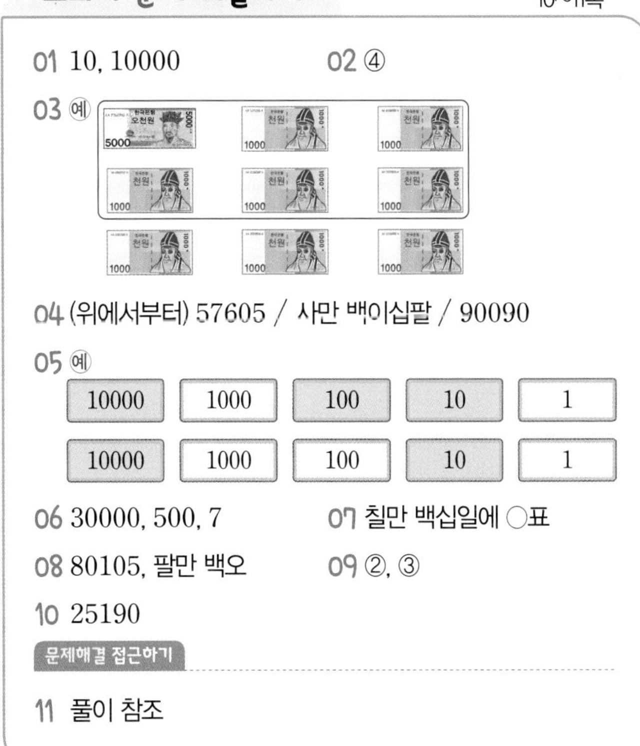

01 10, 10000　　02 ④

03 예

04 (위에서부터) 57605 / 사만 백이십팔 / 90090

05 예

10000	1000	100	10	1
10000	1000	100	10	1

06 30000, 500, 7　　07 칠만 백십일에 ○표

08 80105, 팔만 백오　　09 ②, ③

10 25190

문제해결 접근하기

11 풀이 참조

01 1000이 9개이면 9000이고,
1000이 10개이면 10000입니다.

02 ① 10000은 100이 100개인 수입니다.
② 10000은 10이 1000개인 수입니다.
③ 10000은 9000보다 1000만큼 더 큰 수입니다.
⑤ 10000은 9900보다 100만큼 더 큰 수입니다.

03 5000원짜리 지폐 1장은 1000원짜리 지폐 5장과 같이 같습니다. 1000원짜리 지폐 10장은 10000원이므로 1000원짜리 지폐 5장과 5000원짜리 지폐 1장을 묶으면 10000원이 됩니다.

04 오만 칠천육백오

➡

5	7	6	0	5
만	천	백	십	일

사만 백이십팔

➡

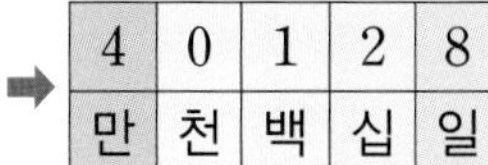

4	0	1	2	8
만	천	백	십	일

구만 구십

➡

9	0	0	9	0
만	천	백	십	일

05 20120은 10000이 2개, 1000이 0개, 100이 1개, 10이 2개, 1이 0개인 수입니다.

06 $32517=30000+2000+500+10+7$

07 육만 칠백구 ➡ 60709
칠만 백십일 ➡ 70111
따라서 0의 개수가 더 적은 것은 칠만 백십일입니다.

08 10000이 8개, 1000이 0개, 100이 1개, 10이 0개, 1이 5개인 수는 80105입니다. 80105는 팔만 백오라고 읽습니다.

09 숫자 5가 나타내는 값은 다음과 같습니다.
① 96572 → 500
② 35019 → 5000
③ 25103 → 5000
④ 54016 → 50000
⑤ 80751 → 50
따라서 숫자 5가 5000을 나타내는 다섯 자리 수는 ② 35019와 ③ 25103입니다.

10 1000이 25개인 수는 25000이고, 10이 19개인 수는 190입니다. 따라서 구하는 수는 25190입니다.

문제해결 접근하기

11 **이해하기 |** 예 일주일 동안 나누어 준 빵의 개수

계획 세우기 | 예 평일에 나누어 준 빵의 수에 주말에 나누어 준 빵의 수를 더하여 구해 보겠습니다.

해결하기 | 1000, 5000 / 3000, 6000 / 11000

되돌아보기 | 예 주말에만 하루에 5000개씩 2일간 나누어 주었으므로 일주일 동안 나누어 준 빵은 10000개입니다.

문제를 풀며 이해해요

13쪽

01 (위에서부터) 100000, 10000000 / 십만, 백만

02 (위에서부터) 4, 9 / 900000 / 4000000, 900000

03 (1)

천만	백만	십만	만	천	백	십	일
5	3	9	0	0	0	0	0

(2) 3000000 (또는 300만), 삼백만

교과서 문제 해결하기

14~15쪽

01 200000 (또는 20만) 02 ③

03 820051 (또는 82만 51), 팔십이만 오십일

04 ㉠, ㉢ 05 (선 잇기: 첫째 점끼리 연결, 둘째와 셋째는 엇갈려 연결)

06 56344000에 ○표

07 (1) 십만, 100000 (또는 10만)

(2) 백만, 3000000 (또는 300만)

08 10300000 (또는 1030만) 09 3500장

10 1000배

문제해결 접근하기

11 풀이 참조

01 만이 10개인 수는 10만, 만이 20개인 수는 20만입니다. 20만은 200000입니다.

02 ③ 823070 → 팔십이만 삼천칠십

03

천만	백만	십만	만	천	백	십	일
		8	0	0	0	0	0
			2	0	0	0	0
						5	0
							1
		8	2	0	0	5	1

800000＋20000＋50＋1＝820051

820051은 팔십이만 오십일이라고 읽습니다.

04 십만의 자리 숫자에 밑줄을 그으면 다음과 같습니다.

㉠ 77만 → 7̲70000

㉡ 37̲970000

㉢ 39̲700000

㉣ 만이 718개인 수 → 71̲80000

따라서 십만의 자리 숫자가 7인 수는 ㉠, ㉢입니다.

05 1000이 25개인 수는 25 뒤에 0을 3개 붙인 수이므로 25000입니다.

10만이 2개, 1000이 5개인 수는 200000＋5000이므로 205000입니다.

10000이 25개인 수는 25 뒤에 0을 4개 붙인 수이므로 250000입니다.

06 백만의 자리 숫자에 밑줄을 그으면 다음과 같습니다.

56̲344000

1̲869000

63̲744000

따라서 백만의 자리 숫자가 6인 수는 56344000입니다.

07 (1) 2170000은 217|0000이므로 (만 | 일)

숫자 1은 십만의 자리 숫자이고, 100000을 나타냅니다.

(2) 83914000은 8391|4000이므로 (만 | 일)

숫자 3은 백만의 자리 숫자이고, 3000000을 나타냅니다.

08 범서가 말한 10만의 100배인 수는 10000000입니다. 이 수에 은우가 말한 300000을 합하면 10300000입니다.

천만	백만	십만	만	천	백	십	일
1	0	0	0	0	0	0	0
		3	0	0	0	0	0
1	0	3	0	0	0	0	0

09 3500만은 만이 3500개인 수이므로 3500만 원은 만 원짜리 지폐로 3500장입니다.

10 ㉠은 백만의 자리 숫자이므로 500만을 나타내고, ㉡은 천의 자리 숫자이므로 5000을 나타냅니다. 따라서 500만은 5000의 1000배이므로 ㉠이 나타내는 값은 ㉡이 나타내는 값의 1000배입니다.

문제해결 접근하기

11 **이해하기 |** 예 어떤 수

계획 세우기 | 예 10배를 하기 전의 수와 100배를 하기 전의 수를 거꾸로 생각하여 구해 보겠습니다.

해결하기 | 820, 82, 8200

되돌아보기 | 예 8200에 100배를 하면 820000이고, 다시 10배를 하면 8200000입니다. 8200000은 820만이므로 맞습니다.

문제를 풀며 이해해요

17쪽

01 1억 (또는 100000000), 1조 (또는 1000000000000)

02 (1)

천억	백억	십억	억	천만	백만	십만	만	천	백	십	일
9	8	1	3	0	0	0	0	0	0	0	0

(2) 10억 (또는 1000000000)

(3)

천조	백조	십조	조	천억	백억	십억	억	천만	백만	십만	만	천	백	십	일
4	3	8	1	2	2	5	0	0	0	0	0	0	0	0	0

(4) 300조 (또는 300000000000000)

교과서 문제 해결하기

18~19쪽

01 1억 (또는 100000000)

02 7, 5, 6, 2 / 칠천오백육십이억

03 (1) 31억 2058만 9000 (2) 801억 1042만 700

04 종현

05 9, 9000000000000 (또는 9조)

06 ㉡

07 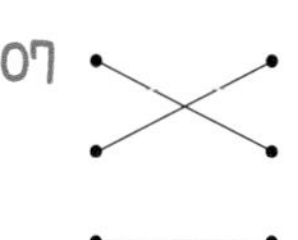

08 ②

09 1100억 (또는 110000000000)

10 34조 9000억 (또는 34900000000000)

문제해결 접근하기

11 풀이 참조

01 9000만보다 1000만만큼 더 큰 수는 1억입니다. 9990만보다 10만만큼 더 큰 수는 1억입니다.

02 7562억은 칠천오백육십이억이라고 읽습니다.

03 일의 자리에서부터 네 자리씩 끊어 다음과 같이 나타냅니다.

(1) 3120589000 → 31|2058|9000 (억 | 만 | 일)
→ 31억 2058만 9000

(2) 80110420700 → 801|1042|0700 (억 | 만 | 일)
→ 801억 1042만 700

04 3209000000 → 32|0900|0000 (억 | 만 | 일)
→ 32억 900만

수를 읽으면 삼십이억 구백만입니다.

05 49301500003281 → 49|3015|0000|3281 (조 | 억 | 만 | 일)

따라서 조의 자리 숫자는 9이고, 9000000000000 (또는 9조)를 나타냅니다.

06 일의 자리에서부터 네 자리씩 끊어 읽습니다.

㉠ 90300000000000 → 90|3000|0000|0000
조 억 만 일
→ 구십조 삼천억

㉡ 9030000000000000 → 9030|0000|0000|0000
조 억 만 일
→ 구천삼십조

㉢ 903000000000 → 9030|0000|0000
억 만 일
→ 구천삼십억

따라서 구천삼십조는 ㉡입니다.

07 408억에서 숫자 4는 400억을 나타냅니다. 400억은 4 뒤에 0을 10개 붙인 수입니다.
134억에서 숫자 4는 4억을 나타냅니다. 4억은 4 뒤에 0을 8개 붙인 수입니다.
4193만에서 숫자 4는 4000만을 나타냅니다. 4000만은 4 뒤에 0을 7개 붙인 수입니다.

08 숫자 2가 나타내는 값은 다음과 같습니다.
① 3284억 ➡ 200억
② 421억 ➡ 20억
③ 8492조 ➡ 2조
④ 324조 ➡ 20조
⑤ 2493억 ➡ 2000억
20억이 가장 작은 수이므로 숫자 2가 나타내는 값이 가장 작은 수는 ② 421억입니다.

09 ㉠ 억이 800개인 수는 800억입니다.
㉡ 억이 300개인 수는 300억입니다.
따라서 ㉠과 ㉡의 합은 1100억입니다.

10 349억을 10배 하면 3490억, 또 10배를 하면 3조 4900억, 또 10배를 하면 34조 9000억입니다.

문제해결 접근하기

11 **이해하기 |** 예 그림이 나타내는 수
계획 세우기 | 예 주어진 그림에서 ●, ▲, ■이 각각 어떤 수를 나타내는지 찾고, 같은 방법으로 나타낸 그림에서 각 도형이 몇 개인지 세어 해결해 보겠습니다.
해결하기 | 백만, 3, 1, 2, 200, 4, 4200
되돌아보기 | 예 ▲ 10개를 ● 1개로 바꾸어 그림으로 나타내면 ●●●●▲▲▲▲■■입니다.

문제를 풀며 이해해요

21쪽

01 (1) 3915억, 3945억
(2) 23500290000, 26500290000

02 (1) 100억 (2) 10조 03 (1) < (2) < (3) >

교과서 문제 해결하기

22~23쪽

01 539조, 559조 02 85억, 86억
03 (위에서부터) 100000, 6404089
04 진주 05 ④
06 34조 730억 07 (1) > (2) <
08 ㉡ 09 채하
10 4개

문제해결 접근하기

11 풀이 참조

01 10조씩 뛰어 세면 십조의 자리 숫자가 1씩 커집니다.

02 83억에서 84억이 되었으므로 1억씩 뛰어 세는 규칙입니다. 1억씩 뛰어 세면 일억의 자리 숫자가 1씩 커집니다.

03 십만의 자리 숫자가 1씩 커지므로 10만씩 뛰어 세는 규칙입니다.

04 진주: 32조 450억에서 1조씩 3번 뛰어 세면 조의 자리 숫자가 2에서 5가 되므로 35조 450억이 됩니다.
수호: 32조 450억에서 32조 750억이 되려면 100억씩 3번 뛰어 세면 됩니다.

05 87990에서 10000씩 4번 거꾸로 뛰어 세면 만의 자리 숫자가 8에서 4가 되므로 47990이 됩니다.

06 34조 230억에서 100억씩 5번 뛰어 세면 백억의 자리 숫자가 2에서 7이 됩니다. 따라서 34조 730억이 됩니다.

07 (1) 89110000 > 9020000
(여덟 자리 수) (일곱 자리 수)

(2) 5340000 < 5490000

08 ㉠ 100억이 34개, 만이 3855개인 수는 3400억 3855만입니다.
㉡ 352890000000은 3528억 9000만입니다.
두 수의 자리 수가 같으므로 높은 자리부터 순서대로 비교하면 ㉠<㉡입니다.

09 조는 억보다 더 큰 단위이므로 재민이와 수아 중에서 수아가 더 작은 수를 말했습니다. 채하가 말한 36000000000은 360|0000|0000이므로 360억입니다.
억 만 일
360억은 380억보다 더 작으므로 가장 작은 수를 말한 사람은 채하입니다.

10 ㉠ 58740077430000 (열네 자리 수)
㉡ 587□4989600000 (열네 자리 수)
자리 수가 같으므로 높은 자리부터 순서대로 비교하면 □ 안에 알맞은 숫자는 4>□를 만족하는 숫자입니다.
□ 안에 알맞은 숫자는 0, 1, 2, 3이므로 모두 4개입니다.

문제해결 접근하기

11 **이해하기 |** 예 10년 뒤 이 도시의 초등학생 수
계획 세우기 | 예 올해 초등학생 수에서 1000씩 거꾸로 10번 뛰어 세어 구해 보겠습니다.
해결하기 | 10000 (또는 만), 10000 (또는 만), 44
되돌아보기 | 예 2000씩 거꾸로 10번 뛰어 세면 2만만큼 작은 수가 됩니다. 따라서 10년 뒤 이 도시의 초등학생은 36만 명보다 2만 명만큼 더 적은 34만 명입니다.

단원평가로 완성하기

24~27쪽

01 (1) 10000 (2) 1000　02 15600원
03 4400원　04 35094, 삼만 오천구십사
05 2050800　06 400000, 80000
07 (위에서부터) 7, 8 / 50000000, 800000
08 ④
09 (1) 5 (2) 높은에 ○표 (3) 56653311 / 56653311
10 (1) 3 (2) 십억 (3) 40000000000 (또는 400억)
11 ㉣
12 풀이 참조, 사백팔십억 천이백만
13 1조 (또는 1000000000000)
14 748조 39억, 842359000000000에 ○표
15 (1) 44821, 47821 (2) 369조, 339조
16 ②　17 2개
18 ㉢, ㉠, ㉡　19 에이든
20 8, 9

01 1000이 9개인 수에서 1000이 1개 더해지면 10000이 됩니다.

02 10000이 1개, 1000이 4개이면 14000이고, 500이 2개, 100이 6개이면 1600입니다. 따라서 민근이가 저금한 돈은 15600원입니다.

03 15600원에서 4400원이 더 있으면 20000원이 됩니다.

04 10000이 3개, 1000이 5개, 10이 9개, 1이 4개인 수는 35094입니다.

만	천	백	십	일
3	0	0	0	0
	5	0	0	0
			9	0
				4
3	5	0	9	4

05 이백만보다 크고 삼백만보다 작은 수는 백만의 자리 숫자가 2인 일곱 자리 수이므로 2□□□□□□입니다.
만의 자리 숫자는 5이고, 백의 자리 숫자는 8이므로

BOOK 1 개념책

2□5□8□□가 됩니다. 가장 작은 수가 되도록 모든 □ 안에 0을 넣으면 2050800입니다.

06 6483000=6000000+400000+80000+3000

07 57830000 ➡ 5783|0000 ➡ 5783만
만 일

5783만에서 천만의 자리 숫자 5는 5000만을 나타냅니다.

5783만에서 백만의 자리 숫자 7은 700만을 나타냅니다.

5783만에서 십만의 자리 숫자 8은 80만을 나타냅니다.

5783만에서 만의 자리 숫자 3은 3만을 나타냅니다.

08 일의 자리에서부터 네 자리씩 끊어 천만의 자리 숫자와 십만의 자리 숫자를 찾아봅니다.

① 389|0070|0000
억 만 일

② 9007|0000
만 일

③ 7890|0000
만 일

④ 9070|0000
만 일

⑤ 9|0700|0000
억 만 일

천만의 자리 숫자가 9인 수는 ② 90070000, ④ 90700000입니다. 두 수 중에서 십만의 자리 숫자가 700000을 나타내는 수는 ④입니다.

09 (1) 천만의 자리 숫자가 5인 여덟 자리 수는 5■■■■■■■입니다.

(2) 높은 자리의 숫자가 클수록 큰 수이므로 왼쪽부터 크기가 큰 숫자를 놓습니다.

(3) 천만의 자리 숫자가 5인 가장 큰 여덟 자리 수는 56653311입니다.

채점 기준

천만의 자리 숫자가 5인 여덟 자리 수를 만드는 방법을 바르게 이해한 경우	20 %
크기가 큰 수를 만드는 방법을 바르게 이해한 경우	30 %
수 카드를 두 번씩 사용하여 천만의 자리 숫자가 5인 가장 큰 여덟 자리 수를 구한 경우	50 %

10 47930290000 ➡ 479|3029|0000이므로 천만의 자
억 만 일

리 숫자는 3입니다. 7은 십억의 자리 숫자입니다. 숫자 4는 400억을 나타냅니다.

11 1000만의 10배인 수는 1억이고, 1000만의 100배인 수는 10억이므로 1억이 아닌 것은 ㉣ 1000만의 100배인 수입니다.

12 48012000000 ➡ 480|1200|0000이므로 백억의 자
억 만 일

리부터 숫자를 놓습니다.

	4	8	0	1	2	0	0	0	0	0	0
천	백	십	일	천	백	십	일	천	백	십	일
			억				만				일

48012000000은 사백팔십억 천이백만이라고 읽습니다.

13 1000억의 10배는 1조입니다.

조	천억	백억	십억	억	천만	백만	십만	만	천	백	십	일
	1	0	0	0	0	0	0	0	0	0	0	0

⬇ 10배

조	천억	백억	십억	억	천만	백만	십만	만	천	백	십	일
1	0	0	0	0	0	0	0	0	0	0	0	0

14 748조 39억에서 숫자 4는 40조를 나타냅니다.

24931200000000은 24|9312|0000|0000이므로
조 억 만 일

숫자 4는 4조를 나타냅니다.

140억 2360만에서 숫자 4는 40억을 나타냅니다.

842359000000000은 842|3590|0000|0000이므
조 억 만 일

로 숫자 4는 40조를 나타냅니다.

따라서 숫자 4가 40조를 나타내는 수는 748조 39억, 842359000000000입니다.

15 (1) 천의 자리 숫자가 1씩 커지고 있으므로 천씩 뛰어 세었습니다.

43821－44821－45821－46821－47821

(2) 십조의 자리 숫자가 1씩 작아지고 있으므로 10조씩

거꾸로 뛰어 세었습니다.

369조－359조－349조－339조－329조

16 수직선에서 한 칸씩 오른쪽으로 이동할 때마다 10억씩 커지므로 수직선의 눈금 한 칸의 크기는 10억입니다.

17 ㉠은 9980억보다 10억만큼 더 큰 수이므로 9990억입니다. 수로 나타내면 999000000000이므로 0은 9개입니다.

㉡은 1조 10억보다 10억만큼 더 큰 수이므로 1조 20억입니다. 수로 나타내면 1002000000000이므로 0은 11개입니다.

따라서 ㉡의 0의 개수는 ㉠의 0의 개수보다 2개 더 많습니다.

18 14000, 20000은 다섯 자리 수이고 8500은 네 자리 수이므로 8500이 가장 작은 수입니다. 14000과 20000 중 만의 자리 숫자가 더 작은 14000이 더 작은 수입니다.

따라서 가격이 낮은 음식부터 순서대로 기호를 쓰면 ㉢, ㉠, ㉡입니다.

19 4890만 5500과 34925000을 표로 나타내면 다음과 같습니다.

천만	백만	십만	만	천	백	십	일
4	8	9	0	5	5	0	0
3	4	9	2	5	0	0	0

천만의 자리 숫자가 4＞3이므로 4890만 5500이 34925000보다 더 큽니다.

따라서 에이든의 나라의 인구 수가 더 많습니다.

20 49731049와 49□12300은 천만의 자리 숫자와 백만의 자리 숫자가 같고 만의 자리 숫자가 3＞1이므로 7＜□입니다. 따라서 □ 안에 들어갈 수 있는 숫자는 8, 9입니다.

2 각도

문제를 풀며 이해해요

33쪽

01 (1) (○) (   ) (2) (   ) (○)

02 2, 3, 나

03 각도, 90

교과서 문제 해결하기

34~35쪽

01 나

02 나, 가

03 각도

04 가, 다, 나

05 (왼쪽에서부터) 1, 90, 10

06 영호

07 가은

08 90

09 나, 다, 가

10 5시

문제해결 접근하기

11 풀이 참조

01 나가 가보다 두 변 사이가 더 많이 벌어져 있으므로 나의 각의 크기가 가의 각의 크기보다 더 큽니다.

02 나가 가보다 두 변 사이가 더 적게 벌어져 있으므로 나의 각의 크기가 가의 각의 크기보다 더 작습니다.

03 각의 크기를 각도라고 합니다.

04 각을 이루는 두 변 사이가 더 많이 벌어질수록 더 큰 각이므로 크기가 큰 각부터 순서대로 기호를 쓰면 가, 다, 나입니다.

05 직각의 크기를 똑같이 90으로 나눈 것 중의 하나가 1°이고, 직각의 크기는 90°입니다.

06 직각의 크기는 90°이므로 60°보다 큰 각입니다. 1°는 직각의 크기를 똑같이 90으로 나눈 것 중의 하나입니다.

07 각을 이루는 두 변 사이가 더 많이 벌어질수록 더 큰 각이므로 크기가 큰 각부터 순서대로 기호를 쓰면 다, 나, 가입니다. 따라서 크기가 가장 작은 각은 가, 크기가 가

장 큰 각은 다이고, 나보다 크기가 더 큰 각은 다입니다.

08 직각의 크기를 똑같이 90으로 나눈 것 중의 하나를 1도라고 합니다. 직각의 크기는 90°입니다.

09 단위 각이 많이 들어갈수록 더 큰 각이므로 각의 크기가 큰 것부터 순서대로 기호를 쓰면 나, 다, 가입니다.

10 긴바늘과 짧은바늘 사이가 더 많이 벌어질수록 더 큰 각이므로 긴바늘과 짧은바늘이 이루는 각의 크기가 가장 큰 시각은 5시입니다.

문제해결 접근하기

11 **이해하기 |** 예 은호의 부채

계획 세우기 | 예 부채를 각의 크기가 큰 것부터 순서대로 쓰고, 각의 크기가 큰 부채를 가지고 있는 친구부터 순서대로 이름을 써서 구해 보겠습니다.

해결하기 | 라, 가, 나, 다 / 선호, 주영, 은호, 민지, 나

되돌아보기 | 예 부채를 각의 크기가 큰 것부터 순서대로 쓰면 라, 가, 나, 다이고, 각의 크기가 큰 부채를 가지고 있는 친구부터 순서대로 이름을 쓰면 선호, 주영, 은호, 민지이므로 은호의 부채는 나입니다.

문제를 풀며 이해해요

37쪽

01 (1) (○)(   ) (2) (   )(○)
02 (1) 120 (2) 30
03 (○)(△)
(   )(○)

교과서 문제 해결하기

38~39쪽

01 (1) 70 (2) 110
02 (   )(○) / 20
03 140°
04 (왼쪽에서부터) 75, 130
05 하진
06 나, 라 / 가, 다
07 2개
08 예
09 가연
10 4개

문제해결 접근하기

11 풀이 참조

01 (1) 각의 한 변이 맞추어져 있는 눈금 0부터 시작하여 다른 한 변이 맞추어져 있는 곳의 눈금을 읽어 보면 70°입니다.
(2) 각의 한 변이 맞추어져 있는 눈금 0부터 시작하여 다른 한 변이 맞추어져 있는 곳의 눈금을 읽어 보면 110°입니다.

02 각도기를 이용하여 각도를 잴 때는 각도기의 중심을 각의 꼭짓점에 맞추고 각도기의 밑금을 각의 한 변에 맞추어야 합니다. 따라서 각도는 20°입니다.

03

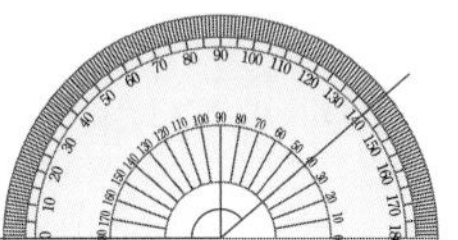

따라서 각도는 140°입니다.

04

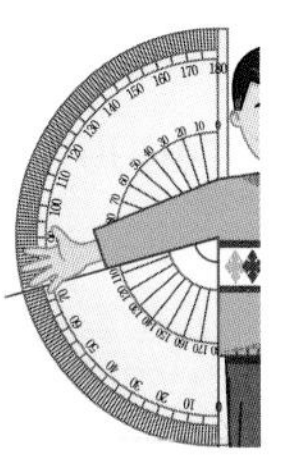

각도는 75°입니다.

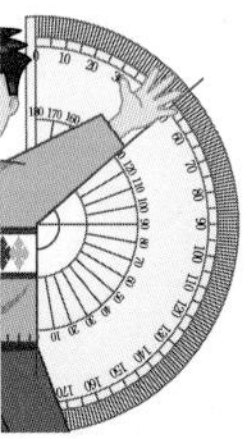

각도는 130°입니다.

05 각도기의 밑금을 각의 한 변에 맞추었으므로 각의 한 변이 맞추어져 있는 눈금 0부터 시작하여 다른 한 변이 맞추어져 있는 곳의 눈금을 읽어 보면 150°입니다.

06 예각은 각도가 0°보다 크고 직각보다 작은 각이므로 나, 라이고, 둔각은 직각보다 크고 180°보다 작은 각이므로 가, 다입니다.

07 각도가 직각보다 크고 180°보다 작은 각이 둔각이므로 펼쳐진 부분이 둔각인 부채는

의 2개입니다.

08 주어진 선분을 한 변으로 하여 각도가 직각보다 크고 180°보다 작은 각이 되도록 다른 한 변을 그립니다.

09 가는 예각, 나와 다는 둔각, 라는 직각입니다.

10 예각은 각도가 0°보다 크고 직각보다 작은 각입니다.

따라서 찾을 수 있는 크고 작은 예각은 모두 4개입니다.

문제해결 접근하기

11 이해하기 | 예 예각과 둔각의 개수의 차

계획 세우기 | 예 예각과 둔각의 개수를 각각 구한 다음 예각의 개수와 둔각의 개수의 차를 구해 보겠습니다.

해결하기 | 나, 마, 바, 3 / 다, 1 / 3, 1, 2, 2

되돌아보기 | 예 135°, 170°, 95°는 둔각, 75°는 예각이므로 둔각은 3개, 예각은 1개입니다. 3－1＝2이므로 둔각은 예각보다 2개 더 많습니다.

문제를 풀며 이해해요

41쪽

01 (1) 예 70 / 70 (2) 예 120 / 120

02 (1) 135° (2) 45° 03 (1) 115° (2) 90°

교과서 문제 해결하기

42~43쪽

01 예 45 / 45	02 예 110 / 110
03 ( )( )(○)	04 예 75 / 75
05 예 135	06 100° / 60°
07 65	08 80°
09 ㉠, ㉡, ㉢	10 4개

문제해결 접근하기

11 풀이 참조

01 주어진 각의 크기가 직각의 반 정도이므로 약 45°라고 어림할 수 있으며 각도기로 주어진 각의 크기를 재어 보면 45°입니다.

02 주어진 각의 크기가 직각보다 크고 180°보다 작으며 90°쪽에 가까우므로 약 110°라고 어림할 수 있습니다. 각도기로 주어진 각의 크기를 재어 보면 110°입니다.

03 주어진 각의 크기가 직각보다 크고 180°보다 작으며 180°에 가까우므로 약 150°라고 어림할 수 있습니다.

04 시계의 긴바늘과 짧은바늘이 이루는 작은 쪽의 각도가 90°보다 작고 짧은바늘은 3과 4 사이에 있으므로 약 75°라고 어림할 수 있습니다. 각도기로 주어진 각의 크기를 재어 보면 75°입니다.

05 주어진 각의 크기는 90°와 180° 사이이므로 약 135°라고 어림할 수 있습니다.

06 80°＋20°＝100°

80°－20°＝60°

07 90°－25°＝65°

08 각도기 기장 큰 각은 110°인 각이고 각도기 기장 작은 각은 30°인 각입니다. 두 각도의 차를 구하면 110°－30°＝80°입니다.

09 ㉠ 170°－50°＝120°

㉡ 20°＋90°＝110°

㉢ 130°－40°＝90°

따라서 각도가 큰 것부터 순서대로 기호를 쓰면 ㉠, ㉡, ㉢입니다.

10 ㉠ 90°＋10°＝100°(둔각) ㉡ 100°－20°＝80°(예각)

㉢ 170°－70°＝100°(둔각) ㉣ 80°＋50°＝130°(둔각)

㉤ 40°＋50°＝90°(직각) ㉥ 130°－10°＝120°(둔각)

따라서 계산 결과가 둔각인 각은 모두 4개입니다.

문제해결 접근하기

11 이해하기 | 예 ㉠＋㉡＋㉢의 값

계획 세우기 | 예 180°－90°를 하여 ㉠＋㉡의 값을 구하고 180°－130°를 하여 ㉢의 값을 구한 다음 ㉠＋㉡＋㉢의 값을 구해 보겠습니다.

해결하기 | 90, 90, 90 / 130, 50, 50 / 140

되돌아보기 | 예 첫 번째 그림에서 180°에서 90°를 빼면 ㉠+㉡의 값은 90입니다. 두 번째 그림에서 180°에서 130°를 빼면 ㉢의 값은 50입니다.
90+50=140이므로 ㉠+㉡+㉢의 값은 140입니다.

문제를 풀며 이해해요

45쪽

01 (1) 80, 65, 180 (또는 65, 80, 180)
(2) 45, 75, 180 (또는 75, 45, 180)

02 (1) 50, 130, 360 (또는 130, 50, 360)
(2) 105, 130, 360 (또는 130, 105, 360)

교과서 문제 해결하기

46~47쪽

01 180	02 180
03 100	04 120°
05 115°	06 360
07 180, 180, 360	08 95
09 140°	10 110°

문제해결 접근하기

11 풀이 참조

01 삼각형의 세 각의 크기의 합은 180°입니다.

02 삼각형의 세 각의 크기의 합은 180°이므로 ㉠+㉡+㉢의 값은 180입니다.

03 삼각형의 세 각의 크기의 합은 180°입니다.
180°−30°−50°=100°이므로 삼각형의 나머지 한 각의 크기는 100°입니다.

04 180°−90°−30°=60°이므로 왼쪽 삼각형의 나머지 한 각의 크기는 60°입니다. 따라서 ㉠의 각도는 60°+60°=120°입니다.

05 삼각형의 세 각의 크기의 합은 180°입니다. 180°에서 한 각의 크기를 빼면 나머지 두 각의 크기의 합을 구할 수 있습니다. 180°−65°=115°이므로 삼각형의 나머지 두 각의 크기의 합은 115°입니다.

06 사각형의 네 각의 크기의 합은 360°입니다.

07 삼각형의 세 각의 크기의 합은 180°이므로 사각형의 네 각의 크기의 합은 180°+180°=360°입니다.

08 사각형의 네 각의 크기의 합은 360°입니다.
360°−75°−120°−70°=95°이므로 사각형의 나머지 한 각의 크기는 95°입니다.

09 180°−50°−50°=80°이므로 왼쪽 삼각형의 나머지 한 각의 크기는 80°입니다.
180°−70°−50°=60°이므로 오른쪽 삼각형의 나머지 한 각의 크기는 60°입니다.
80°+60°=140°이므로 ㉠의 각도는 140°입니다.

10 180°−65°=115°이므로 ㉠+㉡=115°입니다.
㉠+㉡+㉢+135°=360°
➡ 115°+㉢+135°=360°
360°−115°−135°=110°이므로 ㉢의 각도는 110°입니다.

문제해결 접근하기

11 **이해하기 |** 예 사각형의 나머지 두 각이 될 수 없는 것

계획 세우기 | 예 360°에서 두 각의 크기의 합을 빼서 사각형의 나머지 두 각의 크기의 합을 구한 다음 ㉠, ㉡, ㉢, ㉣의 각도의 합을 구하여 사각형의 나머지 두 각의 크기의 합과 다른 것을 찾아 보겠습니다.

해결하기 | 160 / 360, 360, 160, 200 / 200, 195, 200, 200, ㉡

되돌아보기 | 예 사각형의 나머지 세 각의 크기의 합은 360°−110°=250°입니다.

단원평가로 완성하기

48~51쪽

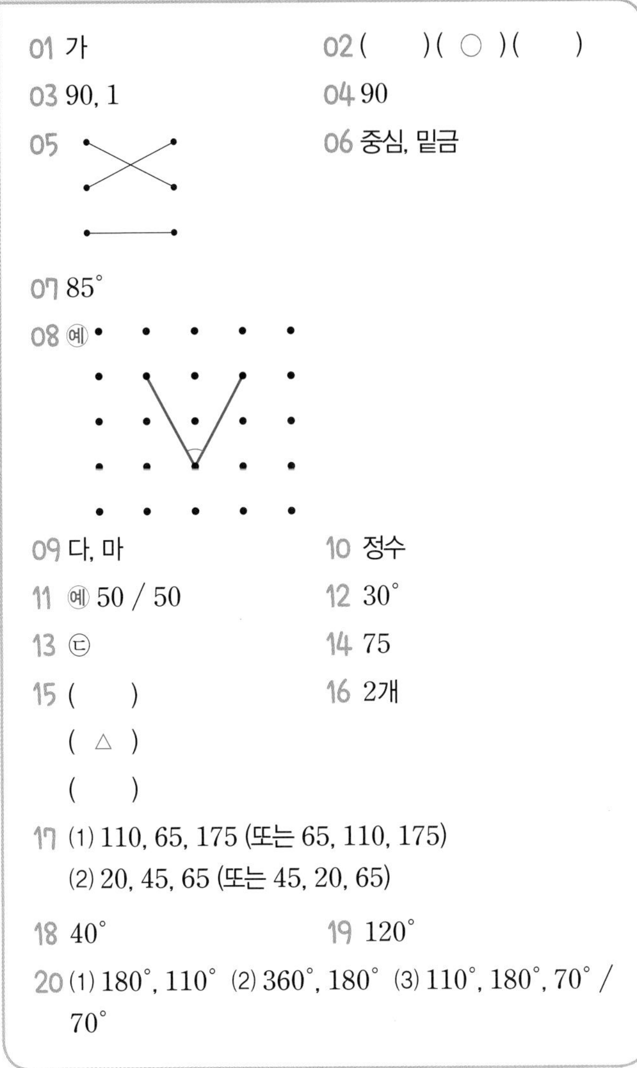

01 가
02 (   )(○)(   )
03 90, 1
04 90
05
06 중심, 밑금
07 85°
08 예
09 다, 마
10 정수
11 예 50 / 50
12 30°
13 ㉢
14 75
15 (   ) (△) (   )
16 2개
17 (1) 110, 65, 175 (또는 65, 110, 175)
(2) 20, 45, 65 (또는 45, 20, 65)
18 40°
19 120°
20 (1) 180°, 110° (2) 360°, 180° (3) 110°, 180°, 70° / 70°

01 두 변 사이가 더 많이 벌어진 각은 가이므로 가의 각의 크기가 더 큽니다.

02 두 변 사이가 가장 적게 벌어진 각이 가장 작은 각입니다.

03 직각의 크기를 똑같이 90으로 나눈 것 중의 하나가 1°이고, 직각의 크기는 90°입니다.

04 직각의 크기를 똑같이 90으로 나눈 것 중의 하나가 1°입니다.

05 각의 한 변이 맞추어져 있는 눈금 0부터 시작하여 다른 한 변이 맞추어져 있는 곳의 눈금을 읽습니다.

06 각도기를 이용하여 각도를 잴 때는 각도기의 중심을 각의 꼭짓점에 맞추고, 각도기의 밑금을 각의 한 변에 맞춥니다.

07 각도기의 중심을 각의 꼭짓점에 맞추고, 각도기의 밑금을 각의 한 변에 맞춘 다음 각의 한 변이 맞추어져 있는 눈금 0부터 시작하여 다른 한 변이 맞추어져 있는 곳의 눈금을 읽어 보면 85°입니다.

08 예각은 각도가 0°보다 크고 직각보다 작은 각입니다.

09 각도가 직각보다 크고 180°보다 작은 각을 둔각이라고 합니다. 따라서 둔각은 다, 마입니다.

10 각도기를 이용하여 각도를 재어 보면 가는 90°, 나는 30°, 다는 130°입니다.
$90°+30°=120°$이므로 가와 나의 각도의 합은 120°입니다.
$130°-30°=100°$이므로 다와 나의 각도의 차는 100°입니다.

11 30°보다 크고 90°보다 작은 각이므로 약 50°라고 어림할 수 있습니다. 각도기로 각도를 재어 보면 50°입니다.

12 삼각형의 세 각의 크기의 합은 180°입니다.
$180°-130°-20°=30°$이므로 ㉠의 각도는 30°입니다.

13 90°보다 10° 정도 작은 각을 찾아보면 ㉢입니다.

14 사각형의 네 각의 크기의 합은 360°입니다.
$360°-100°-95°-90°=75°$이므로 □ 안에 들어갈 수는 75입니다.

15 $180°-45°=135°$이므로 한 각의 크기가 45°인 삼각형의 나머지 두 각의 크기의 합은 135°입니다.
$45°+90°=135°$, $85°+55°=140°$,
$35°+100°=135°$이므로 한 각의 크기가 45°인 삼각형의 두 각의 크기가 될 수 없는 각도는 85°, 55°입니다.

16

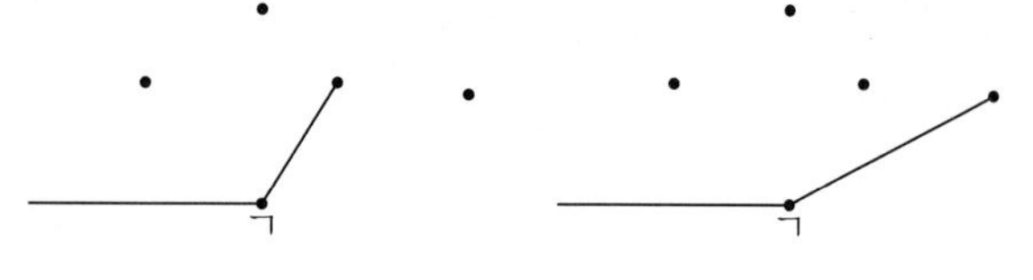

➡ 2개

17 (1) 가장 큰 각과 두 번째로 큰 각을 더하면 각도의 합이 가장 큽니다. 따라서 각도의 합이 가장 클 때는 $110° + 65° = 175°$입니다.

(2) 가장 작은 각과 두 번째로 작은 각을 더하면 각도의 합이 가장 작습니다. 따라서 각도의 합이 가장 작을 때는 $20° + 45° = 65°$입니다.

18 $180° - 100° = 80°$이므로 삼각형의 나머지 두 각의 크기의 합은 $80°$입니다. $40° + 40° = 80°$이므로 ㉠의 각도는 $40°$입니다.

19 $60° + 60° + 60° = 180°$이므로 세 각의 크기가 모두 같은 삼각형의 한 각의 크기는 $60°$입니다.
$60° + 60° = 120°$이므로 ㉠의 각도는 $120°$입니다.

20 (1) ㉠+㉡$+70° = 180°$이고 $180° - 70° = 110°$이므로 ㉠+㉡$= 110°$입니다.

(2) ㉣+㉤$+80° + 100° = 360°$이고 $360° - 80° - 100° = 180°$이므로 ㉣+㉤$= 180°$입니다.

(3) ㉢$= 110°$, ㉥$= 180°$이므로 ㉥−㉢$= 180° - 110° = 70°$입니다.

채점 기준

㉠+㉡의 값을 구한 경우	30 %
㉣+㉤의 값을 구한 경우	30 %
㉥−㉢의 값을 구한 경우	40 %

3 곱셈과 나눗셈

문제를 풀며 이해해요

57쪽

01 (1) (왼쪽에서부터) 24000, 10 (2) (왼쪽에서부터) 9450, 10
02 3450, 1035, 4485 (또는 1035, 3450, 4485)
03 (1) 24000 (2) 12480 (3) 1764

교과서 문제 해결하기

58~59쪽

01 48000
02 6560
03 (1) 27000 (2) 19350
04 1042, 20840, 21882
05 (1) 3627 (2) 9984
06 1500개
07 (○)
( )
( )
08 1
09 20757
10 (위에서부터) 3, 6, 2, 3, 0, 2

문제해결 접근하기

11 풀이 참조

01 $800 \times 6 = 4800$이므로 800×60의 값은 4800의 10배인 48000입니다.

02 $328 \times 2 = 656$이므로 328×20의 값은 656의 10배인 6560입니다.

03 (1) $900 \times 3 = 2700$이므로 $900 \times 30 = 27000$입니다.
(2) $387 \times 5 = 1935$이므로 $387 \times 50 = 19350$입니다.

04 $521 \times 2 = 1042$, $521 \times 40 = 20840$입니다.
➡ $1042 + 20840 = 21882$

05 (1)
$$\begin{array}{r} 279 \\ \times\ \ 13 \\ \hline 837 \\ 2790 \\ \hline 3627 \end{array}$$
(2)
$$\begin{array}{r} 624 \\ \times\ \ 16 \\ \hline 3744 \\ 6240 \\ \hline 9984 \end{array}$$

06 $125 \times 12 = 1500$이므로 상자에 들어 있는 사탕은 모

두 1500개입니다.

07 $500 \times 30 = 15000$, $284 \times 40 = 11360$, $246 \times 26 = 6396$이므로 계산 결과가 가장 큰 것은 500×30입니다.

08 $827 \times 50 = 41350$이므로 □ 안에 알맞은 수는 1입니다.

09 가장 큰 수는 561, 가장 작은 수는 37입니다. 따라서 $561 \times 37 = 20757$입니다.

10 $9 \times \square$의 일의 자리 숫자가 4이므로 □=6입니다. 4□$9 \times 10 = 4390$이므로 □=3입니다. 따라서 439×16을 계산하면 다음과 같습니다.

$$\begin{array}{r} 4\,\boxed{3}\,9 \\ \times \quad 1\,\boxed{6} \\ \hline \boxed{2}\,6\,\boxed{3}\,4 \\ 4\,3\,9 \\ \hline 7\,\boxed{0}\,\boxed{2}\,4 \end{array}$$

문제해결 접근하기

11 **이해하기 |** 예 줄넘기를 더 많이 한 친구와 그 친구가 줄넘기를 한 횟수

계획 세우기 | 예 민주와 현서가 한 줄넘기 횟수를 각각 구한 다음 크기를 비교해 보겠습니다.

해결하기 | 20, 4000, 4000 / 16, 5600, 5600 / 5600, 4000, 현서, 5600

되돌아보기 | 예 $218 \times 25 = 5450$이므로 소희는 줄넘기를 5450번 했습니다. $5600 > 5450$이므로 현서가 소희보다 줄넘기를 더 많이 했습니다.

문제를 풀며 이해해요

61쪽

01 (1) 8, 240 (2) 4, 280

02 (1) 6, 240, 5 (2) 2, 62, 6 (3) 8, 344, 0

교과서 문제 해결하기

62~63쪽

01 9	02 8, 560, 2
03 80, 120, 160 / 3, 4	04 (1) 3 (2) 4, 8
05 현주	
06 6, 2 / 6, 228, 228, 2, 230	
07 ㉠, ㉣	08 2개
09 5장	10 10개

문제해결 접근하기

11 풀이 참조

01 $54 \div 6 = 9$이므로 $540 \div 60 = 9$입니다.

02 $70 \times 8 = 560$이고 $562 - 560 = 2$이므로 $562 \div 70$의 몫은 8이고 나머지는 2입니다.

$$\begin{array}{r} \boxed{8} \\ 70\,\overline{)\,5\,6\,2} \\ \boxed{5\,6\,0} \\ \hline \boxed{2} \end{array}$$

03 $40 \times 2 = 80$, $40 \times 3 = 120$, $40 \times 4 = 160$

$$\begin{array}{r} 3 \\ 40\,\overline{)\,1\,2\,4} \\ 1\,2\,0 \\ \hline 4 \end{array}$$

따라서 몫은 3, 나머지는 4입니다.

04 (1)
$$\begin{array}{r} 3 \\ 23\,\overline{)\,6\,9} \\ 6\,9 \\ \hline 0 \end{array}$$
(2)
$$\begin{array}{r} 4 \\ 16\,\overline{)\,7\,2} \\ 6\,4 \\ \hline 8 \end{array}$$

05
$$\begin{array}{r} 7 \\ 19\,\overline{)\,1\,3\,8} \\ 1\,3\,3 \\ \hline 5 \end{array}$$

$138 \div 19$를 계산하면 몫은 7, 나머지는 5입니다. 따라서 잘못 말한 친구는 현주입니다.

06 $230 \div 38$의 몫은 6, 나머지는 2입니다. 계산 결과를 확인할 때는 나누는 수에 몫을 곱하고, 그 값에 나머지를 더하면 나누어지는 수가 되는지 확인합니다.

```
      6
38 ) 2 3 0
     2 2 8
         2
```

계산 결과 확인 $38\times6=228$, $228+2=230$

07 ㉠ $404\div50=8\cdots4$ ㉡ $147\div16=9\cdots3$
㉢ $227\div75=3\cdots2$ ㉣ $58\div18=3\cdots4$
따라서 나머지가 같은 나눗셈은 ㉠, ㉣입니다.

08 ㉠ $480\div80=6$ ㉡ $315\div45=7$
㉢ $74\div37=2$ ㉣ $216\div72=3$
따라서 몫이 4보다 큰 나눗셈은 ㉠, ㉡으로 모두 2개입니다.

09 $125\div15$의 몫은 8, 나머지는 5입니다. 따라서 15명이 색종이를 8장씩 나누어 갖게 되고 남는 색종이는 5장입니다.

10 $455\div50$의 몫은 9, 나머지는 5입니다. 따라서 9개의 바구니에 도토리를 50개씩 담고 남는 도토리 5개도 바구니에 담아야 하므로 필요한 바구니는 적어도 10개입니다.

문제해결 접근하기

11 **이해하기** | 예 □ 안에 들어갈 수 있는 수
계획 세우기 | 예 몫이 7이고 나누어지는 수가 28□가 되는 경우를 모두 찾아 보겠습니다.
해결하기 | 287 / 7, 8, 9 / 7, 8, 9
되돌아보기 | 예 $41\times7=287$입니다. 나머지가 없는 경우, 나머지가 1인 경우, 나머지가 2인 경우에 나누어지는 수는 각각 287, 288, 289가 됩니다. 따라서 □ 안에 들어갈 수 있는 수는 7, 8, 9입니다.

문제를 풀며 이해해요 65쪽

01 (1) 50, 60, 5 (2) 20, 30, 2

02 (1)

```
        [1][2]
74 ) 8  8  8
    [7][4]
    [1][4] 8
    [1][4][8]
             0
```

(2)

```
        [5][4]
16 ) 8  6  4
    [8][0]
       [6] 4
       [6][4]
             0
```

교과서 문제 해결하기 66~67쪽

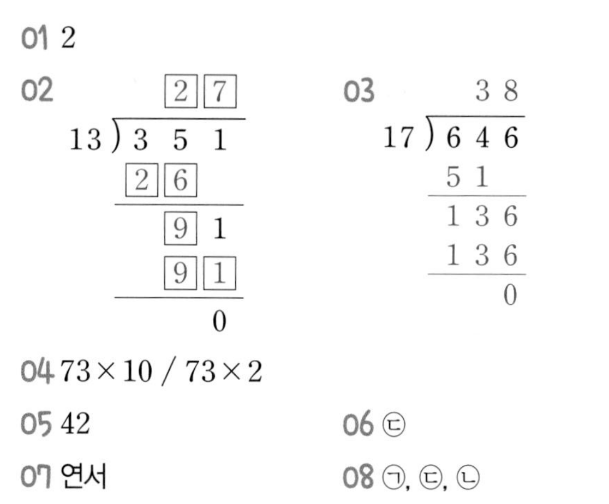

01 2

02

```
       [2][7]
13 ) 3  5  1
    [2][6]
       [9] 1
       [9][1]
            0
```

03

```
       3 8
17 ) 6 4 6
     5 1
     1 3 6
     1 3 6
         0
```

04 73×10 / 73×2

05 42 06 ㉢

07 연서 08 ㉠, ㉢, ㉡

09 11대 10 4

문제해결 접근하기

11 풀이 참조

01 26×20의 결과인 520이 728보다 작으면서 728에 가장 가까우므로 $728\div26$의 몫의 십의 자리 숫자는 2입니다.

02 $13\times20=260$, $13\times7=91$이므로 $351\div13$의 몫은 27입니다.

03 나눗셈에서 나머지는 나누는 수보다 작아야 합니다. 따라서 잘못 계산한 부분을 고쳐 바르게 계산하면 다음과 같습니다.

```
       3 8
17 ) 6 4 6
     5 1
     1 3 6
     1 3 6
         0
```

04 몫이 12이므로 $73 \times 10 = 730$, $73 \times 2 = 146$입니다.

05
```
      4 2
19 ) 7 9 8
     7 6
     ----
       3 8
       3 8
       ---
         0
```

06 ㉠ $420 \div 35 = 12$, ㉡ $576 \div 48 = 12$,
㉢ $936 \div 72 = 13$
따라서 몫이 다른 나눗셈은 ㉢입니다.

07 ㉠ $612 \div 51 = 12$ ㉡ $364 \div 28 = 13$
㉢ $405 \div 45 = 9$ ㉣ $630 \div 63 = 10$
혜수: $612 \div 51$은 나머지가 없습니다.
민정: $364 \div 28$은 몫이 두 자리 수입니다.
연서: 몫이 두 자리 수인 나눗셈은 ㉠, ㉡, ㉣로 모두 3개입니다.
따라서 바르게 말한 친구는 연서입니다.

08 ㉠ $832 \div 16 = 52$, ㉡ $750 \div 15 = 50$,
㉢ $918 \div 18 = 51$
따라서 몫이 큰 것부터 순서대로 기호를 쓰면 ㉠, ㉢, ㉡입니다.

09 $418 \div 38 = 11$이므로 필요한 버스는 모두 11대입니다.

10
```
      2 4
16 ) 3 8 ㉠
     3 2
     ------
       6 ㉠
       6 4
       ----
         0
```
따라서 ㉠에 알맞은 수는 4입니다.

문제해결 접근하기

11 **이해하기 |** 예 한 상자에 담은 사과와 감의 개수의 합
계획 세우기 | 예 한 상자에 담은 사과와 감의 개수를 각각 구한 다음 더해 보겠습니다.
해결하기 | 15, 15 / 25, 17, 17 / 32
되돌아보기 | 예 $375 \div 25 = 15$이므로 한 상자에 담은 사과는 15개입니다. $425 \div 25 = 17$이므로 한 상자에 담은 감은 17개입니다. $15 + 17 = 32$이므로 한 상자에 담은 사과와 감은 모두 32개입니다.

문제를 풀며 이해해요

69쪽

01 (1)
```
        2 7
34 ) 9 1 9
     [6][8] 0  ← 34×20
     --------
     [2][3] 9
     [2][3][8] ← 34×7
     --------
           [1]
```
(2)
```
       [1][7]
46 ) 7  8  5
     [4][6] 0  ← [46×10]
     ---------
     [3][2] 5
     [3][2][2] ← [46×7]
     ---------
           [3]
```

02 (1) 15, 3 / 15, 645, 645, 3
(2) 82, 5 / 82, 902, 902, 5, 907

교과서 문제 해결하기

70~71쪽

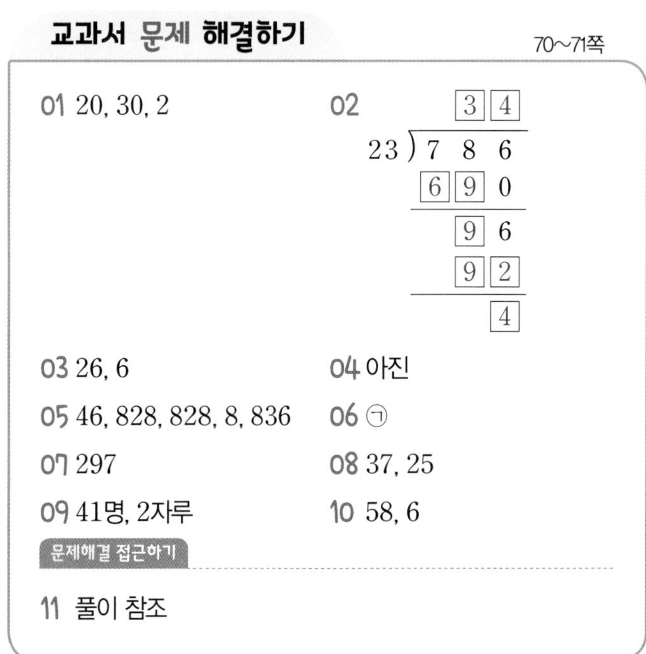

01 20, 30, 2

02
```
       [3][4]
23 ) 7  8  6
    [6][9] 0
    ---------
       [9] 6
       [9][2]
    ---------
          [4]
```

03 26, 6
04 아진
05 46, 828, 828, 8, 836
06 ㉠
07 297
08 37, 25
09 41명, 2자루
10 58, 6

문제해결 접근하기

11 풀이 참조

01 23×20의 결과인 460이 586을 넘지 않으면서 586에 가장 가까우므로 $586 \div 23$의 몫의 십의 자리 숫자는 2입니다.

02 $23\times30=690$, $23\times4=92$이므로 $786\div23$의 몫은 34, 나머지는 4입니다.

03
```
      2 6
24 ) 6 3 0
     4 8
     1 5 0
     1 4 4
         6
```
따라서 몫은 26, 나머지는 6입니다.

04 ㉢은 29×4의 값이므로 잘못 말한 친구는 아진입니다.

05 $836\div18$의 몫은 46, 나머지는 8입니다. 따라서 계산 결과를 확인해 보면 $18\times46=828$, $828+8=836$이 됩니다.

06 ㉠ $945\div85=11\cdots10$
㉡ $940\div72=13\cdots4$
㉢ $981\div54=18\cdots9$
따라서 나머지가 가장 큰 나눗셈은 ㉠입니다.

07 (어떤 수)$\div19=15\cdots12$
$19\times15=285$, $285+12=297$
따라서 어떤 수는 297입니다.

08 $930\div37=25\cdots5$,
$930\div25=37\cdots5$,
$930\div34=27\cdots12$,
$930\div61=15\cdots15$
따라서 어떤 수가 될 수 있는 수는 37, 25입니다.

09 $494\div12=41\cdots2$
따라서 연필을 나누어 줄 수 있는 친구는 41명이고 남는 연필의 수는 2자루입니다.

10 몫이 가장 큰 (세 자리 수)÷(두 자리 수)가 되려면 가장 큰 수를 가장 작은 수로 나누어야 합니다. 가장 큰 세 자리 수는 876, 가장 작은 두 자리 수는 15입니다. $876\div15=58\cdots6$이므로 나눗셈의 몫은 58, 나머지는 6입니다.

문제해결 접근하기

11 **이해하기 |** 예 어떤 수를 32로 나누었을 때의 몫과 나머지
계획 세우기 | 예 어떤 수를 먼저 구한 다음 어떤 수를 32로 나누었을 때의 몫과 나머지를 구해 보겠습니다.
해결하기 | 45, 945, 945, 7, 952, 952 / 952, 29, 24, 29, 24
되돌아보기 | 예 나눗셈의 계산 결과를 확인하는 식을 이용하여 어떤 수를 구하면 $21\times45=945$, $945+7=952$입니다.
따라서 계산 결과를 확인해 보면 $32\times29=928$, $928+24=952$이므로 맞습니다.

문제를 풀며 이해해요

73쪽

01 예 500, 5000, 5000
02 예 20, 8000, 8000
03 예 80, 3 / 3
04 예 150, 6 / 6

교과서 문제 해결하기

74~75쪽

01 3750 cm
02 19개
03 예 30, 20
04 예 400, 20
05 7590, 7840, 7590, 7840
06 (   )(○)(   )
07 (선 잇기)
08 예 6000원
09 예 25봉지
10 8000원, 5000원

문제해결 접근하기

11 풀이 참조

01 $125\times30=3750$이므로 필요한 실은 약 3750 cm입니다.

02 $380\div20=19$이므로 필요한 봉지는 약 19개입니다.

03 한 번에 체험할 수 있는 사람 수를 32명에서 30명으로 바꾸어 계산하면 $600\div30=20$이므로 활동을 20번

정도 해야 합니다.

04 학생 399명을 400명으로 바꾸어 계산하면 $400 \div 20 = 20$이므로 약 20줄이 됩니다.

05 자두를 110개로 생각하여 계산하면 $110 \times 69 = 7590$이므로 팔린 자두는 약 7590개가 되고, 팔린 상자의 수를 70개로 생각하여 계산하면 $112 \times 70 = 7840$이므로 팔린 자두는 약 7840개가 됩니다. 따라서 일주일 동안 팔린 자두의 개수는 7590개보다 많고 7840개보다 적습니다.

06 $600 \times 14 = 8400$
연필의 가격을 600원으로 어림하여 계산하면 연필 14자루의 값은 약 8400원입니다. 580원짜리 연필 14자루의 값은 8000원을 넘고 8400원보다 적으므로 거스름돈을 가장 적게 받는 금액은 8500원입니다.

07
- 색종이 117장을 120장으로 바꾸어 계산하면 $120 \times 21 = 2520$(장)이므로 색종이는 약 2520장입니다.
- 색종이 21통을 20통으로 바꾸어 계산하면 $117 \times 20 = 2340$(장)이므로 색종이는 약 2340장입니다.
- 색종이 117장을 120장으로, 21통으로 20통으로 바꾸어 계산하면 $120 \times 20 = 2400$(장)이므로 색종이는 약 2400장입니다.

08 사탕의 가격을 300원으로, 개수를 20개로 바꾸어 계산하면 $300 \times 20 = 6000$이므로 약 6000원을 가져가면 좋겠습니다.

09 밤 490개를 500개로, 19개를 20개로 바꾸어 계산하면 $500 \div 20 = 25$이므로 약 25봉지 정도 팔 수 있습니다.

10 390원을 400원으로 바꾸어 계산하면 $400 \times 20 = 8000$이므로 준모가 내야 할 연필의 값은 약 8000원입니다.
19개를 20개로 바꾸어 계산하면 $250 \times 20 = 5000$이므로 영주가 내야 할 지우개의 값은 약 5000원입니다.

문제해결 접근하기

11 **이해하기 |** 예 필요한 버스의 수

계획 세우기 | 예 4학년 전체 학생 수를 구한 다음 학생 수를 간단한 수로 바꾸어 필요한 버스의 수를 구해 보겠습니다.

해결하기 | 118 / 예 120, 120, 4

되돌아보기 | 예 $30 \times 4 = 120$이므로 학생 30명씩 버스 4대에 타려면 학생은 120명이거나 120명보다 적어야 합니다. 만점 초등학교 4학년 전체 학생 수는 118명이므로 필요한 버스의 수는 4대가 맞습니다.

단원평가로 완성하기

76~79쪽

01 (왼쪽에서부터) 7050, 10
02 633, 6330
03 149×8 / 149×20
04 (1) 6850 (2) 6516
05
$$\begin{array}{r} 294 \\ \times \quad 27 \\ \hline 2058 \\ 588 \\ \hline 7938 \end{array}$$
06 3875번
07 예 20, 7000
08 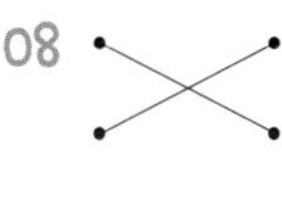
09 56, 70, 84 / 5, 3
10 8, 7 / 8, 648, 648, 7, 655
11
$$\begin{array}{r} \boxed{4}\boxed{8} \\ 14\overline{)\,681} \\ \boxed{5}\boxed{6}\,0 \\ \hline \boxed{1}\boxed{2}\,1 \\ \boxed{1}\boxed{1}\boxed{2} \\ \hline \boxed{9} \end{array}$$
/ 48, 9
12 62, 9
13 14권
14 557개
15 ㉠
16 예 120, 8
17 ㉡
18 2, 5, 4
19 515, 516, 517
20 (1) 651, 651 (2) 651, 23, 7 (3) 23, 7 / 23, 7

01 $235\times3=705$이므로 235×30의 값은 705의 10배인 7050입니다.

02 $211\times3=633$이므로 211×30의 값은 633의 10배인 6330입니다.

03 149×28을 계산할 때는 28을 8과 20으로 나누어서 149와 곱한 다음 계산한 값을 더합니다.

04 (1) $137\times5=685$이므로 $137\times50=6850$입니다.

(2)
```
    3 6 2
  ×   1 8
  -------
  2 8 9 6
  3 6 2
  -------
  6 5 1 6
```

05 $294\times20=5880$이므로
2058과 5880을 더해야 합니다.

06 5월은 31일까지 있습니다. $125\times31=3875$이므로 현지는 5월에 줄넘기를 모두 3875번 했습니다.

07 과자 18개를 20개로 바꾸어 계산하면
$350\times20=7000$이므로 과자의 값은 약 7000원입니다.

08 $140\div70=2$, $180\div20=9$, $150\div50=3$

09 $14\times4=56$, $14\times5=70$, $14\times6=84$이므로
$73\div14$의 몫은 5입니다.
```
        5
14 ) 7 3
     7 0
     ---
       3
```
따라서 $73\div14$의 몫은 5, 나머지는 3입니다.

10
```
          8
81 ) 6 5 5
     6 4 8
     -----
         7
```
따라서 몫은 8, 나머지는 7입니다.
계산 결과를 확인해 보면
$81\times8=648$, $648+7=655$입니다.

11
```
         4 8
14 ) 6 8 1
     5 6
     -----
     1 2 1
     1 1 2
     -----
         9
```
따라서 몫은 48, 나머지는 9입니다.

12
```
         6 2
13 ) 8 1 5
     7 8
     -----
       3 5
       2 6
     -----
         9
```
따라서 몫은 62, 나머지는 9입니다.

13 $497\div21=23\cdots14$
따라서 21개 반에 공책을 똑같이 23권씩 나누어 주고 남는 공책은 14권입니다.

14 $16\times34=544$, $544+13=557$입니다. 따라서 처음에 있던 가래떡은 557개입니다.

15 ㉠ $775\div25=31$ ㉡ $234\div26=9$
㉢ $65\div13=5$ ㉣ $672\div56=12$
따라서 몫이 가장 큰 나눗셈은 ㉠입니다.

16 색종이 122장을 120장으로 바꾸어 계산하면
$120\div15=8$이므로 색종이를 약 8명에게 나누어 줄 수 있습니다.

17 ㉠ $169\div20=8\cdots9$ ㉡ $142\div45=3\cdots7$
㉢ $882\div93=9\cdots45$ ㉣ $81\div12=6\cdots9$
따라서 나머지가 가장 작은 나눗셈은 ㉡입니다.

18 $29\times6=174$이므로 ㉢$=4$입니다.
$29\times20=580$, $29\times30=870$이므로 ㉠$=2$입니다.
7㉡$-58=17$이므로 ㉡$=5$입니다.

19 나머지는 10보다 큰 수이고, 나누는 수보다 작아야 하므로 나머지가 될 수 있는 수는 11, 12, 13입니다.

$14 \times 36 = 504$, $504 + 11 = 515$

$14 \times 36 = 504$, $504 + 12 = 516$

$14 \times 36 = 504$, $504 + 13 = 517$

따라서 ㉠에 알맞은 수는 515, 516, 517입니다.

20 (1) $31 \times 21 = 651$이므로 ㉠의 값은 651입니다.

(2)
```
      2 3
28 ) 6 5 1
     5 6
     ---
       9 1
       8 4
       ---
         7
```
➡ $651 \div 28 = 23 \cdots 7$

(3) $651 \div 28$의 몫은 23, 나머지는 7입니다.

채점 기준

㉠의 값을 구한 경우	30 %
㉠÷28의 몫을 구한 경우	40 %
㉠÷28의 나머지를 구한 경우	30 %

4 평면도형의 이동

문제를 풀며 이해해요

85쪽

01 (1) 위, 4 (2) 오른, 3 (3) 아래, 2 (4) 왼, 1

02

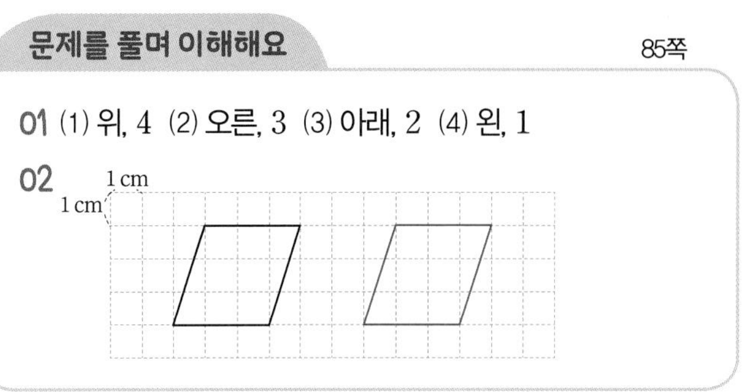

교과서 문제 해결하기

86~87쪽

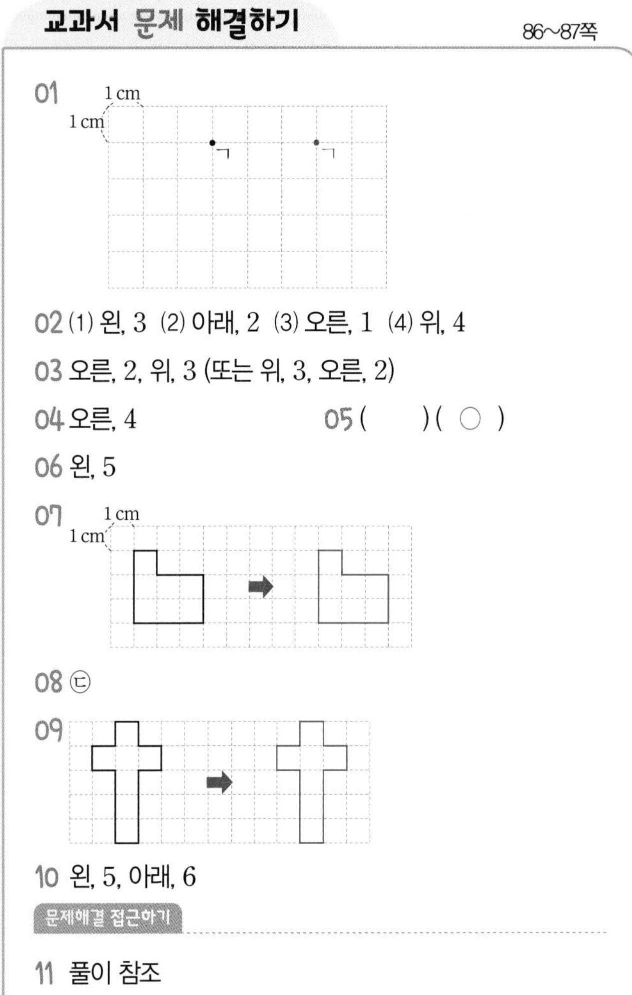

01
1 cm
1 cm
ㄱ
ㄱ
02 (1) 왼, 3 (2) 아래, 2 (3) 오른, 1 (4) 위, 4
03 오른, 2, 위, 3 (또는 위, 3, 오른, 2)
04 오른, 4
05 ( )(○)
06 왼, 5
07
1 cm
1 cm
08 ㉢
09
10 왼, 5, 아래, 6
문제해결 접근하기
11 풀이 참조

01 모눈 1칸의 한 변의 길이는 1 cm이므로 점 ㄱ을 오른쪽으로 3 cm 이동한 것은 점 ㄱ을 오른쪽으로 3칸 이동한 것입니다.

02 처음 점과 이동한 점을 찾아 어느 방향으로 얼마나 이동했는지 확인해 봅니다.

03 점 ㄱ에서 점 ㄴ으로 이동하려면 어느 방향으로 얼마나 이동해야 하는지 확인해 봅니다.

04 점 ㄱ을 오른쪽으로 4 cm 이동했습니다.

05 도형을 밀면 도형의 모양과 크기는 변하지 않습니다.

06 주어진 도형의 한 변 또는 한 꼭짓점을 기준으로 도형이 어느 방향으로 몇 칸 이동했는지 확인해 봅니다.

07 모눈 1칸이 1 cm이므로 도형을 오른쪽으로 8칸 이동합니다.

08 도형을 밀면 위치는 바뀌지만 도형의 모양과 크기는 변하지 않습니다.

09 도형을 오른쪽으로 8칸 밀어도 모양과 크기는 변하지 않습니다.

10 조각 가를 왼쪽으로 5칸 밀고, 아래쪽으로 6칸 밀면 가로 4줄이 모두 채워져 사라지게 됩니다.

문제해결 접근하기

11 **이해하기 |** 예 위쪽으로 1 cm 밀고 왼쪽으로 7 cm 밀었을 때의 도형 그리기

계획 세우기 | 예 도형을 밀었을 때 이동하는 위치를 확인하여 그려 보겠습니다.

해결하기 | 예 한 꼭짓점이나 한 변을 기준으로 주어진 방향으로 이동했을 때의 위치를 확인한 후 도형을 그립니다.

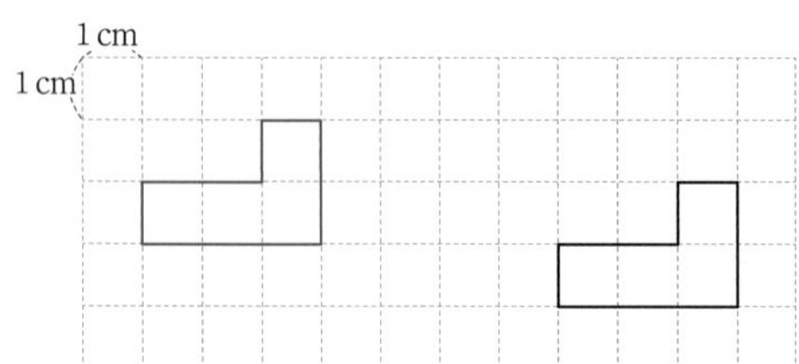

되돌아보기 |

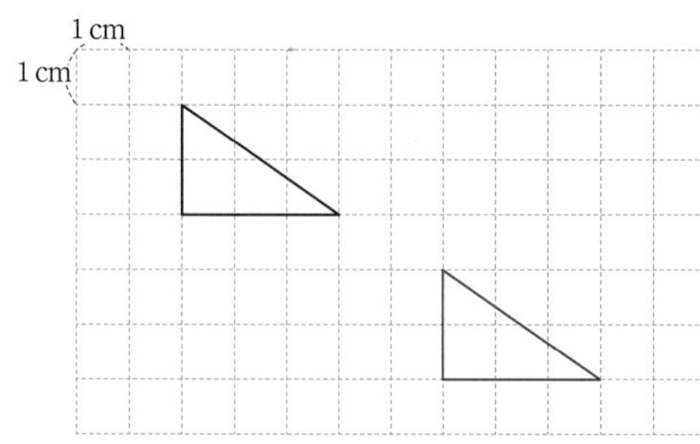

문제를 풀며 이해해요

89쪽

01 모양, 크기, 방향 (또는 크기, 모양, 방향)

02

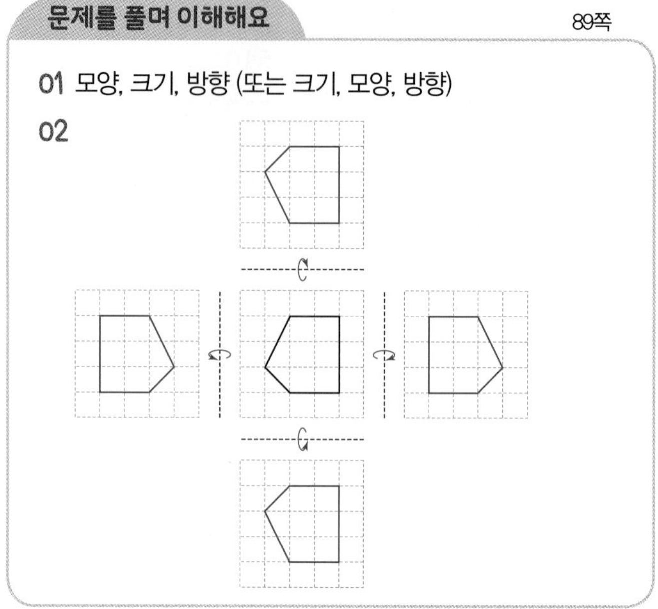

교과서 문제 해결하기

90~91쪽

01 ( )(○)

02 ㉢

03

04 0, 1, 3, 8에 ○표

05 ⑤

06

07 ㉣

08 ( )( )( )(○)

09

10 ㉡, 오른 (또는 왼)

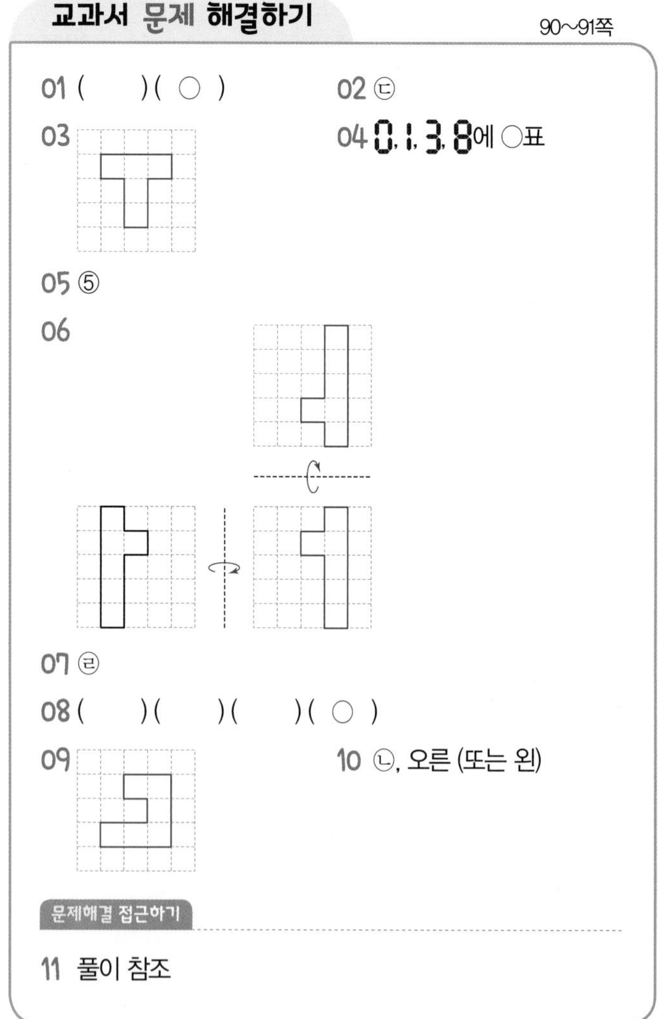

문제해결 접근하기

11 풀이 참조

01 모양 조각을 왼쪽으로 뒤집으면 모양 조각의 왼쪽과 오른쪽이 서로 바뀝니다.

02 아래쪽으로 뒤집으면 위쪽과 아래쪽이 서로 바뀝니다.

따라서 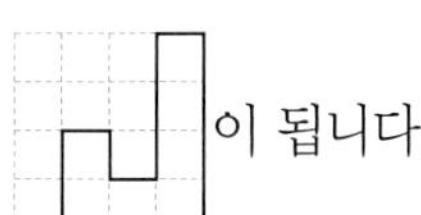를 아래쪽으로 뒤집으면

이 됩니다.

03 도형을 위쪽으로 뒤집으면 도형의 위쪽과 아래쪽이 서로 바뀝니다.

04 아래쪽으로 뒤집으면 위쪽과 아래쪽이 서로 바뀝니다. 따라서 아래쪽으로 뒤집었을 때 모양이 처음과 같은 숫자는 0, 1, 3, 8입니다.

05 도장을 찍으면 왼쪽과 오른쪽이 바뀌므로 구가 나오기 위해서는 도장에 두를 새겨야 합니다.

06 주어진 도형을 오른쪽으로 뒤집었을 때의 도형은 왼쪽과 오른쪽이 서로 바뀌게 그리고, 위쪽으로 뒤집었을 때의 도형은 위쪽과 아래쪽이 서로 바뀌게 그립니다.

07 위쪽으로 뒤집으면 위쪽과 아래쪽이 바뀝니다. 위쪽으로 뒤집어서 '몽'이 되는 글자는 '움'이므로 ㉣입니다.

08 여러 방향으로 뒤집기를 하여도 처음과 같은 도형은 왼쪽과 오른쪽, 위쪽과 아래쪽의 모양이 각각 같아야 하므로 입니다.

09 도형을 오른쪽으로 5번 뒤집었을 때의 도형은 오른쪽으로 1번 뒤집었을 때의 도형과 같습니다.

10 왼쪽이나 오른쪽으로 뒤집으면 왼쪽과 오른쪽이 바뀌므로 ㉡ 모양을 왼쪽이나 오른쪽으로 뒤집으면 됩니다.

문제해결 접근하기

11 **이해하기 |** 예 계산식을 왼쪽으로 뒤집었을 때의 식의 계산 결과와 처음 식의 계산 결과의 차

계획 세우기 | 예 먼저 주어진 식을 계산하고 왼쪽으로 뒤집었을 때의 식을 구하여 계산한 후 처음 식의 계산 결과와의 차를 구해 보겠습니다.

해결하기 | 610 / 852, 58, 910 / 910, 610, 300

되돌아보기 | 예 $82+528=610$입니다. 위쪽으로 뒤집으면 수의 위쪽과 아래쪽이 바뀌므로 $85+258=343$입니다. 따라서 위쪽으로 뒤집었을 때의 식의 계산 결과와 처음 식의 계산 결과의 차는 $610-343=267$입니다.

BOOK 1 개념책

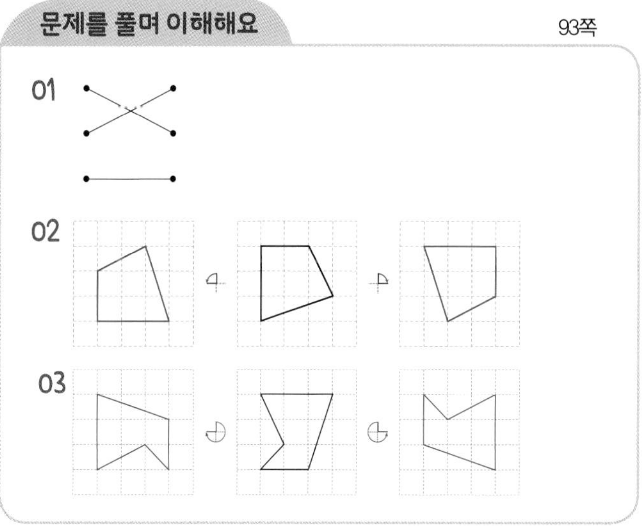

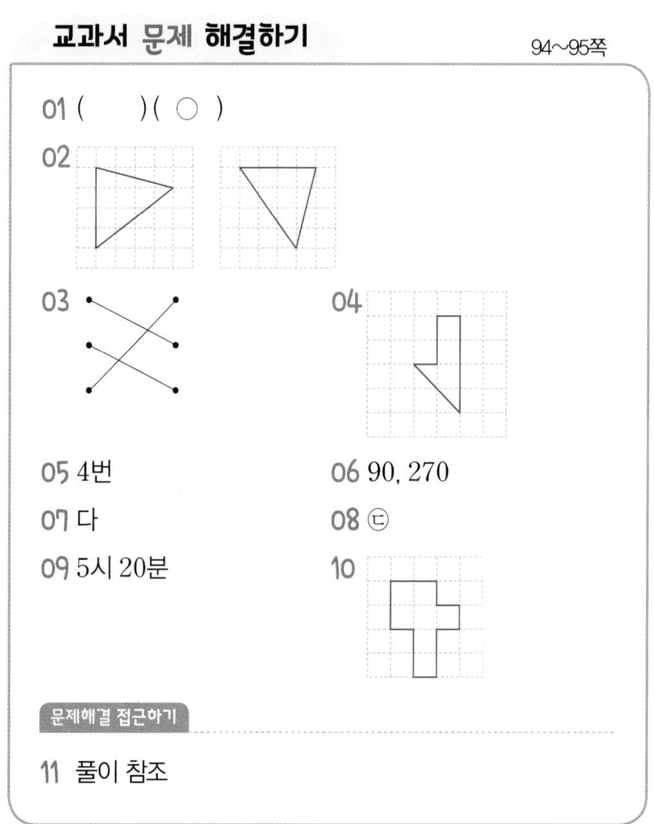

교과서 문제 해결하기
94~95쪽
01 ( )(○)
02
03
04
05 4번
06 90, 270
07 다
08 ㉢
09 5시 20분
10
문제해결 접근하기
11 풀이 참조

01 보기 의 도형을 시계 방향으로 90°만큼 돌리면

입니다.

02 도형을 시계 방향으로 90°만큼 돌리면 도형의 위쪽 부분이 오른쪽으로 이동합니다. 도형을 시계 방향으로 180°만큼 돌리면 도형의 위쪽 부분이 아래쪽으로 이동합니다

03 (시계 방향으로 90°만큼 돌린 도형)
=(시계 반대 방향으로 270°만큼 돌린 도형)
(시계 반대 방향으로 90°만큼 돌린 도형)
=(시계 방향으로 270°만큼 돌린 도형)
(시계 반대 방향으로 180°만큼 돌린 도형)
=(시계 방향으로 180°만큼 돌린 도형)

04 도형을 시계 반대 방향으로 180°만큼 돌리면 위쪽 부분이 아래쪽으로 이동합니다. 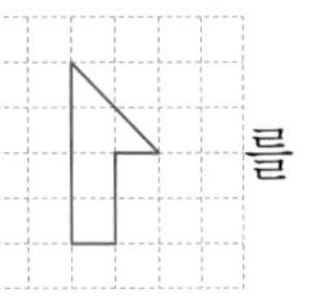 를 시계 반대 방향으로 180°만큼 돌리면 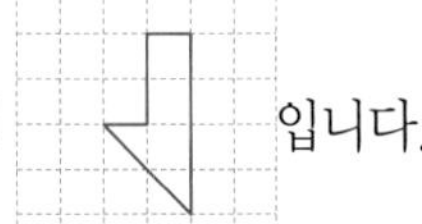 입니다.

05 처음 도형과 같아지려면 360°만큼 돌리면 됩니다. 만큼 4번 돌리는 것과 360°만큼 돌리는 것은 같으므로 주어진 도형을 만큼 4번 돌리면 됩니다.

06 나 도형은 가 도형을 시계 방향으로 90°만큼 돌리거나 시계 반대 방향으로 270°만큼 돌린 것입니다.

07 ㉠ 부분을 채우기 위해서는 조각 다를 시계 방향이나 시계 반대 방향으로 180°만큼 돌리면 됩니다.

08 시계 방향으로 180°만큼 돌렸을 때 처음 도형과 같기 위해서는 도형의 위쪽 부분과 아래쪽 부분이 같아야 합니다. 따라서 시계 방향으로 180° 돌렸을 때 같은 도형은 ㉢입니다.

09 시계가 나타내는 시각을 시계 반대 방향으로 180°만큼 돌리면 05:20이 됩니다.

10 시계 반대 방향으로 90°만큼 잘못 돌린 것이므로 이것을 시계 방향으로 90°만큼 돌리면 어떤 도형이 됩니다. 어떤 도형을 다시 시계 방향으로 90°만큼 돌리면 바르게 움직인 도형이 됩니다.

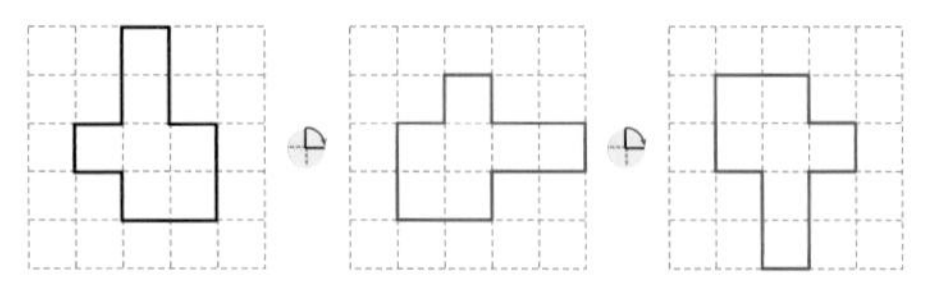

문제해결 접근하기

11 **이해하기 |** ㉭ 가장 큰 세 자리 수를 시계 반대 방향으로 180°만큼 돌렸을 때 만들어지는 수와 처음 수의 차

계획 세우기 | ㉭ 주어진 수 카드로 가장 큰 세 자리 수를 만들고, 그 수를 시계 반대 방향으로 180°만큼 돌려 처음 세 자리 수와의 차를 구해 보겠습니다.

해결하기 | ㉭ 651 / 159 / 651, 159, 492

되돌아보기 | ㉭ 주어진 수 카드로 만들 수 있는 가장 작은 세 자리 수는 156입니다. 156을 시계 반대 방향으로 180°만큼 돌리면 951이 만들어집니다. 따라서 951과 156의 차는 951−156=795입니다.

문제를 풀며 이해해요

97쪽

01

02 예

교과서 문제 해결하기

98~99쪽

01 가

02 (   )(○)(   )

03 ㉢

04 ㉡

05

06

07 시계 방향, 90°, 뒤집고에 ○표

08 돌리기

09 예

10

문제해결 접근하기

11 풀이 참조

01 가는 밀기, 나는 뒤집기, 다는 돌리기를 이용하여 꾸민 무늬입니다.

02 왼쪽부터 순서대로 밀기, 뒤집기, 돌리기를 이용하여 만든 무늬입니다.

03 ㉠은 밀기를, ㉡은 뒤집기, ㉣은 뒤집기와 밀기를 이용하여 꾸민 무늬입니다.

04 ㉡은 주어진 모양을 돌리기 하여 만들 수 없는 모양입니다.

05 규칙을 찾아 알맞은 무늬를 완성합니다.

06 모양을 돌리기를 이용하여 규칙적인 무늬를 꾸며 봅니다.

07 모양을 시계 방향으로 90°만큼 돌려 모양을 만들고 이 모양을 아래쪽으로 뒤집고 오른쪽으로 밀어서 무늬를 꾸밉니다.

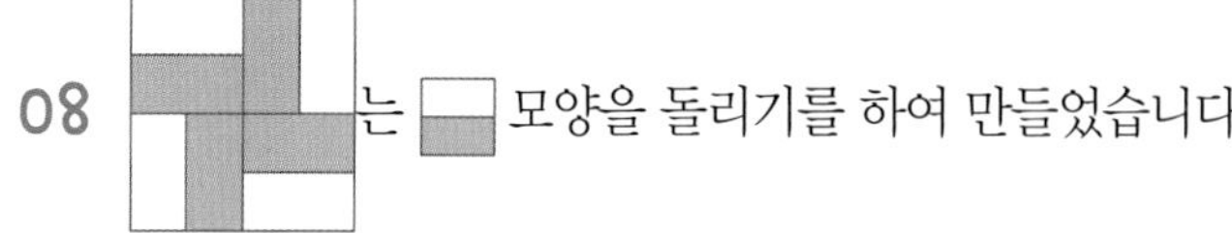

08 는 모양을 돌리기를 하여 만들었습니다.

09 모양으로 밀기, 뒤집기, 돌리기를 이용하여 규칙적인 무늬를 만듭니다.

10 모양을 오른쪽으로 뒤집는 것을 반복하면 모양이고, 이 모양을 아래쪽으로 밀기를 반복하여 무늬를 꾸미면

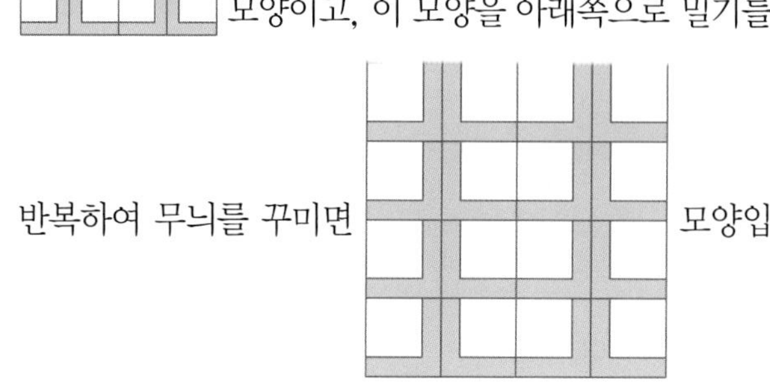

모양입니다.

문제해결 접근하기

11 **이해하기 |** 예 빈칸을 채워 무늬를 완성하고, 꾸민 규칙 설명하기

계획 세우기 | 예 주어진 모양에서 규칙을 찾은 후 빈칸을 채워 무늬를 완성해 보겠습니다.

해결하기 | 예 모양을 시계 방향으로 90°만큼 돌리기를 반복해서 모양을 만들고, 그 모양을 오른쪽으로 밀어서 무늬를 만들었습니다.

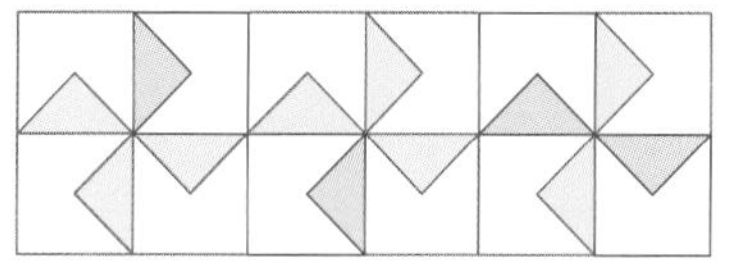

BOOK 1 개념책

되돌아보기 | ㉮ 주어진 모양에서 규칙을 찾은 후 빈칸을 채워 무늬를 완성했습니다.

단원평가로 완성하기

100~103쪽

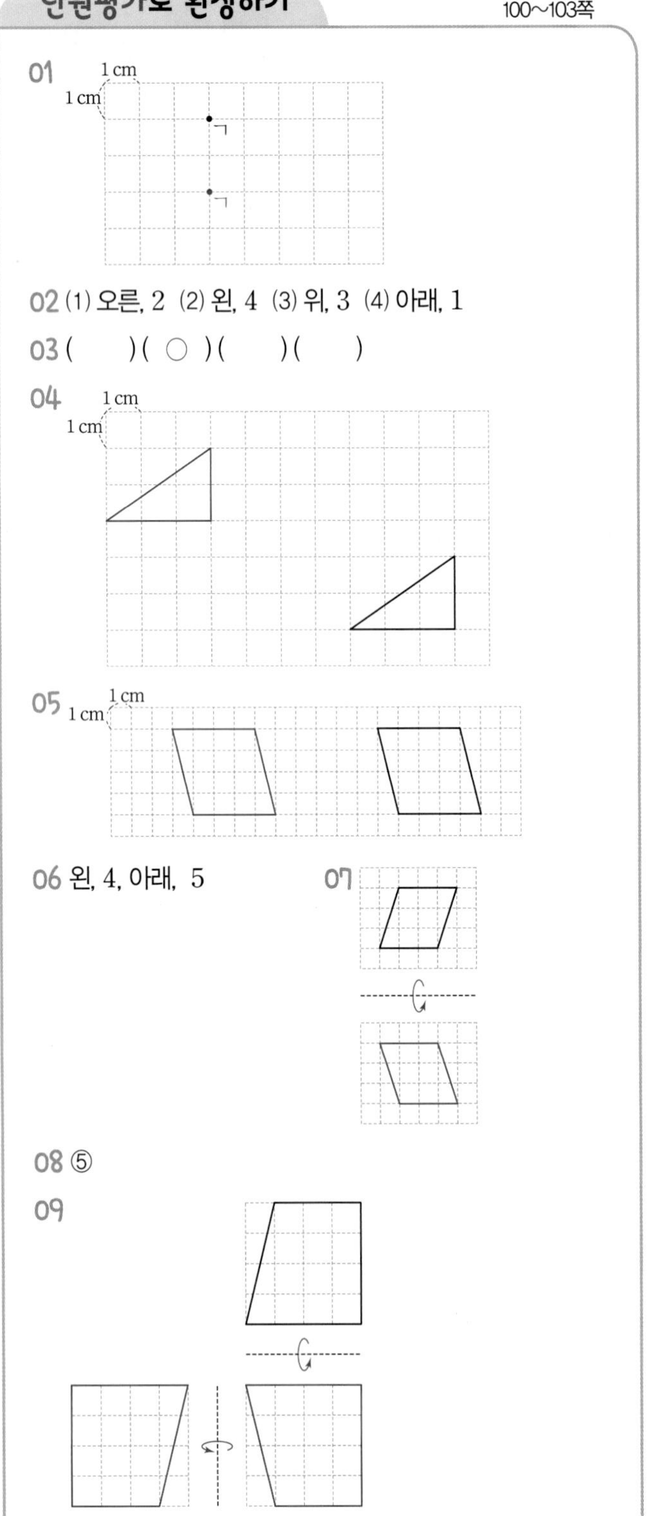

01

02 (1) 오른, 2 (2) 왼, 4 (3) 위, 3 (4) 아래, 1

03 ( )(○)( )( )

04

05

06 왼, 4, 아래, 5

07

08 ⑤

09

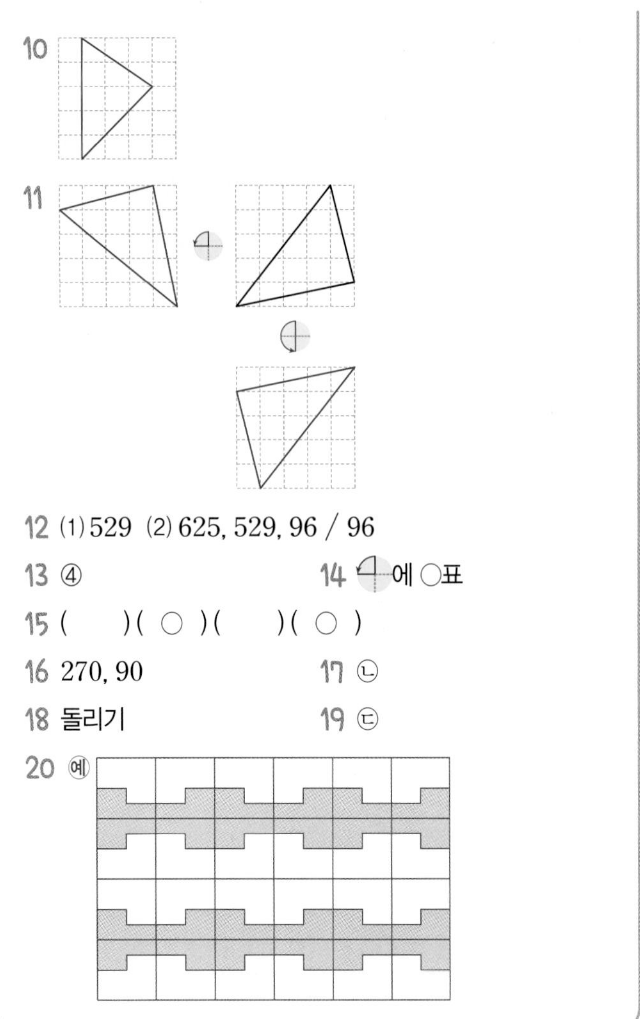

10

11

12 (1) 529 (2) 625, 529, 96 / 96

13 ④

14 에 ○표

15 ( )(○)( )(○)

16 270, 90

17 ㉡

18 돌리기

19 ㉢

20 ㉮

01 점 ㄱ을 아래쪽으로 2 cm 이동하면 점의 위치가 바뀌므로 점을 모눈 2칸 아래쪽에 그립니다.

02 처음 점과 이동한 점을 찾아 어느 방향으로 얼마나 이동했는지 확인해 봅니다.

03 모양 조각을 위쪽으로 밀어도 모양은 변하지 않습니다.

04 모눈종이 1칸이 1 cm이므로 왼쪽으로 7칸 밀고 위쪽으로 3칸 민 모양으로 그립니다.

05 오른쪽으로 10 cm 밀고 난 후의 모양이므로 왼쪽으로 10 cm 밀면 밀기 전 모양이 나옵니다.

06 먼저 조각 가를 왼쪽으로 4칸 밀고, 조각 나를 아래쪽

으로 5칸 밀어야 합니다.

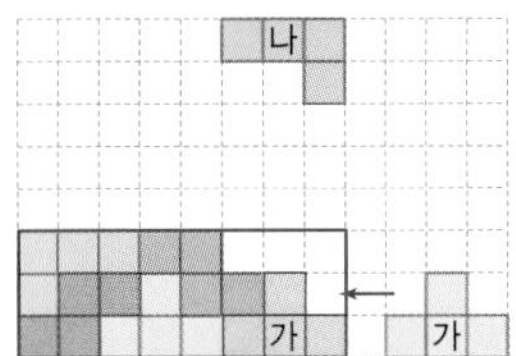

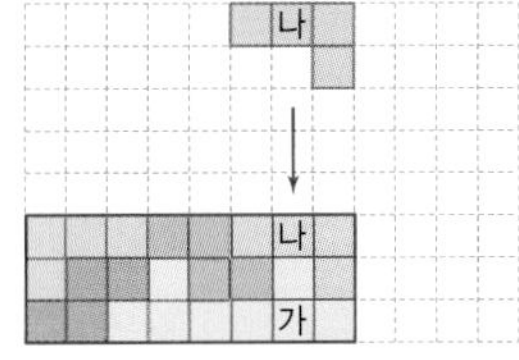

07 도형을 아래쪽으로 뒤집으면 위쪽과 아래쪽이 바뀝니다.

08 아래쪽으로 뒤집어도 모양이 변하지 않는 도형은 위쪽과 아래쪽이 같아야 합니다.

09 아래쪽으로 뒤집으면 위쪽과 아래쪽이 바뀌고, 왼쪽으로 뒤집으면 왼쪽과 오른쪽이 바뀝니다.

10 왼쪽으로 뒤집기 전의 도형은 왼쪽 도형을 오른쪽으로 뒤집은 도형과 같습니다.

11 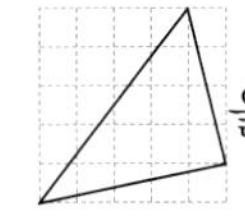을 시계 반대 방향으로 90°만큼 돌리면

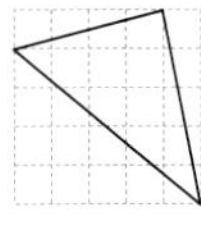이고, 시계 반대 방향으로 180°만큼 돌리면

입니다.

12 625가 적힌 카드를 시계 방향으로 180°만큼 돌렸을 때 만들어지는 수는 529이므로 두 수의 차는 625－529＝96입니다.

채점 기준

주어진 수 카드를 시계 방향으로 180°만큼 돌렸을 때 만들어지는 수를 구한 경우	50 %
시계 방향으로 180°만큼 돌렸을 때 만들어지는 수와 처음 수의 차를 구한 경우	50 %

13 ① 시계 방향으로 270°만큼 또는 시계 반대 방향으로 90°만큼 돌렸습니다.

② 시계 방향 또는 시계 반대 방향으로 180°만큼 돌렸습니다.

③ 오른쪽 또는 왼쪽으로 뒤집었습니다.

④ 시계 방향으로 90°만큼 또는 시계 반대 방향으로 270°만큼 돌렸습니다.

⑤ 시계 방향 또는 시계 반대 방향으로 360°만큼 돌렸습니다.

14 움직인 그림은 처음 그림을 시계 반대 방향으로 90°만큼 돌리거나 시계 방향으로 270°만큼 돌린 것입니다.

15 첫 번째 도형은 주어진 도형을 위쪽이나 아래쪽으로 뒤집은 것이고, 두 번째 도형은 주어진 도형을 시계 방향으로 90°만큼 돌리거나 시계 반대 방향으로 270°만큼 돌린 것이고, 세 번째 도형은 주어진 도형을 왼쪽이나 오른쪽으로 뒤집은 것이고, 네 번째 도형은 주어진 도형을 시계 반대 방향으로 90°만큼 돌리거나 시계 방향으로 270°만큼 돌린 것입니다. 따라서 돌리기 전의 도형이 될 수 있는 것은 두 번째와 네 번째 도형입니다.

16 물이 흐르도록 관을 연결하기 위해서는 노란색 관을 시계 방향으로 270°만큼 돌리거나 시계 반대 방향으로 90°만큼 돌려야 합니다.

17 주어진 무늬는 모양을 밀어 가며 이어 붙인 것입니다.

18 주어진 무늬는 모양을 시계 방향으로 돌려 가며 꾸민 무늬입니다.

19 ㉢은 돌리기를 이용하여 꾸밀 수 있습니다.

20 예 모양을 오른쪽으로 뒤집는 것을 반복한 후 아래쪽으로 뒤집어서 모양을 만들고, 그 모양을 아래쪽으로 밀어서 무늬를 꾸밀 수 있습니다.

BOOK 1 개념책

5 막대그래프

문제를 풀며 이해해요

109쪽

01 (1) 막대그래프 (2) 과일, 학생 수 (3) 1명 (4) 사과
(5) 막대그래프 (6) 표

교과서 문제 해결하기

110~111쪽

01 취미, 학생 수
02 예 취미별 학생 수
03 학생 수
04 1명
05 막대그래프
06 튤립
07 벚꽃, 해바라기
08 32명
09 5반
10 2반

문제해결 접근하기

11 풀이 참조

01 막대그래프에서 가로는 취미를 나타내고, 세로는 학생 수를 나타냅니다.

02 막대그래프는 취미별 학생 수를 나타내므로 제목은 '취미별 학생 수'입니다.

03 막대의 길이는 학생 수를 나타냅니다.

04 세로 눈금 5칸이 5명을 나타내므로 세로 눈금 한 칸은 1명을 나타냅니다.

05 학생 수가 가장 많은 취미를 한눈에 알아보기에는 표보다 막대그래프가 더 낫습니다.

06 막대의 길이가 가장 긴 꽃은 튤립입니다.

07 막대의 길이가 같은 꽃은 벚꽃과 해바라기입니다.

08 $8+4+10+4+6=32$이므로 조사한 학생은 모두 32명입니다.

09 여학생과 남학생의 막대의 길이가 같은 반은 5반입니다.

10 각 반의 안경을 쓴 여학생 수와 남학생 수를 모두 더합니다.
1반: $6+8=14$(명)
2반: $8+10=18$(명)
3반: $11+3=14$(명)
4반: $4+9=13$(명)
5반: $7+7=14$(명)
따라서 안경을 쓴 학생이 가장 많은 반은 2반입니다.

문제해결 접근하기

11 **이해하기 |** 예 우빈이네 농장에서 기르고 있는 염소의 수
계획 세우기 | 예 전체 동물의 수에서 닭, 오리, 돼지의 수를 빼서 구해 보겠습니다.
해결하기 | 예 7, 8, 10, 7, 8, 10, 4
되돌아보기 | 예 가장 많이 기르는 동물은 돼지로 10마리이고, 가장 적게 기르는 동물은 염소로 4마리입니다. 따라서 가장 많은 동물과 적은 동물의 수의 차는 $10-4=6$(마리)입니다.

문제를 풀며 이해해요

113쪽

01 (1) 24 (2) 학생 수 (3) 3 (4) A

02 예

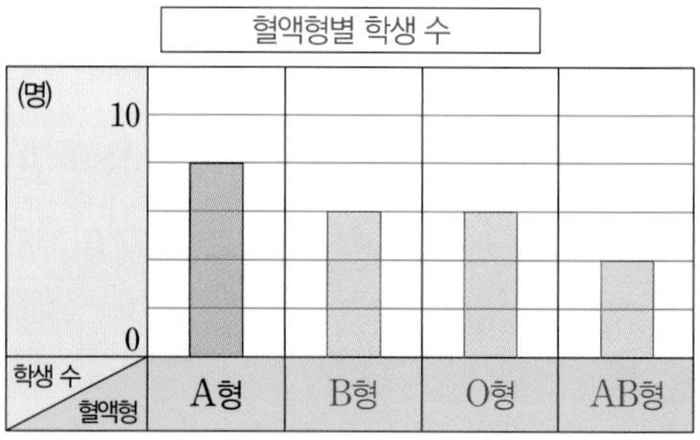

혈액형별 학생 수
(명) 10, 0
학생 수 / 혈액형
A형 B형 O형 AB형

교과서 문제 해결하기

114~115쪽

01 학생 수

02 예

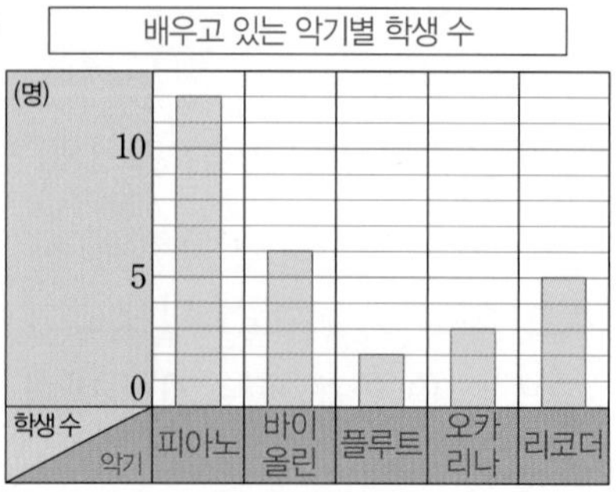

배우고 있는 악기별 학생 수
(명) 10, 5, 0
학생 수 / 악기
피아노 바이올린 플루트 오카리나 리코더

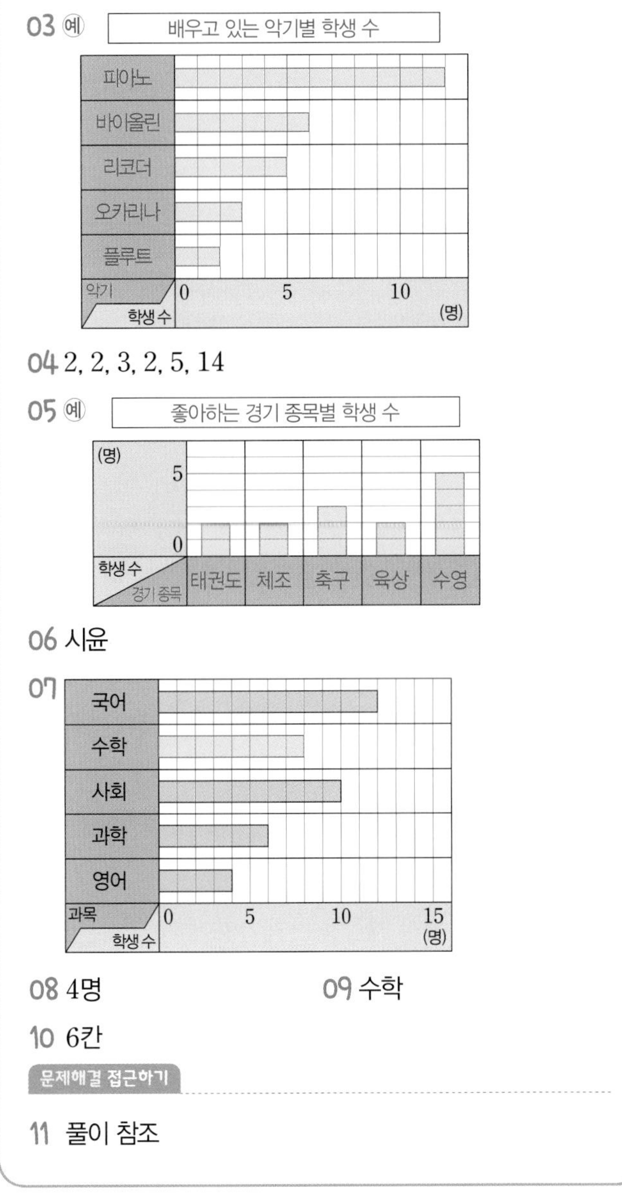

01 가로에 악기를 나타내면 세로에는 학생 수를 나타내야 합니다.

02 표에 적힌 학생 수만큼 막대로 나타냅니다.

03 막대의 길이가 가장 긴 항목부터 위에서부터 순서대로 그립니다.

04 태권도를 좋아하는 학생은 2명, 체조를 좋아하는 학생은 2명, 축구를 좋아하는 학생은 3명, 육상을 좋아하는 학생은 2명, 수영을 좋아하는 학생은 5명입니다.

05 표에 적힌 학생 수만큼 막대로 나타냅니다.

06 가장 많은 학생들이 좋아하는 경기 종목은 수영입니다.

07 영어를 좋아하는 학생은 4명이므로 수학을 좋아하는 학생은 $4 \times 2 = 8$(명)입니다.

08 국어를 좋아하는 학생은 12명이고 수학을 좋아하는 학생은 8명이므로 국어를 좋아하는 학생은 수학을 좋아하는 학생보다 4명 더 많습니다.

09 막대의 길이가 과학보다 길고 사회보다 짧은 과목을 찾으면 수학입니다.

10 국어를 좋아하는 학생은 12명이므로 세로 눈금 한 칸이 2명을 나타낸다면 국어를 좋아하는 학생 수는 $12 \div 2 = 6$(칸)으로 나타내야 합니다.

문제해결 접근하기

11 **이해하기 |** 예 푸른 초등학교 학생 수가 하늘 초등학교 학생 수보다 500명 더 많고, 사랑 초등학교 학생 수보다 200명 더 많습니다.

계획 세우기 | 예 하늘 초등학교 학생 수에 500명을 더해 푸른 초등학교 학생 수를 구하고, 푸른 초등학교 학생 수에서 200명을 빼어 사랑 초등학교 학생 수를 구해서 막대그래프를 그려 보겠습니다.

해결하기 | 1100, 1300

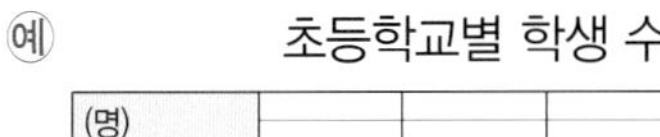

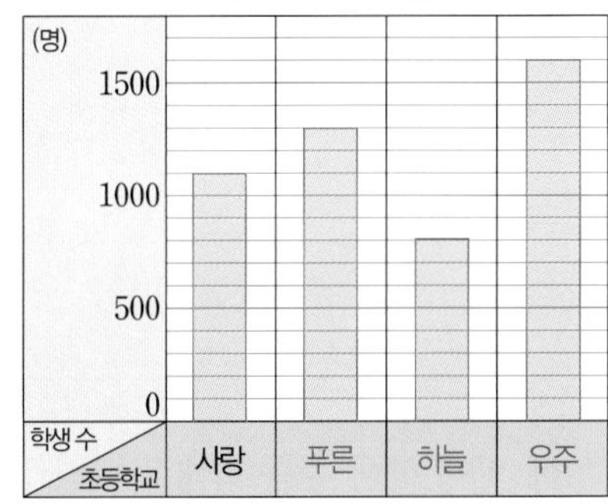

되돌아보기 | 예 하늘 초등학교 학생 수에 500명을 더해 푸른 초등학교 학생 수를 구하고, 푸른 초등학교 학생 수에서 200명을 빼어 사랑 초등학교 학생 수를 구합니다. 세로 눈금 한 칸은 100명을 나타내므로 학생 수에 맞게 막대로 나타냅니다.

BOOK 1 개념책

문제를 풀며 이해해요

117쪽

01 예

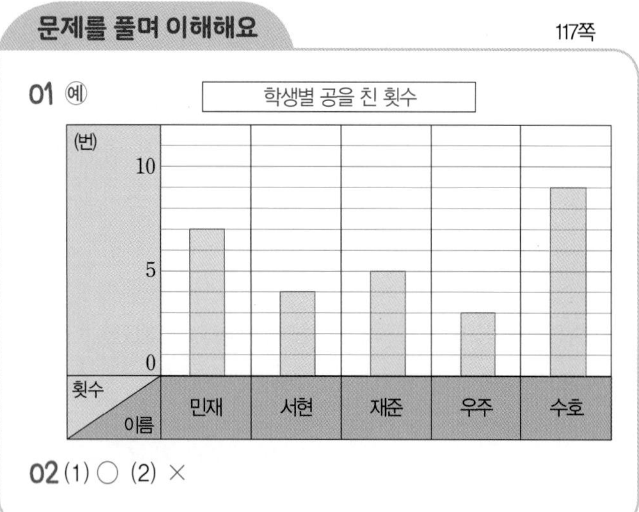

02 (1) ○ (2) ×

교과서 문제 해결하기

118~119쪽

01 예

02 놀이공원, 영화관

03 5배

04 목요일

05 수요일, 목요일

06 2 kg

07 스티로폼, 플라스틱류

08 ㉡, ㉢

09 4반

10 3반

문제해결 접근하기

11 풀이 참조

01 이야기에 맞게 학생 수를 막대로 나타내 막대그래프를 완성합니다.

02 막대의 길이가 같은 장소는 놀이공원과 영화관입니다.

03 가고 싶어 하는 학생이 가장 많은 곳은 공연장으로 10명이고, 가고 싶어 하는 학생이 가장 적은 곳은 동물원으로 2명입니다. $10 \div 2 = 5$이므로 공연장을 가고 싶어 하는 학생 수는 동물원을 가고 싶어 하는 학생 수의 5배입니다.

04 막대의 길이가 가장 긴 요일은 목요일입니다.

05 가로 눈금의 막대 한 칸은 10이므로 막대의 길이가 8칸보다 긴 요일을 찾으면 수요일과 목요일입니다.

06 눈금 5칸이 10 kg를 나타내므로 눈금 한 칸은 2 kg을 나타냅니다.

07 막대의 길이가 가장 긴 재활용 쓰레기의 종류를 찾으면 푸른 마을은 스티로폼이고, 사랑 마을은 플라스틱류입니다.

08 ㉠ 푸른 마을의 재활용 쓰레기양은 $14+8+4+16=42$(kg)이고, 사랑 마을 재활용 쓰레기양은 $20+6+8+14=48$(kg)이므로 두 마을의 재활용 쓰레기양의 합은 같지 않습니다.

㉡ 두 마을의 재활용 쓰레기의 종류는 플라스틱류, 유리병류, 비닐류, 스티로폼으로 모두 4종류입니다.

㉢ 푸른 마을에서 재활용 쓰레기양이 두 번째로 적은 종류는 유리병류입니다.

㉣ 사랑 마을에서 재활용 쓰레기양이 가장 적은 종류는 유리병류입니다.

따라서 바르게 설명한 것은 ㉡, ㉢입니다.

09 남학생의 막대의 길이와 여학생의 막대의 길이의 차가 가장 큰 반은 4반입니다.

10 (1반에서 참가한 학생 수)$=5+7=12$(명)
(2반에서 참가한 학생 수)$=6+5=11$(명)
(3반에서 참가한 학생 수)$=7+6=13$(명)
(4반에서 참가한 학생 수)$=8+4=12$(명)
따라서 참가한 학생 수가 가장 많은 반은 3반입니다.

문제해결 접근하기

11 **이해하기 |** 예 학급 문고에 있는 책을 막대그래프로 나타내기

계획 세우기 | 예 과학책 수에서 10권을 빼서 위인전 수를 구하고, 전체 책의 수에서 과학책과 위인전 수를 빼서 동화책과 영어책 수의 합을 구한 후 동화책과 영어책 수가 같으므로 2로 나누어 동화책과 영어책 수를 구

해 보겠습니다.

해결하기 | 예

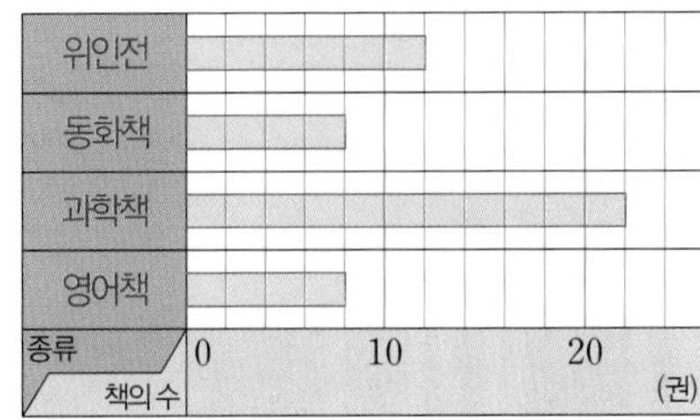

되돌아보기 | 예 과학책 수에서 10권을 빼면 위인전 수는 12권입니다. 전체 책 수에서 과학책과 위인전 수를 빼면 동화책과 영어책 수의 합은 16권입니다. 동화책과 영어책 수가 같으므로 동화책과 영어책 수는 각각 8권입니다. 막대그래프의 가로 눈금 한 칸을 2권으로 하여 구한 책 수만큼 막대로 나타냅니다.

단원평가로 완성하기

120~123쪽

01 장래 희망, 학생 수

02 1명

03 표

04 8명, 6명

05 29명

06 7명

07 5반

08 (1) 25 (2) 17 (3) 25, 17, 8 / 8명

09 60명

10 예 물총놀이 / 가장 많은 학생들이 하고 싶어 하는 활동이기 때문입니다.

11 11, 3, 9, 7, 30

12 예

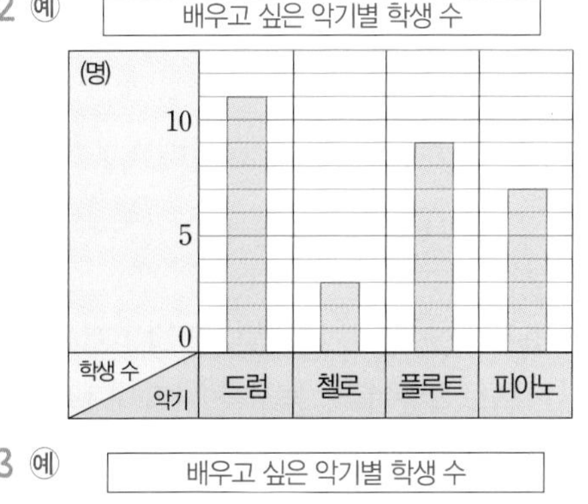

13 예

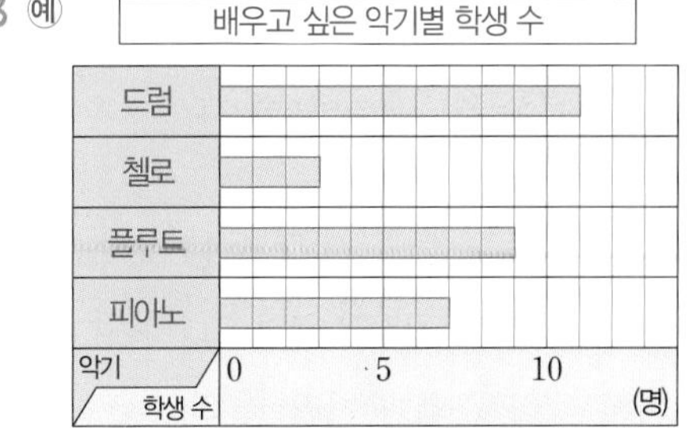

14 예

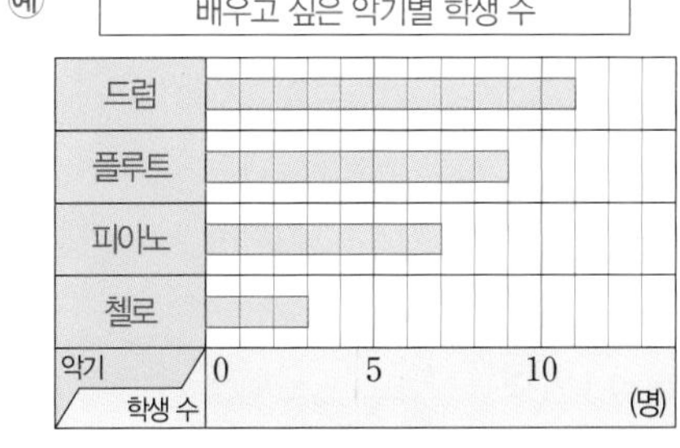

15

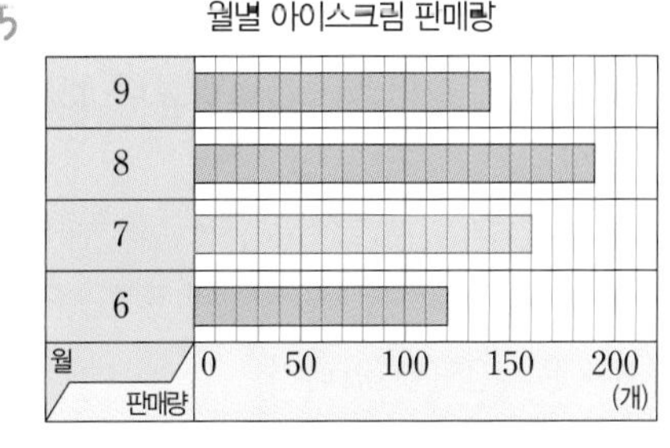

16 예

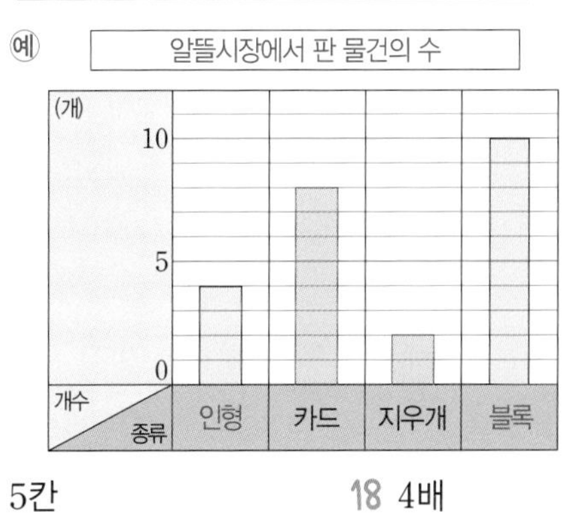

17 5칸

18 4배

19 7명

20 ㉠, ㉢

01 막대그래프에서 가로는 장래 희망, 세로는 학생 수를 나타냅니다.

BOOK 1 개념책

02 세로 눈금 5칸이 5명을 나타내므로 세로 눈금 한 칸은 1명을 나타냅니다.

03 전체 학생 수를 알아보기에는 막대그래프보다 표가 더 편리합니다.

04 가로 눈금 1칸은 1명을 나타냅니다. 야구를 나타내는 막대는 8칸이므로 8명이고, 농구를 나타내는 막대는 6칸이므로 6명입니다.

05 $8+6+11+4=29$(명)

06 막대의 길이가 가장 긴 것은 축구로 11명이고, 막대의 길이가 가장 짧은 것은 배구로 4명입니다. $11-4=7$이므로 좋아하는 학생 수가 가장 많은 운동과 가장 적은 운동의 학생 수의 차는 7명입니다.

07 1반: $5+3=8$(명)
2반: $1+4=5$(명)
3반: $5+1=6$(명)
4반: $6+6=12$(명)
5반: $8+3=11$(명)
자전거를 타고 등교하는 학생 수가 4반보다 1명 더 적은 반은 5반입니다.

08 자전거를 타고 등교하는 4학년 남학생 수는 $5+1+5+6+8=25$(명)입니다.
자전거를 타고 등교하는 4학년 여학생 수는 $3+4+1+6+3=17$(명)입니다.
따라서 자전거를 타고 등교하는 4학년 남학생 수와 여학생 수의 차는 $25-17=8$(명)입니다.

채점 기준

자전거를 타고 등교하는 남학생 수를 구한 경우	30 %
자전거를 타고 등교하는 여학생 수를 구한 경우	30 %
자전거를 타고 등교하는 남학생 수와 여학생 수의 차를 구한 경우	40 %

09 4학년에서 가장 많은 학생들이 하고 싶어 하는 행사는 장기자랑으로 70명이고, 5학년에서 가장 적은 학생들이 하고 싶어 하는 행사는 체육활동으로 10명입니다. 따라서 두 활동의 학생 수의 차는 $70-10=60$(명)입니다.

10

행사	간식 먹기	물총놀이	장기자랑	체육활동
4학년 학생 수(명)	40	50	70	60
5학년 학생 수(명)	50	100	30	10
합계(명)	90	(150)	100	70

(간식 먹기)$=40+50=90$(명)
(물총놀이)$=50+100=150$(명)
(장기자랑)$=70+30=100$(명)
(체육활동)$=60+10=70$(명)
4학년과 5학년의 조사 결과를 모아 보면 학생들이 가장 하고 싶어 하는 행사는 물총놀이이므로 행사를 물총놀이로 정하면 좋을 것 같습니다.

11 드럼은 11명, 첼로는 3명, 플루트는 9명, 피아노는 7명입니다.

12 표에 적힌 학생 수만큼 막대로 나타냅니다.

13 가로와 세로를 바꾸어 막대그래프로 나타냅니다.

14 막대의 길이가 가장 긴 악기부터 위에서부터 순서대로 그립니다.

15 6월의 아이스크림 판매량은 120개이므로 7월의 아이스크림 판매량은 $120+40=160$(개)입니다. 가로 눈금 한 칸의 크기는 10개이므로 7월의 아이스크림 판매량의 막대는 16칸이 되도록 그립니다.

16 일기에 쓴 판 물건의 수만큼 막대를 그려서 나타냅니다.

17 블록은 10개를 팔았으므로 가로 눈금 한 칸이 2개인 막대그래프로 나타내면 5칸으로 나타내야 합니다.

18 두 번째로 많이 판 물건은 카드로 8개이고 가장 적게 판 물건은 지우개로 2개입니다. 따라서 카드 수는 지우개 수의 $8\div2=4$(배)입니다.

19 감을 좋아하는 학생은 2명이고, 배를 좋아하는 학생은 감을 좋아하는 학생보다 5명 더 많으므로 7명입니다.

20 ㉠ 사과의 막대의 길이가 가장 깁니다.
㉡ 딸기를 좋아하는 학생 수는 7명이고, 감을 좋아하는 학생은 2명이므로 학생 수의 차는 5명입니다.
㉢ 딸기를 좋아하는 학생이 7명이고 배를 좋아하는 학생도 7명이므로 딸기와 배를 좋아하는 학생 수는 같습니다.
㉣ $9+2+7+7=25$이므로 조사한 학생 수는 모두 25명입니다.

6 규칙찾기

문제를 풀며 이해해요

129쪽

01 2개
02 2
03 등호
04 3

교과서 문제 해결하기

130~131쪽

01 2
02 1
03 =에 ○표
04 세현
05 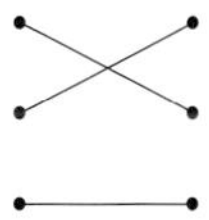
06 30, 4
07 4, =
08 4, 6
09 3, 2
10 예 (위에서부터) $20+40$ / $70-10$ / 12×5 / $120\div2$

문제해결 접근하기

11 풀이 참조

01 왼쪽 접시에는 쌓기나무가 왼쪽 2개, 오른쪽 6개 놓여 있고, 오른쪽 접시에는 쌓기나무 10개가 놓여 있으므로 오른쪽 접시에서 쌓기나무 2개를 덜어 내면 양쪽의 개수가 같아집니다.

02 왼쪽 접시에는 쌓기나무가 3개씩 2줄로 놓여 있고, 오른쪽 접시에는 쌓기나무 5개가 놓여 있으므로 오른쪽 접시에 쌓기나무 1개를 더 놓으면 양쪽의 개수가 같아집니다.

03 $1+3+5=9$, $3\times3=9$이므로 양쪽의 값이 같습니다. 양쪽의 값이 같을 때 등호(=)를 사용합니다.

04 지우: $6\times4=24$, $32+6=38$이므로 양쪽의 값이 다릅니다.
세현: $10-8=2$, $4\div2=2$이므로 양쪽의 값이 같습

니다.

다온: $40 \times 2 = 80$, $100 - 10 = 90$이므로 양쪽의 값이 다릅니다.

양쪽의 값이 같을 때 등호를 사용할 수 있으므로 식을 바르게 만든 사람은 세현이입니다.

05 $3+10+6=19$, $52-40+8=20$, $4\times4=16$, $5+5+5+5=20$, $40-21=19$, $64\div4=16$
값이 같은 것끼리 선으로 연결합니다.

06 $30\div5=6$이므로 $30\div5=4+2$입니다.

07 양쪽의 연필꽂이에 꽂힌 연필의 수는 같으므로 등호를 사용한 식을 만들 수 있습니다. 왼쪽 연필꽂이에는 노란색 연필 4자루, 빨간색 연필 3자루가 있으므로 □ 안에 알맞은 수는 4입니다.
➡ $4+3=1+6$

08 자석을 같은 색이 칠해진 자석끼리 윗줄부터 더하면 $1+2+3+4$입니다.
4개씩 4줄이면 16개인데, 16개보다 6개가 적으므로 $16-6$으로 나타낼 수 있습니다. 나타내는 방법은 다르더라도 자석의 수는 같으므로 등호를 사용한 식으로 나타내면 $1+2+3+4=16-6$입니다.

09 별의 수를 4개씩 3묶음 또는 6개씩 2묶음으로 나타낼 수 있습니다.
➡ $4\times3=6\times2$

10 예 $30\times2=20+40$,
$30\times2=70-10$,
$30\times2=12\times5$,
$30\times2=120\div2$
계산 결과가 60이 되는 다양한 식을 만들 수 있습니다.

문제해결 접근하기

11 **이해하기 |** 예 어떤 수
계획 세우기 | 예 '어떤 수'를 넣어 등호를 사용한 식을 만들어 거꾸로 생각해 어떤 수를 구해 보겠습니다.
해결하기 | 6, 15 / 8, 15 / 23
되돌아보기 | 예 $48\div6=8$이고, $23-15=8$이므로 크기가 같습니다.

문제를 풀며 이해해요

133쪽

01 (1) 64 (2) 104
02 2, 커집니다에 ○표
03 22, 커집니다에 ○표
04 55, 97

교과서 문제 해결하기

134~135쪽

01 11
02 11 / 11, 43
03 32
04 나
05 (1) 25 (2) 62
06 (위에서부터) 42244, 52285
07 ㉡
08 작아집니다에 ○표
09 110
10 민호

문제해결 접근하기

11 풀이 참조

01 왼쪽 수에서 11을 빼면 오른쪽 수가 되므로 오른쪽으로 갈수록 11씩 작아집니다.

02 $65-11=54$, $54-11=43$이므로 오른쪽으로 갈수록 11씩 작아지는 규칙이 맞습니다.

03 76부터 시작하여 오른쪽으로 11씩 작아지는 규칙입니다.
65보다 11만큼 작은 수는 54입니다. 54보다 11만큼 작은 수는 43입니다.
43보다 11만큼 작은 수는 32이므로 ㉠에 알맞은 수는 32입니다.

04 $12\times2=24$이지만 $24\times2=48$이므로 가는 오른쪽으로 갈수록 2배가 되는 규칙이 아닙니다.
$25\times2=50$, $50\times2=100$이므로 나는 오른쪽으로 갈수록 2배가 되는 규칙입니다.

05 (1) 1부터 시작하여 3, 5, 7, ...씩 커지는 규칙이므로 빈칸에 알맞은 수는 $16+9=25$입니다.
(2) 32부터 시작하여 3, 6, 9, ...씩 커지는 규칙이므로 빈칸에 알맞은 수는 $50+12=62$입니다.

06 → 방향으로 20씩 커지는 규칙입니다.
$42224+20=42244$, $52265+20=52285$

07 엘리베이터 버튼의 수는 ↓ 방향으로 3씩 작아집니다.

08 ↑ 방향의 수는 $760-660-560-460-360$이므로 760부터 시작하여 위쪽으로 100씩 작아집니다.

09 350에 110을 더하면 460이 됩니다. 460에 110을 더하면 570이 됩니다. 따라서 색칠한 칸의 수는 350부터 시작하여 ↙ 방향으로 110씩 커집니다.

10 같은 가로줄에 놓인 수는 백의 자리 숫자와 일의 자리 숫자가 같습니다. 같은 세로줄에 놓인 수는 십의 자리 숫자와 일의 자리 숫자가 같습니다.
㉠과 ㉡은 같은 가로줄에 있고, ㉡과 ㉢은 같은 세로줄에 있습니다.

문제해결 접근하기

11 **이해하기 |** 예 진서가 신발을 넣은 신발장의 번호
계획 세우기 | 예 수 배열표에서 ↓ 방향의 규칙을 찾아 48을 기준으로 두 칸 아래의 수를 찾아보겠습니다.
해결하기 | 17, 17, 65, 65, 17, 82
되돌아보기 | 예 → 방향으로 1씩 커지므로 82번에서 오른쪽으로 두 칸 가면 84번입니다. 84번에서 위쪽으로 한 칸 가면 $84-17=67$이므로 민후는 67번 신발장에 신발을 넣었습니다.

문제를 풀며 이해해요

137쪽

01 3, 4, 5
02 21개
03 $1+2+3+4+5+6=21$

교과서 문제 해결하기

138~139쪽

01 1개
02 8개
03
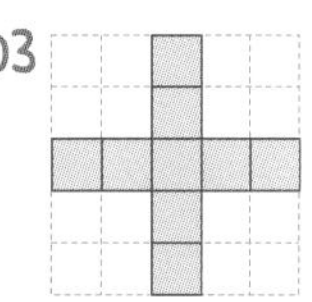
04 $1+4+4+4+4+4$
05 (위에서부터) 2 / 4, 2
06 15개
07 ④
08 (위에서부터) $1+3+5+7$, 16 / $1+3+5+7+9$, 25
09 (위에서부터) 4×4, 16 / 5×5, 25
10 ㉢

문제해결 접근하기

11 풀이 참조

01 모형의 수가 2개에서 시작하여 3개, 4개, 5개, ...로 1개씩 늘어나는 규칙입니다.

02 모형의 수는 다섯째에서 $5+1=6$(개)이고, 여섯째에서 $6+1=7$(개)이고, 일곱째에서 $7+1=8$(개)입니다.

03 정사각형 1개를 기준으로 왼쪽, 오른쪽, 위쪽, 아래쪽으로 정사각형이 한 개씩 늘어나는 규칙입니다.

04 1에 더해지는 수 4가 1개씩 늘어나는 규칙입니다.

05 더해지는 수가 1씩 늘어나는 규칙입니다.

06 ▲은 1개에서 시작하여 2개, 3개, 4개, ...씩 늘어납니다. 1, $1+2=3$, $3+3=6$, $6+4=10$, $10+5=15$이므로 다섯째 도형에서 ▲은 모두 15개입니다.

07 ▲의 수와 ▽의 수의 차는 첫째 도형에서 1, 둘째 도형에서 2, 셋째 도형에서 3, ...이므로 차가 8일 때는 여덟째 도형입니다.

08 모형의 수를 홀수의 합으로 나타낼 수 있습니다. 넷째 모양에서 모형의 수는 $1+3+5+7=16$(개), 다섯째 모양에서 모형의 수는 $1+3+5+7+9=25$(개)입니다.

09 모형의 수를 같은 수의 곱셈으로 나타낼 수 있습니다. 넷째 모양에서 모형의 수는 $4 \times 4 = 16$(개), 다섯째 모양에서 모형의 수는 $5 \times 5 = 25$(개)입니다.

10 검은색 바둑돌의 수는 2개에서 시작하여 오른쪽으로 1개씩 늘어납니다. 흰색 바둑돌은 가장 왼쪽 검은색 바둑돌의 아래쪽, 위쪽, 아래쪽, 위쪽에 번갈아 가며 놓입니다.
일곱째 모양에서 흰색 바둑돌의 위치는 아래쪽에 놓이므로 ㉢입니다.

문제해결 접근하기

11 **이해하기 |** 예 쌓기나무 16개로 만들 수 있는 모양은 몇째 모양인지 구하기
계획 세우기 | 예 모양의 배열을 보고 어떤 규칙으로 쌓기나무의 수가 늘어나는지 알아보고 규칙에 맞게 답을 구해 보겠습니다.
해결하기 | 3 / 3, 10, 13, 16, 여섯
되돌아보기 | 예 16개로 만들 수 있는 모양이 여섯째 모양이고, 3개씩 늘어나는 규칙이므로 여덟째 모양을 만들기 위해 필요한 쌓기나무는
$16+3+3=22$(개)입니다.

문제를 풀며 이해해요 141쪽

01 계산 결과에 ○표	02 $987-654=333$
03 곱하는 수에 ○표	04 $11 \times 11111 = 122221$

교과서 문제 해결하기 142~143쪽

01 (1) ○ (2) × (3) ○ 02 ④
03 $170+910=1080$ / $108 \times 10 = 1080$
04 $99 \times 8 = 792$ 05 594, 891에 ○표
06 $865-155=710$ 07 현후
08 $7000021 \div 7 = 1000003$ 09 ②
10 (위에서부터) 1003 / 10003, 7, 70021
문제해결 접근하기
11 풀이 참조

01 (1) 더해지는 수는 570, 470, 370, ...이므로 100씩 작아집니다.
(2) 곱셈 결과는 680, 780, 880, ...이므로 100씩 커집니다.
(3) 덧셈식과 곱셈식에서 같은 순서의 계산 결과는 같습니다.

02 곱셈식에서 곱하는 수가 10으로 일정합니다.

03 덧셈식에서 더해지는 수는 100씩 작아지고, 더하는 수는 200씩 커지며, 계산 결과는 100씩 커집니다. 다섯째 덧셈식은 $170+910=1080$입니다.
곱셈식에서 곱해지는 수는 10씩 커지고, 곱하는 수는 10으로 일정하며, 계산 결과는 100씩 커집니다. 다섯째 곱셈식은 $108 \times 10 = 1080$입니다.

04 곱해지는 수는 99로 일정하고 곱하는 수는 1씩 커집니다. 계산 결과의 백의 자리 숫자는 곱하는 수보다 1이 작고, 십의 자리 숫자는 9로 일정하며, 일의 자리 숫자는 9에서 백의 자리 숫자를 뺀 값입니다.

05 계산 결과의 십의 자리 숫자는 9이고, 백의 자리 숫자와 일의 자리 숫자를 더하면 9입니다. 따라서 규칙에 따라 계산했을 때 나올 수 있는 계산 결과는 594, 891입니다.

06 빼지는 수는 100씩 작아지고, 빼는 수는 155로 일정하며, 계산 결과는 100씩 작아집니다.

07 06의 뺄셈식의 규칙은 빼는 수는 155로 일정하고 빼지는 수의 십의 자리 숫자와 일의 자리 숫자는 각각 6, 5이므로 규칙에 따라 뺄셈식을 바르게 만든 사람은 현후입니다.

08 나누어지는 수는 721부터 시작하여 7과 2 사이에 0이 1개씩 늘어납니다. 나누는 수는 7로 일정하고, 계산 결과는 103부터 시작하여 0과 3 사이에 0이 1개씩 늘어납니다.
따라서 다섯째에 알맞은 계산식은
7000021÷7=1000003입니다.

09 100000003에서 0의 수는 7개입니다. 계산 결과의 0의 수는 첫째일 때 1개, 둘째일 때 2개, 셋째일 때 3개, ...이므로 0의 수가 7개일 때는 일곱째입니다.

10 다음과 같이 몫에 나누는 수를 곱하면 나누어지는 수가 됩니다.
721÷7=103 → 103×7=721
7021÷7=1003 → 1003×7=7021
70021÷7=10003 → 10003×7=70021

문제해결 접근하기

11 **이해하기 |** ㊀ 계산 결과의 차가 10000일 때 두 사람이 만든 식
계획 세우기 | ㊀ 진수와 경민이의 덧셈식의 규칙을 찾아 규칙에 따라 계산 결과의 차가 10000일 때를 찾아보겠습니다.
해결하기 | 1000, 12345, 66666, 2345, 56666
되돌아보기 | ㊀ 계산 결과의 차가 100000일 때는 다섯째 식입니다. 이때 진수가 만든 식은
654321+123456=777777이고, 경민이가 만든 식은 654321+23456=677777입니다.

문제를 풀며 이해해요

145쪽

01 1 / 33	02 12 / 36
03 35 / 38, 37	04 45, 47 (또는 47, 45) / 46

교과서 문제 해결하기

146~147쪽

01 2	02 501×2
03 (1) ○ (2) × (3) ×	04 202 / 402, 401
05 14−8=6	06 다
07 4	08 재훈
09 ㉠, ㉣	10 10, 17, 24, 31

문제해결 접근하기

11 풀이 참조

01 가운데 수를 기준으로 위쪽과 아래쪽의 수를 더한 결과는 가운데 수의 2배입니다.
㊀ 501+301=401×2

02 401과 601의 가운데 수는 501이고, 두 수의 합은 501의 2배와 같습니다.

03 (1) 위에 있는 수에서 아래에 있는 수를 빼면 100입니다.
(2) 오른쪽에 있는 수에서 왼쪽에 있는 수를 빼면 1입니다.
202−201=702−602(×)
202−201=702−701(○)
(3) 601+501=602+502(×)
601+502=602+501(○)

04 ╳ 방향으로 엇갈리는 수에서 ↘ 방향의 수의 합과 ↙ 방향의 수의 합은 같습니다.

05 빼지는 수는 4씩 커지고, 빼는 수는 2씩 커집니다. 따라서 빈칸에 알맞은 식은 14−8=6입니다.

06 위에 있는 수에서 아래에 있는 두 수 중 왼쪽 수를 빼면 오른쪽 수가 됩니다. 따라서 ㉠−㉡=㉢입니다.

07 어떤 수에 4를 곱하면 두 칸 위로 올라가서 만나는 수가 됩니다.
㊀ 4×4=16, 6×4=24
따라서 18×4=㉠, 8×4=㉡, 10×4=㉢입니다.

08 위에 있는 수에 7을 더하면 아래에 있는 수가 됩니다.

09 가운데 수를 기준으로 ↘ 방향, ↙ 방향으로 각각 연속

BOOK 1 개념책

된 세 수의 합은 가운데 수의 3배와 같습니다.

➡ $8+16+24=16\times3$

10 7로 나누었을 때 나머지가 같은 수는 같은 세로줄에 있습니다. 7로 나누었을 때 나머지가 3인 수는 3 아래에 놓인 수이므로 10, 17, 24, 31입니다.

문제해결 접근하기

11 **이해하기 |** 예 규칙을 만족하는 계산식의 최대 개수

계획 세우기 | 예 ╳ 방향으로 엇갈리는 수의 합을 이용해 계산식을 만들며 식의 수를 세어 보겠습니다.

해결하기 | 예 $2+12=10+4$, $4+14=12+6$, $6+16=14+8$과 같은 계산식을 6개 더 만들 수 있으므로 규칙을 만족하는 계산식을 9개까지 만들 수 있습니다.

되돌아보기 | 예 12를 기준으로 $10+14=4+20$을 만들 수 있습니다. 이와 같이 20, 14, 22를 기준으로 하는 계산식을 3개 더 만들 수 있으므로 규칙을 만족하는 계산식을 4개까지 만들 수 있습니다.

단원평가로 완성하기

148~151쪽

01 2　　02 (1) = (2) =

03 예 $6-4=14-12$ (또는 $14-6=12-4$)

04 9, 6　　05 ⑤

06 104　　07 590, 892

08 40　　09 위쪽, 왼쪽에 ○표

10 11개　　11 (위에서부터) 20, 5

12 49, 35　　13 가

14 2개　　15 $470+100=570$

16 $1111\times9999=11108889$

17 (1) 7, 1 (2) 0

(3) 700014, 7, 100002 / $700014\div7=100002$

18 204 / 102, 201　　19 (1) ○ (2) × (3) ×

20 3

01 왼쪽 접시에는 쌓기나무가 7개 놓여 있고, 오른쪽 접시에는 쌓기나무가 9개 놓여 있으므로 오른쪽 접시에서 2개를 덜어 내면 양쪽의 개수가 같아집니다.

02 (1) $5+3=8$, $2\times4=8$로 양쪽의 값이 같으므로 '='를 사용할 수 있습니다.

(2) $100\div4=25$, $30-5=25$로 양쪽의 값이 같으므로 '='를 사용할 수 있습니다.

03 계산 결과가 같도록 □ 안에 알맞은 수를 써넣습니다.

04 왼쪽은 9개가 되기에 1개가 모자란 상황을 나타낸 것이고, 오른쪽은 6개와 2개를 각각 묶어 도형의 개수를 더한 상황을 나타낸 것입니다.

따라서 $9-1=6+2$입니다.

05 ① → 방향으로 2씩 커집니다.

② ← 방향으로 2씩 작아집니다.

③ ↖ 방향으로 104씩 작아집니다.

④ ↑ 방향으로 102씩 작아집니다.

06 $480+104=584$, $584+104=688$이므로 104씩 커지는 규칙입니다.

07 ◎$=588+2=590$

●$=890+2=892$

08 수의 배열에서 두 수씩 묶으면 왼쪽 수를 5로 나눈 몫이 오른쪽 수입니다. 빈칸의 수를 5로 나눈 몫이 8이므로 빈칸에 알맞은 수는 40입니다.

09 쌓기나무의 수는 1개에서 시작하여 위쪽, 왼쪽으로 1개씩 늘어납니다.

10 넷째 모양의 쌓기나무의 수는 7개입니다. 쌓기나무의 수는 2개씩 늘어나므로 여섯째 모양의 쌓기나무의 수는 $7+2+2=11$(개)입니다.

11 ■의 수는 2개에서 시작하여 4개, 6개, 8개, ...씩 늘어나므로 넷째 도형에서 ■의 수는 $12+8=20$(개)입니다.

□의 수는 2개에서 시작하여 1개씩 늘어나므로 넷째 도형에서 □의 수는 $4+1=5$(개)입니다.

12 여섯째 도형에서 ■의 수는 $20+10+12=42$(개), □의 수는 $5+1+1=7$(개)이므로 합은 $42+7=49$, 차는 $42-7=35$입니다.

13 더해지는 수와 더하는 수가 각각 10씩 커지면 계산 결과는 20씩 커지는 규칙에 맞는 계산식은 가입니다.

14 가의 계산 결과는 20씩 커지고, 나의 계산 결과는 30씩 커집니다.
가의 계산 결과를 이어서 쓰면 360, 380, 400, 420, 440, ...이고, 나의 계산 결과를 이어서 쓰면 380, 410, 440, ...입니다.
따라서 공통으로 나올 수 있는 계산 결과를 보기 에서 찾으면 380, 440이므로 모두 2개입니다.

15 더해지는 수와 계산 결과는 110씩 커지고 더하는 수는 100으로 일정합니다.

16 곱해지는 수는 1에서 시작하여 1이 한 개씩 늘어나고, 곱하는 수는 9에서 시작하여 9가 한 개씩 늘어납니다. 계산 결과는 9에서 시작하여 1과 8이 한 개씩 늘어나고 둘째부터 1과 8 사이에 0이 한 개 들어갑니다. 따라서 빈칸에 알맞은 곱셈식은
$1111\times9999=11108889$입니다.

17 (1) 나누어지는 수는 714에서 시작하여 7과 1 사이에 0이 1개씩 늘어납니다.
(2) 계산 결과는 102에서 시작하여 1과 2 사이에 0이 1개씩 늘어납니다.
(3) 따라서 빈칸에 알맞은 식은
$700014\div7=100002$입니다.

채점 기준

나누어지는 수의 규칙을 바르게 구한 경우	30 %
계산 결과의 규칙을 바르게 구한 경우	30 %
빈칸에 알맞은 식을 구한 경우	40 %

18 가운데 수를 기준으로 위쪽과 아래쪽의 수를 더한 결과와 왼쪽과 오른쪽의 수를 더한 결과는 같습니다.
따라서 가운데 수가 203일 때,
$103+303=204+202$이고,
가운데 수가 202일 때
$102+302=203+201$입니다.

19 (2) ↙ 방향으로 6씩 커집니다.
(3) ↑ 방향으로 7씩 작아집니다.

20 가로, 세로 방향으로 각각 연속된 세 수의 합은 가운데 수의 3배입니다.

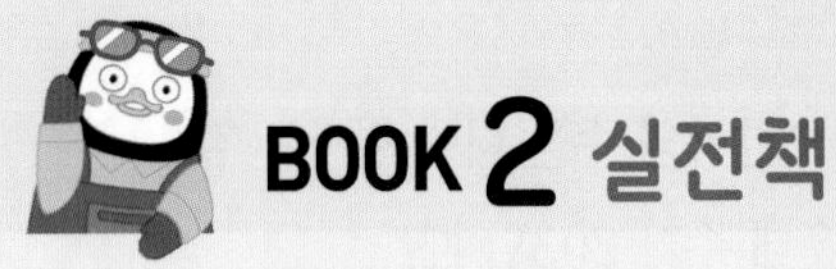

1 큰 수

5쪽

1단원 쪽지 시험 1. 큰 수

01 예 5000, 3000, 2000에 색칠

02 (위에서부터) 육만 이천칠십 / 50900 / 사십육만 팔

03 800000 (또는 80만) / 팔십만

04 ④

05 876500 (또는 87만 6500) / 팔십칠만 육천오백

06 ㉠ 07 8

08

천억	백억	십억	억	천만	백만	십만	만	천	백	십	일
		5	0	0	6	0	0	3	0	0	0

09 1000 (또는 천)

10 ( )(○)(△)

01 5000, 4000, 3000, 2000, 1000은 각각 1000이 5개, 4개, 3개, 2개, 1개인 수입니다. 10000은 1000이 10개인 수이므로 1000의 개수가 10개가 되도록 칸을 색칠합니다.

예 5000, 4000, 1000에 색칠
5000, 3000, 2000에 색칠
4000, 3000, 2000, 1000에 색칠

02 일의 자리에서부터 네 자리씩 끊어 수를 읽습니다.

6|2070 → 육만 이천칠십
만 일

오만 구백 → 50900

46|0008 → 사십육만 팔
만 일

03 7891000 → 789|0000
만 일

숫자 8은 십만의 자리 숫자이므로 800000을 나타냅니다.

04 1조는 1억의 10000배입니다.

조	천억	백억	십억	억	천만	백만	십만	만	천	백	십	일
				1	0	0	0	0	0	0	0	0

⬇ 10000배

조	천억	백억	십억	억	천만	백만	십만	만	천	백	십	일
1	0	0	0	0	0	0	0	0	0	0	0	0

05 10000이 87개, 1이 6500개인 수는 87만 6500이므로 876500입니다. 팔십칠만 육천오백이라고 읽습니다.

06 ㉠ 1000만이 10개인 수는 억입니다.
㉡ 10000이 1000개인 수는 천만입니다.
㉢ 1000만이 100개인 수는 십억입니다.
따라서 억을 나타내는 것은 ㉠입니다.

07 438700000000 → 4387|0000|0000
억 만 일

십억의 자리 숫자는 8입니다.

08 5000000000+6000000+3000에서
5000000000은 50억, 6000000은 600만이므로
십억의 자리 숫자는 5, 백만의 자리 숫자는 6, 천의 자리 숫자는 3입니다.

09 천의 자리 숫자가 1씩 커지므로 1000씩 뛰어 세었습니다.

10 10000이 4300개인 수는 4300만입니다.
45000000은 4500만입니다.
4300만, 4500만, 3900만 중 천만의 자리 숫자가 가장 작은 3900만이 가장 작습니다.
4300만, 4500만 중 백만의 자리 숫자가 더 큰 4500만이 더 큽니다.

학교 시험 만점왕 1회 1. 큰 수

01 (1) 9990, 10000 (2) 9800, 10000
02 풀이 참조, 5장
03 61311, 육만 천삼백십일
04 (위에서부터) 9, 1 / 50000, 900
05 ③
06 ㉢
07

	3	7	8	0	0	0	0
천	백	십	만	천	백	십	일
			만				일

, 7

08 ②
09 (1) 9000만 (2) 100억
10 (1) 구십삼억 삼만 (2) 이백사십오억 이천만
11 ⑤
12 420억, 4조 2000억, 42조
13 (1) 3000000 (또는 300만)
(2) 3000000000 (또는 30억)
14 34, 10000 (또는 1만)
15 100000 (또는 10만), 1000000 (또는 100만)
16 풀이 참조, 5590000
17 580조 6700억
18

천억	백억	십억	억	천만	백만	십만	만	천	백	십	일
				4	5	2	9	0	2	3	0

,

천억	백억	십억	억	천만	백만	십만	만	천	백	십	일
					5	8	2	0	0	1	9

, >

19 ㉠, ㉢, ㉡
20 박물관

01 (1) 10씩 뛰어 세는 규칙입니다. 9990보다 10만큼 더 큰 수는 10000입니다.
(2) 100씩 뛰어 세는 규칙입니다. 9900보다 100만큼 더 큰 수는 10000입니다.

02 예 1000이 50개인 수는 50000입니다. 50000은 10000이 5개인 수이므로 만 원짜리 5장으로 바꿀 수 있습니다.

채점 기준

1000이 50개인 수를 구한 경우	50 %
만 원짜리 지폐 몇 장으로 바꿀 수 있는지 구한 경우	50 %

03 만의 자리 숫자는 6, 백의 자리 숫자는 3, 나머지 자리 숫자는 1인 다섯 자리 수는 61311입니다. 61311은 육만 천삼백십일이라고 읽습니다.

04 58901을 표로 나타내면 다음과 같습니다.

만	천	백	십	일
5	0	0	0	0
	8	0	0	0
		9	0	0
				1
5	8	9	0	1

05 수를 쓰고 0의 개수를 세어 보면 다음과 같습니다.
① 만 → 10000 → 4개
② 십만 → 100000 → 5개
③ 백만 → 1000000 → 6개
④ 천만 → 10000000 → 7개
⑤ 억 → 100000000 → 8개

06 ㉠은 6800만, ㉡은 703만, ㉢은 695만입니다. 따라서 700만보다 작은 수는 ㉢입니다.

07 삼백칠십팔만은 3780000이고 십만의 자리 숫자는 7입니다.

08 일의 자리에서부터 네 자리씩 끊어 백만의 자리 숫자에 밑줄을 그으면 다음과 같습니다.
① 8071 6432 (만 일)
② 998 2154 (만 일)
③ 3149 6178 (만 일)
④ 2618 0193 (만 일)
⑤ 889 3675 (만 일)
따라서 백만의 자리 숫자가 가장 큰 수는 ②입니다.

09 (1) 9000만보다 1000만만큼 더 큰 수는 1억입니다.
(2) 9900억보다 100억만큼 더 큰 수는 1조입니다.

10 일의 자리에서부터 네 자리씩 끊어 수를 읽습니다.
(1) 9300030000

→ 93|0003|0000 → 구십삼억 삼만
억 만 일

(2) 24520000000

→ 245|2000|0000 → 이백사십오억 이천만
억 만 일

11 5조 6422억을 표로 나타내면 다음과 같습니다.

조	천억	백억	십억	억	천만	백만	십만	만	천	백	십	일
5	6	4	2	2	0	0	0	0	0	0	0	0

5조 6422억은 5642200000000입니다.

12 42억을 10배 하면 420억입니다.
420억을 100배 하면 4조 2000억입니다.
4조 2000억을 10배 하면 42조입니다.

13 (1) 7|0392|0000 → 숫자 3은 백만의 자리 숫자이므로 3000000을 나타냅니다.
억 만 일

(2) 31|4800|0000 → 숫자 3은 십억의 자리 숫자이므로 3000000000을 나타냅니다.
억 만 일

14 349200890000을 일의 자리에서부터 네 자리씩 끊으면 3492|0089|0000입니다.
억 만 일
3492억 89만이므로 100억이 34개, 1억이 92개, 만이 89개인 수입니다.

15 → 방향으로 십만의 자리 숫자가 1씩 커지므로 100000씩 뛰어 센 것이고, ↓ 방향으로 백만의 자리 숫자가 1씩 커지므로 1000000씩 뛰어 센 것입니다.

16 예 4490000의 오른쪽 수는 4590000이고, 이 수에서 1000000만큼 더 큰 수가 ★입니다.
따라서 ★은 5590000입니다.

채점 기준

→ 방향, ↓ 방향으로 뛰어 세는 규칙을 바르게 찾은 경우	40 %
규칙에 따라 ★에 알맞은 수를 구한 경우	60 %

17 530조 6700억의 십조의 자리 숫자는 3입니다. 10조씩 5번 뛰어 세면 십조의 자리 숫자가 5만큼 더 커지므로 10조씩 5번 뛰어 센 수는 580조 6700억입니다.

18 45290230은 여덟 자리 수이고, 5820019는 일곱 자리 수이므로 45290230 > 5820019입니다.

19 ㉠ 89만
㉡ 6787000은 678만 7000입니다.
㉢ 만이 90개인 수는 90만입니다.
따라서 작은 수부터 순서대로 기호를 쓰면 ㉠, ㉢, ㉡입니다.

20 392000과 500380은 자리 수가 같으므로 높은 자리부터 순서대로 자리의 숫자를 비교합니다. 3<5이므로 392000<500380이고, 더 많은 사람이 방문한 곳은 박물관입니다.

9~11쪽

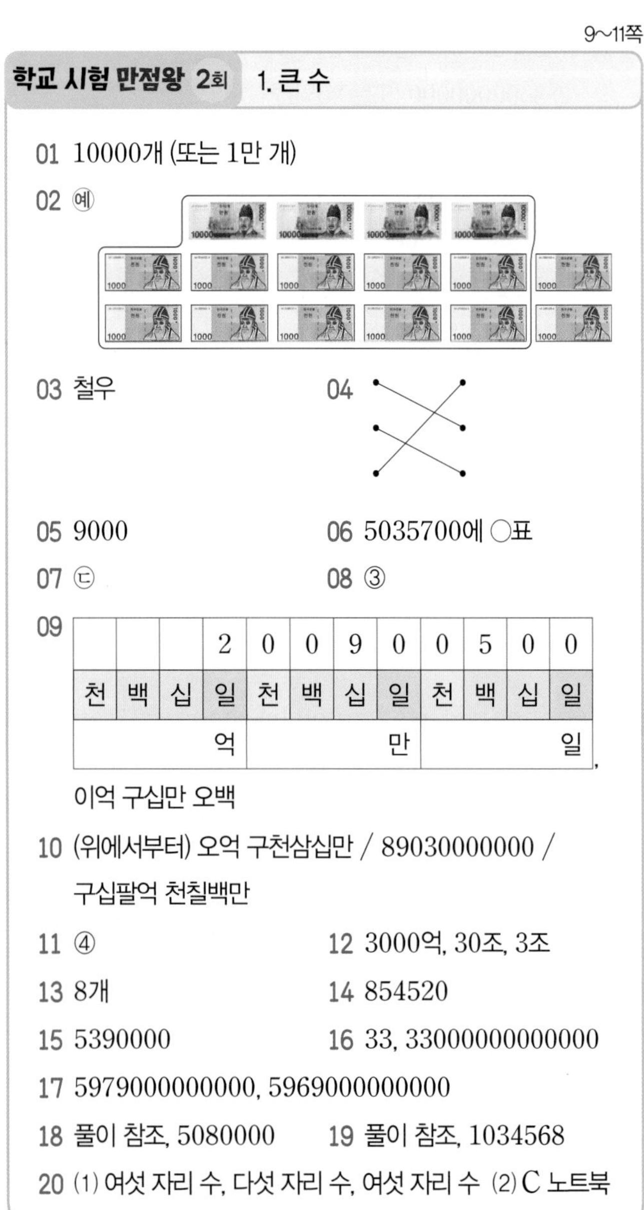

학교 시험 만점왕 2회 1. 큰 수

01 10000개 (또는 1만 개)

02 예

03 철우

04

05 9000

06 5035700에 ○표

07 ㉢

08 ③

09

			2	0	0	9	0	0	5	0	0
천	백	십	일	천	백	십	일	천	백	십	일
			억				만				일

, 이억 구십만 오백

10 (위에서부터) 오억 구천삼십만 / 89030000000 / 구십팔억 천칠백만

11 ④

12 3000억, 30조, 3조

13 8개

14 854520

15 5390000

16 33, 33000000000000

17 5979000000000, 5969000000000

18 풀이 참조, 5080000

19 풀이 참조, 1034568

20 (1) 여섯 자리 수, 다섯 자리 수, 여섯 자리 수 (2) C 노트북

01 1000이 10개이면 10000입니다.

02 만 원짜리 지폐 4장, 천 원짜리 지폐 10장은 50000원 입니다.

03 39122에서 숫자 3은 30000을 나타냅니다.

04 40000+200=40200, 40000+2000=42000, 20000+400=20400입니다.

05 • 9000보다 1000만큼 더 큰 수는 1만입니다.
• 9000만보다 1000만만큼 더 큰 수는 1억입니다.
• 9000억보다 1000억만큼 더 큰 수는 1조입니다.

06 73039000은 여덟 자리 수입니다. 나머지 수 중에서 만의 자리 숫자가 3인 수는 5035700, 6932500입니다. 이 중 천의 자리 숫자가 5000을 나타내는 수는 5035700입니다.

07 ㉠ 천백십만 오천십 → 11105010 (1의 개수 4개)
㉡ 십일만 천삼백 → 111300 (1의 개수 3개)
㉢ 천삼백십만 → 13100000 (1의 개수 2개)
따라서 1의 개수가 가장 적은 것은 ㉢입니다.

08 일의 자리에서부터 네 자리씩 끊어 백만의 자리 숫자를 찾아 밑줄을 긋고 나타내는 값을 찾으면 다음과 같습니다.

① 7800|0930 → 7000만
만 일

② 7|0560|2203 → 7억
억 만 일

③ 1|4725|3000 → 700만
억 만 일

④ 275|1000 → 70만
만 일

⑤ 7|2290 → 7만
만 일

따라서 숫자 7이 칠백만을 나타내는 수는 ③입니다.

09 200900500은 이억 구십만 오백이라고 읽습니다.

10 일의 자리에서부터 네 자리씩 끊어 수를 읽습니다.

590300000 → 5|9030|0000 → 오억 구천삼십만
억 만 일

팔백구십억 삼천만 → 89030000000

9817000000 → 98|1700|0000 → 구십팔억 천칠백만
억 만 일

11 사백오억 천을 표로 나타내면 다음과 같습니다.

	4	0	5	0	0	0	0	1	0	0	0
천	백	십	일	천	백	십	일	천	백	십	일
			억				만				일

사백오억 천을 수로 나타내면 ④ 40500001000입니다.

12 3498억에서 숫자 3은 천억의 자리 숫자이고 3000억을 나타냅니다.
8032조에서 숫자 3은 십조의 자리 숫자이고 30조를 나타냅니다.
13조 450억에서 숫자 3은 조의 자리 숫자이고 3조를 나타냅니다.

13 억이 300개, 만이 20개, 일이 5000개인 수를 표로 나타내면 다음과 같습니다.

	3	0	0	0	0	2	0	5	0	0	0
천	백	십	일	천	백	십	일	천	백	십	일
			억				만				일

0의 개수는 8개입니다.

14 오른쪽으로 한 칸 갈 때마다 십만의 자리 숫자가 1씩 커지므로 100000씩 뛰어 센 것입니다.

15 10000씩 뛰어 세면 만의 자리 숫자가 1씩 커지므로 5340000에서 10000씩 5번 뛰어 세면
5340000−5350000−5360000−5370000−5380000−5390000입니다.

16 1조씩 거꾸로 뛰어 센 것이므로 ㉠에 알맞은 수는 33조 또는 33000000000000입니다.

17 5989000000000에서 백억의 자리 숫자는 8이고, 100억씩 거꾸로 뛰어 세면 백억의 자리 숫자가 1씩 작아집니다.

18 ⓔ 오백팔십육만은 5860000, 오백팔만은 5080000, 육백만 사백은 6000400입니다. 백만의 자리 숫자가 5인 수 중에서 더 작은 수를 찾으면 십만의 자리 숫자가 더 작은 5080000입니다. 따라서 가장 작은 수는 오백팔만으로 5080000입니다.

BOOK 2 실전책

채점 기준

각 수를 수로 나타낸 경우	40 %
가장 작은 수를 찾아 수로 쓴 경우	60 %

19 예 가장 작은 일곱 자리 수를 만들기 위해서는 백만의 자리부터 크기가 작은 숫자를 순서대로 놓으면 됩니다. 가장 작은 수는 0인데 백만의 자리에는 0이 올 수 없으므로 수 카드를 한 번씩만 사용하여 만들 수 있는 가장 작은 일곱 자리 수는 1034568입니다.

채점 기준

가장 작은 일곱 자리 수를 만들기 위해서는 백만의 자리부터 크기가 작은 숫자를 놓으면 됨을 바르게 이해한 경우	40 %
가장 작은 일곱 자리 수를 구한 경우	60 %

20 (1) 34만 5000은 345000이므로 여섯 자리 수이고, 5만 700은 50700이므로 다섯 자리 수, 382900은 여섯 자리 수입니다.

(2) 판매 수량이 여섯 자리 수인 A 노트북, C 노트북의 판매 수량을 비교하면 십만의 자리 숫자는 같고, 만의 자리 숫자가 4<8이므로 가장 많이 판매된 노트북은 C 노트북입니다.

1단원 서술형·논술형 평가 12~13쪽

01 풀이 참조, 3300
02 풀이 참조, 167900원
03 풀이 참조, 채원
04 풀이 참조, 25431
05 풀이 참조, 7번
06 풀이 참조, ㉢
07 풀이 참조, 1270000 cm (또는 127만 cm)
08 풀이 참조, 4번
09 풀이 참조, 지민
10 풀이 참조, 3월

01 예 7000보다 3000만큼 더 큰 수는 10000이므로 ▲는 3000이고, 9700보다 300만큼 더 큰 수는 10000이므로 △는 300입니다. 따라서 ▲와 △의 합은 3300입니다.

채점 기준

▲의 값을 구한 경우	40 %
△의 값을 구한 경우	40 %
▲와 △의 합을 구한 경우	20 %

02 예 10000원짜리 지폐 16장은 160000원, 1000원짜리 지폐 7장은 7000원, 100원짜리 동전 9개는 900원입니다. 따라서 모두 합하면 167900원입니다.

채점 기준

10000이 16개인 수를 구한 경우	40 %
1000이 7개인 수를 구한 경우	20 %
100이 9개인 수를 구한 경우	20 %
돈이 모두 얼마인지 구한 경우	20 %

03 예 420만의 십만의 자리 숫자는 2입니다. 39201007의 십만의 자리 숫자는 2입니다. 2480000의 십만의 자리 숫자는 4입니다. 따라서 십만의 자리 숫자가 다른 수를 말한 사람은 채원입니다.

채점 기준

420만의 십만의 자리 숫자를 찾은 경우	30 %
39201007의 십만의 자리 숫자를 찾은 경우	30 %
2480000의 십만의 자리 숫자를 찾은 경우	30 %
십만의 자리 숫자가 다른 수를 말한 사람을 찾은 경우	10 %

04 예 5개의 숫자를 한 번씩 사용하여 만들 수 있는 수는 다섯 자리 수이고, 만의 자리 숫자가 2인 수는 2□□□□입니다. 가장 큰 수를 만들어야 하므로 높은 자리부터 5, 4, 3, 1을 넣으면 25431입니다.

채점 기준

5개의 숫자를 한 번씩 사용하여 만들 수 있는 수는 다섯 자리 수임을 바르게 아는 경우	20 %
만의 자리 숫자가 2이고, 가장 큰 다섯 자리 수를 만들기 위해서는 천의 자리부터 크기가 큰 숫자를 놓으면 됨을 바르게 이해한 경우	30 %
조건에 맞는 다섯 자리 수를 구한 경우	50 %

05 예 1억이 210개, 만이 840개인 수는 21008400000입니다. 0의 개수는 7개이므로 컴퓨터에 입력하려면 0을 7번 눌러야 합니다.

채점 기준

1억이 210개, 만이 840개인 수를 구한 경우	50 %
구한 수의 0의 개수를 구한 경우	50 %

06 예 ㉠ 8780억의 억의 자리 숫자는 0입니다.
㉡ 3918000000의 억의 자리 숫자는 9입니다.
㉢ 12808123800의 억의 자리 숫자는 8입니다.
따라서 억의 자리 숫자가 8인 수는 ㉢ 12808123800입니다.

채점 기준

㉠, ㉡, ㉢의 억의 자리 숫자를 각각 찾은 경우	80 %
억의 자리 숫자가 8인 수를 찾은 경우	20 %

07 예 1 m는 1 cm의 100배입니다. 만 이천칠백 m는 12700 m이고, 12700의 100배는 1270000이므로 연못의 지름은 1270000 cm입니다.

채점 기준

1 m가 100 cm임을 아는 경우	20 %
12700의 100배를 구한 경우	40 %
연못의 지름이 몇 cm인지 구한 경우	40 %

08 예 4억 6000만을 1000만씩 뛰어 세면 천만의 자리 숫자 6이 1씩 커집니다. 천만의 자리 숫자가 4번 커지면 5억이 되므로 4억 6000만을 1000만씩 4번 뛰어 세면 5억이 됩니다.

채점 기준

4억 6000만의 천만의 자리 숫자를 찾은 경우	20 %
1000만씩 뛰어 세면 어느 자리 숫자가 변하는지 아는 경우	40 %
1000만씩 몇 번 뛰어 세면 5억이 되는지 구한 경우	40 %

09 예 지민이가 쓴 수 3291000은 일곱 자리 수입니다. 한별이가 쓴 수 33만 5000은 335000이므로 여섯 자리 수입니다. 따라서 더 큰 수를 쓴 사람은 지민입니다.

채점 기준

지민이가 쓴 수의 자리 수를 구한 경우	40 %
한별이가 쓴 수의 자리 수를 구한 경우	40 %
더 큰 수를 쓴 사람을 구한 경우	20 %

10 예 세 수는 모두 다섯 자리 수이므로 높은 자리부터 순서대로 비교합니다. 세 수의 만의 자리, 천의 자리 숫자는 모두 같으므로 백의 자리 숫자를 비교하면 19669가 가장 큽니다. 따라서 가장 많은 아이가 태어난 달은 3월입니다.

채점 기준

세 수의 자리 수를 바르게 비교한 경우	20 %
세 수의 만의 자리, 천의 자리 숫자가 같음을 확인한 경우	40 %
가장 큰 수를 찾아 가장 많은 아이가 태어난 달을 구한 경우	40 %

2 각도

15쪽

2단원 쪽지 시험 2. 각도

01 (　)(○)	02 1, 90
03 (○)(　)	04 40°
05 예각, 둔각	06 (△)(　)(○)
07 ㉭ 50, 50	08 120°, 60°
09 30, 180	10 90, 90, 360

01 두 변 사이가 더 적게 벌어진 각이 더 작은 각입니다.

02 직각의 크기를 똑같이 90으로 나눈 것 중의 하나를 1도라 하고 1°라고 씁니다. 직각의 크기는 90°입니다.

03 각도기를 이용하여 각도를 잴 때는 각도기의 중심을 각의 꼭짓점에 맞추고, 각도기의 밑금을 각의 한 변에 맞춥니다.

04 각도기의 중심을 각의 꼭짓점에 맞추고, 각도기의 밑금을 각의 한 변에 맞춘 다음 각의 한 변이 맞추어져 있는 눈금 0부터 시작하여 다른 한 변이 맞추어져 있는 곳의 눈금을 읽어 보면 40°입니다.

05 각도가 0°보다 크고 직각보다 작은 각을 예각이라 하고, 직각보다 크고 180°보다 작은 각을 둔각이라고 합니다.

06 예각은 각도가 0°보다 크고 직각보다 작은 각입니다. 둔각은 각도가 직각보다 크고 180°보다 작은 각입니다. 90°인 각은 직각입니다.

07 30°보다 크고 60°보다 약간 작은 각이므로 약 50°라고 어림할 수 있습니다. 각도기를 이용하여 각도를 재어 보면 50°입니다.

08 $30+90=120$이므로 두 각도의 합은 120°입니다. $90-30=60$이므로 두 각도의 차는 60°입니다.

09 삼각형의 세 각의 크기는 각각 50°, 100°, 30°이고, 세 각의 크기의 합은 180°입니다.

10 사각형의 네 각의 크기는 각각 90°, 90°, 60°, 120°이고, 네 각의 크기의 합은 360°입니다.

16~18쪽

학교 시험 만점왕 1회 2. 각도

01 (　)(○)(△)	02 나, 라
03 (○) (×) (○)	04 나연
05 (○)(　)(○)(　)	
06 80°	07 50°에 ○표
08 작은에 ○표, ㉭ 70	09 ㉭ 20 / 20
10 (선 잇기)	11 180
12 360°, 360°	13 50°
14 풀이 참조, 120°	15 60°
16 160°	17 (　) (　) (×)
18 5개, 2개	19 25°
20 풀이 참조, 100°	

01 두 변 사이가 가장 많이 벌어진 각이 가장 큰 각이고, 가장 적게 벌어진 각이 가장 작은 각입니다.

02 두 변 사이가 보기 의 각보다 더 많이 벌어진 각은 나와 라입니다.

03 직각의 크기를 똑같이 90으로 나눈 것 중의 하나를 1도라 하고, 1°라고 씁니다.

04 각도기의 중심을 각의 꼭짓점에 맞추고, 각도기의 밑금을 각의 한 변에 맞춘 다음 각의 한 변이 맞추어져 있는 눈금 0부터 시작하여 다른 한 변이 맞추어져 있는 곳의 눈금을 읽어 보면 각도는 30°입니다.

05 각도가 0°보다 크고 직각보다 작은 각을 예각이라고 합니다.

06 각의 한 변이 맞추어져 있는 눈금 0부터 시작하여 다른 한 변이 맞추어져 있는 곳의 눈금을 읽어 보면 각도는 80°입니다.

07 각도기를 이용하여 삼각형의 세 각의 크기를 재어 보면 30°, 60°, 90°입니다.

08 삼각자의 90°보다 약간 작은 각이므로 약 70°라고 어림할 수 있습니다.

09 30°보다 작은 각이므로 약 20°라고 어림할 수 있습니다. 각도기를 이용하여 각도를 재어 보면 20°입니다.

10 120−25=95이므로 120°−25°=95°입니다.
35+65=100이므로 35°+65°=100°입니다.
90−10=80이므로 90°−10°=80°입니다.

11 삼각형의 세 각의 크기의 합은 항상 180°입니다.

12 사각형의 네 각의 크기의 합은 항상 360°입니다.

13 110°+70°+130°+㉠=360°
360°−110°−70°−130°=50°이므로 ㉠의 각도는 50°입니다.

14 예 100°−30°=70°이므로 ㉠=70°입니다.
150°−90°=60°이므로 ㉡=60°입니다.
80°−30°=50°이므로 ㉢=50°입니다.
가장 큰 각도는 ㉠, 가장 작은 각도는 ㉢이므로 가장 큰 각도와 가장 작은 각도의 합은 70°+50°=120°입니다.

채점 기준

㉠, ㉡, ㉢의 각도를 구한 경우	50 %
가장 큰 각도와 가장 작은 각도의 합을 구한 경우	50 %

15 90°+30°=120°이므로 ㉠=120°입니다.
90°−30°=60°이므로 ㉡=60°입니다.
120°−60°=60°이므로 ㉠과 ㉡의 각도의 차는 60°입니다.

16 예각은 각도가 0°보다 크고 직각보다 작은 각이므로 85°와 75°입니다. 따라서 각도의 합을 구하면 85°+75°=160°입니다.

17 삼각형의 세 각의 크기의 합은 180°입니다.
60°+60°+60°=180°, 70°+90°+20°=180°, 45°+50°+75°=170°이므로 삼각형의 세 각의 크기가 될 수 없는 것은 45°, 50°, 75°입니다.

18 • 각 1개짜리 예각: 4개
• 각 2개짜리 예각: 1개
• 각 3개짜리 둔각: 2개
따라서 예각은 5개, 둔각은 2개입니다.

19 60°+60°+60°=180°이므로 세 각의 크기가 모두 같은 삼각형의 한 각의 크기는 60°입니다.
180°−60°−85°=35°입니다.

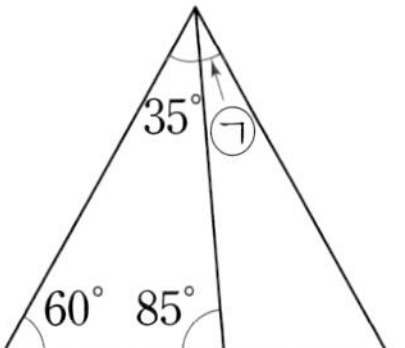

60°−35°=25°이므로 ㉠의 각도는 25°입니다.

20 예 180°−70°−40°=70°이므로 ㉠=70°입니다.
70°+80°+㉡+110°=360°에서
360°−70°−80°−110°=100°이므로 ㉡의 각도는 100°입니다.

채점 기준

㉠의 각도를 구한 경우	30 %
㉡의 각도를 구한 경우	70 %

BOOK 2 실전책

학교 시험 만점왕 2회 2. 각도

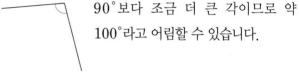

01 가, 다, 나
02 나
03 90, 1도
04 95°
05 130°
06 120°
07 여준
08 ( )( )(○)
09 재호
10 (그림)
11 15°
12 70, 20, 180 (또는 20, 70, 180)
13 35°, 95°, 50°에 ○표
14 풀이 참조, 20°
15 60°
16 (○)( )( )
17 85°
18 190°
19 45°
20 풀이 참조, 240°

01 두 변 사이가 적게 벌어질수록 더 작은 각이므로 각의 크기가 작은 것부터 순서대로 기호를 쓰면 가, 다, 나입니다.

02 보기 의 각이 많이 들어갈수록 큰 각이므로 각도가 큰 것부터 순서대로 기호를 쓰면 가, 나, 다입니다. 따라서 각도가 두 번째로 큰 각은 나입니다.

03 직각의 크기를 똑같이 90으로 나눈 것 중의 하나를 1도라 하고, 1°라고 씁니다.

04 두 각도를 읽어 보면 각각 30°, 65°이므로 두 각도의 합은 30°+65°=95°입니다.

05 각도기의 중심을 각의 꼭짓점에 맞추고, 각도기의 밑금을 각의 한 변에 맞춘 다음 각의 한 변이 맞추어져 있는 눈금 0부터 시작하여 다른 한 변이 맞추어져 있는 곳의 눈금을 읽어 보면 각도는 130°입니다.

06 각도기의 중심을 각의 꼭짓점에 맞추고, 각도기의 밑금을 각의 한 변에 맞춘 다음 각의 한 변이 맞추어져 있는 눈금 0부터 시작하여 다른 한 변이 맞추어져 있는 곳의 눈금을 읽어 보면 각도는 120°입니다.

07 삼각자의 45°와 90°의 크기를 보면 주어진 각은 45°보다 크고 90°보다 작으므로 약 60°라고 어림할 수 있습니다.

08 예각은 각도가 0°보다 크고 직각보다 작은 각이므로 예각은 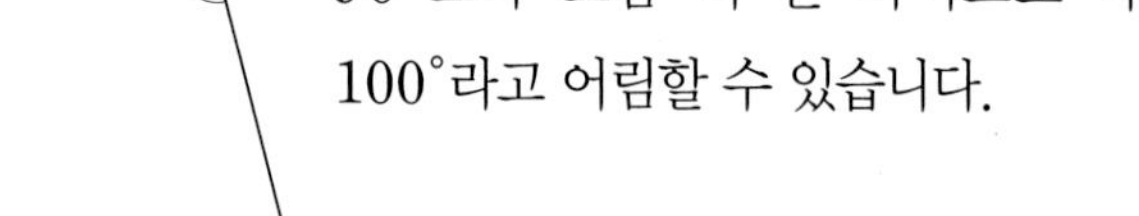 입니다.

09 105°+80°=185°이므로 가와 다의 각도의 합은 185°입니다.
105°−25°=80°이므로 가와 나의 각도의 차는 다의 각도와 같습니다.
25°+80°=105°이므로 나와 다의 각도의 합은 가의 각도와 같습니다.

10 30°보다 크고 90°보다 작은 각이므로 약 50°라고 어림할 수 있습니다.
90°보다 조금 더 큰 각이므로 약 100°라고 어림할 수 있습니다.
60°의 반 정도의 크기이므로 약 30°라고 어림할 수 있습니다.

11 둔각은 각도가 직각보다 크고 180°보다 작은 각이므로 110°, 95°입니다. 110°−95°=15°이므로 둔각의 각도의 차는 15°입니다.

12 각도기를 이용하여 각도를 재어 보면 삼각형의 세 각의 크기는 70°, 20°, 90°입니다.
따라서 70°+20°+90°=180°입니다.

13 삼각형의 세 각의 크기의 합은 180°입니다.
35°+95°+50°=180°이므로 삼각형의 세 각이 될 수 있는 각도는 35°, 95°, 50°입니다.

14 예 45°+20°=65°이므로 ㉠=65°입니다.
80°−35°=45°이므로 ㉡=45°입니다.
65°−45°=20°이므로 ㉠과 ㉡의 각도의 차는 20°입니다.

채점 기준

㉠과 ㉡의 각도를 구한 경우	60 %
㉠과 ㉡의 각도의 차를 구한 경우	40 %

15 사각형의 네 각의 크기의 합은 360°입니다.
120°+90°+95°+55°=360°이므로 사각형의 네 각이 될 수 없는 각도는 60°입니다.

16 각도기를 이용하여 각도를 재어 보면 보기 의 각은 50°이고, 주어진 각은 40°, 70°, 100°입니다.
50°+40°=90°이므로 50°와 이어 붙여서 90°인 각을 만들 수 있는 각도는 40°입니다.

17 180°−55°−40°=85°이므로 ★에 알맞은 각도는 85°입니다.

18 360°−70°−100°=190°이므로 ㉠과 ㉡의 각도의 합은 190°입니다.

19 ㉠의 각도는 90°의 반입니다. 45°+45°=90°이므로 ㉠의 각도는 45°입니다.

20 예 사각형의 네 각의 크기의 합은 360°이므로
㉠+㉡+㉢+45°+75°=360°입니다.
360°−45°−75°=240°이므로 ㉠, ㉡, ㉢의 각도의 합은 240°입니다.

채점 기준

㉠, ㉡, ㉢의 각도의 합을 구하는 방법을 바르게 설명한 경우	50 %
㉠, ㉡, ㉢의 각도의 합을 구한 경우	50 %

2단원 서술형·논술형 평가 22~23쪽

01 풀이 참조, 나
02 수민 / 예 각의 꼭짓점을 각도기의 중심에 맞추지 않았습니다.
03 풀이 참조, 200°
04 주영 / 예 90°보다 조금 더 큰 각이기 때문에 약 100°라고 어림할 수 있습니다.
05 풀이 참조, 2개
06 풀이 참조, 3개
07 풀이 참조, 3가지
08 풀이 참조, 105°
09 풀이 참조, 160°
10 풀이 참조, 100°

01 예 두 변 사이가 많이 벌어질수록 큰 각이므로 각의 크기가 큰 것부터 순서대로 기호를 쓰면 라, 마, 나, 다, 가입니다. 따라서 세 번째로 큰 각은 나입니다.

채점 기준

각의 크기가 큰 것부터 또는 작은 것부터 순서대로 나열한 경우	70 %
크기가 세 번째로 큰 각을 구한 경우	30 %

02 채점 기준

각도를 잘못 잰 친구를 찾은 경우	30 %
각도를 잘못 잰 이유를 설명한 경우	70 %

03 예 각도기로 각도를 재어 보면 왼쪽 각의 각도는 70°, 오른쪽 각의 각도는 130°입니다. 70°+130°=200°이므로 두 각도의 합은 200°입니다.

채점 기준

두 각의 각도를 구한 경우	50 %
두 각도의 합을 구한 경우	50 %

04 채점 기준

각도를 가장 잘 어림한 친구를 찾은 경우	50 %
각도를 가장 잘 어림한 이유를 설명한 경우	50 %

05 예 예각은 다, 라, 마, 바, 아로 5개입니다. 둔각은 나, 사, 자로 3개입니다. 따라서 예각과 둔각의 개수의 차는 5−3=2(개)입니다.

채점 기준

예각과 둔각의 개수를 구한 경우	70 %
예각과 둔각의 개수의 차를 구한 경우	30 %

06 예 ㉠ 60°+70°=130°, ㉡ 130°−40°=90°,
㉢ 160°−60°=100°, ㉣ 65°+55°=120°
계산 결과가 둔각인 것은 ㉠, ㉢, ㉣이므로 모두 3개입니다.

채점 기준

㉠, ㉡, ㉢, ㉣을 바르게 계산한 경우	60 %
계산 결과가 둔각인 것의 개수를 구한 경우	40 %

07 예 20°+50°=70°, 20°+70°=90°,
20°+35°=55°, 50°+70°=120°,

BOOK 2 실전책

50°+35°=85°, 70°+35°=105°입니다. 따라서 두 각도의 합이 예각이 되는 경우는 모두 3가지입니다.

채점 기준

각도의 합을 모두 찾아 구한 경우	70 %
각도의 합이 예각이 되는 경우의 가짓수를 구한 경우	30 %

08 예 180°−75°−90°=15°이므로 ㉠=15°입니다.
180°−90°=90°이므로 ㉡+㉢=90°입니다.
따라서 ㉠+㉡+㉢=15°+90°=105°입니다.

채점 기준

㉠의 각도를 구한 경우	30 %
㉡과 ㉢의 각도의 합을 구한 경우	30 %
㉠, ㉡, ㉢의 각도의 합을 구한 경우	40 %

09 예 ㉠+㉡+㉢+㉣=360°입니다.
㉠+㉡의 값이 200°이므로 360°에서 200°를 빼면 ㉢+㉣의 값을 구할 수 있습니다.
360°−200°=160°이므로 ㉢+㉣의 값은 160°입니다.

채점 기준

㉢+㉣의 값을 구하는 방법을 사각형의 네 각의 크기의 합이 360°임을 이용하여 설명한 경우	50 %
㉢+㉣의 값을 구한 경우	50 %

10 예 180°−40°−60°=80°이므로 ㉠의 각도는 80°입니다. 360°−90°−90°−80°=100°이므로 ㉡의 각도는 100°입니다.

채점 기준

㉠의 각도를 구한 경우	40 %
㉡의 각도를 구한 경우	60 %

3 곱셈과 나눗셈

25쪽

3단원 쪽지 시험 3. 곱셈과 나눗셈

01 8220
02 214×2, 214×30
03 (1) 9750 (2) 10404
04 8, 8
05 116, 174, 232 / 3, 174, 3
06 14×60 / 14×2
07 (1) 4 (2) 32
08 36, 6 / 36, 684, 684, 6, 690
09 5000원
10 예 20, 12

01 411×2=822이므로 411×20의 값은 822의 10배입니다. 따라서 822에 0을 한 개 더 붙여서 8220입니다.

02 214×32를 계산할 때는 32를 2와 30으로 나누어서 214와 곱한 다음 계산한 값을 더합니다.
214×2=428,
214×30=6420

03 (1) 325×3=975이므로 325×30=9750입니다.
(2)

$$\begin{array}{r} 612 \\ \times \quad 17 \\ \hline 4284 \\ 6120 \\ \hline 10404 \end{array}$$

04 72÷9와 720÷90의 몫은 같습니다. 72÷9=8이므로 720÷90=8입니다.

05 58×2=116, 58×3=174, 58×4=232이므로 177÷58의 몫은 3입니다.

$$\begin{array}{r} \boxed{3} \\ 58\overline{)177} \\ \boxed{174} \\ \hline \boxed{3} \end{array}$$

06 14×60=840이므로 몫의 십의 자리 숫자는 6입니다.
14×2=28이므로 몫의 일의 자리 숫자는 2입니다.

07 (1)
$$\begin{array}{r} 4 \\ 23\overline{)\,9\;2} \\ \underline{9\;2} \\ 0 \end{array}$$

(2)
$$\begin{array}{r} 3\;2 \\ 28\overline{)\,8\;9\;6} \\ \underline{8\;4} \\ 5\;6 \\ \underline{5\;6} \\ 0 \end{array}$$

08
$$\begin{array}{r} 3\;6 \\ 19\overline{)\,6\;9\;0} \\ \underline{5\;7} \\ 1\;2\;0 \\ \underline{1\;1\;4} \\ 6 \end{array}$$

따라서 몫은 36, 나머지는 6입니다.

계산 결과를 확인해 보면

19×36=684, 684+6=690입니다.

09 사탕 18개를 20개로 생각하여 사탕의 값은 약 얼마인지 어림셈을 활용하여 구합니다.

250×20=5000이므로 필요한 금액은 약 5000원입니다.

10 학생 수 19명을 20명으로 생각하여 학생 한 명에게 약 몇 자루씩 나누어 줄 수 있는지 어림셈을 활용하여 구합니다. 240÷20=12이므로 학생 한 명에게 약 12 자루씩 나누어 줄 수 있습니다.

26~28쪽

학교 시험 만점왕 1회 3. 곱셈과 나눗셈

01 5280

02 6420, 1605, 8025 (또는 1605, 6420, 8025)

03 500, 375, 4250

04 8855

05 4806개

06 예 20, 4600 / 250, 4500

07 4개

08 6, 5

09 2 / 3

10

11 29, 3

12 8개

13 13, 15에 ○표

14 풀이 참조, 현미네 과수원, 2520개

15 민영

16 18, 42

17 19, 19 / 19, 20

18 (○)
(○)
(×)

19 31, 9

20 풀이 참조, 5

01 132×4=528이므로 132×40의 값은 528의 10배입니다. 따라서 528에 0을 한 개 더 붙여서 5280입니다.

02 321×25를 계산할 때는 25를 20과 5로 나누어서 321과 각각 곱한 다음 계산한 값을 더합니다. 따라서 321×25=6420+1605=8025입니다.

03 125×4=500, 125×30=3750입니다.

500+3750=4250입니다.

04
$$\begin{array}{r} 2\;5\;3 \\ \times\quad 3\;5 \\ \hline 1\;2\;6\;5 \\ 7\;5\;9 \\ \hline 8\;8\;5\;5 \end{array}$$

05 178×27=4806이므로 상자에 들어 있는 구슬은 모두 4806개입니다.

06 지우개 18개를 20개로 바꾸어 계산하면

230×20=4600이므로 준비해야 할 금액은 약 4600원입니다. 230원을 250원으로 바꾸어 계산하면 250×18=4500이므로 준비해야 할 금액은 약 4500원입니다.

07 • 450×21=9450 • 243×19=4617

• 891÷11=81 • 96÷32=3

• 200÷40=5 • 864÷12=72

따라서 바르게 계산한 것은 모두 4개입니다.

08
$$\begin{array}{r} 6 \\ 35\overline{)\,2\;1\;5} \\ \underline{2\;1\;0} \\ 5 \end{array}$$

따라서 몫은 6, 나머지는 5입니다.

09 851을 넘지 않으면서 851에 가장 가까운 수는 740이므로 851÷37의 몫의 십의 자리 숫자는 2입니다.

851−740=111이므로 851÷37의 몫의 일의 자리 숫자는 3입니다.

10 273÷21=13, 420÷28=15, 504÷36=14

11
```
      2 9
25 ) 7 2 8
     5 0
     2 2 8
     2 2 5
         3
```
따라서 몫은 29, 나머지는 3입니다.

12 762÷26=29 ⋯ 8
나머지가 8이므로 현주가 먹을 수 있는 딸기는 8개입니다.

13 나머지는 나누는 수 13보다 작아야 합니다. 따라서 나머지가 될 수 없는 수는 13, 15입니다.

14 예 126×20=2520이므로 현미네 과수원에서 수확한 사과는 모두 2520개입니다.
123×21=2583이므로 지호네 과수원에서 수확한 사과는 모두 2583개입니다.
따라서 현미네 과수원에서 사과를 더 적게 수확했습니다.

채점 기준

현미네 과수원과 지호네 과수원에서 수확한 사과의 개수를 각각 구한 경우	70 %
누구네 과수원에서 사과를 더 적게 수확했는지 구한 경우	30 %

15 955÷59=16 ⋯ 11
계산 결과를 확인해 보면 59×16=944, 944+11=955입니다.
따라서 ㉠=16, ㉡=944, ㉢=944, ㉣=11, ㉤=955입니다.

16 (어떤 수)÷34=24입니다. 34×24=816이므로 어떤 수는 816입니다.
816÷43=18 ⋯ 42입니다. 따라서 바르게 계산하였을 때의 몫은 18, 나머지는 42입니다.

17 학생 383명을 380명으로 생각하여 한 팀의 학생 수가 몇 명쯤 되는지 어림셈을 활용하여 구하면 380÷20=19이므로 한 팀의 학생 수는 약 19명이 됩니다. 학생은 380명보다 3명이 더 많으므로 한 팀에 들어가는 학생은 19명 또는 20명이 됩니다.

18
- ㉡은 나머지이므로 나누는 수인 11보다 작은 수입니다.
- ㉠을 11로 나누었을 때 나머지가 있다고 하였으므로 ㉠은 11×87의 값보다 큰 수입니다.
- 나머지가 될 수 있는 수 중에서 가장 큰 수는 10이므로 ㉠에 들어갈 수 있는 가장 큰 수는 11×87의 값에 10을 더한 수인 967입니다.

19 만들 수 있는 세 자리 수 중에서 두 번째로 큰 수는 753이고, 남은 수 카드로 만들 수 있는 두 자리 수 중에서 더 작은 수는 24입니다.
753÷24=31 ⋯ 9이므로 몫은 31, 나머지는 9입니다.

20 예 982÷12=81 ⋯ 10이므로 98㉠÷75의 나머지는 10입니다.
```
      1 3
75 ) 9 8 ㉠
     7 5
     2 3 ㉠
     2 2 5
       1 0
```
75×3=225이므로 ㉠=5입니다.

채점 기준

982÷12의 나머지를 구한 경우	30 %
㉠의 값을 구한 경우	70 %

29~31쪽

학교 시험 만점왕 2회 3. 곱셈과 나눗셈

01 996, 9960
02 (왼쪽에서부터) 1935, 6450, 8385 / 215×9, 215×30
03 (1) 9300 (2) 9108
04 7758
05 3 L 750 mL
06 예 200, 15, 3000 / 3000
07
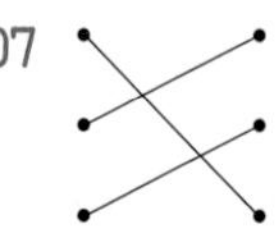

08 (1) 6, 372, 0 (2) 8, 496, 38
09 15×60=900, 15×5=75에 ○표
10 (1) 68 (2) 14 … 12 11 ㉢
12 민우 13 5
14 풀이 참조, 8250원, 9000원
15 8개, 5개 16 14일
17 효성 18 62, 9
19 22 20 풀이 참조, 16

01 249×4=996이므로 249×40의 값은 996의 10배입니다. 따라서 996에 0을 한 개 더 붙여서 9960입니다.

02 215×39를 계산할 때는 39를 9와 30으로 나누어서 215와 각각 곱한 다음 계산한 값을 더합니다. 따라서 215×9=1935, 215×30=6450, 1935+6450=8385입니다.

03 (1) 465×2=930이므로 465×20=9300입니다.
(2)
```
    2 5 3
  ×   3 6
  -------
  1 5 1 8
  7 5 9
  -------
  9 1 0 8
```

04 가장 큰 수는 431, 가장 작은 수는 18입니다. 따라서 431×18=7758입니다.

05 250×15=3750입니다. 3750 mL=3 L 750 mL이므로 현정이가 마신 우유는 3 L 750 mL입니다.

06 198원을 200원으로 바꾸어 계산하면 200×15=3000이므로 필요한 돈은 약 3000원입니다.

07 210÷70=3, 360÷90=4, 420÷70=6
304÷76=4, 348÷58=6, 78÷26=3

08 (1)
```
          [6]
     ---------
  62 ) 3 7 2
      [3 7 2]
     ---------
          [0]
```
(2)
```
          [8]
     ---------
  62 ) 5 3 4
      [4 9 6]
     ---------
        [3 8]
```

09 900이 982를 넘지 않으면서 982에 가장 가까운 수이므로 몫의 십의 자리 숫자는 6입니다.
982−900=82이고 75가 82를 넘지 않으면서 82에 가장 가까운 수이므로 몫의 일의 자리 숫자는 5입니다. 따라서 필요한 곱셈식은 15×60=900, 15×5=75입니다.

10 (1)
```
         6 8
     -------
  12 ) 8 1 6
       7 2
     -------
         9 6
         9 6
     -------
           0
```
(2)
```
         1 4
     -------
  53 ) 7 5 4
       5 3
     -------
       2 2 4
       2 1 2
     -------
         1 2
```

11 ㉠ 585÷65=9
㉡ 941÷39=24 … 5
㉢ 78÷23=3 … 9
㉣ 905÷43=21 … 2
따라서 나머지가 가장 큰 나눗셈은 ㉢입니다.

12 ㉠ 912÷25=36 … 12
㉡ 899÷26=34 … 15
㉠은 ㉡보다 몫이 크고 ㉡은 ㉠보다 나머지가 큽니다.

13 십의 자리 숫자와 일의 자리 숫자가 같은 수 중에서 32로 나누었을 때 몫이 1이 나오는 두 자리 수는 33, 44, 55입니다. 백의 자리 숫자가 1이고, 십의 자리 숫자와 일의 자리 숫자가 같은 수 중에서 38로 나누었을 때 몫이 4가 나오는 세 자리 수는 155, 166, 177, 188입니다. 따라서 ㉠에 공통으로 들어갈 수 있는 수는 5입니다.

14 예 550×15=8250이므로 초등학생 입장료는 8250원입니다. 750×12=9000이므로 어른 입장료는 9000원입니다.

채점 기준

초등학생 입장료를 구한 경우	50 %
어른 입장료를 구한 경우	50 %

15 245÷30=8 … 5이므로 필요한 상자는 8개이고 남는 복숭아는 5개입니다.

16 348÷25=13 … 23이므로 25쪽씩 13일 동안 읽으면 23쪽이 남습니다. 따라서 이 책을 모두 읽으려면 적어도 14일이 걸립니다.

BOOK 2 실전책

17 수를 너무 줄이거나 너무 많이 늘리면 어림셈을 알맞게 활용하기 어렵습니다. 따라서 가장 알맞게 어림셈을 활용한 친구는 효성입니다.

18 몫이 가장 큰 (세 자리 수)÷(두 자리 수)를 만들기 위해서는 가장 큰 세 자리 수를 가장 작은 두 자리 수로 나누면 됩니다. 가장 큰 세 자리 수는 753, 가장 작은 두 자리 수는 12입니다. 753÷12=62 … 9이므로 몫은 62, 나머지는 9입니다.

19 336÷24=14, 336÷23=14 … 14,
336÷22=15 … 6, 336÷21=16
따라서 □ 안에 알맞은 수는 22입니다.

20 예 145÷㉠의 몫이 9이므로 ㉠이 될 수 있는 수는 15, 16입니다. 112×15=1680, 112×16=1792이므로 112×㉠의 값이 1700보다 크고 2000보다 작은 ㉠의 값은 16입니다.

채점 기준

145÷㉠의 몫이 9가 되도록 하는 ㉠의 값을 모두 구한 경우	70 %
㉠의 값을 구한 경우	30 %

3단원 서술형·논술형 평가 32~33쪽

01 풀이 참조, 8750원
02 예 나머지가 나누는 수인 11보다 크기 때문입니다. / 78, 1
03 풀이 참조, 6118
04 정훈 / 예 19상자와 가장 가까운 수로 어림했기 때문입니다.
05 풀이 참조, 32개, 4자루, 3개
06 풀이 참조, 24, 20
07 풀이 참조, 예 7개
08 풀이 참조, 844
09 풀이 참조, 1, 1
10 풀이 참조, 16개

01 예 250×35=8750이므로 미나가 산 과자는 8750원입니다.

채점 기준

미나가 산 과자는 모두 얼마인지 구하는 식을 바르게 쓴 경우	30 %
미나가 산 과자는 모두 얼마인지 구한 경우	70 %

02 채점 기준

잘못 계산한 이유를 바르게 설명한 경우	50 %
바르게 계산했을 때의 몫과 나머지를 구한 경우	50 %

03 예 25×17=425, 425+12=437이므로 어떤 수는 437입니다. 따라서 어떤 수에 14를 곱한 값은 437×14=6118입니다.

채점 기준

어떤 수를 구한 경우	50 %
어떤 수에 14를 곱한 값을 구한 경우	50 %

04 채점 기준

어림셈을 가장 잘 활용한 친구를 찾은 경우	50 %
어림셈을 가장 잘 활용했다고 생각한 이유를 바르게 설명한 경우	50 %

05 예 420÷13=32 … 4, 323÷10=32 … 3
따라서 포장할 수 있는 상자는 32개이고 남는 연필은 4자루, 남는 지우개는 3개입니다.

채점 기준

상자의 개수를 구한 경우	30 %
남는 연필과 지우개의 개수를 구한 경우	70 %

06 예 46×15=690, 690+2=692이므로 어떤 수는 692입니다. 692÷28=24 … 20이므로 어떤 수를 28로 나누었을 때의 몫은 24, 나머지는 20입니다.

채점 기준

어떤 수를 구한 경우	50 %
어떤 수를 28로 나누었을 때의 몫과 나머지를 구한 경우	50 %

07 예 친구 19명을 20명으로 바꾸어 어림셈을 활용해 보면 140÷20=7이므로 친구들에게 약 7개씩 나누어 줄 수 있습니다.

채점 기준

친구의 수를 간단한 수로 잘 바꾼 경우	30 %
약 몇 개씩 나누어 줄 수 있는지 어림셈을 활용하여 바르게 구한 경우	70 %

08 예 $65\times12=780$, $65\times13=845$입니다.
따라서 65로 나누었을 때 몫이 12가 되는 수는 780부터 844까지의 수이고 이 중에서 가장 큰 수는 844입니다.

채점 기준

65로 나누었을 때 몫이 12가 되는 수의 범위를 구한 경우	70 %
65로 나누었을 때 몫이 12가 되는 수 중에서 가장 큰 수를 구한 경우	30 %

09 예 $928\div58=16$이므로 ㉠$=16$입니다.
$405\div27=15$이므로 ㉡$=15$입니다.
$16\div15=1 \cdots 1$이므로 ㉠÷㉡의 몫은 1, 나머지는 1입니다.

채점 기준

㉠과 ㉡의 값을 구한 경우	60 %
㉠÷㉡의 몫과 나머지를 구한 경우	40 %

10 예 $34\times11=374$이므로 제과점에서 월요일에 만든 쿠키는 374개입니다. $374\div23=16 \cdots 6$이므로 화요일에 학생 한 명에게 쿠키를 16개씩 나누어 주면 됩니다.

채점 기준

제과점에서 월요일에 만든 쿠키의 수를 구한 경우	50 %
화요일에 학생 한 명에게 쿠키를 몇 개씩 나누어 주면 되는지 구한 경우	50 %

4 평면도형의 이동

35쪽

4단원 쪽지 시험 4. 평면도형의 이동

01 위쪽에 ○표, 1

02

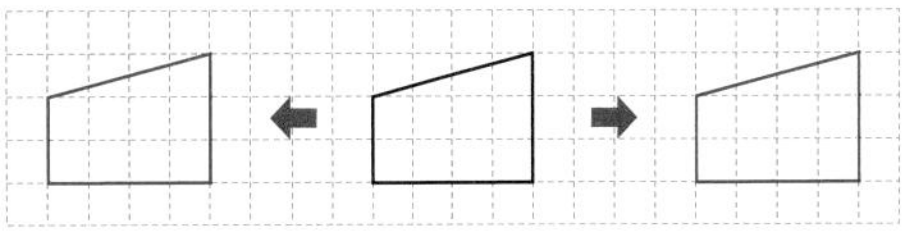

03 1 cm 1 cm

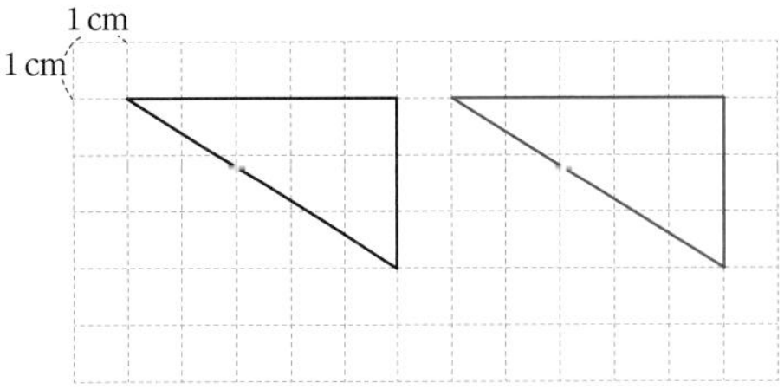

04

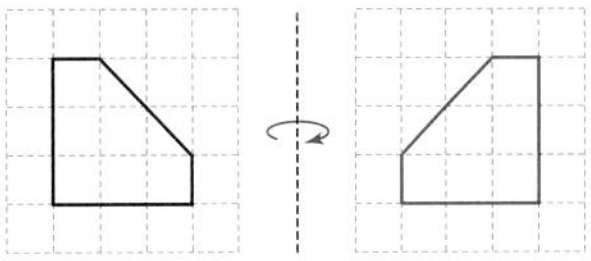

05 ( )( )(○)

06

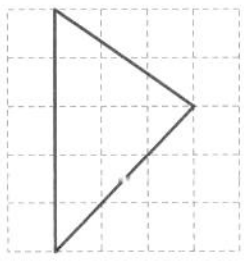

07 ( )(○)

08

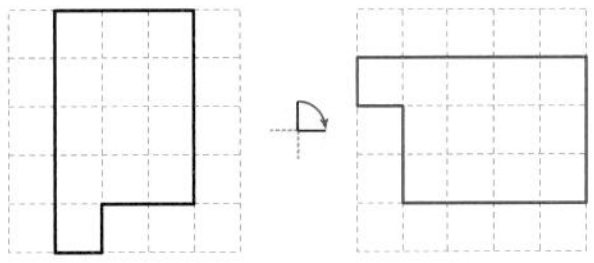

09

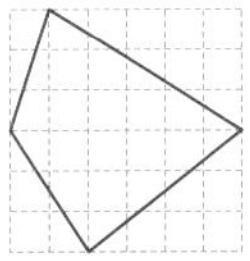

10 예

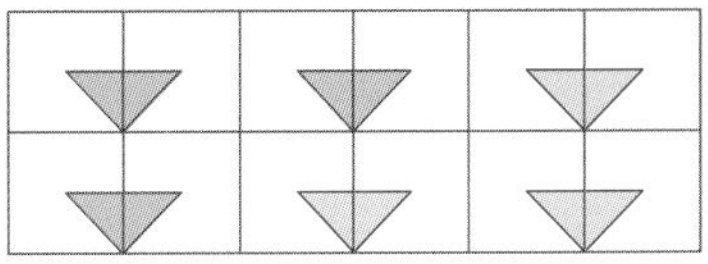

01 처음 점과 이동한 점을 찾아 어느 방향으로 얼마나 이동했는지 확인해 봅니다. 점 ㄱ은 위쪽으로 1칸 이동했습니다.

02 도형을 밀어도 모양과 크기는 변하지 않습니다.

03 주어진 도형의 한 변 또는 한 꼭짓점을 기준으로 도형

을 오른쪽으로 6 cm 밀어서 도형을 그립니다.

04 도형을 오른쪽으로 뒤집으면 도형의 왼쪽과 오른쪽이 바뀝니다.

05 아래쪽으로 뒤집어도 모양이 변하지 않으려면 도형의 위쪽과 아래쪽이 같아야 합니다. 따라서 아래쪽으로 뒤집어도 모양이 변하지 않는 도형은 H입니다.

06 오른쪽으로 뒤집기 전의 도형은 오른쪽 도형을 왼쪽으로 뒤집은 도형과 같습니다.

07 도형을 시계 반대 방향으로 180°만큼 돌리면 위쪽이 아래쪽으로 이동합니다.

08 도형을 시계 방향으로 90°만큼 돌리면 위쪽이 오른쪽으로 이동합니다.

09 도형을 시계 반대 방향으로 90°만큼 돌리면 위쪽이 왼쪽으로 이동합니다.

10 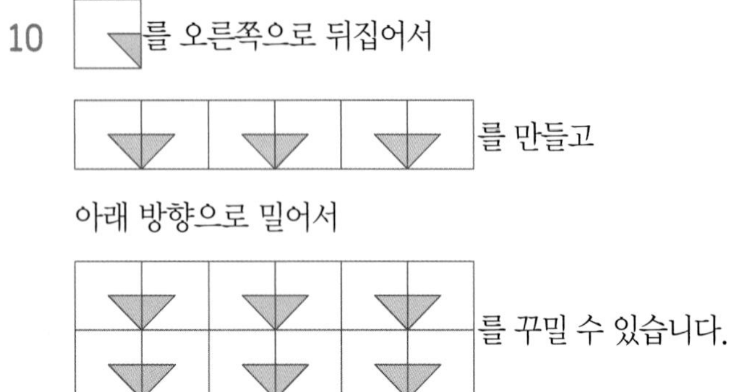

36~38쪽

학교 시험 만점왕 1회 4. 평면도형의 이동

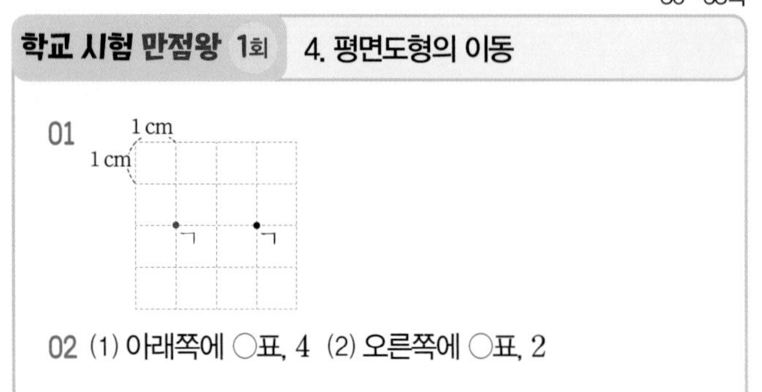

02 (1) 아래쪽에 ○표, 4 (2) 오른쪽에 ○표, 2

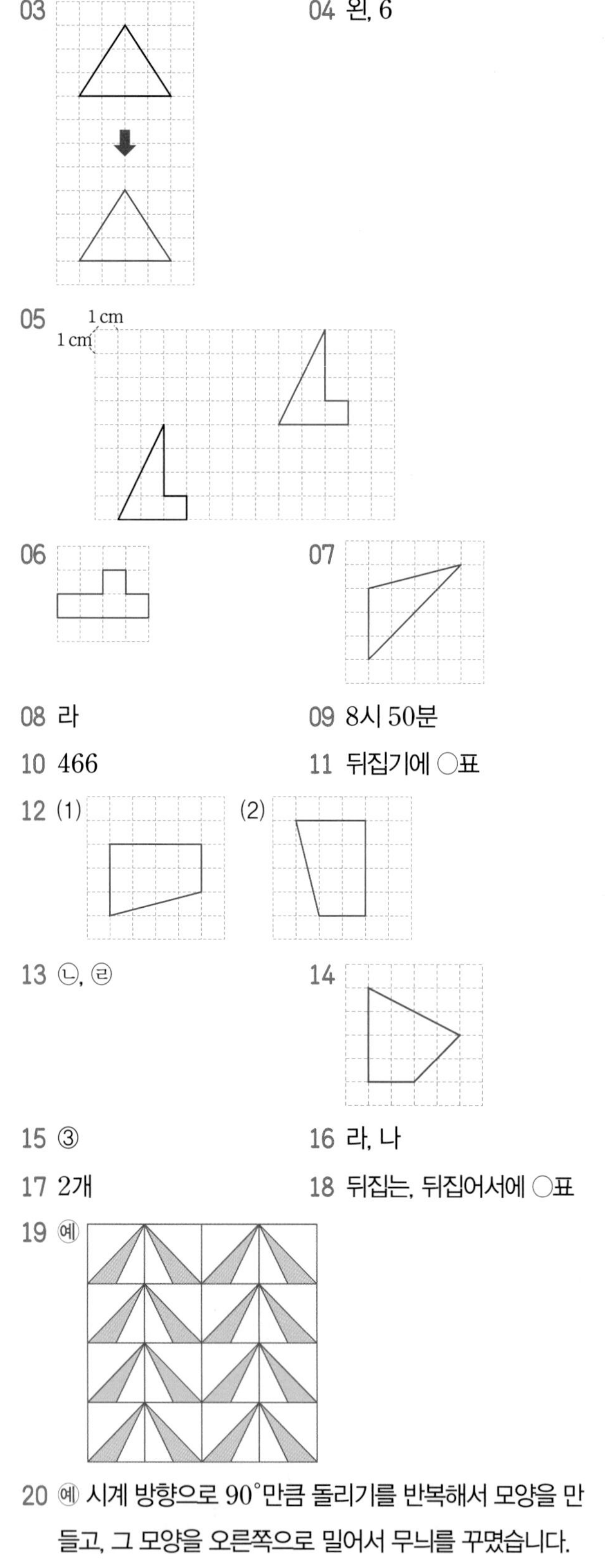

04 왼, 6

05

06

07

08 라

09 8시 50분

10 466

11 뒤집기에 ○표

12 (1) (2)

13 ㉡, ㉣

14

15 ③

16 라, 나

17 2개

18 뒤집는, 뒤집어서에 ○표

19 예

20 예 시계 방향으로 90°만큼 돌리기를 반복해서 모양을 만들고, 그 모양을 오른쪽으로 밀어서 무늬를 꾸몄습니다.

01 모눈 1칸의 크기는 1 cm이므로 점을 모눈 2칸만큼 왼쪽에 그립니다.

02 처음 점과 이동한 점을 찾아 어떤 방향으로 얼마나 이

동했는지 확인해 봅니다.

(1) 점 ㄱ은 아래쪽으로 4칸 이동했습니다.

(2) 점 ㄴ은 오른쪽으로 2칸 이동했습니다.

03 도형을 밀어도 모양과 크기는 변하지 않습니다.

04 주어진 도형의 한 변 또는 한 꼭짓점을 기준으로 도형이 어떤 방향으로 몇 cm 이동했는지 확인해 봅니다. ㉮ 도형은 ㉯ 도형을 왼쪽으로 6 cm만큼 밀어서 이동한 도형입니다.

05 한 꼭짓점이나 변을 기준으로 잡고 위쪽으로 4 cm, 오른쪽으로 7 cm 밀어서 도형을 그립니다.

06 위쪽으로 2번 뒤집으면 처음 도형과 같으므로 위쪽으로 3번 뒤집은 도형은 위쪽으로 1번 뒤집은 도형과 같습니다.

07 움직인 도형을 위쪽으로 뒤집으면 아래쪽으로 뒤집기 전의 도형과 같은 도형이 됩니다.

08 라 조각을 왼쪽이나 오른쪽으로 뒤집기를 하면 빈 곳을 채워서 정사각형을 만들 수 있습니다.

09 시계를 오른쪽으로 뒤집어 보면 짧은바늘이 8과 9 사이에 있고 긴바늘이 10을 가리키므로 8시 50분입니다.

10 ㊎ 투명 필름을 왼쪽으로 뒤집으면 왼쪽과 오른쪽이 바뀌므로 281이 나옵니다. 처음 수와 뒤집어서 나온 수의 합은 185+281=466입니다.

채점 기준

투명 필름을 왼쪽으로 뒤집었을 때 나오는 수를 구한 경우	70 %
왼쪽으로 뒤집어서 나오는 수와 처음 수의 합을 구한 경우	30 %

11 호수에 비친 산의 모습은 실제 산의 모습을 뒤집기 한 것과 같습니다.

12 (1) 도형을 시계 반대 방향으로 180°만큼 돌리면 도형의 위쪽 부분이 아래쪽으로 이동합니다.

(2) 도형을 시계 방향으로 270°만큼 돌리면 도형의 위쪽 부분이 왼쪽으로 이동합니다.

13 ㉡ (도형)을 (화살표)와 같이 돌리면 (도형)이고 (화살표)와 같이 돌리면 (도형)입니다.

㉣ (도형)을 (화살표)와 같이 돌리면 (도형)이고 (화살표)와 같이 돌리면 (도형)입니다.

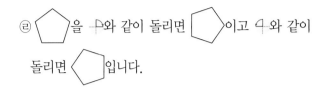

14 시계 방향으로 180°만큼 2번 돌리면 시계 방향으로 360°만큼 돌린 것과 같으므로 처음 도형과 같습니다.

15 도형의 위쪽 부분이 왼쪽으로 이동했으므로 ③ (화살표)만큼 돌렸습니다.

16 라 조각을 돌리면 ㉠, 나 조각을 돌리면 ㉡에 들어갈 수 있습니다

17 시계 반대 방향으로 180°만큼 돌렸을 때의 모양은 (글자 모양)입니다.

아래쪽으로 뒤집었을 때의 모양은 (글자 모양)입니다.

따라서 처음 모양과 같은 글자는 ㅁ, ㅍ으로 2개입니다.

18 (모양) 모양을 오른쪽으로 뒤집는 것을 반복해서 (모양) 모양을 만들고 그 모양을 아래쪽으로 뒤집어서 무늬를 꾸몄습니다.

19 ㊎ (모양) 모양을 오른쪽으로 뒤집어서 모양을 만들고 그 모양을 오른쪽과 아래쪽으로 밀어서 무늬를 만들었습니다.

20 채점 기준

무늬를 꾸민 규칙을 바르게 설명한 경우	100 %

BOOK 2 실전책

39~41쪽

학교 시험 만점왕 2회 4. 평면도형의 이동

01 (1) 아래, 2 (2) 위, 3 (3) 왼, 1 (4) 오른, 4

02 아래쪽에 ○표, 4, 왼쪽에 ○표, 3 (순서는 바뀌어도 됩니다.)

03 ㉢

04 예

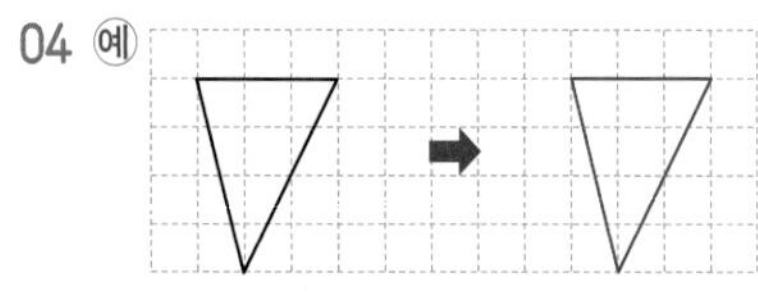

05

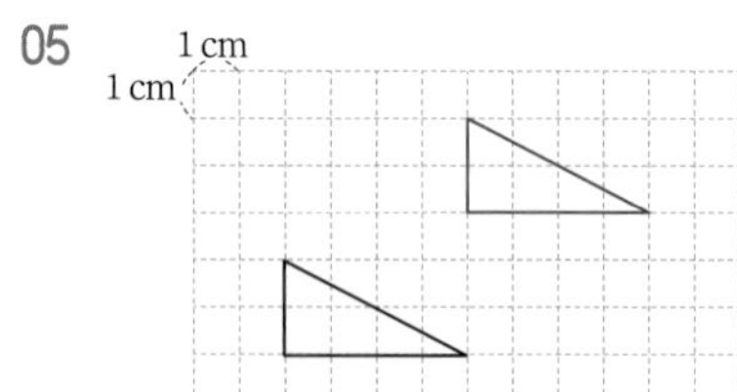

06 오른, 3 / 왼, 4

07

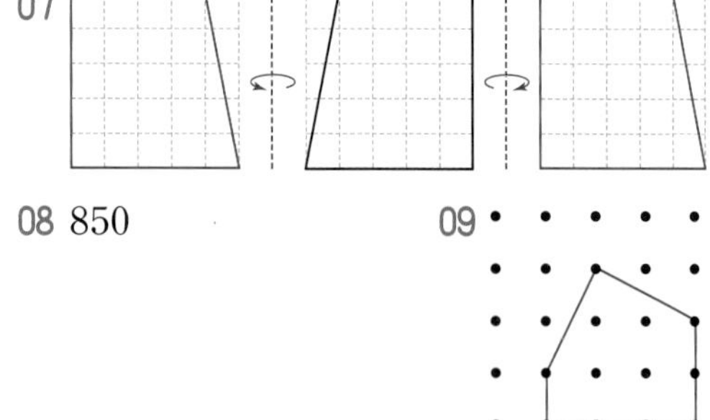

08 850

09

10 왼 (또는 오른), 위 (또는 아래) (순서는 바뀌어도 됩니다.)

11 ㉢

12 (○)( )( )

13

14 풀이 참조, 87

15

16 ㉡

17 ㉠

18 ⑤

19 예

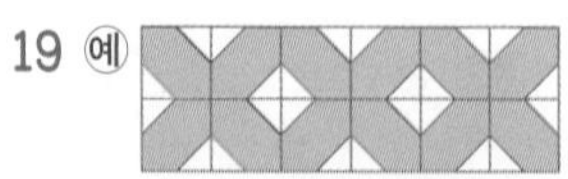

20 예 오른쪽으로 뒤집기를 반복해서 모양을 만들고, 그 모양을 아래쪽으로 뒤집어서 무늬를 꾸몄습니다.

01 처음 점과 이동한 점을 찾아 어떤 방향으로 얼마나 이동했는지 확인해 봅니다.

02 점 ㄱ에서 점 ㄴ까지 이동하기 위해서는 어떤 방향으로 얼마나 밀었는지 확인해 봅니다. 점 ㄱ을 아래쪽으로 4칸 이동하고, 왼쪽으로 3칸 이동합니다.

03 수 카드를 아래쪽으로 밀어도 수는 변하지 않습니다.

04 도형을 오른쪽으로 밀어도 모양은 변하지 않습니다.

05 한 꼭짓점이나 변을 기준으로 잡고 오른쪽으로 4 cm, 위쪽으로 3 cm 밀어서 도형을 그립니다.

06 ㉠ 조각을 오른쪽으로 3 cm 밀고, ㉡ 조각을 왼쪽으로 4 cm 밀면 됩니다.

07 도형을 왼쪽으로 뒤집으면 왼쪽과 오른쪽이 바뀌고, 오른쪽으로 뒤집어도 왼쪽과 오른쪽이 바뀝니다.

08 거울을 위쪽에서 비추었으므로 거울에 비친 수는 수 카드의 수를 위쪽으로 뒤집기 한 것과 같습니다.
위쪽으로 뒤집으면 도형의 위쪽과 아래쪽이 서로 바뀝니다.
따라서 거울에 비친 수는 850입니다.

09 오른쪽으로 뒤집기 전의 도형은 왼쪽과 오른쪽이 서로 바뀐 모양입니다.

10 '문'을 왼쪽이나 오른쪽으로 뒤집고 위쪽이나 아래쪽으로 뒤집으면 '곰'이 됩니다.

11 왼쪽이나 오른쪽으로 뒤집어도 모양이 변하지 않는 것은 왼쪽과 오른쪽의 모양이 같은 ㉢입니다.

12 시계 방향으로 180°만큼 돌리면 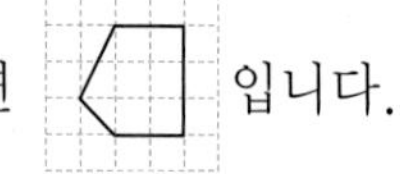 입니다.

13 도형을 시계 반대 방향으로 270°만큼 돌리면 위쪽 부분이 오른쪽으로 이동합니다.

14 예 85+62를 시계 방향으로 180°만큼 돌리면 29+58이므로 계산하면 87입니다.

채점 기준

주어진 덧셈식 카드를 시계 방향으로 180°만큼 돌렸을 때 만들어지는 식을 바르게 구한 경우	70 %
식의 계산 결과를 구한 경우	30 %

15 도형을 시계 방향으로 90°만큼 돌리는 규칙입니다.

90°만큼 4번 돌릴 때마다 처음 도형과 같아지므로 아홉째는 첫째에 그려진 도형과 같습니다.

16 왼쪽 도형을 시계 방향으로 90°만큼 돌리거나 시계 반대 방향으로 270°만큼 돌리면 오른쪽 도형이 됩니다.

17 주어진 조각을 시계 반대 방향으로 90°만큼 돌립니다.

18 밀기를 하면 모양이 변하지 않습니다. 따라서 모양으로 밀기를 하면 입니다.

19 예 모양을 돌리기 하여

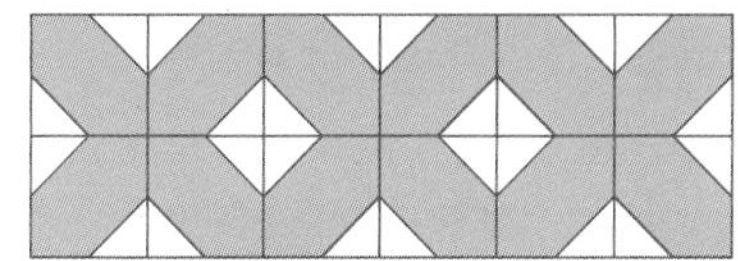

모양을 만듭니다.

20

채점 기준	
주어진 무늬를 꾸민 규칙을 바르게 설명한 경우	100 %

4단원 서술형·논술형 평가 42~43쪽

01 풀이 참조	02 풀이 참조
03 풀이 참조	04 풀이 참조, 53
05 풀이 참조, 8시 25분	06 풀이 참조
07 풀이 참조, 20569	08 풀이 참조
09 풀이 참조, 4개	10 풀이 참조

01 예 점 ㄱ을 오른쪽으로 3칸 이동하고, 위쪽으로 2칸 이동하면 점 ㄴ으로 이동합니다. (또는 점 ㄱ을 위쪽으로 2칸 이동하고, 오른쪽으로 3칸 이동하면 점 ㄴ으로 이동합니다.)

채점 기준	
점이 이동하는 방법을 바르게 설명한 경우	100 %

02 예 나 도형은 가 도형을 오른쪽으로 4 cm만큼 밀었습니다.

채점 기준	
잘못 설명한 부분을 바르게 고친 경우	100 %

03 예 꼭짓점이나 변이 몇 cm만큼 이동했는지를 확인해야 합니다. 나 도형은 가 도형을 오른쪽으로 9 cm, 위쪽으로 1 cm 밀었습니다.

채점 기준	
꼭짓점이나 변을 기준으로 이동해야 함을 바르게 설명한 경우	50 %
몇 cm만큼 이동한 것인지 구한 경우	50 %

04 예 투명 필름을 오른쪽으로 뒤집으면 왼쪽과 오른쪽이 서로 바뀝니다. 85를 오른쪽으로 뒤집으면 28이고, 18을 오른쪽으로 뒤집으면 81입니다. 투명 필름을 각각 오른쪽으로 뒤집었을 때 나오는 두 수의 차는 $81-28=53$입니다.

채점 기준	
투명 필름을 각각 오른쪽으로 뒤집었을 때의 수를 구한 경우	50 %
두 수의 차를 구한 경우	50 %

05 예 아래쪽으로 뒤집으면 위쪽과 아래쪽이 바뀝니다. 따라서 08:52를 아래쪽으로 뒤집으면 08:25가 되므로 8시 25분입니다.

채점 기준	
아래쪽으로 뒤집으면 위쪽과 아래쪽이 바뀌는 것을 바르게 아는 경우	40 %
아래쪽으로 뒤집었을 때의 시각을 구한 경우	60 %

06 예 도형을 시계 방향으로 180°만큼 돌리기 했습니다. (또는 도형을 시계 반대 방향으로 180°만큼 돌리기 했습니다.)

채점 기준	
보기의 낱말을 사용하여 움직인 방법을 바르게 설명한 경우	100 %

07 예 69502를 시계 방향으로 180°만큼 돌리면 20569가 됩니다.

채점 기준	
시계 방향으로 180°만큼 돌렸을 때의 수를 찾은 경우	100 %

08 예 방법 1 오른쪽으로 2번 뒤집습니다.
예 방법 2 시계 방향으로 360°만큼 돌립니다.

채점 기준	
한 가지 방법을 바르게 설명한 경우	50 %
또 다른 방법 한 가지를 바르게 설명한 경우	50 %

09 예 주어진 모양을 뒤집기의 방법을 이용하여 무늬를 꾸미면

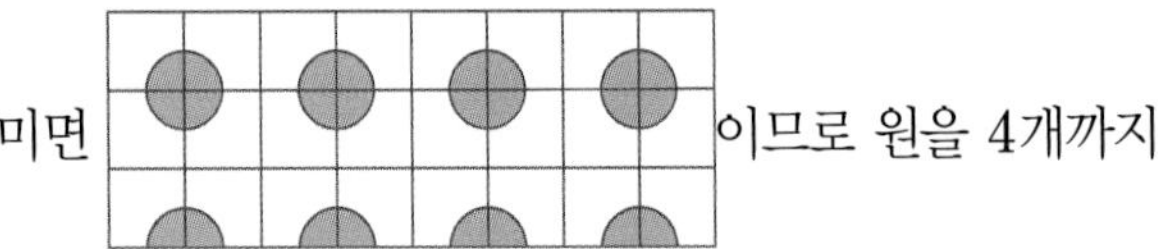

이므로 원을 4개까지 만들 수 있습니다.

채점 기준	
주어진 모양으로 뒤집기의 방법을 이용하여 규칙적인 무늬를 바르게 만든 경우	60 %
만들어진 원의 개수를 찾은 경우	40 %

10 예 모양을 오른쪽으로 뒤집는 것을 반복해서

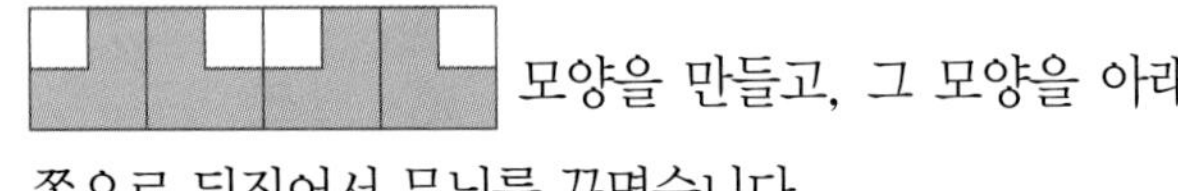

모양을 만들고, 그 모양을 아래쪽으로 뒤집어서 무늬를 꾸몄습니다.

(또는 모양을 시계 방향으로 90°만큼 돌려서

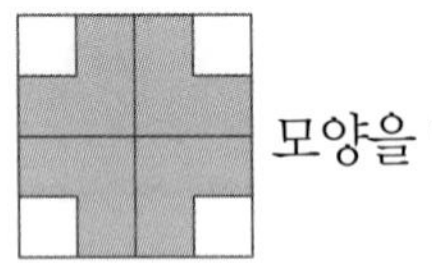

모양을 만들고, 만든 모양을 오른쪽과 아래쪽으로 밀어서 무늬를 꾸몄습니다.)

채점 기준	
무늬의 규칙을 바르게 설명한 경우	100 %

5 막대그래프

45쪽

5단원 쪽지 시험 5. 막대그래프

01 과일, 학생 수　　02 1

03 학생 수　　04 수박

05 막대그래프　　06 학생 수

07 예

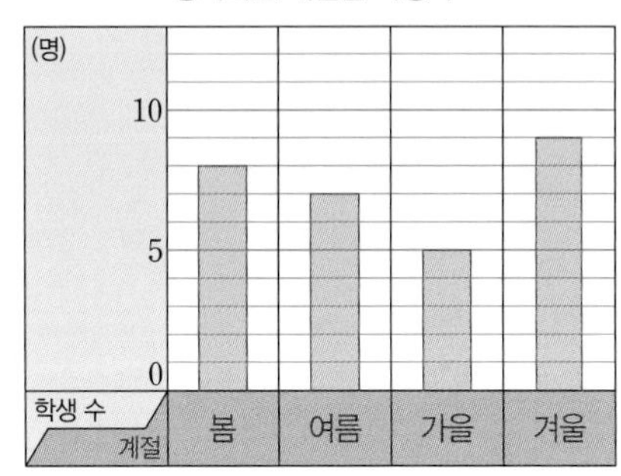

08 예

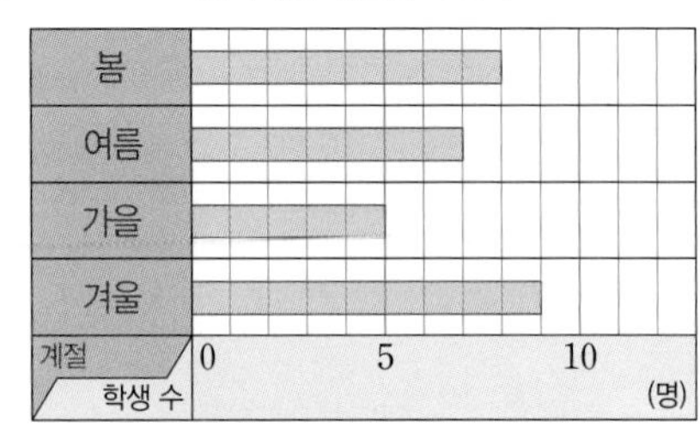

09 겨울, 봄, 여름, 가을　　10 4명

01 막대그래프에서 가로는 과일, 세로는 학생 수를 나타냅니다.

02 세로 눈금 5칸은 5명을 나타내므로 세로 눈금 한 칸은 1명을 나타냅니다.

03 막대의 길이는 학생 수를 나타냅니다.

04 가장 많은 학생들이 좋아하는 과일은 막대의 길이가 가장 긴 수박입니다.

05 표와 막대그래프 중 좋아하는 과일별 학생 수의 많고 적음을 한눈에 알아보기 쉬운 것은 막대그래프입니다.

06 막대그래프의 가로에 계절을 나타내면 세로에는 학생 수를 나타내야 합니다.

07 표에 적힌 학생 수만큼 막대그래프로 나타냅니다.

08 막대가 가로인 막대그래프로 나타내기 위해서는 가로에는 학생 수, 세로에는 계절을 나타내도록 그립니다.

09 막대의 길이가 긴 것부터 순서대로 적으면 겨울, 봄, 여름, 가을입니다.

10 가장 많은 학생들이 좋아하는 계절은 겨울로 9명이고, 가장 적은 학생들이 좋아하는 계절은 가을로 5명입니다. 따라서 가장 많은 학생들이 좋아하는 계절과 가장 적은 학생들이 좋아하는 계절의 학생 수의 차는
$9-5=4$(명)입니다.

46~48쪽

학교 시험 만점왕 1회 5. 막대그래프

01 요일, 사용량
02 2톤
03 화요일, 금요일
04 6톤
05 놀이동산, 박물관, 민속촌, 동물원 / 놀이동산, 박물관, 동물원, 민속촌
06 박물관
07 예 놀이동산 / 예 놀이동산을 가고 싶어 하는 학생 수가 가장 많으므로 놀이동산을 체험 학습 장소로 고르면 좋을 것 같습니다.
08 11칸
09

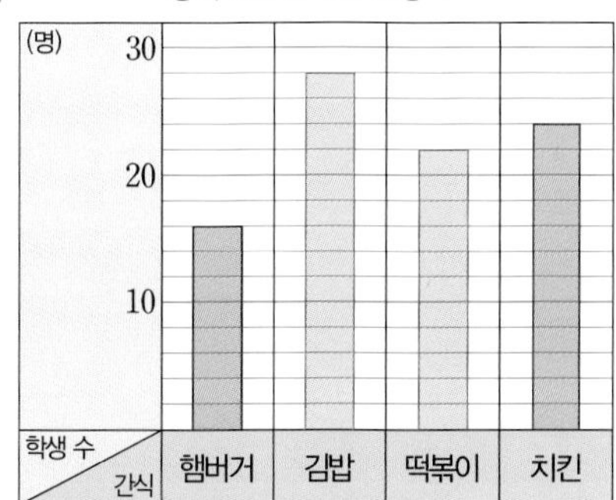

10

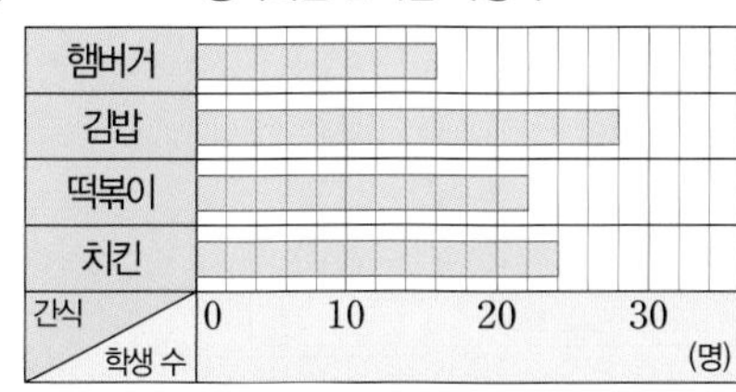

11 9, 6, 14, 5, 34
12

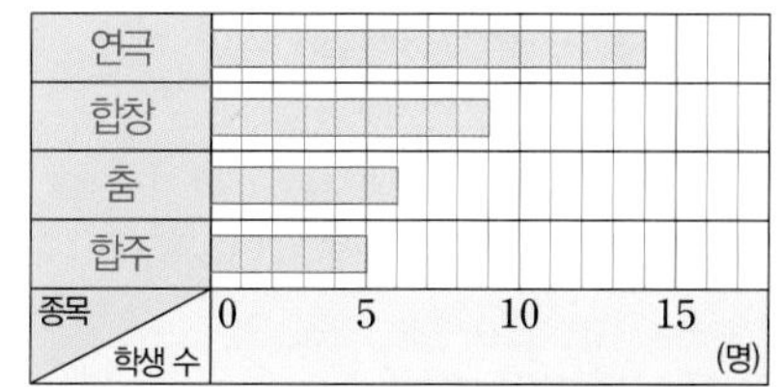

13 준희
14 4월, 4월
15 예 건조주의보가 많이 발생할수록 산불이 많이 발생합니다.
16

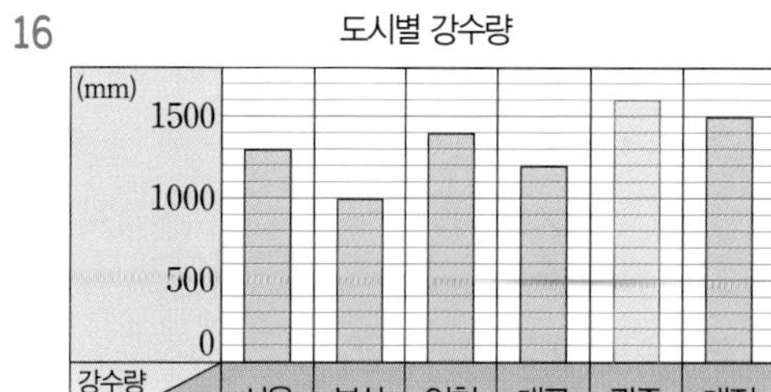

17 300 mm
18 7, 6, 9, 26
19

혈액형별 학생 수

(명) 10, 5, 0

학생 수 / 혈액형: A형, B형, O형, AB형

20 예 A형인 학생이 B형인 학생보다 1명 더 많습니다. / O형인 학생이 가장 많습니다.

01 막대그래프의 가로는 요일, 세로는 사용량을 나타냅니다.

02 세로 눈금 5칸은 10톤을 나타내므로 세로 눈금 한 칸은 2톤을 나타냅니다.

03 막대의 높이가 같은 요일은 화요일과 금요일입니다.

04 가장 많은 수돗물 사용량: 목요일 18톤,
가장 적은 수돗물 사용량: 수요일 12톤
➡ $18-12=6$(톤)

05 막대의 길이가 긴 것부터 순서대로 씁니다.

06 두 막대그래프에서 장소별 막대의 길이가 같은 것을 찾으면 박물관입니다.

07 (박물관)$=7+7=14$(명)

(놀이동산)$=11+13=24$(명)

(동물원)$=2+5=7$(명)

(민속촌)$=3+4=7$(명)

채점 기준

장소별 학생 수의 합을 구한 경우	50 %
정당한 근거로 체험 학습 장소를 바르게 정한 경우	50 %

08 막대그래프의 세로 눈금 1칸이 2명을 나타내므로 떡볶이는 $22\div2=11$(칸)으로 나타냅니다.

09 막대그래프의 세로 눈금 1칸이 2명을 나타내므로 김밥은 14칸, 떡볶이는 11칸을 그립니다.

10 가로와 세로를 바꾸어 막대그래프로 나타냅니다.

11 조사한 자료에서 각각의 붙임딱지를 세어 봅니다.

종목	합창	춤	연극	합주	합계
학생 수(명)	9	6	14	5	34

12 위에서부터 학생 수가 많은 순서대로 나타내야 하므로 위에서부터 연극, 합창, 춤, 합주 순서로 막대를 그립니다.

13 가장 적은 학생들이 참여할 종목은 합주입니다. 합주보다 많고 합창보다 적은 수의 학생이 참여할 종목은 춤입니다.

14 각 막대그래프에서 막대의 길이가 가장 긴 달을 찾습니다.

15 예 건조주의보가 많이 발생할수록 산불이 많이 발생합니다.

16 서울의 비의 양은 1300 mm이고 광주의 비의 양은 서울보다 300 mm 많으므로 1600 mm입니다. 막대그래프의 세로 눈금 한 칸은 100 mm를 나타내므로 16칸을 그립니다.

17 두 번째로 강수량이 많은 도시는 대전으로 1500 mm이고, 두 번째로 강수량이 적은 도시는 대구로 1200 mm입니다. 두 도시의 강수량의 차는 $1500-1200=300$(mm)입니다.

18 (A형인 학생 수)$=4+3=7$(명)

(B형인 학생 수)$=7-1=6$(명)

(O형인 학생 수)$=26-7-6-4=9$(명)

19 표에 적힌 학생 수만큼 막대그래프로 나타냅니다.

20 AB형인 학생이 가장 적습니다. / O형인 학생이 AB형인 학생보다 5명 더 많습니다. 등 막대그래프를 보고 알 수 있는 내용을 적습니다.

채점 기준

막대그래프를 보고 알 수 있는 사실을 한 가지만 바르게 쓴 경우	50 %
막대그래프를 보고 알 수 있는 또 다른 한 가지 사실을 바르게 쓴 경우	50 %

49~51쪽

학교 시험 만점왕 2회 5. 막대그래프

01 막대그래프 02 10명

03 초콜릿 맛 04 딸기 맛

05 연아 06 2분

07 풀이 참조, 4명 08 5, 9, 6, 4, 24

09 장래 희망, 학생 수

10 예

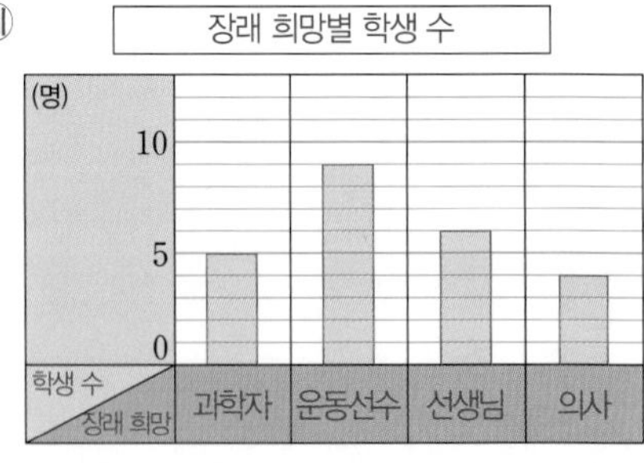

11 16명

12

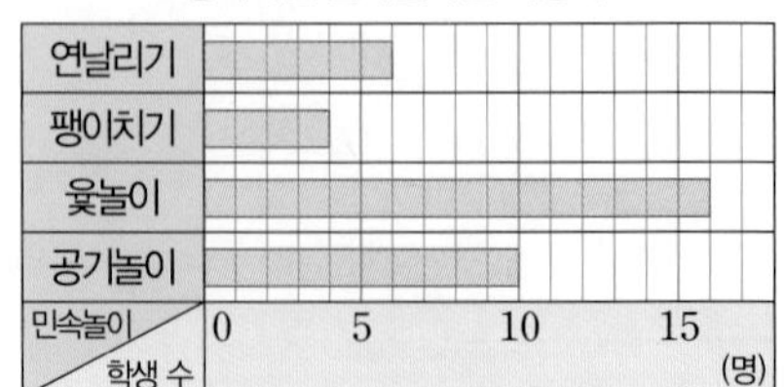

13 예

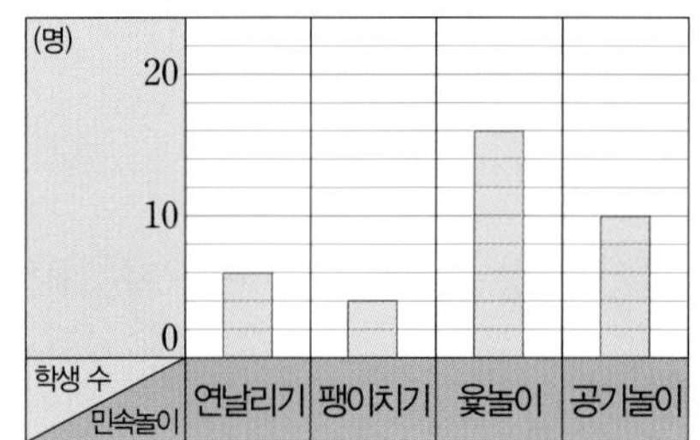

14 4배　　15 27 kg

16 ㉣　　17 15명, 25명

18

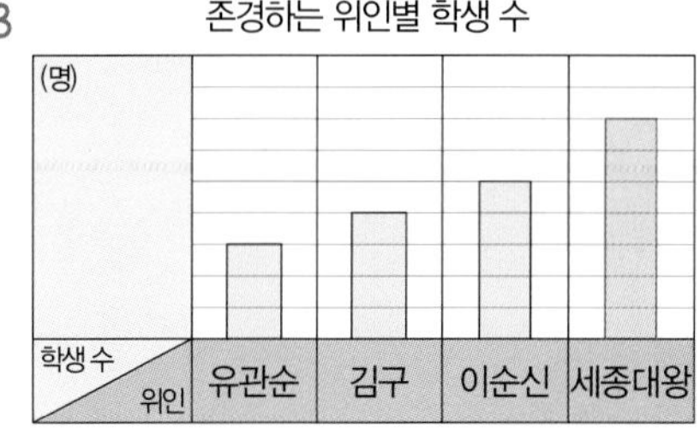

19 2021년

20 예 2800만 명 / 2021년부터 해외 여행객 수가 계속 증가하고 있으므로 2800만 명 정도 될 것 같습니다.

01 조사한 자료의 수량을 막대 모양으로 나타낸 그래프를 막대그래프라고 합니다.

02 세로 눈금 5칸은 50명을 나타내므로 세로 눈금 한 칸은 10명을 나타냅니다.

03 막대의 길이가 가장 긴 아이스크림 맛은 초콜릿 맛입니다.

04 포도 맛 아이스크림을 좋아하는 학생은 40명이고 40명의 2배는 80명이므로 80명이 좋아하는 아이스크림 맛은 딸기 맛입니다.

05 세호네 모둠에서 막대의 길이가 두 번째로 긴 학생은 연아입니다.

06 윤아의 기록은 6분이고, 혜인이의 기록은 4분이므로 윤아는 혜인이보다 2분 더 늦습니다.

07 예 민정이의 기록은 3분이고 연아의 기록은 7분이므로 기록이 3분보다 늦고 7분보다 빠른 학생을 찾으면 혜인, 윤아, 세호, 성진으로 모두 4명입니다.

채점 기준

기록을 보고 학생 수를 구한 경우	100 %

08 조사한 자료를 표로 나타내면 장래 희망이 과학자인 학생은 5명, 운동선수는 9명, 선생님은 6명, 의사는 4명입니다. 조사한 학생 수는 모두 $5+9+6+4=24$(명)입니다.

09 막대가 세로인 막대그래프로 나타낸다면 가로에는 장래 희망, 세로에는 학생 수를 나타내야 합니다.

10 표에 적힌 학생 수만큼 막대그래프로 나타냅니다.

11 전체 학생 수에서 연날리기, 팽이치기, 공기놀이를 좋아하는 학생 수를 뺍니다.
$36-6-4-10=16$(명)입니다.

12 표에 적힌 학생 수만큼 막대그래프로 나타냅니다.

13 한 칸이 2명인 막대그래프로 나타내면 연날리기는 3칸, 팽이치기는 2칸, 윷놀이는 8칸, 공기놀이는 5칸으로 나타냅니다.

14 가장 많은 학생들이 좋아하는 민속놀이는 윷놀이로 16명이고, 가장 적은 학생들이 좋아하는 민속놀이는 팽이치기로 4명입니다. $16\div4=4$이므로 윷놀이를 좋아하는 학생 수는 팽이치기를 좋아하는 학생 수의 4배입니다.

15 일주일 동안 배출된 쓰레기의 양을 모두 더하면
$4+6+9+3+5=27$(kg)입니다.

16 ㉣ 일주일 동안 배출된 쓰레기양이므로 각 요일별 배출량은 알 수 없습니다.

17 김구를 존경하는 학생 20명이 세로 눈금 4칸을 차지하므로 세로 눈금 한 칸은 $20\div4=5$(명)입니다. 유관순을 존경하는 학생 수는 $5\times3=15$(명)이고, 이순신을 존경하는 학생은 $5\times5=25$(명)입니다.

18 세종대왕을 존경하는 학생 수는
$95-15-20-25=35$(명)이고, 눈금 한 칸의 크기가 5명을 나타내므로 세종대왕의 막대의 길이는
$35\div5=7$(칸)입니다.

19 막대의 길이가 가장 짧은 해를 찾으면 2021년입니다.

20 막대그래프에서 연도별 막대 길이의 변화를 보고 2024

BOOK 2 실전책

년 해외 여행객 수를 예상합니다.

채점 기준

2024년 해외 여행객 수를 예상한 경우	30 %
이유를 바르게 설명한 경우	70 %

5단원 서술형·논술형 평가 52~53쪽

01 풀이 참조, 7명	02 풀이 참조
03 풀이 참조, 28명	04 풀이 참조, 5배
05 선희, 풀이 참조	06 풀이 참조, 5칸
07 풀이 참조, 3반, 12명	08 풀이 참조, 8명
09 풀이 참조	10 풀이 참조

01 예 막대의 길이가 가장 긴 동물은 호랑이, 가장 짧은 동물은 곰입니다. 호랑이는 10마리, 곰은 3마리이므로 가장 많은 학생들이 좋아하는 동물과 가장 적은 학생들이 좋아하는 동물의 학생 수의 차는 $10-3=7$(명)입니다.

채점 기준

가장 많은 학생들이 좋아하는 동물과 가장 적은 학생들이 좋아하는 동물의 학생 수를 구한 경우	50 %
학생 수의 차를 구한 경우	50 %

02 예 학생들이 가장 많이 좋아하는 동물을 한눈에 알아보기 편리합니다.

채점 기준

막대그래프로 나타내었을 때 좋은 점을 바르게 쓴 경우	100 %

03 예 세로 눈금 5칸은 10명을 나타내므로 세로 눈금 한 칸은 2명을 나타냅니다. 따라서 사과를 좋아하는 학생은 8명, 수박은 10명, 딸기는 2명, 포도는 8명이므로 민수네 반 학생은 모두 $8+10+2+8=28$(명)입니다.

채점 기준

막대그래프의 세로 눈금 한 칸의 크기를 구한 경우	40 %
민수네 반의 학생 수를 구한 경우	60 %

04 예 막대의 길이가 가장 긴 과일은 수박으로 10명이고, 막대의 길이가 가장 짧은 과일은 딸기로 2명입니다. $10\div2=5$이므로 가장 많이 좋아하는 과일의 학생 수는 가장 적게 좋아하는 과일의 학생 수의 5배입니다.

채점 기준

가장 많이 좋아하는 과일과 가장 적게 좋아하는 과일의 학생 수를 구한 경우	50 %
학생 수가 몇 배인지 구한 경우	50 %

05 예 선희 / 사과를 좋아하는 학생 수와 딸기를 좋아하는 학생 수의 차는 6명이야.

채점 기준

잘못 설명한 사람을 찾은 경우	50 %
잘못 설명한 부분을 바르게 고친 경우	50 %

06 예 민지네 반 학생 중 피자를 좋아하는 학생은 $28-4-8-6=10$(명)입니다. 따라서 세로 눈금 한 칸이 2명을 나타내므로 피자를 좋아하는 학생 수는 $10\div2=5$(칸)으로 나타내야 합니다.

채점 기준

피자를 좋아하는 학생 수를 구한 경우	50 %
피자를 좋아하는 학생 수의 눈금을 구한 경우	50 %

07 예 남학생의 막대의 길이가 가장 긴 반을 찾으면 3반입니다. 막대그래프의 세로 눈금 한 칸은 2명을 나타내고 3반의 남학생의 눈금은 6칸이므로 12명이 참가했습니다.

채점 기준

남학생의 막대의 길이를 비교하여 참가한 남학생이 가장 많은 반을 찾은 경우	50 %
가장 많이 참가한 남학생 수를 구한 경우	50 %

08 예 각 반의 스포츠 캠프에 참가한 남학생 수와 여학생 수를 더해서 반별 참가 학생 수를 구합니다.
(1반의 참가 학생 수)$=10+6=16$(명)

(2반의 참가 학생 수)=8+10=18(명)
(3반의 참가 학생 수)=12+12=24(명)
(4반의 참가 학생 수)=4+6=10(명)
두 번째로 많이 참가한 반은 2반으로 18명이고, 가장 적게 참가한 반은 4반으로 10명입니다. 두 반의 참가 학생 수의 차는 18−10=8(명)입니다.

채점 기준

각 반의 참가 학생 수를 구한 경우	50 %
두 번째로 많이 참가한 반과 가장 적게 참가한 반의 학생 수의 차를 구한 경우	50 %

09 예 같은 점 4학년 학생들이 주말에 즐겨하는 운동별 학생 수를 나타냈습니다.
다른 점 그림그래프는 학생 수를 그림으로 나타냈고, 막대그래프는 학생 수를 막대로 나타냈습니다.

채점 기준

그림그래프와 막대그래프의 같은 점과 다른 점을 한 가지씩 바르게 쓴 경우	100 %

10 예 달리기를 즐겨하는 학생 수가 가장 많습니다. / 배드민턴을 즐겨하는 학생 수가 가장 적습니다. / 축구를 즐겨하는 학생 수와 수영을 즐겨하는 학생 수의 차는 4명입니다. 등

채점 기준

막대그래프를 보고 알 수 있는 내용 2가지를 바르게 쓴 경우	100 %

6 규칙 찾기

55쪽

6단원 쪽지 시험 6. 규칙 찾기

01 ㉠ 02 11
03 5 04 4020
05 4001, 4013, 4007 (또는 4013, 4001, 4007)
06
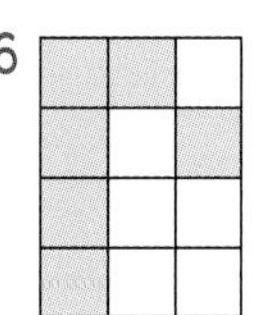
07 15개 08 12개
09 1111+1111=2222 10 11111103

01 ㉠ 25+9=34, 17×2=34로 크기가 같으므로 ○ 안에 등호(=)를 넣을 수 있습니다.
㉡ 77÷11=7, 3+5=8로 오른쪽이 더 크므로 ○ 안에 등호(=)를 넣을 수 없습니다.

02 왼쪽 수를 2로 나눈 몫이 오른쪽 수가 됩니다. 22÷2=11이므로 빈칸에 알맞은 수는 11입니다.

03 4021−5=4016, 4016−5=4011이므로 ↑ 방향으로 5씩 작아집니다.

04 → 방향으로 1씩 커지므로 ㉠ 4019+1=4020입니다.

05 ↘ 방향으로 연속된 세 수 중 가운데 수를 기준으로 양쪽의 수를 더한 결과는 가운데 수의 2배입니다.

06 왼쪽 위에 있는 칸에서부터 ↓ 방향으로 색칠한 칸이 1칸씩 늘어납니다.

07 파란색 작은 정사각형의 수는 1×3, 2×3, 3×3, ...으로 늘어나는 규칙이므로 다섯째 도형에서 파란색 작은 정사각형의 수는 5×3=15(개)입니다.

08 흰색 작은 정사각형의 수는 1×2, 2×2, 3×2, ...로 늘어나는 규칙이므로 여섯째 도형에서 흰색 작은 정사각형의 수는 6×2=12(개)입니다.

BOOK 2 실전책

09 더해지는 수와 더하는 수는 1이 한 개씩 늘어나고, 계산 결과는 2가 한 개씩 늘어납니다.

10 곱해지는 수는 12, 123, 1234, ...와 같이 자리 수가 1개씩 늘어납니다. 곱하는 수는 9로 일정합니다. 계산 결과는 1이 한 개씩 늘어나고 일의 자리 숫자는 8, 7, 6, 5, ...로 1씩 작아집니다.
따라서 1234567×9의 값은 11111103입니다.

56~58쪽

학교 시험 만점왕 1회 6. 규칙 찾기

01 5	02 ㉡
03 2, 2	04 96
05 서원	
06 34820, 54820	
07 20000, 작아집니다에 ○표	
08 풀이 참조, 12개	09 8 / 10, 8, 2
10 10, 8, 9	11 16, 14
12 $100001+5=100006$	13 7300, 4900, 18200
14 ①, ⑤	15 12345679, 72
16 22, 100 / 3300, 33, 100	
17 풀이 참조, $3300 \div 60=55$	
18 예 4씩 작아집니다.	19 ㉠
20 8, 2, 14 (또는 8, 14, 2)	

01 아랫줄의 ▲ 1개를 윗줄로 옮겼더니 ▲가 5개씩 2줄이 되었습니다. 이를 식으로 나타내면 $4+6=5\times2$입니다.

02 ㉠ $85-75=10$, $3\times4=12$이므로
양쪽의 값이 다릅니다.
㉡ $4+19+2=25$, $5\times5=25$이므로
양쪽의 값이 같습니다.
㉢ $6\times8=48$, $40+6=46$이므로
양쪽의 값이 다릅니다.

03 은우가 가진 연필은 6자루이고 서진이가 가진 연필은 2자루이므로 은우가 2자루를 서진이에게 주면 두 사람이 가진 연필의 수가 같아집니다.
연필을 주고 난 뒤 은우가 가진 연필의 수는 $6-2=4$(자루)이고, 연필을 받은 서진이가 가진 연필의 수는 $2+2=4$(자루)입니다. 두 식을 등호를 사용하여 나타내면 $6-2=2+2$입니다.

04 왼쪽의 수에 2를 곱하면 오른쪽 수가 되므로 $48\times2=96$입니다. 따라서 ㉠에 알맞은 수는 96입니다.

05 도형: → 방향으로 10씩 커집니다.
재민: $24830-14840=9990$이므로 ↗ 방향으로 9990씩 작아집니다.
서원: $24800-14800=10000$이므로 ↓ 방향으로 10000씩 커집니다. 따라서 규칙을 바르게 찾은 사람은 서원입니다.

06 → 방향으로 10씩 커지므로 34810, 54810에 각각 10씩 더한 값을 빈칸에 써넣습니다.

07 ↑ 방향으로 10000씩 작아지므로 ↑ 방향으로 두 칸 뛰어 세면 20000만큼 수가 작아집니다.

08 예 가운데를 기준으로 위와 아래 방향으로 바둑돌을 1개씩 놓고 있으므로 바둑돌은 2개씩 늘어납니다. 넷째에서 바둑돌의 수는 10개이므로 다섯째에 놓일 바둑돌의 수는 12개입니다.

채점 기준

바둑돌의 배열을 보고 규칙을 바르게 찾은 경우	40 %
다섯째에 놓일 바둑돌의 수를 구한 경우	60 %

09 □의 수는 4개에서 시작하여 2개씩 늘어나고, ■의 수는 2개에서 시작하여 2개씩 늘어나고 차는 2로 일정합니다.

10 □의 수와 ■의 수를 합하면 첫째 도형은 3개씩 2줄이므로 $3\times2=6$(개), 둘째 도형은 5개씩 2줄이므로 $5\times2=10$(개)입니다. 가로줄의 작은 사각형의 수가 2개씩 늘어나고 세로줄의 작은 사각형의 수는 2개로 일정합니다.

11 □의 수와 ■의 수는 각각 2개씩 늘어나므로 일곱째 도형에서 □은 16개, ■은 14개입니다.

12 오른쪽으로 갈수록 더해지는 수와 계산 결과의 0의 개수가 한 개씩 늘어납니다. 더하는 수는 5로 일정합니다. 따라서 다음에 올 계산식은
$100001+5=100006$입니다.

13 빼지는 수와 계산 결과는 2000씩 커지고, 빼는 수는 4900으로 일정합니다.

14 ① 곱해지는 수는 12345679로 일정합니다.
② 첫째 식의 곱하는 수는 두 자리 수가 아닙니다.
③ 계산 결과는 111111111씩 커집니다.
④ 계산 결과는 아홉 자리 수입니다.
⑤ 곱하는 수는 9씩 커지는 규칙입니다.

15 계산 결과가 숫자 8이 아홉 개인 수이므로 여덟째 식입니다. 곱하는 수는 9의 8배입니다.

16 곱셈 결과를 곱해지는 수로 나누면 몫은 곱하는 수가 됩니다.

17 예 나누어지는 수는 550씩 커지고, 나누는 수는 10씩 커집니다. 몫은 55로 일정합니다. 따라서 여섯째에 알맞은 나눗셈식은 $3300 \div 60=55$입니다.

채점 기준

나누어지는 수의 규칙을 바르게 찾은 경우	20 %
나누는 수의 규칙을 바르게 찾은 경우	20 %
몫의 규칙을 바르게 찾은 경우	10 %
여섯째 나눗셈식을 구한 경우	50 %

18 사물함에 적힌 수는 ↗ 방향으로 4씩 작아집니다.

19 ㉠ ↘ 방향의 수와 ↙ 방향의 수의 합은 같습니다.
$2+8=3+7$
㉡ 오른쪽 수와 왼쪽 수의 차는 같습니다.
$9-8=4-3$
㉢ 가운데 수를 기준으로 가로, 세로 방향으로 각각 연속된 세 수의 합은 같습니다.
$6+7+8=2+7+12$

20 가운데 수를 기준으로 대각선 방향의 양쪽에 있는 두 수를 더한 결과는 가운데 수의 2배입니다. 따라서 2와 14의 합은 가운데 수 8의 2배와 같습니다.

학교 시험 만점왕 2회 6. 규칙 찾기

01 4	02 진영
03 2, 9	04 49
05 390	06 910
07 750, 550	08 풀이 참조, 15개
09 (○)( )	10 8개
11 7, 7, 49	12 다
13 $1089 \times 6=6534$	
14 풀이 참조, $32064 \div 64=501$	
15 ㉠, ㉢	16 $101+220=321$
17 $653-421=232$	18 6씩 커집니다.
19 3, 11, 11, 17	20 지은

01 가의 구슬은 6개씩 2줄이므로 $6 \times 2=12$(개)입니다. 나의 구슬은 8개이므로 4개가 더 있어야 가의 구슬과 같은 12개가 됩니다.

02 진영: $12 \div 2=2 \times 3$에서 =의 양쪽의 값이 같으므로 옳은 식입니다.
형민: $20 \times 2=10+20$에서 =의 왼쪽은 40이고, 오른쪽은 30이므로 옳은 식이 아닙니다.
수아: $52-40=2 \times 5$에서 =의 왼쪽은 12, 오른쪽은 10이므로 옳은 식이 아닙니다.

03 왼쪽에서 자석 2개를 덜어내면 오른쪽과 자석의 수가 같아집니다. 오른쪽의 자석은 1개에서 9개를 더해 10개입니다.

04 첫째 수는 3×3, 둘째 수는 4×4, 셋째 수는 5×5, ... 입니다. 36의 다음에 올 수는 7×7이므로 49입니다.

05 ↓ 방향으로 200씩 커지고, ↗ 방향으로 190씩 작아집니다. ➡ $200+190=390$

06 ●에 알맞은 수는 720에서 10을 뺀 다음 200을 더한 수이므로 $720-10=710$, $710+200=910$입니다.

07 ╳ 방향으로 엇갈린 수에서 ↘ 방향의 수의 합과 ↙ 방향의 수의 합은 같습니다.

08 예 1개에서 시작하여 왼쪽으로 2개, 3개, 4개, ...씩 쌓

기나무를 쌓아가고 있습니다. 1, 3, 6, 10, ...이므로 다음에 올 모양을 만들기 위해서는 10+5=15(개)의 쌓기나무가 필요합니다.

채점 기준

모양의 배열에서 규칙을 바르게 찾은 경우	40 %
다섯째 모양을 만들기 위해 필요한 쌓기나무의 개수를 구한 경우	60 %

09 작은 정사각형의 수는 가로로 1개, 세로로 1개씩 늘어나고 있습니다. ●의 수는 ↘ 방향으로 1개씩 늘어나고 있으므로 다섯째에 알맞은 도형은 왼쪽입니다.

10 ●의 수는 1개에서 시작하여 1개씩 늘어나므로 여덟째 도형을 만드는 데 필요한 ●은 8개입니다.

11 가장 작은 사각형의 수는 1×1, 2×2, 3×3, ...과 같이 늘어나고 있으므로 일곱째 도형에서 가장 작은 사각형의 수는 7×7=49(개)입니다.

12 가운데에 있는 4개의 정사각형을 기준으로 왼쪽 위, 오른쪽 위, 오른쪽 아래, 왼쪽 아래의 순서로 1개씩 색칠했습니다. 일곱째 모양은 셋째 모양과 같으므로 다입니다.

13 곱해지는 수는 1089로 일정하고, 곱하는 수는 1부터 시작하여 1씩 커집니다. 계산 결과의 천의 자리 숫자와 백의 자리 숫자는 1씩 커지고, 십의 자리 숫자와 일의 자리 숫자는 1씩 작아집니다. 따라서 다음에 올 곱셈식은 1089×6=6534입니다.

14 예 나누어지는 수와 나누는 수는 각각 2배씩 커지고, 몫은 501로 일정합니다. 나누는 수는 넷째일 때 16, 다섯째일 때 32, 여섯째일 때 64이므로 여섯째 나눗셈식을 구하면 됩니다. 여섯째 나눗셈식의 나누어지는 수는 8016×2×2=32064이므로 나누는 수가 64인 계산식은 32064÷64=501입니다.

채점 기준

나눗셈식의 규칙을 바르게 찾은 경우	40 %
나누는 수가 64인 계산식을 구한 경우	60 %

15 ㉠ 채민이가 만든 식에서 더하는 수는 100씩 작아집니다.
㉢ 계산 결과의 십의 자리 숫자와 일의 자리 숫자는 변하지 않습니다.

16 채민이가 만든 식에서 더해지는 수와 더하는 수는 100씩 작아지고, 계산 결과는 200씩 작아집니다. 따라서 다음에 올 계산식은 101+220=321입니다.

17 보영이가 만든 식에서 빼지는 수는 100씩 작아지고, 빼는 수는 100씩 커지며, 계산 결과는 200씩 작아집니다. 따라서 다음에 올 계산식은 653−421=232입니다.

18 ↙ 방향의 수는 3, 9, 15와 같이 6씩 커집니다.

19 ╳ 방향으로 엇갈린 수에서 가운데 수를 기준으로 ↘ 방향과 ↙ 방향으로 연속된 세 수의 합은 같습니다.

20 지은: 달력의 수는 ↓ 방향으로 7씩 커지므로 ㉡−㉠은 7입니다.
수현: ㉢에 2를 곱하면 17과 31의 합이 됩니다.
형우: ㉠과 28의 합과 ㉡과 21의 합은 같습니다.

6단원 서술형·논술형 평가 62~63쪽

01 풀이 참조, 108 02 풀이 참조, 3개
03 풀이 참조, 19개 04 풀이 참조, 17개
05 풀이 참조, 일곱째
06 풀이 참조, 777778+222223=1000001
07 풀이 참조, 800−500=300
08 풀이 참조, 99999×9=899991
09 풀이 참조, 5+7=6×2 10 풀이 참조, 4가지

01 예 왼쪽 수에 3을 곱하면 오른쪽 수가 됩니다. 36의 3배는 108이므로 빈칸에 알맞은 수는 108입니다.

채점 기준

수의 배열에서 규칙을 바르게 찾은 경우	40 %
빈칸에 알맞은 수를 구한 경우	60 %

02 예 위쪽, 왼쪽, 오른쪽 방향으로 모형이 한 개씩 늘어납니다. 따라서 모형이 3개씩 늘어나고 있습니다.

채점 기준

모양의 배열에서 규칙을 바르게 찾은 경우	40 %
모형이 몇 개씩 늘어나고 있는지 구한 경우	60 %

03 ㉮ 모형의 수가 1개에서 시작하여 3개씩 늘어납니다. 일곱째 모양에서 필요한 모형의 수는 $1+3+3+3+3+3+3=19$(개)입니다.

채점 기준

모양의 배열에서 규칙을 바르게 찾은 경우	40 %
일곱째 모양에서 필요한 모형의 수를 구한 경우	60 %

04 ㉮ 작은 정사각형의 수는 3개에서 시작하여 2개씩 늘어나고 있습니다. 3, 5, 7, 9, 11, 13, 15, 17로 늘어나므로 여덟째 도형의 작은 정사각형의 수는 17개입니다.

채점 기준

도형의 배열에서 규칙을 바르게 찾은 경우	40 %
여덟째 도형의 작은 정사각형의 수를 구한 경우	60 %

05 ㉮ 초록색 원의 수와 주황색 원의 수의 차를 구하면 $2-2=0$, $4-3=1$, $6-4=2$, ...이므로 차는 0에서 시작하여 1씩 커집니다. 따라서 차가 6일 때는 일곱째 모양입니다.

채점 기준

초록색 원의 수와 주황색 원의 수의 차에서 규칙을 바르게 찾은 경우	50 %
두 수의 차가 6일 때는 몇째 모양인지 구한 경우	50 %

06 ㉮ 더해지는 수는 78에서 시작하여 7과 8 사이에 숫자 7이 한 개씩 늘어나고, 더하는 수는 23에서 시작하여 2와 3 사이에 숫자 2가 한 개씩 늘어납니다. 계산 결과는 101에서 시작하여 1과 0 사이에 숫자 0이 한 개씩 늘어납니다. 계산 결과가 1000001이면 0의 개수가 5개이므로 다섯째 덧셈식을 구하면 됩니다. 다섯째 덧셈식은 $777778+222223=1000001$입니다.

채점 기준

더해지는 수의 규칙을 바르게 찾은 경우	20 %
더하는 수의 규칙을 바르게 찾은 경우	20 %
계산 결과의 규칙을 바르게 찾은 경우	20 %
계산 결과가 1000001이 되는 덧셈식을 구한 경우	40 %

07 ㉮ 빼지는 수와 빼는 수는 100씩 커지고, 계산 결과는 300으로 일정합니다. 따라서 셋째 뺄셈식은 $800-500=300$입니다.

채점 기준

뺄셈식에서 규칙을 바르게 찾은 경우	40 %
셋째 뺄셈식을 구한 경우	60 %

08 ㉮ 곱해지는 수는 99에서 시작하여 숫자 9가 한 개씩 늘어나고, 곱하는 수는 9로 일정합니다. 계산 결과는 891에서 시작하여 9와 1 사이에 숫자 9가 한 개씩 늘어납니다. 따라서 다음에 올 곱셈식은 $99999\times9=899991$입니다.

채점 기준

곱셈식에서 규칙을 바르게 찾은 경우	40 %
다음에 올 곱셈식을 구한 경우	60 %

09 ㉮ 다섯째 도형에서 작은 정사각형의 수는 색칠한 것 5개, 색칠하지 않은 것 7개이므로 $5+7$입니다. 또한 6개씩 2줄이므로 6×2입니다. 등호를 사용한 식으로 나타내면 $5+7=6\times2$입니다.

채점 기준

도형의 배열을 보고 다섯째 덧셈식을 구한 경우	40 %
도형의 배열을 보고 다섯째 곱셈식을 구한 경우	40 %
다섯째 계산식을 구한 경우	20 %

10 ㉮ 20을 기준으로 가로, 세로, ↙ 방향, ↘ 방향으로 양쪽의 두 수를 더하면 가운데 수의 2배가 됩니다. $12+28$, $13+27$, $14+26$, $19+21$이므로 모두 4가지입니다.

채점 기준

달력에서 규칙적인 계산식을 찾은 경우	30 %
서로 다른 두 수를 더해 40이 되는 경우를 모두 찾은 경우	70 %

BOOK 2 실전책

MEMO